高等院校皮革专业研究生教材

制革工艺原理

单志华　陈　慧　编著

中国轻工业出版社

图书在版编目（CIP）数据

制革工艺原理／单志华，陈慧编著．—北京：中国轻工业
出版社，2024.4
ISBN 978－7－5184－4417－5

Ⅰ．①制… Ⅱ．①单… ②陈… Ⅲ．①制革—工艺学—
研究生—教材 Ⅳ．①TS54

中国国家版本馆 CIP 数据核字（2023）第 069088 号

责任编辑：陈 萍

策划编辑：陈 萍 责任终审：李建华 封面设计：锋尚设计
版式设计：霸 州 责任校对：吴大朋 责任监印：张京华

出版发行：中国轻工业出版社（北京鲁谷东街 5 号，邮编：100040）
印 刷：三河市万龙印装有限公司
经 销：各地新华书店
版 次：2024 年 4 月第 1 版第 1 次印刷
开 本：787×1092 1/16 印张：20
字 数：460 千字
书 号：ISBN 978－7－5184－4417－5 定价：68.00 元
邮购电话：010－85119873
发行电话：010－85119832 010－85119912
网 址：http://www.chlip.com.cn
Email：club@ chlip.com.cn

前言

19 世纪中至 20 世纪初，制革曾是热门的研究领域，德国、英国、法国、美国、日本、意大利、荷兰、丹麦、捷克、瑞士、瑞典、印度、苏联等国家都有皮革高等教育与研究机构。在大量的鞣剂鞣法研究中，只有铬鞣法开始在全世界普及。20 世纪前半叶，我国的上海、天津有了铬鞣的制革企业，燕京大学也设立了制革系。随着制革工业发展及其科技研究的深入，带动了农牧、化学、化工、轻工及机械等相关行业的进步。20 世纪后半叶起，欧洲环保法规执行及 20 世纪末联合国环境规划署提出了清洁生产，中国制定《中国 21 世纪议程——中国 21 世纪人口、环境与发展白皮书》，使百年的制革铬鞣工艺迈过了鼎盛期。

自 5000 年前古埃及人植鞣毛皮起，至铬鞣 100 余年后的今天，娴熟与精湛的操作技巧，成本与品质的最佳平衡，似乎难以革新求稳。迄今，直面可持续发展，清洁化改造无法回避。本书依据现代皮革化学与工程及相关学科理论技术的研究成果，对制革化学做出一些有价值的诠释，希望能够为清洁技术改造寻求方法。

本书参考了 1963 年由 A·H·米哈依洛夫著、张孝传与吕绪庸译的《皮革工艺学的物理化学原理》，以及总结了笔者 20 多年来硕士、博士课程"制革化学""现代制革技术研究""现代制革前沿技术"教学经验，结合国内外相关理论研究成果，为本领域研究生、工程师提供专业学习与研究参考。本书除制革涂饰外，讲述了制革湿态操作及干态整理过程的基本原理，并在《制革化学》的基础上对各章进行了大量的工艺理论修正、补充及再编，尤其补充了制革干湿处理的物理化学过程内容。

全书共分 9 章。第 1 章和第 7 章由陈慧副教授编著；第 2 章、第 3 章、第 4 章、第 5 章、第 6 章、第 8 章、第 9 章由单志华教授编著，全书由单志华教授统稿。

制革化学与工程学科涉及面广，并不断进步。本书为前期学科研究的部分总结表达，希望从事制革化学及工艺的人员能够在学习中砥志研思，识微见远，获得理论与实践认知的进步。

单志华　陈　慧

四川大学轻工科学与工程学院

生物质与皮革工程系

2023 年 5 月

第 1 章 　界面化学及其助剂

　　相的界面广泛存在于自然界中，人眼所见的只是部分宏观界面。界面是有一定厚度（几个或几十个分子厚）的二度平面，许多复杂的物理化学过程就在界面上发生。两相接触有气液、气固、液液、液固四种类型；这些接触面统称为界面（interface），当有气相参与时又称为表面（surface）。

　　界面化学是一门古老又年轻的科学。19 世纪，Laplace（Laplace P S）和 Young（Young T）创立了表面张力、毛细现象和润湿现象的基础理论，如今这些理论仍有重要的地位。

　　界面化学源于胶体化学，当大块物体变成小粒时，面积迅速增加，$1cm^3$ 固体表面分散为胶体，表面积可以超过 $60m^2$，面积大量增加，使物质的理化性能发生极大变化。为研究这些变化的重要性及特殊性，界面化学从胶体化学中分离出来。

　　随着工业发展，从界面化学中又形成一个重要分支，该分支称为表面活性剂化学。

1.1 　液体的表面

1.1.1 　表面能与表面张力

　　物体具有内聚功，使其体积收缩而面积缩小的能量称为表面过剩自由能，用 ΔG 表示。表达这种表面收缩力的单位是 N/m。ΔG 可用下式表示

$$\Delta G = \gamma \cdot \Delta A \tag{1-1}$$

式中 　ΔA——物体表面积变化，m^2；

　　　　γ——表面张力，是在恒温恒压下物体增加单位表面积时体系自由能的增量，N/m。

在恒温恒压下，物质的量不变时，γ 可用下式表示

$$\gamma = \left(\frac{\partial G}{\partial A}\right)_{p.T.n} \tag{1-2}$$

当宽度为 l，表面张力为 γ，需要伸缩为 l 时的力为

$$F = 2\gamma \cdot l \tag{1-3}$$

　　物质种类不同，其 γ 可以有大差别。各类液体 γ 在 $10^{-1} \sim 10^3 mN/m$，最低的是 1K 时液氦的 γ 为 0.365mN/m，最高的是 Fe 熔解时（1550℃）的 γ 为 1880mN/m，全氟烷烃在 25℃时低于 10mN/m。按照物质分类，γ 有以下基本规律：液体金属 γ 最大，

$\gamma > 100\text{mN/m}$；水 γ 次之，$\gamma = 72\text{mN/m}$；相同分子质量有机物·$\gamma_{弧性物} > \gamma_{廿弧性物}$；$\gamma_{蒂壮烃} >$ $\gamma_{饱和烃}$；$\gamma_{大分子} > \gamma_{小分子}$。

体系的温度和压力与物质的 γ 存在特定的关系。通常，温度升高使分子内能增加，则 γ 降低；而外压升高使表面气体增溶，γ 也降低，因此常有以下表达：

$$\mathrm{d}\gamma/\mathrm{d}T \text{ 或 } \mathrm{d}\gamma/\mathrm{d}P < 0$$

事实上，体系的温度、压力与液体的 γ 没有统一规律可循。液体 γ 升降可以因产生气体增溶或化学反应引起变化。因此，体系的压力与液体的 γ 需要根据特定物质进行考查。实践中，常用的经验式表达一定温度范围内温度与液体 γ 的关系，如下式：

$$\gamma = \gamma_0 + aT + bT^2 + cT^3 + \cdots \tag{1-4}$$

式中 a，b，c——小于 0 的常数；

T——温度，℃。

例如，水在 10~60℃时，表面张力为

$$\gamma = 75.796 - 0.145T - 0.00024T^2$$

1.1.2 表面张力的微观解释

液体内部每个分子受力均匀，合力为 0，可自由运动；表面分子所受内部力有 Van der Waals（Lifshitz-Van der Waals）力、氢键等。液体内部分子迁至表面需要做功（表面受力不均），出现表面自由能。

分子间距离的解释：分子势能随分子间距离变化，最低间距为 r_0，距离远近均增加势能，距近排斥、距远吸引，见图 1-1。表面分子间距大则吸引，使分子沿表面方向收缩。

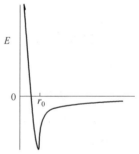

图 1-1 距离与势能的关系

1.1.3 液面的曲率与附加压力

水珠受压（气泡凹球）见图 1-2。外压力、内聚力和平衡力的关系如下式所示：

$$P_{收} = P_{凹} - P_{外} \tag{1-5}$$

式中 $P_{外}$——外压力，N/m^2；

$P_{收}$——内聚力，N/m^2；

$P_{凹}$——平衡力，N/m^2。

水珠受压（气泡凸球）见图 1-3。外压力、内聚力和平衡力的关系如下式所示：

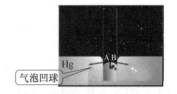

图 1-2 气泡凹球的液面

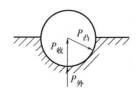

图 1-3　气泡凸球的液面

$$P_凹 = P_外 + P_收$$

外力做功（J），使珠体发生微小的体积变化（dV）和面积变化（dA），平衡时：

$$du = (P_外 - P_凹)dV + \gamma dA = 0$$

$$P_凹 - P_外 = \gamma dA/dV$$

对球体而言，有：

$$dA/dV = 8\pi R dR/4\pi R^2 dR = 2/R$$

其中，R 表示球体半径。由此可得：

$$\Delta P = P_凹 - P_外 = 2\gamma/R \tag{1-6}$$

由上式可以发现：①凸液面的 R 为正时，当 R 减小，ΔP 升高，方向向液内；②凹液面的 R 为负时，当 R 减小，ΔP 升高，方向向液外；③平液面时，$\Delta P = 0$。

对曲面而言，曲面半径为 R_1、R_2，设面积变化（微量）为

$$x \longrightarrow x + dx$$
$$y \longrightarrow y + dy$$
$$z \longrightarrow z + dz$$

面积变化需做功为 $xydz \cdot \Delta P$，做功分析如图 1-4 所示。则有：

$$\Delta P \cdot xydz = \gamma dxy = \gamma(xdy + ydx) \tag{1-7}$$

$$(\Delta PdV) \quad (\gamma dA)$$

根据相似三角形定义：

$$\frac{x+dx}{R_1+dz} = \frac{x}{R_1} = \frac{dx}{dz} \quad dx = xdz/R_1, \quad dy = ydz/R_2$$

代入式（1-7），得 $\Delta P \cdot xydz = \gamma(xdy + ydx) = \gamma\left(\dfrac{xydz}{R_2} + \dfrac{xydz}{R_1}\right)$

$$\Delta P = \gamma(1/R_1 + 1/R_2) \tag{1-8}$$

式中 $1/R_1 + 1/R_2$ 表示曲面的曲率。

1.1.4　毛细现象

1.1.4.1　毛细管中液面升降

毛细现象是在毛细力作用下，流体发生流动的现

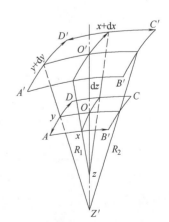

图 1-4　弯曲液面变化做功分析

象，这种现象是由液面的曲率差造成的（从 Laplace 公式可知），如图 1-5 所示。

前已述及，$P_收 = P_凹 - P_外$，凹面压力低使液面升高，可以采用下式计算：

$$\Delta P = \frac{2\gamma}{r} = \rho g h$$

$$h = \frac{2\gamma}{\rho g r} \tag{1-9}$$

式中　ρ——液体密度，kg/m^3；

　　　r——毛细管半径，m；

　　　g——重力加速度，m/s^2；

　　　γ——表面张力，N/m；

　　　h——液面上升或下降高度，m。

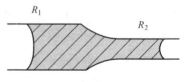

图 1-5　毛细管中的
液面上升与下降

当毛细管半径为 r，曲率为 R，则有 $R = r/\cos\theta$。其中，θ 为润湿角。代入上式（1-9）得到

$$h = \frac{2\gamma\cos\theta}{\rho g r} \tag{1-10}$$

由式可知，当 $\cos\theta > 0$，液面上升；当 $\cos\theta < 0$，液面下降，即 h 增大；当 $\theta > 90°$，液面下降。

1.1.4.2　其他毛细现象

一堆粉，一堆砂，一束纤维，两片平板，一片插入水中的玻璃，都能产生毛细现象。事实上，能够产生毛细现象的关键是连续液体具有不同曲率的液面。在制革工艺中，当水的重力不计时，水或加脂剂在胶原纤维中流动、润湿、渗透、吸收直接与毛细现象有关。如果毛细管中出现连续液有两个曲率的现象，如图 1-6 所示，哪种情况流向粗管？哪种情况流向细管？可以根据下式进行分析：

图 1-6　不同曲率的毛细管

$$\Delta P = 2\gamma(1/R_1 - 1/R_2) \tag{1-11}$$

$$\Delta P = \frac{2\gamma\cos\theta_1}{R_1} 与 \frac{2\gamma\cos\theta_2}{R_2}$$

1.1.4.3　Kelvin 公式

（1）公式导出

一定温度下液体有一定的饱和蒸汽压，当液体以液滴（半径为 r）或水平液面形式存在时，两者的蒸汽压有何区别？

设恒温下将 1mol 水平液体转变成半径为 r 的小液滴，且摩尔体积不随压力而变，则自由能为

$$\Delta G = V_L \cdot \Delta P = V_L \cdot \frac{2\gamma}{r} \tag{1-12}$$

式中　V_L——摩尔体积。

此时两种状态下的位差为

$$\Delta G = \mu_汽 - \mu_液$$

根据气-液平衡，$\mu_液 = \mu_汽$，以及液体的化学位与其饱和蒸汽压关系，设 $P_凹$ 为小液滴表面饱和蒸汽压，P_0 为水平液面饱和蒸汽压，得到下列公式：

$$\mu_汽 = \mu_0 + RT\ln P_凹$$

$$\mu_液 = \mu_0 + RT\ln P_0$$

$$\Delta G = RT\ln P_凹 / P_0$$

又有
$$V_L = M/\rho$$

式中　M——液体的相对分子质量；

　　　ρ——液体密度。

则有

$$RT\ln \frac{P_凹}{P_0} = \frac{2\gamma M}{\rho r} \tag{1-13}$$

这就是 Kelvin（Lord Kelvin）公式，其中，$\Delta P = P_凹 - P_0$，当 $\Delta P/P_0$ 很小时，有：

$$\frac{P_凹}{P_0} = 1 + \frac{\Delta P}{P_0}$$

$$\frac{\Delta P}{P_0} = \frac{2\gamma M}{RT\rho r} \tag{1-14}$$

（2）Kelvin 公式应用

① 人工降雨。在过饱和水雾中掺入 AgI 大粒核造成压差，水雾迅速凝成水滴。

② 水的沸腾。初形成溶入空气的水泡，内蒸汽压小、外压大，易被压抑；一旦过热时受外部影响，如温度变化、机械搅拌，易促使小泡合并，生成大泡，浮出液面；若加入沸石，制造较多的小泡，营造大泡机会，使泡离开液内，及时减压、减能，防止爆沸。

③ 毛细蒸发。在凹面毛细内，$P_0 > P_凹$，即凹面上蒸汽压小于水平面蒸汽压。当毛细半径 r 减小，ΔP 升高，蒸发能力加强。如果 P_0 为大气压，则毛细收缩力加强，出现毛细凝结能力增强的情况，见图 1-7。

图 1-7　毛细压力与蒸发

④ 粒子聚（黏）合。两光滑并无电荷作用关系的粒子相近时，粒子间的液体出现曲面，见图 1-8。通过几何关系得到：

$$r = x^2/2R$$

根据 Laplace 公式，两侧流体有压差 $\Delta P \approx \gamma/r$，即毛细凝结液相压力比周围大气压力低。已知连接两球的面积为 πx^2，则施加于粒子使其黏附在一起的力，取决于粒子大小及表面张力（R，γ），即：

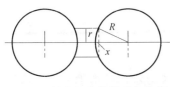

图 1-8　粒子间液体的毛细作用

$$f = (\gamma/r)(\pi x^2) = 2\pi R\gamma \qquad (1-15)$$

1.1.4.4 表面压

将细线连成一圈放在水面上，滴一滴油酸在圈内，圈立即张紧成圆，这种油膜对线所施的力称为表面压。

$$\Delta P_{面} = (\gamma_0 - \gamma) \qquad (1-16)$$

式中 γ_0——水的单位表面能（在 $25 \sim 100℃$ 时为 $70 \sim 25\text{mN/m}$）；

       γ——油酸的单位表面能。

   $\Delta P_{面}$——膜对单位长度浮物所施的力，其值为水的表面张力 γ_0 被膜降低的值。当 $\Delta P = 50\text{mN/m}$，浮物长度为 1m，膜厚为 1nm。浮物在该厚度上单位面积受力为：

$$P = \frac{50\text{mN}}{1\text{m} \times 10^{-9}\text{m}} = 5 \times 10^{10}\text{mN/m}^2 = 5 \times 10^7\text{Pa} \approx 50\text{MPa}$$

1.2 溶液的表面活性

1.2.1 溶液的表面张力

水溶液的表面张力及活性与溶质存在极大的相关性。

溶液是由两种及两种以上的分子组成，若力场较弱的溶剂分子聚集于溶液表面，使表面张力降低。这种能显著降低表面张力的溶质称为表面活性剂。

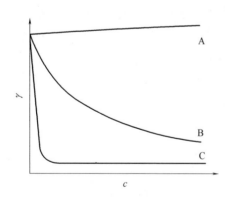

图 1-9 溶液浓度与表面张力

影响表面张力的物质可分为 A、B、C 三类，见图 1-9。

A 类：随液体浓度增大，表面张力增大，如一些无机盐及有机物的溶液（$NaCl$、$NaSO_4$、KOH、NH_4Cl、KNO_3、蔗糖等）。就单个离子而言，有 $Li^+ > Na^+ > K^+ > Rb^+ > Cs^+ > F^- > Cl^- > Br^- > I^-$。

B 类：随着浓度增大，表面张力降低，如醇、酸、醛、酮、醚、酯、胺等。

C 类：此类物质在低浓度时表面张力急剧下降，达到最低点。C 类物质包括 8 个碳以上的有机酸盐、季铵盐、烷基磺酸、苯磺酸盐。

1.2.2 Traube 规则

稀的水溶液中溶质的表面活性可用 $(\gamma_0 - \gamma)/c$ 值来衡量，每增加一个—CH_2—，$(\gamma_0 - \gamma)/c$ 值约增加 3 倍，见表 1-1。

表 1-1　　　　　　　　　　　　　　一些溶液与表面活性关系

溶质	乙酸	丙酸	丁酸	异戊酸
$(\gamma_0-\gamma)/c$	250	730	2150	6000

1.2.3　混合溶液表面张力等温线

当两种以上溶液混合时，表面张力 γ 出现下列情况：

① 直线上升（两种成分性能相似）。

② 负偏差，两种成分表面张力差很大。

③ 正偏差，有极大值，然后下降。

混合溶液表面张力的计算：

$$\gamma = \gamma_1 x_1 + \gamma_2 x_2 + k x_2 + k' x_2^2 \tag{1-17}$$

式中　x——各物质的摩尔分数；

k，k'——两组作用参数。

在理想情况下，k、k' 为 0，纯态时有 γ^0：

$$\gamma = \gamma_1^0 + (\gamma_2^0 - \gamma_1^0) x_2 \tag{1-18}$$

1.2.4　溶液表面过剩与 Gibbs 公式

通过"刮皮试验"及"气泡分析"发现溶液表面含表面活性剂的量高，这种表面富集的现象称为吸附，这种表面与内部的浓度差称为表面过剩。

如何计算表面活性剂的吸附量？可通过热力学方法，如 Gibbs 划面法和 Guggenheim 界相面法。

1.2.4.1　Gibbs 划面法

表面相指与体相浓度不同的表面层（n 分子厚），其溶质数量为 n^σ，即体系中"总质量减两相溶质"，公式为

$$n^\sigma = n - (n^\alpha + n^\beta) \tag{1-19}$$

n^σ 与 n^β 指在 σ 相中溶质过剩量，若用面积 A 除，可表示为

$$\Gamma = \frac{n^\sigma}{A} \tag{1-20}$$

式中，Γ 表示单位表面上溶质超过体相的数量，称为表面过剩，是由表面吸附形成的表面浓度，单位为 mol/m^2。若 β 为气相，则 n^α 远大于 n^β，有 $n^\sigma = n - n^\alpha$，则

$$\Gamma = (n - n^\alpha)/A \tag{1-21}$$

由上式可知，Γ 值与分界面位置有关，确定位置后才使 Γ 有意义。Gibbs 法是 Γ 为某一层面时的值为 0 时的位置（$\Gamma = 0$），根据式 $n^\sigma = n - (n^\alpha - n^\beta)$ 可得：

$$U^\sigma = U - (U^\alpha + U^\beta)$$

$$S^\sigma = S - (S^\alpha + S^\beta)$$

$$G^\sigma = G - (G^\alpha + G^\beta)$$

由于 $\Gamma = 0$ 的分界面是唯一的，即 U^σ、S^σ、G^σ 都已确定。

体系 U^σ 微量变化：

$$du = dq - dw = Tds - pdv$$

$$dU^\sigma = Tds^\sigma + \gamma dA + \sum_i \mu_i dn_i^\sigma$$

式中，用 λdA 代替 $-pdv$（pdv 是体系对外做功，λdA 是环境对体系作功）。当 T、γ、μ_i 固定（恒温恒浓），对式（1-4）进行积分，得到

$$U^\sigma = TS^\sigma + rA + \sum_i \mu_i n_i^\sigma \tag{1-22}$$

对式（1-20）进行微分，得到

$$dU^\sigma = Tds^\sigma + s^\sigma dT - \gamma dA + Ad\gamma + \sum_i \mu_i dn_i^\sigma + \sum_i n_i^\sigma d\mu_i \tag{1-23}$$

比较式（1-20）与式（1-21）得到

$$S^\sigma dT + Ad\gamma + \sum_i n_i^\sigma d\mu_i = 0 \tag{1-24}$$

若恒温，再用 A 除式（1-24），可得

$$-d\gamma = \sum_i \Gamma_i d\mu_i \tag{1-25}$$

式中，Γ_i 表示 i 组分表面过剩。

对双组分溶质而言，有

$$-d\gamma = \Gamma_1 d\mu_1 + \Gamma_2 d\mu_2$$

设 μ_1 表示溶剂，在分界面上 $\Gamma_1 = 0$，有

$$-d\gamma = \Gamma_2^{(1)} d\mu_2$$

式中，$\Gamma_2^{(1)}$ 表示在界面 $\Gamma_1 = 0$ 处溶质表面过剩。溶液在恒温条件下，有

$$d\mu_i = RTd\ln a_i$$

式中，a_i——溶质的活度。代入式（1-23）：

$$\Gamma_2^{(1)} = -\frac{1}{RT} \cdot \frac{d\gamma}{d\ln a_2} \tag{1-26}$$

当溶液很稀时，$a_2 \approx c$，此时有

$$\Gamma_2^{(1)} = -\frac{1}{RT} \cdot \frac{d\gamma}{d\ln c} = -\frac{c_2}{RT} \cdot \frac{d\gamma}{dc} \tag{1-27}$$

由上式可知，当 $d\gamma/dc < 0$，即溶液的 γ 随溶质浓度的增加而下降，$\Gamma > 0$，即表面层溶质浓度大于溶液内部，这种现象又称正吸附。式中，$\Gamma_2^{(1)}$ 为溶质的 Gibbs 吸附量，即溶剂表面过剩为 0 时溶质表面过剩，单位是 mol/m^2。

Gibbs 公式是热力学的结果，也可用于液液、固液、固气界面。

1.2.4.2 低浓度时的吸附情况

从 Traube 规则可知，当 c 很小时，有 $\gamma_0 - \gamma = BC$，将其代入 Gibbs 公式，在低浓度

时，$\Gamma_2^{(1)}-c$ 为直线：

$$\Gamma_2^{(1)} = -\frac{c_2}{RT}\left(\frac{\mathrm{d}r}{\mathrm{d}c_2}\right) = \frac{B}{RT}c_2 \tag{1-28}$$

（1）溶液表面的吸附

非离子型表面活性剂在溶液表面的吸附量直接利用 Gibbs 公式：

$$\Gamma = -\frac{1}{RT}\left(\frac{\mathrm{d}\gamma}{\mathrm{d}\ln c}\right)_T = -\frac{1}{2.303RT}\left(\frac{\mathrm{d}r}{\mathrm{d}\lg c}\right)_T \tag{1-29}$$

式中　R——摩尔气体常数，8.315J/mol·K；

Γ——吸附量，mol/m^2。

25℃时，浓度为 1×10^{-5}mol/L 的表面活性剂水溶液，$\mathrm{d}r/\mathrm{d}\lg c = -13.3$，则离子型表面活性剂在溶液中吸附量计算如下：

$$\Gamma = -[(1/2.303)\times8.315\times10^7\times298][-13.3] = 2.33\times10^{-10}(\mathrm{mol/m^2})$$

设溶液中表面活性离子为 R，反离子为 M$^+$，溶液中存在 OH$^-$ 和 H$^+$。Gibbs 公式为

$$-\mathrm{d}\gamma = \sum \Gamma_i\mathrm{d}_{\mu i} = \Gamma_R - \mathrm{d}\mu_{R^-} + \Gamma_M\mathrm{d}\mu_M + \Gamma_{H^+}\mathrm{d}\mu_{H^+} + \Gamma_{OH^-}\mathrm{d}\mu_{OH^-}$$

中性条件下，尾后两项略去，根据电中性原则，前两项相同，则：

$$-\mathrm{d}\gamma = 2\Gamma_R - \mathrm{d}\mu_{R^-}$$

$$\Gamma = -\frac{1}{2\times2.303RT}\frac{\mathrm{d}\gamma}{\mathrm{d}\lg a} \tag{1-30}$$

式中，a 是表活性剂在溶液中的活度。

（2）混合表面活性剂溶液的吸附

上式中，当表面活性剂浓度很小时，$a\approx c$，混合表面活性剂溶液的吸附量根据 Gibbs 公式计算：

$$-\mathrm{d}\mu = \sum\Gamma_i\mathrm{d}\mu_i$$

$$\mathrm{d}\mu_i = RT\mathrm{d}\ln a_i \tag{1-31}$$

① 总吸附量。改变各剂的比例，将总 $\mathrm{d}\gamma/\mathrm{d}\lg c$ 作图，c 为总浓度。

② 单组分吸附量。改变一种浓度，测出 $\mathrm{d}\gamma/\mathrm{d}\lg c_i$。

1.2.5　固液的表面吸附

凡能降低固液表面张力的物质都可发生吸附。γ 降低越多时，吸附量越多。由于固液之间界面张力无法直接测定，公式应用受限。试验往往根据特定环境条件进行讨论分析，因此，各种规律都来自经验总结。

溶液表面的吸附都为放热过程，因此，吸附量随温度的上升而下降。根据分子间作用原理，极性吸附剂吸附极性物，而当溶质的溶解度较小时更易通过吸附发生作用。

1861 年，SchonbeinCH（德国）采用过量吸附剂吸附分离多组分物质；1906 年，HaerMC（俄国）创建了色谱法，采用 CaCO$_3$ 进行了叶绿素的分离。

1.2.5.1 吸附等温关系与吸附等温曲线意义

吸附等温关系是指在一定温度下溶质分子在两相界面上进行的吸附过程，当溶液系统达到平衡时，溶质分子在两相中浓度之间的关系曲线。吸附等温曲线也是吸附量、吸附强度、吸附状态等宏观综合的表达。吸附等温线是吸附量为压力的函数，表达式见下式：

$$V = f(x)_{t, 气, 固} \tag{1-32}$$

式中，x 为 P 的函数；V 是状态方程，也是过程方程；t 表示温度；气、固表示状态。

吸附等温线意义为在恒定温度下，对应一定的吸附质压力，固体表面只能存在一定量的气体吸附。通过测定一系列相对压力下相应的吸附量，可得到吸附等温线。通过吸附等温线可以对吸附现象以及固体的表面与孔进行研究，也可以从中研究表面与孔的性质，计算出表面积与孔径分布。

1.2.5.2 6种吸附等温线

（1）Ⅰ型等温线（Langmuir 等温线）

Langmuir（IrvingLangmuir）单层可逆吸附过程是窄孔吸附过程。对于微孔来说，这是体积充填的结果，吸附容量受孔体积控制。图 1-10 中，转折点对应吸附剂的小孔完全被凝聚液充满。微孔硅胶、沸石、炭分子筛等出现Ⅰ型等温线。在接近饱和蒸汽压时，由于微粒之间存在缝隙，会发生类似于大孔的吸附，Ⅰ型等温线会迅速上升。

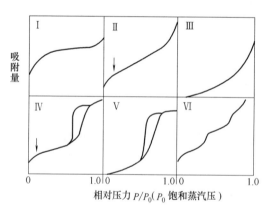

图 1-10 吸附等温线

（2）Ⅱ型等温线（S 型等温线）

S 型等温线是发生在非多孔性固体表面或大孔固体上自由的单一多层可逆吸附过程。在低 P/P_0 处有拐点，它表示单分子层的饱和吸附量，相当于单分子层吸附的完成。随着相对压力的增加，开始形成第二层分子层，在饱和蒸汽压时，吸附层数无限大。这种类型的等温线常出现在吸附剂孔径大于 20nm 的情况下。吸附剂的固体孔径尺寸无上限。在低 P/P_0 区，S 型等温线凸向上或凸向下，反映了吸附质与吸附剂相互作用的强或弱。

（3）Ⅲ型等温线（在整个压力范围内呈凹形）

在憎液性表面存在多分子层或发生固体和吸附质的相互吸附作用小于吸附质之间的相互作用时，呈现Ⅲ型等温线。例如，水蒸气在石墨表面吸附；在经过憎水处理的非多孔性金属氧化物上的吸附。在低压区吸附质的吸附量少，表明吸附剂和吸附质之间的作用力相对弱。相对压力越高，吸附量越多，表现为有孔充填。

（4）Ⅳ型等温线（具有转折、突变及吸附滞后）

低 P/P_0 区曲线凸向上，与Ⅱ型等温线类似。在较高 P/P_0 区，吸附质发生毛细管凝聚，等温线迅速上升。当所有孔均发生凝聚后，吸附只在面积远小于内表面的外表面上发生，曲线平坦。P/P_0 达某点时，在大孔上吸附，曲线上升。

由于发生毛细管凝聚，在较高 P/P_0 区内可观察到滞后现象，即在脱附时得到的等温线与吸附时得到的等温线不重合，脱附等温线在吸附等温线的上方，产生吸附滞后，呈现滞后环。这种吸附滞后现象与孔的形状及其大小有关，因此通过分析吸脱附等温线能知道孔的大小及其分布。

（5）Ⅴ型等温线（无转折有突变及吸附滞后）

在更高相对压力下存在一个拐点。等温线来源于微孔和介孔固体上弱的气-固相互作用，微孔材料的水蒸气吸附常见此类线型。

（6）Ⅵ型等温线（台阶状吸附）

Ⅵ型等温线中的台阶形状来源于均匀非孔表面的依次多层吸附。

1.2.5.3　建立吸附状态方程

建立状态方程的两条途径：

① 动力学途径，即吸附速度与脱附速度相等。

② 统计热力学推导。

确定吸附特征：物理吸附——分子间引力，无选择性；随压力升高，吸附增加；随温度升高，吸附减少。化学吸附——原子间有电子转移，生成化学键，有选择性；随温度升高，吸附增加；放热接近化学反应热。

1.2.5.4　Langmuir 吸附方程

1916 年，Langmuir 导出了单分子层吸附的状态方程：

$$解析速度 = k_1\theta$$

$$吸附速度 = k_2 p(1-\theta)$$

式中，θ 表示被吸收的固体表面积；p 表示压力。

$$k_1\theta = k_2 p(1-\theta)$$

$$\theta = \Gamma/\Gamma_\infty$$

$$\Gamma/\Gamma_\infty = k_2 p/(k_1 + k_2 p) \tag{1-33}$$

1.3　表面活性剂溶液

1.3.1　表面活性剂分类

表面活性剂溶液性质已成为当今研究热点，表面活性剂对当今高新技术发展起了重要作用，表面活性剂成为软物质的重要组成部分。

表面活性剂溶于水后破坏了水自身氢键，使体系熵不定，亲水基及疏水基在水中分散，使熵增加，进而推进分散，故表面活性剂的溶解是熵驱动过程。

表面活性剂是一种具有两亲基团的分子。其分子分两部分：亲油基或疏水基和亲水基，如肥皂（脂肪酸盐）。亲油基团（疏水基团）包括各种非极性、弱极性基碳氢链。亲水基团包括各种强极性的亲水基，但并非具有两性基团的分子均为表面活性剂。最简单的例子是具有两亲结构的甲酸、乙酸、丙酸和丁酸，它们具有表面活性，但其不是表面活性剂。对正构烷基而言，表面活性剂要求其具有 8 个碳以上的结构。

按应用功能分，表面活性剂有乳化剂、洗涤剂、起泡剂、润湿剂、分散剂、铺展剂、渗透剂、加溶剂等。

按溶解特性分，表面活性剂有水溶性、油溶性、水油两性。

按亲水基类型分，表面活性剂有：

① 阴离子型。羧酸盐（RCOOM）、磺酸盐（RSO_3M）、硫酸盐（$ROSO_3M$）、磷酸盐（$ROPO_3M$）等。

② 阳离子型。季铵盐（$RN^+R_3'A$）、烷基吡啶盐（$RC_5H_5N^+A^-$）、胺盐（$R_nNH^+A^-$）等。

③ 两性型。氨基丙酸（$RN^+H_2CH_2COO^-$）、咪唑啉型、甜菜碱 [$RN^+(CH_2)$ CH_2COO^-]、醇醚硫酸 [$R(C_2H_4O)_nSO_4^-$]、牛磺酸 [$RN^+(CH_2)$ $CH_2SO_3^-$] 等。

④ 非离子型。氮氧物（RNO）、聚氧乙烯物 [$RO(C_2H_4O)_nH$]、多元醇（蔗糖、山梨醇甘油）、亚砜类化合物（RSOR'）。

按疏水基类型分，表面活性剂有：

① 碳氢表面活性剂。脂肪酸（$C_{12} \sim C_{18}$）、石蜡（$C_{10} \sim C_{20}$）、烯烃（$C_{10} \sim C_{20}$）。

② 烷基苯 [烷基（$C_8 \sim C_{12}$）]。

③ 醇（$C_8 \sim C_{12}$）。

④ 烷基酚（$C_8 \sim C_{12}$）。

⑤ 聚氧丙烯。环氧丙烷低聚物。

⑥ 氟表面活性剂。氟取代的电解脂肪酸、四氟乙烯聚合物。

⑦ 硅表面活性剂。二甲硅烷聚合物。

1.3.2　表面活性剂共性

表面活性剂水溶液有 3 个特性：表面特性，溶液特性，溶解度特性及溶油性。本节讨论表面特性和溶液特性。

表面活性剂水溶液的一个重要特性是临界胶束（团）浓度（critical micelle concentration，CMC）。从 CMC 这一浓度起，分子排满水表面并开始向液体内部分散，以疏水基为内核，形成胶团，导致溶液中质点大小、数量突变，从而引起一些理化性质的突变。

表面活性剂的溶解度是另一个重要特性。浊点是非离子表面活性剂在升温时开始不溶的温度。此类现象的解释是非离子表面活性剂依赖其氧乙烷（ethylene oxide，EO）与水形成氢键溶于水，升高温度易使氢键破坏。一些非离子表面活性剂的浊点见表 1-2。

表 1-2　　　　　　　　　　　　　　一些非离子表面活性剂的浊点

表面活性剂	浊点/℃	表面活性剂	浊点/℃
$C_{12}H_{25}(EO)_3OH$	25	$C_{12}H_{21}(EO)_6OH$	60
$C_{12}H_{25}(EO)_6OH$	52	$C_8H_{17}(EO)_6OH$	68

当温度升至某一值时，离子型表面活性剂的溶解度陡升，该温度为 Krafft 点。对这一点没有良好解释，推测是亲水基随温度升高离解度增加引起的。

1.3.2.1　表面活性剂溶液的 CMC

表面活性剂溶液的 γ 与 c 之间的关系，如图 1-11 所示，其关系可用 Gibbs（Josiah Willard Gibbs）式（1-27）（吸附式）表示。

$$\Gamma = -\frac{1}{RT} \cdot \frac{d\gamma}{d\ln c}$$

实际测试中，CMC 的解释是活性剂中含有疏水杂质。当浓度达到 CMC 后，胶束产生，杂质立即溶入胶团中，使 γ 突然升高。

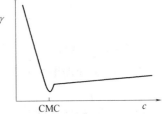

图 1-11　表面活性剂 γ 与 c 的关系

1.3.2.2　影响 CMC 的因素

不同表面活性剂的 CMC 具有不同尺寸的胶束，源于分子聚集数。室温下，离子胶束的聚集数为 20~300，非离子胶束的聚集数为 40~1000。

（1）分子结构因素

烷基硫酸钠的烷基碳数为 8、10、12、14，胶束的聚集数 n 为 28、41、54、80。1953 年，Klevens 将烷基链中的碳数 n 与 CMC 之间关系（表 1-3）总结出经验公式：

$$\lg CMC = A - B_n \tag{1-34}$$

式中，A 与极性基团相关，B 与非极性基及温度相关，n 与烷烃链长度相关。

表 1-3　　　　　　　　　　　　　　　　Klevens 参数

参数	烷基羧酸钾	烷基硫酸酯钠	烷基氯化铵
A 值	1.74	1.42	1.79
B 值	0.29	0.295	0.296

根据式（1-35）可以得到：

① 烷基链长增加，CMC 值下降（80℃），例如，十二烷基硫酸钠的 CMC 值为 0.017mol/L，己基苯磺酸钠的 CMC 值为 0.037mol/L。

② 引入双键使 CMC 值上升（45℃），例如，硬脂酸的 CMC 值为 4.5×10^{-4}mol/L，油酸钾的 CMC 值为 1.2×10^{-3}mol/L。

③ 烷烃中氢被氟取代后 CMC 值下降，例如，辛酸钾的 CMC 值为 0.39mol/L，全氟辛酸钾的 CMC 值为 0.029mol/L。

④ 疏水链支化使 CMC 值上升，例如，十四烷基硫酸钠 CMC 值 2.4×10^{-3}mol/L，1-二庚基硫酸钠 CMC 值 9.7×10^{-3}mol/L。

⑤ 亲水基增多使 CMC 值上升，例如，碳数分别为 9、11、13、15、17 的脂肪酸钾的 CMC 值分别为 0.15、0.028、0.007、0.002、0.001mol/L，引入第二羧基后脂肪酸钾的 CMC 值分别改变为 0.350、0.130、0.048、0.017、0.0063mol/L。

⑥ 同烷基中 EO 连接阴离子亲水基使 CMC 值更低，低 1~2 个数量级。

⑦ 阳离子型 N 上取代基多（碱性强），CMC 值上升，例如，氧化十二烷基铵的 CMC 值为 1.28×10^{-2}mol/L，氯化十二烷基三甲基铵的 CMC 值为 2.0×10^{-2}mol/L。

⑧ 与阳离子型相配的阴离子对 CMC 有影响，例如，Cl^-、Br^-、I^- 使 CMC 值依次上升（极性低离解弱）。

（2）电解质因素

在表面活性剂溶液中加入无机电解质，直接影响 CMC 和胶束的体积及溶解度。1995 年，Shinoda 提出了关于电解质浓度与 CMC 浓度的关系公式：

$$\lg CMC = -n_i \cdot k \cdot \lg c_i + A \tag{1-35}$$

式中　c_i——电解质浓度；

　　　n_i——表面活性剂电荷；

　k，A——常数。

对于阳离子表面活性剂而言，反离子浓度增加，CMC 值降低，非离子型作用不明显。

（3）极性物的影响

少量的有机极性物，如醇、胺、酸等，加入表面活性剂溶液中会改变 CMC：

① 中等长度非极性有机物分子加入，水溶性差，加速胶胶束形成，使 CMC 值降低。

② 低分子质量极性物加入，如尿素、甲酰胺、乙二醇、1,4-二氧六环等，有强水溶性，能与水强烈作用破坏水结构，阻止胶束形成，使 CMC 上升，也使表面活性剂溶解度提高。

③ 低分子质量的醇加入，少量时与 A 同，大量时与 B 同（甲醇为代表）。

④ 强极性物加入，如果糖、木糖、山梨糖醇、环己六醇，会使溶液的 CMC 值降低。

（4）温度的影响

主要针对非离子型的浊点，温度升高溶解度下降，CMC 值降低。

1.3.3　表面活性剂的混合

实际应用中，表面活性剂多数是混合使用，当两种或两种以上表面活性剂混合后，溶液的许多性质并非是两种或多种等量的简单平均。采用表面活性剂进行皮/坯革纤维表面的脱脂与去污时，除表面活性剂的疏水链长、亲水基团的离子性质和溶液离子强度对基质和污垢吸附强度以及吸附取向的影响外，表面张力和临界胶束浓度的大小极其重要。从表面活性剂的脱脂与去污机理来看，由于表面活性剂在油脂及污垢表面上的吸附降低了它们的表面张力，使其易于润湿、增溶、乳化。通过转变表面电荷或表内能，降低了油脂与污物对皮/坯革纤维表面的黏附，辅以机械作用后达到脱脂与去污目的。因此，利用表面活性剂的协同作用，在相同总量下，能够降低 CMC 的表面活性剂混合，能发挥更好的增溶和除污效果。

1.3.3.1　同系表面活性剂理想混合体系

表面活性剂的混合有以下几种方式：亲水基团、疏水基团的电性与结构均不同；亲水基团、疏水基团电性相同，结构不同；非离子疏水基团相同，EO 大小不同。

当以摩尔比为 1∶1 混合后，溶液的表面张力更接近表面活性高者，这是由竞争吸附产生的，活性高吸附多。从热力学角度可以导出两组分在溶液或胶团中的化学方程：

$$\mu_1 = \mu_1^0 + RT\ln CMC_T x_1$$

$$\mu_1^m = \mu_1^{mo} + RT\ln n x_1^m$$

$$\mu_2 = \mu_2^0 + RT\ln CMC_T x_2$$

$$\mu_2^m = \mu_2^{mo} + RT\ln x_2^m$$

其中，$CMC_T = CMC_1 + CMC_2$，x_1，x_2 和 x_1^m，x_2^m 分别为组分 1、组分 2 在混合物及混合胶团中的摩尔分数。当溶液与胶束相平衡时，$\mu_1 = \mu_1^m$，$\mu_2 = \mu_2^m$，则：

$$\mu_1^{mo} - \mu_1^0 = RT\ln CMC_T x_1 / x_1^m$$

$$\mu_2^{mo} - \mu_2^0 = RT\ln CMC_T x_2 / x_2^m$$

根据单一组分胶团溶液的平衡关系：

$$\mu_1^{mo} - \mu_q^0 = RT\ln CMC_1^0$$

$$\mu_{21}^{mo} - \mu_2^0 = RT\ln CMC_2^0$$

从上述关系式可得：

$$x_1^m = \frac{CMC_T x_1}{CMC_1^0}, \quad x_2^m = \frac{CMC_T x_2}{CMC_2^0}$$

其中，$x_1^m + x_2^m = 1$

$$\frac{1}{CMC_T} = \frac{x_1}{CMC_1^0} + \frac{x_2}{CMC_2^0} \tag{1-36}$$

式（1-36）表示两组分混合后总 CMC_T 与组分比例之间关系。

这种现象表明，如果混合表面活性剂水溶液表面上的混合单分子层和溶液中混合胶束是理想的，即两种表面活性剂之间没有相互作用，那么两种表面活性剂的混合物在一定条件下比各自的组分本身具有更为明显的界面活性特征，即混合物中的表面活性剂组分具有协同作用。这种协同作用主要表现在水介质中混合胶束的临界胶束浓度（CMC_T）低于表面活性剂各组分的 CMC。因此，表面活性剂混合后将对润湿、起泡、乳化和去污等性能均起促进作用。

1.3.3.2　不同系表面活性剂混合体系

另一种协同作用表现在混合胶束结构的非理想溶液状态，两种表面活性剂之间产生相互吸引作用。这种相互吸引，可以通过相反电荷的亲基团之间的静电吸引，也可以通过它们疏水基的 Van der Waals 力吸引实现。Huaxy（1982）与 RosenMJ（1989）对两种表面活性剂混合物协同作用的机理及表面活性剂分子间相互作用强度的等级做出了分析。

（1）离子型与非离子型混合

当非离子型表面活性剂与离子型表面活性剂混合后减弱了体系极性，有下列几种情况：

① 使胶团更易生成。表现为 CMC 降低（比任何一种都低），称为增效作用，有混合极小值。

② 无增效作用。混合后 CMC 介于两者之间，无极小值。溶液浊点提高，非离子表面活性剂溶液因阴离子表面活性剂的加入，发生离子化，使非离子表面活性剂溶液的浊点提高。原因是混合胶团带电，不易形成非离子表面活性剂相。

（2）阳离子型与阴离子型混合

一定条件下，阳、阴离子型混合能产生极大增效，例如，溴化辛基三甲铵 $C_8H_{17}N(CH_3)_3Br$ 与辛基硫酸钠 $C_8H_{17}SO_4Na$ 以摩尔比 1∶1 混合后，$CMC_T = 1.5 \times 10^{-2}$ mol/L，较两种物质单独存在的 CMC 值分别降低 17 倍和 10 倍；混合 $\gamma_{CMC_T} = 23$ mN/m，两种物质单独存在时 γ_{CMC} 分别为 39mN/m 和 41mN/m。可见，阳、阴离子型混合物降低了溶液的表面张力，有很好的应用前景，如起泡、泡稳定、乳化能力等。

① 基本原因。阴、阳离子间作用，使复合物极性下降。

② 混合弱点。溶解度小，不恰当的环境条件及物质特性易出现配伍禁忌。

③ 解决方法。必要时增大两者极性或加入第三组分增溶。

（3）二元表面活性剂混合

直链烷基苯磺酸盐（LAS）是最常用的表面活性剂，具有优良的洗涤除污性能，但耐硬水能力低，而非离子表面活性剂耐水硬度性能好。鉴于两者不同去污机理和能力，通常混合使用，以进行互补。

在十二烷基苯磺酸钠中加入少量较高 EO 值的聚氧乙烯脂肪醇（AE），可以降低溶液的表面张力和临界胶束浓度（Cox MF，1993），见图 1-12。测定得到，将 LAS（$M_n = 343$）与 AE 混合（$M_n = 666$），$n(LAS)/n(AE) = 0.11$ 时，CMC 从 3.5×10^{-4} mol/L 降至 7.0×10^{-5} mol/L。根据 RosenJ（1986）的理论计算，混合胶束中 $n(AE)/n(LAS) = 0.41$，表明，在总的溶液体系中化学计量为 8/1，在混合胶束中却成为 1/1.5，实际上成为一种非离子表面活性剂为主的胶束。

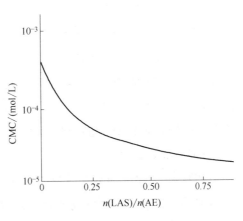

图 1-12　二元混合的 CMC

由于混合胶束的形成，一方面，在混合胶束中非离子亲水基增加或间隔减弱形成了 Ca(LAS)$_2$ 作用，破坏了 Ca(LAS)$_2$ 序态，有助于防止形成结晶；另一方面，溶液中游离的 LAS 单体浓度明显降低，溶液中 Ca(LAS)$_2$ 的浓度也降低，为 LAS 提供了对钙镁离子作用的防护，明显降低了 LAS 对水中硬性离子的敏感性。

用聚氧乙烯脂肪醇非离子表面活性剂作为烷基苯磺酸盐的辅助表面活性剂，有很强的脱脂力。而 α-烯烃磺酸盐（AOS）与 LAS 有很好的协同作用，是 LAS 优良的辅助表面活性剂，少量 AOS 代替 LAS，可使 γ 和 CMC 迅速下降，20% AOS 时 CMC 最小，远低于两者单独时总浓度的 γ 和 CMC（SuriSK1993）。然而，AOS 又具有优良的钙及钙皂分散能力和抗硬性离子能力，部分代替 LAS 可以提高溶液对硬度及钙皂的敏感性。

1.3.4　表面活性剂水乳液

一种液体通过稳定剂作用稳定地分散在水中，该溶液称为水乳液。被分散相称为内相，又称不连续相。分散介质称为外相，又称连续相。油与水混合后有两种类型：O/W 型和 W/O 型。

简易判断方法：乳液中加入少量油溶性染料被染为 W/O 型，或将油加入乳液，均匀分散为 W/O 型；乳液为良导体是 O/W 型；或将水加入乳液，均匀分散为 O/W 型。

1.3.4.1　乳液的基本性能

（1）相体积理论

Ostwald 的几何观点：相同半径的球最密堆积体积应占总体积的 74%，当分散相体积分数 >74% 时，乳胶球被破坏变形，即 26% < φ < 74% 时，可能有 O/W 型及 W/O 型存在；φ < 26% 或 φ > 74% 时，只有一种类型存在。但是，在 knop（1865）盐溶液中加入橄榄油发现，当 φ = 74% 时，电导率突然下降。实际中，φ > 74% 时，仍有乳液不变形的情况，如石蜡油-水乳液中油的 φ 约为 99%，体系仍为 O/W。其原因在于：乳液珠大小不等，使 φ > 74%；乳液珠可变形，增加了堆积密度。

（2）Bancroft 规则

1913 年，Bancroft 研究发现：油相与水相有两个界面张力，$\gamma_{水} > \gamma_{油}$，形成 W/O，反之为 O/W；乳化剂在某相溶度大（亲和力大）的一相易成为外相。

碱金属皂为水溶性，形成 O/W 型乳液；2 价、3 价的金属皂是油溶的，形成 W/O型乳液；易润湿的固体是 O/W 型乳液很好的乳化剂（如黏土、SiO_2 金属氧化物粉）；石墨、炭黑是 W/O 型乳液的乳化剂。

（3）Davies 规则

1957 年，Davies 研究发现当油水混合振荡后，如果水滴的聚集速度大于油滴，则形成 O/W 型乳液，反之形成 W/O 型乳液。两者聚集速度相近，则体积大的为外相，这种现象被称为聚集速度规则。

1.3.4.2 乳液稳定与破坏的因素

（1）乳液的破坏

乳液是不稳定体系。液珠聚集，体系界面缩小，体系 $\Delta G \leq 0$ 为自发过程。当乳液受到环境物理化学作用时，产生分层或油水分离，体系出现乳液两个成分的分别集聚，甚至絮凝。

煤油与水的界面张力为 40N/m 以上，加入表面活性剂，界面张力降低至 <1N/m，体系稳定，但界面大，总能量大，仍不稳定。

（2）影响因素

① 界面张力差。油与水两相界面张力太大，引起不稳定。例如，石蜡油与水界面张力差为 41mN/m，混合后互相分离；油酸钠（油酸）/水界面张力为 7.2mN/m，稳定。但是这并非唯一因素。例如，戊醇与水张力差很小，不形成乳液；明胶表面活性不高，并与水张力差大，但可成为良好的乳化剂。

② 界面膜的强度。乳液粒由于运动不停碰撞，碰撞中界面膜破裂则将形成大珠，使体系自由能降低。因此，界面膜的机械强度是决定稳定的因素之一。与界面膜强度相关的因素有：乳化剂数量少，强度低；乳化剂分子中有支链，排列松散，强度低；混合乳化剂，使极性降低，如表面活性剂中加入少量脂肪醇、脂肪酸、胺等极性物导致极性过渡，强度降低。如果表面活性剂与极性物，定向结合/混合紧密排列形成"复合物"，增加表面膜强度，则增加乳液稳定性。导致界面膜的机械强度降低的其他因素有：电解质浓度高，促使聚合；溶液黏度小，絮凝速度快；相体积超过一定值使乳液变形；温度较高，非离子型表面活性剂接近浊点；反电荷材料多，破坏乳化剂分子亲水性、离子电荷（如加 H^+）。增加界面电荷，使界面电荷密度大，界面膜分子排列紧密，强度大，增加乳液稳定性。

③ 黏度影响。体系黏度增大，分散液相运动速度慢，可以增加乳液稳定性。

1.4　表面活性剂分类个性

1.4.1　阴离子型

阴离子表面活性剂是一类最常用品种，其来源广、应用领域宽、可降解性好。根据亲水基团的结构差别，可以再分为以下几类。

（1）羧酸盐类（皂类）

① 脂肪酸盐。pH<7，不稳定；除碱金属盐溶于水外，碱土金属与过渡金属离子均不溶于水。

② 合成脂肪酸盐（单羧酸与多羧酸）。用氨水、醇胺中和，干燥后挥发，亲水性增强。

③ 天然植物酸盐。松香酸盐，具有较好的润湿力。

（2）磺酸盐类

① 烷基苯磺酸盐。如十二烷基苯磺酸钠，抗硬水，耐酸碱，生物降解较好（支链多的不易降解）。

② 烷基萘磺酸盐。如分散剂"拉开粉"。

③ 烷磺酸盐。水中溶解度低，抗硬水稍差，价高。琥珀酸酯磺酸钠是好的表面活性剂，可溶于水及油（可用作干洗剂）。

④ 石油磺酸盐。烷烃，烷基苯，烷基萘混合磺化物，相对分子质量是 $400 \sim 600$，多为油溶性（用于切削、农药），价廉。

（3）硫酸酯盐类

① 高级醇盐。用高级醇制备硫酸酯盐，当碳数大于 14 时不易溶于水。而制成聚氧乙烯醚硫酸钠 $[RO(C_2H_4O)SO_3Na]$ 时有较好的分散和起泡能力，抗盐好，去垢（钙皂）好。R 可以是直链，也可以是芳族结构。

② 天然羧基脂肪酸或不饱和脂肪酸盐。用天然羧基脂肪酸或不饱和脂肪酸制备的表面活性剂通常是制造低泡型加脂剂的主要材料，基本结构有 $RCH(OH)R'COONa$、$RC{=\!=}CR'COONa$、$RCH(OSO)_3^-R'COONa$。

（4）磷酸酯盐类（单酯与双酯）

① 高级脂肪醇磷酸盐。用磷酸直接与脂肪醇结合，基本结构有 $ROPO_3Na$ 和 $(RO)_2PO_2Na$。

② 高级脂肪醇聚乙二醇磷酸盐。用磷酸与聚乙二醇脂肪醇结合，基本结构有 $R(OCH_2CH_2O)_nOPO_3Na$。

1.4.2　阳离子型

季铵盐不受 pH 变化的影响，其杀菌能力强，洗涤性差，价高。仲铵盐、伯铵盐受

pH 影响，H^+ 离去直接影响阳电强弱，当胺被游离出时形成非离子。阳离子基本结构有：

$$R-\overset{\overset{\displaystyle R'}{|}}{\underset{\underset{\displaystyle R''}{|}}{N^+}}-R''' \qquad R-\overset{\overset{\displaystyle R'}{|}}{\underset{\underset{\displaystyle R''}{|}}{N^+}}-H \qquad R-\overset{\overset{\displaystyle R'}{|}}{\underset{\underset{\displaystyle H}{|}}{N^+}}-H$$

1.4.3 非离子型

非离子表面活性剂的开发应用始于 20 世纪 60 年代，其发展迅速。非离子表面活性剂的结构特征是其亲水基为：聚氧乙烯基；多醇（甘油、蔗糖、葡萄糖、山梨醇）。根据连接的疏水基团或亲水基团不同，各种产品与应用性能被研究。

（1）脂肪醇聚氧乙烯醚

① 基本结构。$RO(C_2H_4O)_nH$。其中，疏水段 R 为不饱和醇时，脂肪醇聚氧乙烯醚流动性好；R 为饱和醇时，润滑性好；R 为蓖麻醇时，乳化性好。

② 基本性能。水溶性好，易降解，稳定性高，润湿性好。

（2）脂肪酸聚氧乙烯酯

基本结构：$RO\overset{\overset{\displaystyle O}{\|}}{-}O-(C_2H_4O)_n-H$，其中，疏水段 R 为油酸、硬脂酸时，脂肪酸聚氧乙烯酯易水解，去泡差，乳化性好。

（3）烷基苯酚聚氧乙烯醚

基本结构：$R-\langle\!\!\!\bigcirc\!\!\!\rangle-O-(C_2H_4O)_n-H$ 其中，疏水段 R 为 $C_8 \sim C_9$ 时，烷基苯酚聚氧乙烯醚化学稳定性好（耐强酸、碱、氧化剂），不易降解；亲水段中的 $n<8$ 时，分子溶于油；$n=8\sim10$ 时，分子溶于水，润湿去污好，γ 最低；$n>10$ 时，润湿下降，γ 升高，用于强电解质体系。

（4）聚氧乙烯烷基胺

① 基本结构。$RN\overset{(C_2H_4O)_n-H}{\underset{(C_2H_4O)_m-H}{\Big\langle}}$ $\overset{R}{\underset{R}{\Big\rangle}}N(C_2H_4O)_n-H$ 亲水段结构：n、m 较小时，分子不溶于水或不溶于酸性水；n、m 较大时，分子溶于水。

② 基本性能。聚氧乙烯烷基胺具有阳离子及非离子两重性，有杀菌作用；可与阴离子物共用，可作抗静电剂、匀染剂、防蚀剂，是脂肪酸、胺的良好乳化剂。

（5）聚氧乙烯烷基酰醇胺

① 基本结构。$R\overset{\overset{\displaystyle O}{\|}}{C}NH-(C_2H_4O)_n-H$　$R\overset{\overset{\displaystyle O}{\|}}{C}N\overset{(C_2H_4O)_m-H}{\underset{(C_2H_4O)_m-H}{\Big\langle}}$

② 基本性能。聚氧乙烯烷基酰醇胺具有较强的去泡及稳泡作用，可用作干洗皂。n、m 为 1 时为烷醇酰胺，不溶于水，需要过量醇胺进行复合。

（6）多元醇型

基本结构：

$$RC-O-(O-CH_2-CH_2)_m OH$$

① 脂肪酸甘油酯。主要有脂肪酸单甘油酯和脂肪酸二甘油酯。基本性能：不溶于水，在水、热、酸、碱及酶等作用下易水解成甘油和脂肪酸，亲水亲油平衡 HLB 值为 3~4，表面活性弱。主要用作 W/O 型辅助乳化剂。

② 蔗糖脂肪酸酯。又称蔗糖酯，是蔗糖和脂肪酸反应生成的一大类化合物。根据脂肪酸取代数不同分为：单酯、二酯、三酯及多酯。基本性能：溶于丙二醇、乙醇，但不溶于水和油；在酸、碱及酶等作用下易水解成蔗糖和脂肪酸，HLB 值为 5~13，表面活性弱。主要用作 O/W 型乳化剂、分散剂。

③ 脂肪酸山梨醇——司盘类（spans）。脱水山梨醇脂肪酸酯组成，山梨糖醇及其单酐和二酐与各种脂肪酸形成的司盘混合物，各种司盘（spans）见表 1-4。基本性能：HLB 值为 1.8~3.8。因其亲油性较强，一般用作低泡型 W/O 乳剂的乳化剂。产品无毒，易降解，是环境友好材料。

表 1-4　　　　　　　　　　　　　根据脂肪酸品种和数量不同的 spans

spans	span-20	span-40	span-60	span-65	span-80	span-85
脂肪酸	单月桂	单棕榈	单硬脂	三硬脂	单油	三油

④ 聚山梨酯——吐温类（Tweens）。聚氧乙烯脱水山梨醇脂肪酸酯组成，脱水山梨醇脂肪酸酯与环氧乙烷形成吐温亲水性化合物，各种吐温见表 1-5。基本性能：吐温类亲水性较司盘类大大增加，为水溶性表面活性剂，一般用作 W/O 乳剂的乳化剂，用作增溶剂、乳化剂、分散剂和润湿剂。产品无毒易降解，是环境友好材料。

表 1-5　　　　　　　　　　　　　根据脂肪酸品种和数量不同的 Tweens

Tweens	Tween-20	Tween-40	Tween-60	Tween-65	Tween-80	Tween-85
脂肪酸	单月桂	单棕榈	单硬脂	三硬脂	单油	三油

（7）聚氧烯烃整体共聚类

① 基本结构。HO—$(C_2H_4O)_a$—$(C_3H_6O)_b$H　　HO—$(C_2H_4O)_a$—$(C_3H_6O)_b(C_2H_4O)_c$H。

② 结构与性能。溶于水及有机溶剂，相对分子质量与性能见表 1-6。

表 1-6　聚氧烯烃整体共聚类表面活性剂结构与性能

相对分子质量	润湿性	起泡性	涤洗性
小	好	差	差
中	较好	较好	较好
大	不好	好	差

1.4.4　两性型表面活性剂

分子在溶液中可以显示两种不同电性的表面活性剂，如阴阳型、阴非型、阳非型，本节以阴阳两性型为例进行讨论。阴阳两性型基本结构（以两种类型的结构示意）：

$$\begin{array}{cccc} H & CH_3 & H & CH_3 \\ | & | & | & | \\ RN^+—C_2H_4—COO^- & RN^+—C_2H_4—COO^- & RN^+—C_2H_4—OSO_2^- & RN^+—C_2H_4—OSO_2^- \\ | & | & | & | \\ H & CH_3 & H & CH_3 \end{array}$$

① 基本用途：作为杀菌剂、防蚀剂、分散剂、柔软剂、抗静电剂使用。

② 电荷变化：理论上，两性型表面活性剂均有等电点（pI），但是在水溶液中两性型表面活性剂的电荷或等电点的可以通过溶液的 pH 控制，而这种 pH 的高低受控于分子中 N 原子结合的 H 原子数量和阴离子基团。

1.4.5　其他表面活性剂

（1）氟表面活性剂

① 基本结构。

$$C_nF_{2n+1}COOH \quad C_nF_{2n+1}SO_3H$$

② 基本性能。耐温，耐酸、碱、氯化物；碳氟链憎水、憎油，抗水洗油作用强；使水表面张力 γ 降至 $1.2 \times 10^{-2} N/m$。一般 C—H 表面活性剂 γ 最低为 $3 \times 10^{-2} N/m$，矿物油 γ 约为 $1.8 \times 10^{-2} N/m$，常温水 γ 约为 $7.0 \times 10^{-2} N/m$。

（2）硅表面活性剂

① 基本结构。$(CH_3)_3—Si—(O—Si(CH_3)_2)_n—O—(C_2H_4O)_m—R$

$$(CH_3)_3—Si—(O—Si(CH_3)_2)_n—\underset{\underset{CH_3}{|}}{CH_2CH_2}—(OC_2H_4O)_m—R$$

② 基本性能。有很高的表面活性，使水溶液 γ 降至 $2 \times 10^{-2} N/m$。其中，第一种结构中醚键易水解，第一种稳定。

（3）高分子表面活性剂

凡是有高分子质量的水溶性物质都有保护胶体的性质，如蛋白质多肽、聚丙烯酸树脂、木素磺酸盐等。

1.5　界面张力的物理化学性能

1.5.1　增溶作用

增溶又称加溶，与乳化不同（乳化是热力学不稳定体系），增溶是一种特殊的溶解不溶物的方式。

1.5.1.1　增溶的特点

（1）蒸气压下降

由式（1-37）可知，当被增溶物蒸气压 P 降低时，μ 降低，发生增溶作用，体系稳定性升高。

$$\mu=\mu^0+RT\ln P \tag{1-37}$$

（2）增溶平衡

增溶是一个可逆平衡过程，无论采用什么方法进行增溶，增溶平衡后结果是一样的。

（3）溶剂的依数性

真溶液中加入溶质使溶剂的依数性出现很大变化（冰点下降、沸点上升、渗透压改变等）。与真溶液不同，增溶溶液对依数性能影响较小，但溶液的电导率、光散射性、黏度、沉降、X-衍射和吸收波谱有变化。

（4）CMC 与增溶

在高于 CMC 后增溶作用明显，即通过乳胶粒产生，证明增溶不是单分子分散，而是多分子集聚。X 射线证实增溶后胶束直径增大，胶束的体积、形状、数量发生变化。

1.5.1.2　影响增溶的因素

相同的表面活性剂影响增溶功能的因素有很多，根据环境情况，主要影响因素如下：

① 表面活性剂结构。随着亲油基长度增加，非离子的聚氧乙烯链段的增溶能力增加。根据 CMC 大小，增溶顺序如下：非离子型>阳离子型>阴离子型。

② 被增溶物。极性物易增溶；芳香物比脂肪族易增溶；支链物比直链物易增溶。

③ 电解质。离子型表面活性剂中加入无机盐，使 CMC 降低（希诺达公式）；非离子型表面活性剂中加入中性电解质，增溶提升（主要是胶束聚集数增加）。

④ 温度。温度升高，离子型表面活性剂的胶束直经略减小，增溶能力增强；非离子型有增溶极大值（在浊点前）。在极大值前，温度升高，增溶提升（CMC 下降）。事实上，温度升高，被增溶物可溶性也增加。

1.5.2 润湿作用

水是最常见的取代气体的液体，一般把能增强水或水溶液取代固体表面空气能力的物质称为润湿剂。润湿作用过程是表面或界面作用过程，是指固体表面的气体被液体取代，或一种液体被另一种液体所取代。润湿是固体表面结构与性质，以及固-液两相分子间相互作用等微观特性的宏观表现。根据热力学观点，恒温恒压下，$\Delta G<0$ 可润湿。润湿过程分为三类：沾湿、浸湿和铺展。

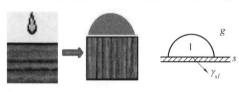

图1-13 沾湿现象

1.5.2.1 沾湿

沾湿现象见图1-13。在雾化作用下，首先进行的是沾湿。制革的涂饰过程初期就是一种沾湿作用。当接触面积为单位面积时，体系的自由能降低为：

$$-\Delta G = \gamma_{sg} + \gamma_{lg} - \gamma_{sl} = W_a \tag{1-38}$$

式中，W_a 为黏附功，是黏附过程体系对外所能做最大功（也是将固/液分开所做最小功）。如果将固体换成液体，则：

$$W_c = \gamma_{lg} + \gamma_{lg} - o = 2\gamma_{lg}$$

式中，W_c 为内聚功（Nm），反映液体自身间结合的牢度，根据热力学第二定律，在恒温恒压下，W_a、$W_c>0$，反应为自发过程。

1.5.2.2 浸湿

浸湿也称浸润，由固-气界面转换为固-液界面、液体表面积不变，见图1-14，过程的自由能降为

$$-\Delta G = \gamma_{sg} - \gamma_{sl} = W_i \tag{1-39}$$

式中，W_i 为浸润功（Nm），反映液体在固体表面上取代气体的能力，在铺展作用中只考虑张力，不考虑面积，则（$\gamma_{sg} - \gamma_{sl}$）是对抗液体表面收缩的能力而产生的铺展力量，又称黏附张力，用 A 表示（$\gamma_{sg} - \gamma_{sl}$）。$W_i$ >0 是浸湿条件，也是固液分子间作用放出的热量（润湿热），与固体表面亲水程度有关，亲水差，W_i 值小。

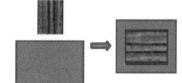

图1-14 浸润现象

1.5.2.3 铺展

铺展也称展开。将一种气/液在另一种液/固上铺展分为三种情况：不能铺展（也称自憎）；展开成薄膜；展开成单个分子膜，见图1-15。当铺展为单位面积时，体系自由能降低为：

$$-\Delta G = \gamma_{sg} - (\gamma_{sl} + \gamma_{lg}) = s \tag{1-40}$$

式中，s 为铺展系数（Nm），在恒温恒压下，$s \geqslant 0$，可自动展开。将黏附功及内聚功的式子代入式（1-40）得：

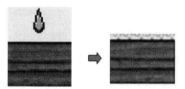

图1-15 铺展现象

$$s = \gamma_{sg} - \gamma_{sl} + \gamma_{lg} - 2\gamma_{lg} = W_a - W_c \tag{1-41}$$

当 $s \geqslant 0$、$W_a \geqslant W_c$，即固-液黏附功大于液体内聚功时，液体可自行铺展于固体表面。应用黏附张力概念，得到：

$$s = \gamma_{sg} - \gamma_{sl} - \gamma_{lg} = A - \gamma_{lg} \tag{1-42}$$

当 $s \geqslant 0$、$A \geqslant \gamma_{lg}$，即固-液黏附张力大于液体表面张力时，液体可发生铺展。作为界面能量的变化，润湿有三种情况：

$$W_a = \gamma_{sg} - \gamma_{sl} + \gamma_{lg} \geqslant 0 \quad 沾湿$$

$$W_i = \gamma_{sg} - \gamma_{sl} \geqslant 0 \quad 浸湿$$

$$s = \gamma_{sg} - \gamma_{sl} - \gamma_{lg} \geqslant 0 \quad 铺展$$

从以上三式可知：

① $W_a > W_i > s$，若 $s \geqslant 0$，则 W_a、$W_i > 0$，可见铺展系数为最低标准。

② 对沾湿而言，γ_{lg} 大有利；对铺展而言，γ_{lg} 小有利；对浸湿而言，与 γ_{lg} 大小无关。

液体表面张力对三种过程贡献不同。

1.5.3　浸润作用

1.5.3.1　杨氏方程（Young）

根据接触角 θ 的关系：

$$\gamma_{sg} - \gamma_{sl} = \gamma_{lg} \cos\theta \tag{1-43}$$

该式是 T Young 在 1805 年提出的，又称杨氏方程，是气-固-液三相交界处三个界面能力平衡结果。

设液滴在平衡条件下扩大固-液面积为 dA，则界面的功增值约为：

$$dA \cdot [\cos(\theta - d\theta)] \cdot \gamma_{lg}$$

$d\theta$ 忽略不计，体系自由能为：

$$\Delta G = \gamma_{sg} \cdot dA - \gamma_{sl} \cdot dA - \gamma_{lg} \cdot dA \cdot \cos\theta$$

润湿平衡时得到润湿方程：

$$\gamma_{sg} \cdot dA - \gamma_{sl} \cdot dA - \gamma_{lg} \cdot dA \cdot \cos\theta = 0$$

$$\gamma_{sg} - \gamma_{gl} = \gamma_{lg} \cdot \cos\theta$$

根据润湿方程可得到下列各式：

沾湿　　　　　　　　　$W_a = \gamma_{sg} - \gamma_{sl} + \gamma_{lg} = \gamma_{lg}(1 + \cos\theta) \tag{1-44}$

浸湿　　　　　　　　　$A = \gamma_{sg} - \gamma_{sl} = \gamma_{lg} \cdot \cos\theta \tag{1-45}$

铺展　　　　　　　　　$s = \gamma_{sg} - \gamma_{lg} - \gamma_{sl} = \gamma_{lg}(\cos\theta - 1) \tag{1-46}$

从以上 3 个方程可看出，润湿角可决定润湿能否进行，要求：沾湿 $\theta \leqslant 180°$，浸湿 $\theta \leqslant 90°$，铺展 $\theta \leqslant 0°$。

1.5.3.2　温哲方程（Wenzel）

物体表面与接触角也存在着对应关系。设固-液界面扩展后测量前进角为 θ_A，固-液界面缩小后测量后退角为 θ_R，见图1-16。通常当 $\theta_A > \theta_R$，称为接触角滞后。

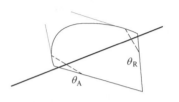

图1-16　接触角滞后

HarkinsW 精心试验并进行总结，在平的、干净的、均匀不变形的理想固体表面液体形成的平衡接触角只有一个值，即 $\theta_A = \theta_R$。如果板面平滑度和均匀度降低，$\theta_A > \theta_R$，形成粗糙表面的润湿。

设几何面粗化后具有较大的真实表面积。真实面积与表观面积之比为 K（粗糙因子），K 值增大，表面粗糙程度增加，有 Wenzel 润湿方程：

$$K(\gamma_{sg} - \gamma_{sl}) = \gamma_{lg}\cos\theta' \tag{1-47}$$

式中，θ' 表示粗面上的接触角。与平滑时相比：

$$K = \cos\theta'/\cos\theta \tag{1-48}$$

公式表明，粗表面的 $\cos\theta'$ 的绝对值总比平滑表面大。当 $\theta > 90°$，表面粗化使接触角变大，粗化使可润湿作用下降；当 $\theta < 90°$，粗化使接触角变小，表面可润湿，粗化使可润湿增强。部分复鞣剂复鞣坯革的表面自由能（γ）、表面粗糙（θ）、黏附功（W_a）测定见表1-7。

表1-7　　　　　　　　　　　部分复鞣剂复鞣后的表面特征

复鞣方法	$\gamma/(\mathrm{mN/m})$	$\theta/°$	$W_a/(\mathrm{mJ/m^2})$
无复鞣(对照样)	45.3	62	103.8
丙烯酸树脂复鞣	53.2	49	93.3
苯酚萘甲醛缩合复鞣	43.3	33	76.0
苯酚甲醛缩合复鞣	31.6	46	102.7
蜜胺树脂复鞣	39.8	29	90.9
戊二醛复鞣	39.3	35	90.9
苯乙烯马来树脂复鞣	40.0	43	99.2
砜缩合复鞣	35.4	40	96.9
噁唑烷复鞣	39.2	45	103.9
缩合类栲胶	45~70(亚硫酸化~纯栲)	—	—
水解类栲胶	45~65	—	—

注：参比物为水。

1.5.3.3　接触角与表面因素

（1）接触角

一般用接触角来表示固体表面的润湿特征，见图1-17。

当 $\theta = 0°$，完全润湿；当 $\theta < 90°$，部分润湿或润湿，亲水；当 $\theta = 90°$，是润湿与否的分界线；当 $90° < \theta < 150°$，不润湿，疏水；当 $\theta \geq 150°$，完全不润湿，超疏水。

（2）表面因素

表面其他因素也能够引起接触角变化，包括：

① 表面对液体亲和力不同，接触角可以不同。θ_A 反映亲和力弱的固体表面性质，θ_R 反映亲和力强的性质。

② 表面不流动性引起 θ_A 与 θ_R 的差异。

③ 表面出现吸附、结合，影响接触角变化。

④ 液体黏度及温度影响接触角。

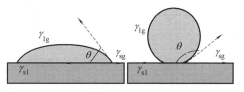

图 1-17　固体表面的亲水性

制革过程中，一些材料作用铬鞣坯革后具有不同的表面亲水性，对后继材料的吸收或表面涂饰效果均有不同的响应，见表 1-8，通过 Bally 试验可以了解材料之间相互的差别。

表 1-8　　　　　　　　　　　复鞣作用后革的亲水性（25℃）

复鞣材料	透水时间/h	2h 吸水率/%
酚醛树脂	1.5	18.0
丙烯酸树脂(中高分子)	4.0~5.0	<15.0
丙烯酸树脂(低分子)	3.0	<18.0
丙烯腈树脂	6.0	7.6
丙烯酰胺树脂	0.7	55.0
三/双聚氰胺树脂	6.0	6.6
苯乙烯-马来酸树脂	6.0	7.2
噁唑烷/醛	2.1	12.0
栲胶	5.0	15.0
不饱和脂肪酸与马来酸共聚物	>6.0	7.7
烷烃与合成蜡和油	>6.0	6.5
长链脂肪醇的磷酸酯	>6.0	8.8
空白(根据数值考察偏离铬鞣特征)	4.0	15.0

1.5.3.4　固体表面的润湿特征

根据润湿方程可知，表面能高的固体比表面能低的固体更易被润湿。高能表面固体包括金属及氧化物、硫化物、无机盐等高极性物。低能表面固体包括有机物及高聚物、非极性物。

如果将液体在固体上 θ 接近于 0 时的张力定义为临界表面张力，用 γ_c 表示，则当液体的 γ 大于 γ_c 时，不能铺展，即被润湿物的表面 γ_c 降低，可润湿性下降。因此，高表面能的固体易吸附与其表面电性相反的表面活性离子，形成亲油基朝向水或空气中的定向单分子层，变成低能表面，反而不易润湿。一些常见物质的临界表面张力 γ_c 见表 1-9。

表 1-9　　　　　　　　　　　　　一些常见物质的临界表面张力

物质	γ 或 $\gamma_c/(\text{mN/m})$	物质	γ 或 $\gamma_c/(\text{mN/m})$
水（液）	74	聚氨酯膜	33
乙醇（液）	23	皮胶原	>70
丙酮（液）	24	聚合羟基硅	24
正庚醇（液）	22	全氟树脂	11

1.5.3.5 "向上"和"向下"润湿性

"向上"润湿表示下层被上层的可润湿性；"向下"润湿表示润湿底层的性能。皮革涂饰中，底层与中层要求良好"向上"和"向下"的可润湿性，保证"承上启下"的涂饰要求。而上层或顶层却需要良好的"向下"的可润湿性，抵抗"向上"的可润湿性。

不同的表面活性剂对"向上""向下"有不同的响应。例如，十二烷基硫酸钠有良好的"向下"性，但"向上"性不良，使其再被其他液体铺展困难。这种润湿性与表面活性剂和结合物的表面 γ_c 相关，因此，复合物的表面结构是重要的影响因素。实际表明，单个亲水基的表面活性剂有良好的"向下"性和不良的"向上"性；多个聚氧乙烯基有良好的"向上"性。

1.5.3.6 动润湿

无外力作用时，液体在固体表面的铺展称为自铺展；外力下液体相对固体运动而铺展称为强制铺展。强制铺展具有以下特点：

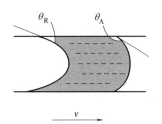

图 1-18　强制铺展的润湿角

① 静态接触角 θ_A。液体相对于固体的运动速度增大，前进角 θ_A 增加，后退角 θ_R 减小，见图 1-18。

② 将前进角与速度作图表明，当速度很小时，前进角 θ_A 不受影响；速度增加，前进角 θ_A 增大，当速度达到一定值时前进角 θ_A 稳定，趋于最大值。

③ 最大值前进角 θ_A。与润湿剂结构、浓度、外界条件有关。

④ 润湿临界速度。保证液体对固体良好润湿下，允许最大界面速度。相同条件下，润湿剂浓度增加，临界速度增大；否则随着速度增大，润湿效果降低。

1.5.3.7 毛细管的润湿

（1）圆柱形毛细管的润湿

设毛细管直径均匀，由于液面的弯曲面与空气间存在压力，导致毛细管中液体上升。其实形成毛细作用不需要密封管，只有两根纤维相互靠足够近，就形成毛细使液体能润湿纤维，当 $\theta = 0°$ 时，根据式（1-6）有：

$$\Delta P = \frac{2\gamma_{\text{lg}}}{r}$$

当 $\theta \neq 0°$ 时：

$$\Delta P = \frac{2\gamma_{lg}\cos\theta}{r} \vec{\text{或}} \frac{2(\gamma_{sg}-\gamma_{sl})}{r}$$

式中，r 表示毛细管直径。

（2）圆锥形毛细管的润湿

从三维胶原组织构造中可知，由各种纤维束构成的毛细管形态均有存在，如壁渐细或渐粗大形毛细管，见图1-19。当锥管为上小下大时有：

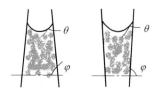

$$\Delta P = \frac{2\gamma_{lg}\sin(\theta_A+\varphi)}{r} \qquad (1-49)$$

图1-19　锥形毛细作用

当锥管为上大下小时有：

$$\Delta P = \frac{2\gamma_{lg}\sin(\theta_A-\varphi)}{r} \qquad (1-50)$$

式中，θ_A 表示前进角；φ 表示纤维束锥角。

为促进润湿，应使 θ 降低，由1-49和1-50两个公式可知，润湿能否发生决定于 $(\theta_A+\varphi)$ 及 $(\theta_A-\varphi)$，使 $\Delta P>0$ 还是 $\Delta P<0$。根据上述公式可以发现：纤维束锥角上小下大时，$(\theta_A+\varphi)<180°$，可以发生润湿；纤维束锥角上大下小时，$(\theta_A-\varphi)<0°$，才能使 $\Delta P>0$，否则润湿受阻。

（3）不规则形毛细管的润湿

在一束纤维之间，更多是存在形状不规则的圆柱毛细管，见图1-20。设半径 r，纤维距离相等并平行，若毛细管与液面垂直，则使溶液流入管内的压力 ΔP 为：

$$\Delta P = \frac{\gamma_{lg}}{r\cos\theta_A+[(r+d)^2+r^2\sin^2\theta_A]^{1/2}} \qquad (1-51)$$

式中，d 表示1/2纤维间距、分母为弯曲面的曲率半径。由上式可得，当 r、d、θ_A 减小或降低时，润湿性增加。

1.5.3.8 毛细管中的空气

当干态的坯革进入水中润湿或干燥时，气泡的溢出是必须的过程，需要除去任何内部空气。设有

图1-20　不规则形毛细管来源

一气泡在毛细管中，两边受力相等，见图1-21。若加入润湿剂，在一端改变 θ，使两边产生压差，气泡就会移动。根据下式：

$$\Delta P = \frac{\gamma\cos\theta}{r}$$

随着加入表面活性剂一端的 γ 降低，θ 减小更有利于另一端 ΔP 升高。若润湿剂选用不良则适得其反。

1.5.3.9　润湿速度

从热力学角度分析，表面活性剂的 γ 决定物体被润湿的能力，而实践中，动力学润湿速度也决定了润湿的结果。

图 1-21　毛细管中的空气

1921 年，Washburn 用几根纤维构成毛细管与水平液接触进行实验，发现液体进入毛细管速度为

$$\mathrm{d}s/\mathrm{d}t = \frac{\gamma \cdot r \cdot \cos\theta}{\Delta \eta s}$$

式中，s 表示液体进入毛细的距离；η 表示液体黏度；r 表示 1/2 的纤维间隙（计量半径）。

设 γ、r、θ、η 为常数，积分上式得：

$$S^2 = \frac{\gamma \cdot r \cdot \cos\theta}{2\eta} \cdot t \tag{1-52}$$

对蛋白质纤维而言，使用上述公式计算将造成一定误差。因为当水进入后，纤维发生膨胀，毛细直径发生改变。

（1）分子结构影响润湿

防止润湿又称为防水或拒水，已是当前皮革纺织的常见特征。防水被认为是不透水蒸气、阻止汗液中水分蒸发；拒水被认为是在无外压条件下可透水蒸气而不透水。从表面物理化学角度出发，分子结构与 γ 影响润湿因素可以根据接触角的关系计算：

$$\gamma_{\mathrm{sg}} = \gamma_{\mathrm{sl}} + \gamma_{\mathrm{lg}} \cos\theta$$

若液体（或水）的表面张力不变，要使 γ_{sg} 降低或使 γ_{sl} 增加，较好的方法是使固体表面的 γ_{c} 降低。

采用特殊表面处理形成特殊的分子膜，见表 1-10，用 F 代 H，则 γ_{c} 下降较多。从表 1-10 中可见，20℃时油类的 γ_{lg} 为 26~35mN/m，都不能润湿 F 化物，采用 F 化物作为固体表面，既拒水又拒油。

表 1-10　固体表面分子结构与 γ_{c}

结构	$\gamma_{\mathrm{c}}/(\mathrm{mN/m})$	
	X = F	X = H
—CX$_3$	6	22~24
—CH$_2$—	18	31

（2）液体的流动影响润湿

随着液体的流动速度增大，θ_{R} 减小，强迫形成水膜或形成新的表面。

（3）表观特征与结构影响润湿

由下式可知：

$$\Delta P = \frac{2\gamma_{\mathrm{lg}} \cos\theta_{\mathrm{a}}}{r} = \frac{2(\gamma_{\mathrm{sg}} - \gamma_{\mathrm{sl}})}{r} \tag{1-53}$$

当毛细管径 r 较小，θ_{a} 和 γ_{sl} 大，增加表面粗糙程度和表面气泡量，均能使 θ 增大。

1.5.3.10　压力润湿

如前面所述，表面张力是温度和压力相互作用的合力。温度变化可以改变物体表面张力。同样，在恒温条件下增大压力，表面张力会减小。Hebach（2002）的研究表明，将压力从 0.1MPa 增大到 10MPa，表面张力会减半；当压力增至 10MPa 以上时，对表面张力影响不大，见图 1-22。

对于机械加压而言，同时降低皮与革及液体的表面张力，几乎不影响毛细管作用力。机械的负压吸收超过了表面张力的作用，不能用机械作用解释毛细润湿渗透。然而，外压 p_0 增大，产生毛细收缩，出现毛细凝结，获得结合机会。当这种结合能够抵抗毛细扩展的释放能时，就会实现结合增加。因此，进行低表面张力材料替换高表面张力材料时，机械作用进行压力润湿是十分重要的，这正是工艺所需要的。

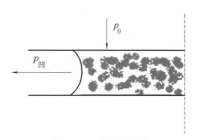

图 1-22　压力润湿

1.5.4　起泡与消泡

泡沫是以气体为分散相的体系，分散介质可以是固体或液体。气泡的产生主要有以下几种情况：

① 流动液体动态（横向流动、水流跌落、波浪回卷）将表面吸附气体带入液体内，入水后气体脱附并聚集形成气泡。

② 水流内部或固体表面含有未溶解的空气与蒸气的微小气泡或气穴（所谓的气核），当水流中压强降低至蒸气压强或温度升到沸点时，气核膨胀长大。

③ 水中因发生化学或物理作用产生不溶气体而聚集形成气泡。

1.5.4.1　泡沫不稳定机制

泡沫是热力学不稳定体系，泡沫的液膜排液及泡内气体扩散都将导致泡沫的破坏。

（1）液膜受力排液

泡沫的存在依赖油膜，但气液两相密度差大，重力作用产生排液、变薄、破坏，见图 1-23。

在三个气液交界处，由于界面 1 与界面 2 处的曲率差和表面张力差（Laplace 定理）而产生压力差，膜内液流向界面 3 处，使膜变薄，破坏。

（2）气体的扩散

气泡大小不同，小泡内压力大于大泡，使气体扩散入大泡，小泡消失，大泡长大、老化、破坏。

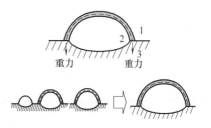

图 1-23　泡沫的重力、
合并及老化破坏

1.5.4.2 泡沫的稳定

泡沫的产生及稳定与液体表面张力降低有关，但这些并非所有情况下的决定因素。例如，低表面张力的有机纯液不起泡；表面活性不高的蛋白质液有稳定的泡。因此，泡沫稳定还受其他因素控制或协同。以下 3 个因素可以认为是影响泡沫产生后是否稳定的因素：

① 液膜具有较好的黏度与弹性，泡膜不易因外界的扰动破坏，也阻止了重力排液及泡内气体的扩散。

② Marangoni 效应（1872 年），泡沫体系扰动，液膜变薄、拉长，使界面上吸附分子浓度下降，变形区 $\gamma_A > \gamma_B$，使 B 处溶液流向 A 处，重新变厚，"修复"，见图 1-24。若表面活性剂浓度较高（大于 CMC），表面张力不引起大的变化，这种泡的稳定性也无法增强。

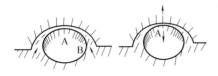

图 1-24 泡沫的稳定机制

③ 泡膜内电荷使泡稳定，泡膜排液过程中两膜间液体减少，两膜接近产生排斥，最终将阻止排液，使厚度保持稳定。

根据起泡与稳泡特点，常见的起泡剂有十二碳酸钠、十四烷基硫酸钠、十四烷基苯磺酸钠等。常见的稳泡剂（起到提高黏度、增加泡沫厚度及强度的作用）有明胶、$C_{12} \sim C_{16}$ 的脂肪醇、聚丙烯酰胺、脂肪醇酰胺等。

1.5.4.3 泡沫的破坏

根据起泡及稳泡原理进行相反作用获得消泡效果，如加入消泡剂。使泡沫破坏的原理：

① 使液膜局部表面张力大幅度降低又不起泡的有机物，如乙醚、硅油、异戊醇等。

② 降低液膜表面黏度，削弱膜的抗扰动及抗排液能力，如磷酸三丁酯、低分子醇类等。

③ 降低膜弹性、电荷特征，如非离子型润湿剂（弱极性、扩散快）。

④ 替换泡膜成分，其本身链短，不能形成坚固的泡膜，易产生裂口，使泡内气体外泄，导致泡破，如 $C_5 \sim C_6$ 醇或醚类、磷酸三丁酯、硅酮等。

1.5.4.4 泡沫的抑制

抑泡与消泡有相同的机理。泡沫的抑制是使气体无法或极少被液面吸附（铺展）进入液体内产生泡沫；瞬时消除液内微泡，抑制泡沫聚集或尺寸的增加。泡沫抑制的原理：降低液体外表面张力，减少动态润湿时对空气吸附；提高液体离子强度（加电解质），减少空气在液内的停留时间；降低液内溶剂溶解速度或消除气核；防止化学反应产生气泡。气泡抑制方法：超声处理；加入微泡吸附材料；掺入低表面张力的气体也是加速排泡、抑制微泡扩大的抑泡措施。

1.5.5　去污作用

去污是一个复杂的过程,与表面活性剂的渗透、乳化、分散、增溶及起泡等因素有关,也与污物或黏着物的来源及其成分有关。对动物皮制革而言,除化学、生物化学反应除去无用物外,物理作用的去污也十分重要。例如,去除皮或革内外表面的外源黏着物、自身内源的油脂、蛋白残余、多聚糖等,这些物质存在于胶原纤维束的表面及组织凹陷内,有固体的和液态的。去污机理如下:

(1) 游离机理

在去除油污的过程中,固体与油污的界面 s_{so} 缩小,而固体与溶液界面 s_{sl} 增大,油污与溶液的界面 s_{ol} 增大,当各个界面张力达到平衡时有:

$$\gamma_{sl} = \gamma_{so} + \gamma_{lo}\cos\theta$$

式中,θ 表示油污在固体上的润角。

在空气中,底物与水溶液、油污的黏附功分别为:

$$W_{sl} = \gamma_{sg} + \gamma_{lg} - \gamma_{sl}$$

$$W_{so} = \gamma_{sg} + \gamma_{og} - \gamma_{so}$$

两式相减:

$$(W_{sl} - \gamma_{lg}) - (W_{so} - \gamma_{og}) = \gamma_{so} - \gamma_{sl} = \gamma_{lo}\cos\theta_1$$

式中,θ 表示溶液在固体上的润角;$\theta_1 = 180° - \theta$。

若用黏附张力用 A 表示,油滴被水溶液完全取代,θ_1 趋近于 $0°$,则:

$$A_{sl} - A_{so} \geqslant \gamma_{lo}$$

当单位面积的油污被水溶液完全取代时,所需作功:

$$W = A_{sl} - A_{so} - \gamma_{lo} = \gamma_{so} - \gamma_{sl} - \gamma_{lo}$$

因此,降低 γ_{sl} 及 γ_{lo} 的物质有助于去污,同时,要求这种物质能吸附在“固体-溶液”和“油(脂肪)-溶液”的界面上,将油或脂肪从固体上剥离,成为油滴,形成 O/W 乳液,如果固体不溶解,则被分散在溶液中。

(2) 增加悬浮

形成的乳液要求稳定,不能被破坏,使污物重新沉积于固体面上,可添加污垢悬浮剂,防止再沉积,通常是羧甲基或甲基纤维素,代替底物吸收污物。

(3) 改变表面极性和形态

天然或一些加工物都有或大或小的极性。对极性纤维不存在去污困难,但当沾污有非极性或弱极性的杂质,去污变得困难。加入一些具有极性的物质,增加底物极性是有必要的,当然,要求与油污有相同的极性与底物进行结合竞争。纤维表面的不均性影响表面活性剂的铺展,导致去污效果下降时要求加强用量。

(4) 改变表面电位

当坯革浸入水后,因水合作用使负离子离解而形成一个负电扩散展(污物带负电），加入负电性表面活性剂吸附使表面阴电位升高，有助于分散后的稳定。因此，简单的多价阴离子将有助于去污。

（5）提高增溶能力

提高其增溶能力，可选用 CMC 低、非极性部分与需要增溶物溶解好的表面活性剂。作为极性部分，非离子型可以有良好的效果。

（6）增加助洗剂

水溶液中的 Ca^{2+} 和 Mg^{2+} 不仅影响一些阴离子表面活性剂的溶解，也影响分离后污物中脂肪酸类的分散。加入 Na_2CO_3、Na_2SO_4、Na_3PO_4、Na_2SiO_3、Na_2BO_3 等可获得几个方面的作用：

① 调整洗涤去污后溶液的 pH。

② 螯合 Ca^{2+} 和 Mg^{2+}。

③ 降低 CMC。

④ 抑制纤维的膨胀。

⑤ 增加或保持表面负电性。

（7）其他条件的改变

① pH。除阳离子外，非离子对 pH 影响不大，但较高 pH（碱性范围内）可以增加脂肪酸类污物的乳化和溶解。

② 温度。温度升高，污物可被熔化、溶解，有利于去污。值得注意的是，升温使离子型表面活性剂 CMC 升高，使非离子型表面活性剂 CMC 降低。

③ 机械作用。有利于表面活性剂在憎水物上强迫润湿，也有利于污物的分离分散。

1.5.6 降低纤维间摩擦作用

1.5.6.1 纤维间的润湿与铺展

表面活性剂能增强纤维间滑动，宏观上表现为纤维组织的柔软性。在强极性的纤维之间，如果保持极性结合、缺少必要的相互滑动性，使纤维在宏观上表现出硬，甚至脆。纤维经摩擦受力会产生静电、游离基，与表面活性基的非极性部分形成新的互相排斥，导致纤维不规则分离、疏松。实践证明，非极性链碳数大于 16 的表面活性剂才能在纤维表面形成薄膜，使两个摩擦表面分开，降低纤维间摩擦。制革常用高碳数天然油脂基表面活性剂对坯革纤维进行分离，获得皮革柔软丰满的感官性能。表面活性剂的选用可以从两个方面进行考虑。

（1）强极性亲水基团的表面活性剂

在湿态下，强极性亲水基团（硫酸基、磺酸基、磷酸基）表面活性剂能与坯革纤维极性亲和并被固定后降低了纤维表面张力，使油脂基材料非极性和弱极性部分产生润湿及铺展成膜。随着坯革纤维的脱水干燥，由于结合强，分子迁移性小，最后使纤维间摩擦因数降低。

（2）弱极性亲水基团的表面活性剂

弱极性亲水基团（羧酸基、非离子基）表面活性剂与坯革纤维弱亲和，在湿态下与极性纤维表面不易产生润湿及铺展成膜，最后使纤维间摩擦因数升高。因此，弱极性亲水基团表面活性剂更适合弱极性坯革纤维。

1.5.6.2　对纤维的其他作用

加入天然油脂基表面活性剂可改善成革手感，如柔软性，这缘于纤维间摩擦力的降低。除此之外，天然油脂基表面活性剂还对坯革纤维的其他性能有影响：

① 防止纤维不理想结合，阻止皱痕生长。

② 使纤维易形成定向集中受力，提高坯革的撕裂强度。

③ 降低革纤维的 γ，使其不易被水润湿及污物吸附。

④ 纤维间疏水端相互浸吸附，减小纤维间孔隙，传递能量，提高坯革受力能力。

第 2 章　溶液的物理化学

在皮革制造的湿态处理过程中，水是最重要的溶剂或分散剂。浸没在水中的油脂、鞣剂、复鞣剂、填充剂、蛋白质、多肽、多聚糖、染料、助剂的溶液或乳液无不与水溶液的行为相关。在水中，这些物质受到三种非共价相互作用力的联合作用，即 Van der Waals（范德华）、Electrostatic（静电）和 Lewisacid-base（路易斯酸碱）作用力，形成具有共性及特征的溶液，被称为胶体溶液，是制革物理化学的理论与实践的重要知识组成。直到 20 世纪 80 年代末，水溶液的物理化学研究领域中只有范德华力及静电力两种被广泛认可和利用。范德华力被认为总是吸引力，而静电力可以是排斥力或吸引力。因此，在水溶液稳定性方面的探索中，静电力最被关注（HamakerHC，1936，1937）。

2.1　胶体溶液的物理化学性质

2.1.1　胶体质点电荷

（1）电动现象

1800 年，Dorn 发现反电泳，粉末在流体介质中下沉时，在介质内产生电势差——沉降电势。

1803 年，俄国科学家 Peucc 将两支玻管插入黏土中，再接上电板，发现黏土粒子向正极运动——电泳；若黏土固定，液体水向负极运动——电渗（毛细管，多孔瓷片也相同）。

1861 年，Quincke 发现压力将液体挤过毛细管或多孔塞，液体流动产生电压——流动电势（反电渗）。

上述现象都称为电动现象，将其归纳为：因电而动（电泳与电渗），因动生电（流动电势与沉降电势）。在自然界中，固—液、液—液、液—气、固—气中都存在电动现象。

（2）质点表面电荷

溶液中溶质的质点表面电荷来自：

① 离解。蛋白质及多肽中—NH_3^+、—COO^-。

② 吸附。AgI 可吸附 I^- 和 Ag^+。溶液中加入 $AgNO_3$，则胶体带正电；加入 KI，则胶体带负电。其中，I^- 和 Ag^+ 为决定电势离子；NO_3^- 与 K^+ 为不相干离子。由于 Ag^+ 的水合能力大于 I^-，使 AgI 溶胶的等电点约为 5.5。

③ 极化。根据 1935 年 Hughest 与 Ingold 提出的反应物活化定性原理，在介电常数较大的溶剂中，溶质易被极化带电，提高反应效率。

溶液中反应物的电荷具有关键作用，决定溶剂与反应物起始态和过渡态之间相互作用过程的特征。如果一个反应在转变为过渡态的过程中产生了离子电荷或发生了电荷的集中，这种溶剂化作用生成的活化络合物就要比原来的反应物更强。因而，电动效应、溶剂极性或极化能力对反应物过渡态活性具有积极作用。反之，如果溶剂化作用发生了离子电荷的消失或电荷的分散，那么溶剂极性的增大对反应物不利。上述表明，从焓效应角度考虑，溶剂化作用或溶剂效应对反应过程起着重要作用。当然，对一些具有熵效应作用的过程还需要单独分析。

2.1.2　质点的双电层模型

胶体溶液的一些基本概念：质点与介质整体电中性；质点周围的介质中存在反离子。因此，有质点表面电荷+反离子形成双电层。

带电质点的表面电位→液体内部电位差→表面电势，表面电势取决于"决定电势离子"的浓度。

在电动过程中，液体中质点的运动产生边界处表面电势 Ψ_0 与液体内部的电位差为动电电势或电动势 ξ（ζ-potential），见图 2-1。

质点运动时，固体结合溶剂化层一起运动，固液两相发生相对运动边界并不在质点表面，离开一定距离，故 ξ 与 Ψ 不等，变化规律不同。

2.1.2.1　平板电容器模型

1879 年，Helmholtz 提出两层间距离很小（约为离子半径），表面电势 φ 和表面电荷 σ 的关系与电容的情形相同。

$$\sigma = \frac{\varepsilon\varphi}{x} \qquad (2-1)$$

式中，x 表示两层距离；ε 表示介质介电常数。

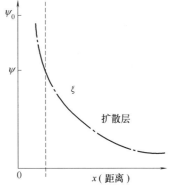

图 2-1　质点表面电位

这种平板电容器模型不能解释有动电现象。固定双电层是电中性的，不会产生电位差。

2.1.2.2　扩散双电层模型

Gouy 和 Chapman 分别在 1910 年和 1913 年提出了扩散双电层模型。静电引力使反离子趋向表面，热扩散使反离子趋于均匀分布，最终形成平衡，动电电势 ξ 与表面电

势 φ 不同，由此解释了较多的试验现象。

1947 年，Stern 与 Grahane 对 Gouy-Chapman 扩散双电层模型进行了改进，加入了离子大小、水合等因素，解释了如何定量解释双电层内的电荷与电势的分布。公式推导过程如下：

① 质点表面是无限大的平面，表面电荷分布均匀。

② 扩散层内的反离子服从 Boltzmann 分布点电荷。

③ 溶剂的介电常数相同。

④ 只有一种电荷电解质，正负价为 z。

（1）质点表面电荷分布

平板质点的表面电势为 φ_0，溶液中距表面 x 处的电势为 Ψ，电荷量 e，溶液本体内的离子数为 n_0，根据 Boltzmann 分布定律，该处正、负离子浓度应为

$$n_+ = n_0 \exp(-ze\psi/KT) , \quad n_- = n_0 \exp(ze\psi/KT) \tag{2-2}$$

扩散层内任意一点的电荷密度：

$$\rho = ze(n_+ - n_-) = -2n_0 ze \cdot \sinh(ze\psi/KT) \tag{2-3}$$

（2）质点表面电势分布

根据 Poisson 公式，空间电场中电荷密度与电势 Ψ 之间关系：

$$\Delta^2 \psi = -\frac{\rho}{\varepsilon} \tag{2-4}$$

对平板质点而言，若只考虑沿 x 方向，则有：

$$\frac{\mathrm{d}^2 \psi}{\mathrm{d}x^2} = -\frac{\rho}{\varepsilon} \tag{2-5}$$

将式（2-1）代入式（2-2），得到

$$\frac{\mathrm{d}^2 \psi}{\mathrm{d}x^2} = \frac{2n_0 Ze}{\varepsilon} \cdot \sinh(ze\psi/KT) \tag{2-6}$$

设表面电势很小，且 $x \to \infty$ 和 $\Psi \to 0$，则有

$$\frac{\mathrm{d}^2 \psi}{\mathrm{d}x^2} = \frac{2n_0 z^2 e^2}{\varepsilon KT} \cdot \psi = K^2 \psi \tag{2-7}$$

$$K = \left(\frac{2n_0 z^2 e^2}{\varepsilon KT}\right)^{1/2} \tag{2-8}$$

式（2-6）解为

$$\psi = \psi_0 e^{-\kappa x} \tag{2-9}$$

当质点为球形，半径为 a 时，则在 r 处有

$$\psi = \psi_0 \cdot \frac{a}{r} e^{-\kappa(r-a)} \tag{2-10}$$

式（2-10）表明，扩散层内的电势随距离指数下降，下降快慢由 κ（德拜长度）决定。质点的表面电荷至扩散层的总电荷密度计算有

$$\sigma = -\int_0^\infty \rho \mathrm{d}x \tag{2-11}$$

将式（2-5）代入式（2-7），再代入式（2-11），根据适当边界，表面电势很低时：

$$\psi = \psi(x=0) \quad \sigma = \sigma(x=0)$$

求得解为

$$\sigma = \varepsilon \kappa \psi_0 \tag{2-12}$$

与平板电容器的电荷与电势 $\sigma = \dfrac{\varepsilon\psi}{\delta}$ 对比可见，κ^{-1} 相当于电容器的板距，称为双电层的厚度（德拜长度）。从式（2-8）可知，当电解质浓度 n_0 增加，电荷电价 z 增大，双电层变薄，使电势随距离下降更快。这就区别了 ξ 电势（Ψ）与表面电势 Ψ_0。

事实上，当 Ψ_0 不低时，也可由式（2-9）求解，结果：

$$\psi^1 = \psi_0^1 e^{-\kappa x} \tag{2-13}$$

其中，ψ^1 是 ψ 的复杂函数，仍然区别了 ξ 电势与表面电势的差别（关系）。试验中 ξ 电势对离子浓度及价数十分敏感，证实了 Gouy-Chapman 扩散双电层模型理论的真实性。

2.1.2.3　双电层的 Stern 模型

尽管 Gouy-Chapman 扩散双电层模型理论有一定的实用性，但也有一些不足之处：

① 按 Boltzmann 分布，0.1mol/L 的 1 价电解质，质点表面电势可达 200mV，计算出该处的反离子浓度达 240mol/L，这是不可能的。

② 公式中没有明确 ξ 电势的物理意义，因为 ξ 电势随离子浓度的增加而减小，且总是等量，但实际中有时会相反。

1924 年，Stern 提出了一种模型，其基本原理有：

① 离子有一定大小，离子中心与质点表面距离不能小于离子半径。

② 离子与质点表面除静电作用外，还有 Van der Waals 作用。

③ Stern 模型将扩散层分为固定吸附层和 Stern 层，固定吸附层的吸附使表面电势 ψ_0 降至 ψ；除离子外，Stern 层中一些溶剂分子也与质点表面紧密结合，使 ξ 比 ψ 更低一些。由于 ξ 较 ψ_0 低得多，当高价或大数量的反离子被吸附时，会出现反号的 ξ 电势。

制革铬鞣坯革的复鞣染整往往借助坯革的阳离子电荷性质进行描述，相关性质包括渗透、结合。当阴离子大分子树脂复鞣后，质点表面与近溶液中的表面电势 ψ_0 和动电电势 ξ 反转，这时"铬鞣坯革带阳电"的描述就失去意义。尽管革内纤维表面的电荷仍处于阳电性的状态，也难以接受后继阴离子的吸附或渗透。

2.1.2.4　流动电势

用压力将液体挤过毛细管或多孔塞，液体将扩散层中的反离子带走，这种电荷的传送构成了流动电流，同时在毛细管两端形成了流动电势。根据 Poiseuille 方程和扩散双电层理论，得到

$$E_S = \frac{\varepsilon\xi}{\eta} \cdot \frac{p}{\lambda} \tag{2-14}$$

式中，E_s 表示流动电势；ε 表示介电常数；ξ 表示动电电势；η 表示黏度；λ 表示液体电导率。

由式（2-14）可见，流动电势与施加压力、液体的介电常数、动电电势成正比，与黏度、液体电导率成反比，而与毛细管尺寸无关。由此可知，当坯革内部材料确定后，要获得良好的库仑作用力，充入足够的水、降低革内的黏度是提高渗透与结合的良好措施。

2.1.3 电解质的聚沉作用

大分子电解质材料在水中的稳定性与非共价的相互作用直接相关。这种作用与其表面张力、电荷性质，以及溶剂水的极性密切相关。由于相同的极性聚合物分子要稳定溶解在极性溶剂水中，需要在浸入时能够相互排斥，当两个极性聚合物分子只有存在两种不同的显著极性表面性质时才能达到这一目的（Vanoss，1988），这种斥力比周围的范德华引力加上疏水引力更强；当它们溶解在水中时，所有相同极性分子间具有共同的性质，这些极性分子之间必然会发生引力而导致聚集。因此，在水溶液保持极性聚合物是一种特殊的动态平衡。

2.1.3.1 电解质溶胶的老化

缔合体（胶体）的老化是常遇到的事。在分散体系中，每一颗粒都不会一样大，但每一颗粒都被饱和溶液所包围。

设有大小颗粒，大粒周围的饱和浓度为 c_2，小的为 c_1，且 $c_1 > c_2$。溶质有从 c_1 扩散入 c_2 的能量，因此，c_2 变为饱和浓度，c_1 变为不饱和浓度。结果浓度小的颗粒溶解，大颗粒变大、同化而出现沉淀。这种依靠小质量溶解，使另一些质点长大的过程称为老化。

老化是多分散体系的普通现象；环境条件变化，老化速度会减缓或加速，例如，升温使扩散动力增加，老化加快。

2.1.3.2 电解质溶胶的聚沉

外加试剂（或作用）使质点长大（甚至产生沉淀）的过程称为聚沉。例如，外加电解质使质点聚沉析出。聚沉与老化有一定区别，前者质点长大多来自于附聚体，质点初始本质独立，可用方法去除聚沉条件，恢复分散，后者则不能。聚沉特点：

① 反离子。聚沉由反离子引起，反离子的价数升高，聚沉能力提高（静电作用为主，双电层的 Stern 层变薄，Ψ 降低，保护电荷减少）。

② 同价离子。聚沉能力与感胶离子序（lyotropic series）有关。

1 价正离子聚沉能力顺序：$H^+ > Cs^+ > Rb^+ > NH_4^+ > K^+ > Na^+ > Li^+$

1 价负离子聚沉能力顺序：$F^- > IO_3^- > H_2PO_4^- > BrO_3^- > Cl^- > ClO_3^- > Br^- > I^- > CNS^-$

离子的水合半径大，不易被质点吸附，聚沉能力下降。

③ 大分子与质点间会产生强的范德华力使聚沉能力提高。

④ 相同电性，反离子被吸附或水层被吸附互沉。不同品种两者对反离子吸附不同，粒子的反离子极易被另一粒子吸附。

2.1.3.3　不规则聚沉及互沉

溶胶在低浓度下稳定，较高浓度下聚沉，浓度再高又分散稳定，这种现象称为不规则聚沉，见图 2-2。

不规则聚沉原因描述：反离子作用造成 ξ 变化，当温度升高，反离子作用增强，ξ 降至 $\xi_0 \approx 30\text{mV}$，聚沉出现，浓度再升高，$\xi < -30\text{mV}$，胶体又带有足够的电荷，使分散稳定，这种胶体有临界电势 30mV，当 $|\xi| > \xi_0$ 时体系均可达到稳定。

不同电性的胶体相遇产生互沉。相同电性，反离子被吸附或水层被吸附互沉。实际中，不同品种二者对反离子吸附也可以不同，一种粒子的反离子极易被另一粒子吸附，导致另一粒子的沉淀。

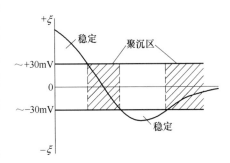

图 2-2　不规则聚沉

2.1.3.4　胶体稳定性的 DLVO 理论解释

胶体质点之间存在着范德华吸引力，而质点在接近时又因双电层重叠产生斥力，胶体的稳定性就取决于吸引力与排斥力的相对大小。

20 世纪 40 年代，苏联学者与荷兰学者用理论计算了吸引力与排斥力之间的关系，提出了 DLVO 理论，其内容为：

（1）质点间的范德华吸引力

偶极子之间相互作用均为吸引力，其作用距离达到 10nm，是非共价力中作用最长距离的引力。

（2）双电层的排斥作用

① 混合效应。根据 Langmuir 原理，当双电层重叠后，重叠处产生过剩离子，造成渗透压，而产生斥力，距离越近，渗透压力越大。

② 体积效应。吸附层不能重叠，受压，间隙中离子活度降低，熵变（ΔS）减小，$\Delta G > 0$，产生排斥。高分子胶粒之间的体积效应产生在构型熵降低。粒子的体积效应图，见图 2-3。

2.1.3.5　质点的物理聚沉

胶体的质点是大量分子的集合体，根据 Hamaker 假设，质点间的相互作用等于组成质点各分子相互作用的加和，对于半径为 r 的同一物质的两个球形质点，相互

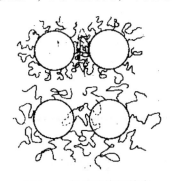

图 2-3　粒子的体积效应

作用引力：

$$f_{引} = -\frac{Ar}{12x}$$ 　　　　　(2-15)

式中，A 表示 Hamaker 常数，是物质特征常数，值为 10~20J；x 表示两球间距离。

而相互作用斥力：

$$f_{斥} = \frac{64n_0KT}{\kappa^2} \cdot \pi a\psi_0^2 e^{-\kappa x}$$ 　　　　　(2-16)

式中，Ψ_0 表示表面电势。质点间总作用能：

$$f_{总} = f_{引} + f_{斥}$$ 　　　　　(2-17)

对 $f_{总}$ 与 x 关系（或作图）进行讨论：

① 当 x 很小时，$f_{引}$ 增大，引力>排斥，随着 x 增大，达到势垒。势垒增加，胶体越稳定，如果势垒下降，甚至为零，则胶体聚沉（$|f_{引}| > f_{斥}$）。

② 当质点间距很近，$x \to 0$，由于电子间作用产生 Born 排斥能，使 $f_{总}$ 增加，故出现第 1 极小值。

③ 如果 κ 值增加（即增大电解质浓度或反离子价数），使 $f_{斥}$ 降低，势垒下降，易出现聚沉。

④ 在第 2 极小值处，质点表现出聚集，但由于质点间距较大，聚集体为松散结构，易被破坏或复原，表现出触变性。

将第 1 极小值处发生的聚沉称为聚沉；将第 2 极小值处发生的聚沉称为絮凝。

⑤ 当 r 很小时，第 2 极小值不明显，如 $r < 300nm$；当 r 大时，第 2 极小值特点突出，对大分子胶体尤为明显。由此可见，大分子胶体易出现絮凝。当大分子树脂溶液或乳液分散不良，则絮凝性增强，将导致树脂吸收不良。

2.2　溶液中离子的活度与水合特征

2.2.1　活度与活度系数

电解质在溶液中参与化学平衡或发生某种反应的速度都与电解质的有效浓度有关，电解质的有效浓度是决定自由能变化的参数。有效浓度不是一个简单正比于浓度的量，而是浓度（分析浓度）的复杂函数。

2.2.1.1　电解质的活度和活度系数

设定纯物质的活度在 101kPa 和 25℃时为 1.0。例如，纯水的浓度为 55.51mol/L（25℃）时，活度为 1.0；与饱和 NaCl 成平衡的 NaCl 结晶的活度为 1.0。

理想气体混合时，气体组分的活度为每个组分的摩尔分数，理想溶液同理（理想溶液：满足 BoyleR 定律，$p = p^0 x$，任何分子间力相同，混合均匀）。因此，在一般溶液中：

$$\alpha_j = c_i \times \gamma_i \tag{2-18}$$

式中　α_j 表示活度；c_i 表示溶液中溶质的浓度；γ_i 为溶质的活度系数，表示组分 i 对理想行为的偏离程度。

影响偏离程度的因素：①受该组分影响；②受其他组分影响；③在电解质溶液中，主要受静电影响。

α_j 是溶质的浓度比例，当组分 j 的浓度 $\to 0$ 时，该组分的 $\alpha_j \to 1$。将这种状态称为基准态。在 101kPa 和 25℃下，该组分的理想行为称为标准态（实际上不存在这种状态）。实际测定中存在溶质活度为 1.0 的情况，但不能认为这种状态是标准态，例如，浓度为 1.734mol/L 的 KCl 溶液，25℃时活度系数为 0.577，则活度：

$$\alpha_{\pm KCl}^2 = \alpha_k \cdot \alpha_{Cl} = c_{KCl}^2 \cdot \gamma_{\pm KCl}^2 = (1.734 \times 0.57)^2 \approx 1 \tag{2-19}$$

因为该浓度的溶液与无限稀释时的溶液有不同的性质，溶质活度的计算结果与标准态相同。对电解质溶液，由于离子的活度与离子的总数相关，因此不能用热力学方法单独决定各离子的活度，故采用电解质的平均活度。

2.2.1.2　平均活度

在电解质 MA 的溶液中，M、A 离子的化学势：

$$\mu_M = \mu_M^0 + RT\ln\alpha_M = \mu_M^0 + RT\ln m_M \gamma_M \tag{2-20}$$

$$\mu_A = \mu_A^0 + RT\ln\alpha_A = \mu_A^0 + RT\ln m_A \gamma_A \tag{2-21}$$

电解质 MA 的化学位：

$$\mu_{MA} = \mu_M + \mu_A = (\mu_M^0 + \mu_A^0) + RT\ln\alpha_M \cdot \alpha_A \tag{2-22}$$

$$= \mu_{MA}^0 + RT\ln\alpha_{\pm MA}^2 = \mu_{MA}^0 + RT\ln m_{MA}^2 \cdot \gamma_{\pm MA}^2$$

式中　$\alpha_{\pm MA}$ 表示 MA 的平均活度，则

$$\alpha_{\pm MA} = (\alpha_+ \cdot \alpha_-)^{1/2} \tag{2-23}$$

式中　$\gamma_{\pm MA}$ 表示 MA 的平均活度系数，有

$$\gamma_{\pm MA} = \gamma_M \cdot \gamma_A \tag{2-24}$$

当电解质为 $M_a A_b$ 时，有

$$\mu_{M_a A_b} = \mu^0 + (a+b)RT\ln m\gamma_\pm (a^a \cdot b^b)^{\frac{1}{a+b}} \tag{2-25}$$

活度系数随 m 的单位不同而变，如质量摩尔浓度（mol/kg）、体积摩尔浓度（mol/L）。

2.2.1.3　活度系数值

当浓度确定后，活度系数并非浓度的单一函数。可以从一些理论研究中得出（Debye 与 Huckel 理论）结果。

已知静电场内某一点（以离子作为原点）的坐标为（x，y，z）的电位 φ 及电荷密度 ρ 间的关系为

$$\nabla^2 \varphi = \frac{\partial^2 \varphi}{\partial x^2} + \frac{\partial^2 \varphi}{\partial y^2} + \frac{\partial^2 \varphi}{\partial z^2} = -\frac{4\pi}{\varepsilon} \cdot \rho \tag{2-26}$$

式中，ε 表示相对真空中的介电常数。用纯溶液的相对介电常数代替稀溶液相对介电常数，当没有外力时，改写成极坐标：

$$\frac{1}{r^2} \cdot \frac{\mathrm{d}}{\mathrm{d}r}\left(r^2 \frac{\mathrm{d}\varphi}{\mathrm{d}r}\right) = -\frac{4\pi}{\varepsilon}\rho \tag{2-27}$$

假设电荷为 z_j 的 j 离子为极坐标的中心，在距离 $a \sim \infty$ 的区间内总电量为 $-z_j e$（设小于 a 时不能接近），即

$$\int_a^\infty 4\pi r^2 \rho_j \mathrm{d}r = -z_j e \tag{2-28}$$

式中，ρ_j 表示 j 离子为中心时，距离 r 的点电荷密度。

根据 Boltzmann 分布，得到一电荷为 i 的离子在场内某一区域的分布：

$$n_i' = n_i \exp\left(\frac{z_j e \varphi_j}{KT}\right) \tag{2-29}$$

则电荷密度为

$$\rho_j = \sum_i n_i z_i e \exp\left(-\frac{z_i e \varphi_j}{KT}\right) \tag{2-30}$$

设 $-z_i e \varphi_j$ 远大于 KT（表示势能远大于运动热能，即低浓度下成立），只取级数展开的第 1 项（也可取 2 项），则

$$\rho_j = -\sum_i n_i z_i^2 e^2 \varphi_j \frac{1}{KT} \tag{2-31}$$

将式（2-31）代入极坐标的微分式：

$$1/r^2 \cdot \frac{\mathrm{d}}{\mathrm{d}r^2}\left(r^2 \frac{\mathrm{d}\varphi_j}{\mathrm{d}r}\right) = \frac{4\pi e^2}{\varepsilon KT}\sum_i n_i z_i^2 \varphi_j = k^2 \varphi_j \tag{2-32}$$

解微分方程，得到

$$\varphi_j = \frac{z_j e}{\varepsilon} \cdot \frac{e^{ka}}{1+ka} \cdot \frac{e^{-kr}}{r} \tag{2-33}$$

φ_j 包括两部分：①j 离子在 r 处产生的电位，由体系正负离子排列不均产生；②离子氛 φ_j^0，表示 j 离子周围的电位，故

$$\varphi_j^0 = \varphi_j - \frac{z_j e}{\varepsilon r} = \frac{z_j e}{\varepsilon r}\left(\frac{e^{ka} e^{-kr}}{1+ka} - 1\right) \tag{2-34}$$

当 $r = a$ 时，电位为

$$\varphi_j^0 = -\frac{z_j e}{\varepsilon} \cdot \frac{k}{1+ka} \tag{2-35}$$

则形成离子氛需要的自由能（离子氛形成的自由能）为

$$\Delta G = \int_0^{z_j e} \varphi_j^0 \mathrm{d}e = -\frac{z_j^2 e^2 k}{2\varepsilon(1+ka)} \tag{2-36}$$

其中，对应摩尔数应乘以 N，对应离子数，可用浓度代替，如浓度为 mol/L，则

$$k^2 = \frac{4\pi e^2 N \sum_i c_i z_i^2}{1000\varepsilon KT} \tag{2-37}$$

1mol 离子的自由能为

$$\Delta G = RT \ln y_j = -\frac{z_j^2 e^2 N}{2\varepsilon} \cdot \frac{k}{1+ka} \tag{2-38}$$

在电解质溶液中，除 j 离子外，还包括反离子，这些离子的平均活度定义为

$$\lg y_{\pm} = \frac{1}{v} \sum_j v_j \lg y_j = 2.303 \frac{1/v \cdot \sum v_j z_j^2 e^2}{2\varepsilon kT} \cdot \frac{k}{1+ka} \tag{2-39}$$

$$= -\frac{A\sqrt{I}}{1+Ba\sqrt{I}}$$

设 I 为离子强度：

$$I = \frac{1}{v} \sum_1 c_i z_i^2 \tag{2-40}$$

如果 I 小，则

$$Ba\sqrt{I} \leqslant 1$$

Debye-Huckel 极限公式：

$$\lg y_{\pm} = -A\sqrt{I} \tag{2-41}$$

其中，A、B 为常数：

$$A = |z_1 z_2| (\varepsilon T)^{-3/2} \times 1.826 \times 10^6$$

$$B = 50.29 (\varepsilon T)^{-1/2} \times 10^8$$

若 a 的单位为 cm，则在 25℃水溶液中，对阴阳离子比例为 1：1 电解质，A = 0.0591，B = 0.3286。

根据公式及实测情况对常见电解质的活度系数特点表述如下：

① 低浓度时，浓度升高，平均活度系数 y 降低。

② 高价阳离子，如 M^{2+}，平均活度系数 y 有最小值，高价阴离子没有最小值（浓度升高，阳离子水合作用增强，阴离子水合作用减弱）。

③ 在 1：1 电解质中，电解质的活度强弱顺序为 $Li^+ > Na^+ > K^+ > Rb^+ > Cs^+$，原因是离子核小，水合作用大，活度增加。

④ Bjerrum 研究发现，在 1：1 电解质中，当 $a > 3.5 \times 10^{-7}$mm 时，电解质完全电离；当 $a < 3.5 \times 10^{-7}$mm 时，离子形成离子对；Li^+、Na^+、K^+ 的卤化物在 $a > 3.5 \times 10^{-7}$mm 时，完全电离。

⑤ 当离子强度 $I < 0.005$mol/L 时，可以认为电解质完全离解。

平均活度系数符合极限公式，实际上可扩大 I 为 0.1mol/L。从该浓度起，当浓度升高时，根据（2-39）式，应有

$$\lg y_I = -\frac{A\sqrt{I}}{1+Ba\sqrt{I}} + CI + [或 + DI^2]$$

式中，C、D 为系数。

Ringbem 对稀溶液的电解质提出了一种实用的分析方法，认为活度系数可大致由离

子电荷决定（实用分析中活度系数只要求小数点后一位即可）。即将 H^+、M^+、L^-、M^{2+}、L^{2-}、M^{3+}、L^{3-} 的活度系数用离子强度表示，可通过作图求出不同试验条件下的生成常数或离解常数。例如：HAc 的生成常数为 $k = 10^{4.76}$（$I = 0$），求 $I = 0.1$ 时，溶液中的 k，根据式：

$$lgk_{(I=0.1)} = lgk_{(I=0)} + lgy_{H^+} + lgy_{AC^-}$$

$$= 4.76 - 0.09 - 0.12 = 4.55$$

同理，

$$lgk_{(I=0.5)} = 4.76 - 0.08 - 0.20 = 4.48$$

因为 $lgk_{(I=0)}$ 与 $lgk_{(I=x)}$ 之差为

$$lg(y_{ML})/(y_M \cdot y_L)$$

其中，$y_{ML(I=0)}$ 可查出，所以，$y_{M(I=x)}$ 和 $y_{L(I=x)}$ 也可查出。

2.2.1.4　混合电解质溶液的活度系数

在稀溶液中，离子的活度系数只取决于溶液中的离子强度，与溶液中存在的其他电解质的种类及浓度无关。

在高浓度的电解质溶液中，离子的活度存在，但相关活度系数的关系不再准确。

对混合电解质，电解质间的相互影响如 HCl-NaCl 系统，NaCl 的活度系数随着 NaCl 比例的减少而增大，HCl 的活度系数随 HCl 比例的减少而减少。而二者分别单独存在时浓度与活度的关系相似。

确定活度的方法较多，要根据具体情况进行使用：

① 蒸气压法——活度与逸度。

② 溶解度法——饱和溶液溶度积。

③ 分配系数法——平衡两相活度比为常数。

④ 渗透压法——半透膜两边化学位相等。

⑤ 冰点下降法——冰点的两相化学位相等，变化温度与热容相关。

⑥ 电动势法——浓度与电动势关系。

⑦ 平均盐法——用同离子盐比较。

2.2.2　离子的水合

2.2.2.1　水的性质

气态时，水以分子形式存在，偶极矩为 $6.2 \times 10^{30} m \cdot C$（C 表示库仑，m 表示米）。液态时，分子间有强氢键结合。在固体冰的结构中，水分子彼此以氢键结合起来，一个水分子位于正四面体的中心，四面体的 4 个顶点由 4 个其他水分子所占据，如图 2-4 所示。由冰变成水的熔解热（0℃时为 6kJ/mol），由此水变成蒸汽的蒸发热（100℃时为 42kJ/mol）。当冰转化成液态水时，仅仅破坏了 30% 的氢键，可以认为，在液态水中，水分子保持着大量类似冰的团块结构（或簇团结构），处于完全规整排列与完全分散呈分子状态的水蒸气之间比较，而更与冰的结构类似。水在 4℃时，密度最大，设定为 1；25℃时，相对介电常数为 78.54，是许多材料易溶于水的条件之一；25℃时，电导率为 $6 \times 10^6 \Omega \cdot m$，尽管该值小，也证明有离子出现。

2.2.2.2　水合氢离子

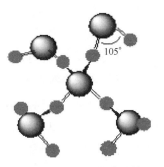

H$^+$是半径为 10 ~ 12mm 的极小粒子，表面电荷密度高，故在溶液中不存在裸露的 H$^+$，而是以 H_3O^+形式存在。经分子轨道计算，H_3O^+为平面三角形，各顶点又与 3 个水分子以氢键结合，如 $H_9O_4^+$。5 个水分子的结构见图 2-4。

图 2-4　水分子聚合结构

水合氢离子的半径与 K$^+$相近，但当量电导却很大：

$$\lambda^0(H^+) = 349.8 cm^2/(\Omega \cdot N)$$

$$\lambda^0(K^+) = 73.5$$

这种现象被认为是 Grotthus 机理所造成的，即质子跳跃机理，水合氢离子不动，只是质子转移：

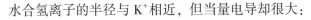

OH$^-$也具有较大的电导，$\lambda^0 = 198.3 \Omega^{-1}$，可用质子跳跃机理解释：

如此大的电导使酸碱滴定可用电导率滴定代替。

2.2.2.3　离子的水合

水分子中的氧原子具有弧对电子，它具有把这些电子对给予金属离子形成配位键的能力。在过渡金属离子和高价金属离子的场合，水分子主要以配位键与金属离子结合。对于难以构成有效配位时（尤其是碱金属和碱土金属离子），水可以偶极与离子之间的静电力结合。因此，静电相互作用与配位结合都起着一定的作用。

在水中，裸露的离子通过配位键或静电作用将水分子结合在周围的现象称为水合。水合可分一次水合与二次水合或更多次水合（Suresh，2012），见图 2-5。

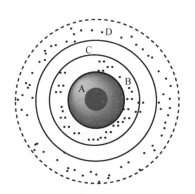

图 2-5　金属离子水合层

A层：阳离子第一水化层，化学水化层；作用强，随离子同行，不具有溶解物质能力。

B层：阳离子第二水化层，物理水化层；通过静电或偶极在第一水化层外再结合。作用较弱，部分同行。

C层：无序层，断层，与本体水隔开层。

D层：本体水分子。

对有些金属离子而言，一次水合与二次水合在结合能量上差别不明显，不易区别，造成不同的测试方法得出不同的水合数值。

根据配位化学可知，Co^{2+}的水合数为6，但热力学一些方法（活度、熵变、压缩系数等）测出为14，即在八面体外还有8个水靠在八面体面上，形成二次水合，尤其在Cr^{3+}中，二次水合的键能较大，研究时要求在精确度方面或某些方法上给予考虑。

事实上，热力学研究中往往不能确定单个离子的水合数，只能确定电解质的水合数。电解质的水合数应是阴、阳离子水合数之和。

有时为了测定或表达某一单独离子的水合数，常常进行假设：

① 大的阴离子（Br^-、I^-等），水合数为零。

② 各测定水合数平均，或以水合熵判别。例如，Li^+、F^-的水合熵相等，则两者水合数相等。但是这些方法任意性大。

用核磁共振（NMR）方法可确定某一离子的水合数，例如根据信号位移或加宽确定（弛豫）。这种方法的测定结果一般认为只是一次水合水，但特殊情况下有二次水合水的进入，如Cr^{3+}。

用X-衍射可测出各离子周围的水合数，这种方法不论化学键强度是多少，只是按距离测算，当阴离子与阳离子的半径相差较大时，单种离子的水合可分开计算。

根据X-衍射得出，1价阳离子中K^+的水合水与K^+相距最远，I^-在阴离子中与水合水相距最远。

根据不同测定方法测出的电解质（离子）水合数见表2-1。

表2-1　　　　　　　　　　常见电解质（离子）水合数

离子	电解质	NMR法	X-衍射法	离子	电解质	NMR法	X-衍射法
H^+	HNO_3	2.5		Cl^-	$LiCl$	1.0	6
Na^+	$NaOH,NaNO_3$	3.5	4	I^-	KI	1.0	6
K^+	KF,KI	3.0	4	OH^-	$NaOH$	0.5	
Ca^{2+}	$CaCl_2,Ca(ClO_4)_2$	6.0		NO_3^-	$HNO_3 NaNO_3$	0.5	
Al^{3+}	$AlCl_3,Al(ClO_4)_3$	5.7		ClO_4^-	$HClO_4 NaClO_4$	0.0	
Cr^{3+}	$Cr(ClO_4)_3$	7.0					

2.2.2.4　水合与溶液黏度

由于水合作用使溶液的黏度发生变化，Jones与Dole研究表明：

$$\eta = \eta^0(1+A\sqrt{c}+Bc) \tag{2-42}$$

式中，η^0 表示纯水黏度；c 表示溶质的浓度；A、B 表示溶质特性常数，A 与溶质的电荷类型有关，B 与溶质大小有关。

根据温度变化，通过上式可求出黏液活化能 $\Delta E_\eta^{\neq}$。由此，根据活化能的测定结果，将离子分为 4 大类：

Ⅰ类：B，$\Delta E_\eta^{\neq}>0$，$z/r_c>0.74$。式中，z 表示电荷；r_c 表示晶体中离子半径。
在水溶液中能强烈水合的离子有 Li^+、Na^+、Be^{2+}、Mg^{2+}、Fe^{2+}、Ce^{3+}、F^-。

Ⅱ类：B>0，$\Delta E_\eta^{\neq}<0$，$z/r_c=0.3\sim1.5$。
该类离子与Ⅰ类相似，有 Ba^{2+}、OH^-、IO_3^-、SO_4^{2-}、$PtCl_6^{2-}$、$(CH_3)_4N^+$。

Ⅲ类：B、$\Delta E_\eta^{\neq}<0$，$z/r_c=0.31\sim0.75$。
该类离子有 NH_4^+、K^+、Rb^+、Cs^+、Cl^-、Br^-、I^-、PF_6^-、ClO_3^-、NO_3^-、ClO_4^-、IO_4^-。

Ⅳ类：B，$\Delta E_\eta^{\neq}>0$，$z/r_c<0.25$。
该类物质在晶体中离子大小与溶液中离子大小相同，有

$$(C_2H_5)_4N^+ \quad (n-C_3H_7)_4N^+ \quad (n-C_4H_9)_4N^+$$

$$C(CH_2OH)_4 \quad Pt(NH_3)_5Cl^{3+} \quad Fe(CN)_6^{4-}$$

总结：Ⅰ、Ⅱ、Ⅳ类表示水分子在离子周围定向紧密排列，使液体黏度提升，被认为是结构形成离子；Ⅲ类溶液中黏度下降，称为结构破坏离子。然而，Ⅳ类并非与水结合，而是憎水，排斥使离子外的水更紧密，故又称为憎水结构形成离子。

Samoilov 认为，当黏液活化能 $\Delta E_\eta^{\neq}$ 比纯溶剂的更小时，离子周围的水分子比纯态时更易运动，故可称为"负水合"。当然，这种正负水合随温度升高都会因水分子运动至一定程度破坏，是相对的，即高温时均会成为结构形成离子而显正水合。

2.2.2.5　离子水合的热力学参数

（1）水合自由能

由离子发生水合引起的自由能变化称为水合自由能，用 ΔG_h^0 表示。

$$\Delta G_h^0 = G_{aq}^0 - G_{vac}^0 + \Delta G_s^0 \tag{2-43}$$

式中，G_{aq}^0 表示 1mol 离子从真空中转移至无限稀释状态溶液中的自由能；G_{vac}^0 表示根据 Van der Waals 半径计算，离子在真空中的自由能；ΔG_s^0 表示溶解所产生的非静电的自由能变化。

（2）水合焓

离子进入水中与水分子作用产生的热称为水合焓，用 ΔH_S 表示。

$$\Delta H_S = -U + \Delta H_+^0 + \Delta H_-^0 \tag{2-44}$$

式中，ΔH_+^0、ΔH_-^0 表示标准态下阴离子与阳离子的水合焓；U 表示晶格能。

① U 可由晶体中离子间静电引力和斥力、范德华力、零点能放出，再测出晶体的

溶解热即可得 $\Delta H_+^0 + \Delta H_-^0$。

② Barnal 和 Fowler 认为水合熵和离子半径成反比。假定晶体中半径相等的 K^+、F^- 的水合焓相等。

③ Latimer 和 verwey 认为阳离子的水合半径比具相同晶体半径的阴离子大得多，应将各离子水合焓分开考虑。

④ Halliwell 和 Nyburg 以第一水合层厚度的水合离子体积为基础，算出 H^+ 的水合焓为 1091kJ/mol。

（3）水合熵

离子进入水中与水分子作用后的熵变称为水合熵，用 ΔS_{aq}^0 表示。

$$\Delta S_{aq}^0 = S_s^0 - S_g^0 \tag{2-45}$$

式中，S_s^0 表示溶液中离子的熵，由溶液反应的电动势可随温度变化算出；S_g^0 表示气态离子熵，可由 Sucker-Tetrode 公式计算。

研究表明：1 价阳离子水合熵 $\Delta S_{aq}(H_2O) < \Delta S_{aq}(H^+)$；随着 1 价阳离子半径增大，水合焓 ΔH_s^0 降低。

（4）金属离子的水合热

根据一次性水合平衡反应示意，水合热 $\Delta H_{总}$ 表示所有离子的水合焓。

$$M^{n+}L^{n-} \xrightarrow{\Delta H_1} M^{n+} + L^{n-} \xrightarrow{\Delta H_2} M^{n+}(H_2O)_x + L^{n-}(H_2O)_y$$

$$\Delta H_{总} = \Delta H_1 + \Delta H_2$$

根据 $\Delta H_{总}$ 与阴、阳离子的加和关系，去除相应阴离子的 ΔH_2，可以获得阳离子 ΔH_1。常见一些金属离子水合热见表 2-2。从表 2-2 可以看出，Al^{3+}、Cr^{3+}、Fe^{3+} 的 ΔH_1 是接近的。

表 2-2　　　　　　　　　　　　　　离子的水合热

离子	ΔH/（kJ/mol）（放热）	离子	ΔH/（kJ/mol）（放热）
Ca^{2+}	-1576	Cr^{3+}	-4376
Fe^{2+}	-1906	Fe^{3+}	-4351
Al^{3+}	-4636		

2.2.2.6　水合阳离子的酸性

（1）离解常数

+2、+3、+4 价水合阳离子在溶液中水解，放出质子，使溶液 pH 下降。

$$[M(OH_2)_x^{n+}] \Leftrightarrow [M(OH_2)_{x-1}(OH)]^{(n-1)+} + H^+$$

20 世纪 40 年代末，Sillen 开始研究水合离子离解的酸性性质，用两种方式表示离解平衡常数：

$$k_1 = \frac{[M(OH)^{(n-1)+}]}{[M^{n+}][OH^-]}, \quad k_1' = \frac{[M(OH)^{(n-1)+}][H_3O^+]}{[M^{n+}][H_2O]}$$

其实，k_1 与 k_1' 是有一定关系的，使用时多认定 k'：

$$\frac{k_1'}{k_1} = \frac{\left[M(OH)^{(n-1)+}\right]\left[H_3O^+\right]\left[M^{n+}\right]\left[OH^-\right]}{\left[M^{n+}\right]\left[H_2O\right]\left[M(OH)^{(n-1)+}\right]} \qquad (2-46)$$

$$= \frac{\left[H_3O^+\right]\left[OH^-\right]}{\left[H_2O\right]} = k_n$$

类似，k_n、k_n' 可表达为从水合阳离子上失去第 n 个质子的平衡常数，若失去全部质子的平衡常数为 k，则

$$K_n = \prod_{i=0}^{n} k_i$$

由此也可看出，各级平衡常数之间的关系。

离解常数的测定：测定金属水合离子的离解平衡常数 k 的方法有很多（40 多种），如光谱、磁共振、电导率、电动势、动力学方法等，然而，要精确测定是非常困难的。

+2、+1 价阳离子的酸性极弱，难以测量，例如，Rb^+、Cs^+ 都难以测出酸性。

+3、+4 价阳离子的酸性是明显的，但常常因聚合干扰需分别测定，如 Al^{3+}、Cr^{3+}、Fe^{3+}，这种干扰不仅是结构上的差异，更在时间上难以平衡。为此，专门针对某种离子的测定、计算的方法一直是研究的热点。值得一提的是一些相对平衡常数有时对研究十分有用，但要注意特殊的环境影响。

（2）离解常数的影响因素

① 离子强度（I）影响。离解常数随 I 变化，这种影响对高价+3、+4 价离子作用大，对低价离子作用小。对标准 k 的表示，有两种观点被讨论：①$I=0$ 时的 pk 为准，通过外推得到的值；②I 较大的 pk，如 $I=3mol/L$ $NaClO_4$ 的值。因为，通常情况下随着 I 增加，pk 上升。但是也有例外，尤其对低价离子而言。

② 离子效应影响。研究中为了使 I 保持基本恒定，必须加入某种盐，而盐会给 pk 带来影响，影响程度可用加入阳离子的活度衡量，例如，Li^+ 与 H^+ 的活度系数相近，两者活度与浓度变化相似，而 Na^+ 就有差异。见表 2-3。

表 2-3　　　　　　　　　　　　　　　溶液离子强度与 pk 值

pk	KCl/ (mol/L)		NaCl/ (mol/L)		NaClO$_4$/ (mol/L)		NaNO$_3$/ (mol/L)	LiClO$_4$/ (mol/L)
	2	3	2	3	2	3	2	3
$pk(Pb^{2+})$					7.93		8.84	
$pk(Zn^{2+})$	9.02	9.14	9.25	9.55	9.26			
$pk(Tl^{2+})$					1.14			1.18

加入 Li^+ 与加入 Na^+ 对 k 影响不同，考虑活度系数，要保持恒定的 I，应选用 Li^+，但习惯上多用 Na^+。

阴离子不同时 pk 同样也受影响。与阳离子相反，阴离子活度大，pk 降低。此外，

pk 因阴离子的种类不同而不同。

（3）常见水合阳离子的离解常数

金属离子的水合和离解与制革中胶原蛋白的理化性能直接相关。工艺中，Ca^{2+}、Cr^{3+}、Al^{3+} 等离子都是制革化学领域关注的离子。

阳离子与水水合后形成一种特殊的含氢酸，原因是阳性金属核的电场作用导致水合产物水解，产生离解常数。根据不同阳离子的结构获得以下规律：

① +4 价阳离子的酸性常常比+3 价要强，+3 价比+2 价强，+1 价最弱。

② 阳离子半径影响离解，但其电荷影响更大。

③ Ⅱ族阳离子从 Be^{2+} 到 Ba^{2+}，酸性随半径增大而减弱。

④ Ⅲ族水合阳离子的酸性可用软硬酸碱规则解释，软酸比大小类似的硬酸酸性强。

⑤ 几种特强酸性的水合阳离子，显出强氧化性，如 Ag^{2+}、Mn^{3+}、Ce^{4+}，它们靠吸电子而使水失去 H^+。

⑥ 配合物不同几何结构形状时对配位水分子酸性有影响。

⑦ 水合阳离子的对称性及水合数影响酸性。

⑧ 对多级水解物的 pk_n 而言，当 $n>1$ 时的情况普遍存在，但随 n 增大，pk 增大，通常 pk_1 与 pk_2 之间相差 1~2 个数量级。

部分常见阳离子的水合离解常数，见表 2-4。

表 2-4　　　　　　　　　　　常见金属离子的 pk 值

阳离子	$pk(I=0)$	$pk(I>0)$	阳离子	$pk(I=0)$	$pk(I>0)$
Na^+	14.6	—	Ti^{4+}	—	-4.0
Mg^{2+}	11.4	12.2	Zr^{4+}	—	-0.7
Ca^{2+}	12.6	13.4	Cr^{3+}	3.8~4.0	3.8~4.4
Al^{3+}	5.0	4.3	Fe^{3+}	2.5~3.1	—
La^{3+}	—	8.3			

（4）水、配体配合物（混配）的 pk 规律

当配体进入内层后，使内层的空间、电荷发生变化，结果使配合水的离解或者说配合物的酸性产生变化。这些变化与配体的关系可以通过以下几个方面考虑：

① 配体的碱性。碱性也与吸收质子有关，碱性强，与正电荷抵消多，配合物 pk 小。

② 配体配位能力。螯合物比单基配体有更大的配合力，使配合物 pk 更大。这是由桥接部分以及环内的诱导效应和场效应的影响引起的溶剂合作用的差别造成的，但对大环影响小。

③ 配位水分子数。水分子少，离解的可能性下降，配合物 pk 增大。

④ 立体形态。立体形态为八面体时，顺式、反式之间没有明显差别；立体形态为正方平面型时，反式水离解使配合物 pk' 减小，配性增强。

2.2.2.7 水解焓、熵和体积计算离解常数

从水合阳离子上离解一个质子的 ΔH 可用量热法直接测量，也可根据离解常数 k 与温度关系来推算：

$$\frac{\alpha \ln k_1}{\alpha \left(\dfrac{1}{T} \right)} = -\frac{\Delta H_1}{R} \tag{2-47}$$

若 ΔH_1 已知，ΔS 即可用 ΔH 及 ΔG 计算：

$$\Delta G = -\ln k \tag{2-48}$$

从水合阳离子上离解一个质子的体积变化可根据酸性常数 k 随压力的变化关系来计算：

$$\frac{\alpha \ln k_1}{\alpha P} = -\frac{\Delta V}{RT} \tag{2-49}$$

与水合阳离子的酸性常数表达一样，这种活化参数还有 ΔH、$\Delta H'$、ΔS、$\Delta S'$ 等，如

$$\Delta H \quad M_{aq}^{n+} + OH^- = [MOH]^{(n-1)+}$$

$$\Delta H' \quad M_{aq}^{n+} + H_2O = [MOH]^{(n-1)+} + H_3O^+$$

与 k_1、k_1' 相关的计算与下列反应的 ΔH^* 相联系

$$H_3O^+ + OH^- = 2H_2O$$

当 $I = 0$ 时，$\Delta H^* = -5.6 \times 10^4 J/mol$；当 $I > 0 \sim 3$（盐浓度为 $0 \sim 3 mol/L$），k_1 为 $420 J/mol$ 的误差（0.75%），因此，在 ΔH 与 $\Delta H'$ 核算中采用 $-5.6 \times 10^4 J/mol$。同样：

$$\Delta S^* = 8.1 \times 10^4 J/(K \cdot mol)$$

一些常见离子的水合水离解热力学参数见表 2-5。当配体进入内层后，水分子减少，离解能力下降，导致 $\Delta H'$ 升高。

表 2-5   一些离子水合水离解热

离子	Ca^{2+}	Al^{3+}	Fe^{3+}	Cu^{2+}
$\Delta H'/(10^3 J/mol)$	−63	37.8	33.3~82.7	46.2~50.4

2.2.3 溶液中的交换反应

在水溶液中，水分子的高介电常数及极性可以导致溶质的极化，水分子吸附、质子化、水合作用等，改变了溶质的反应活性。然而，随着环境的改变，如温度、压力或第三者加入可以改变水的作用效果。其中，交换反应就是一种特色的平衡。交换过程是物质变化过程的一种重要形式，是自然界无处不有的现象。交换反应是一种反应活化能相同或相近的过程。表明负焓变驱动离子吸附形成新的结合过程，而负的熵变形成新的离析过程。然而，在自然科学研究中，"交换"过程多以"转化"或"＝"符号进行表达。在交换反应过程中发生物质结构及化学性质的变化，或不发生结构

或化学性质的变化，关键在于其交换速度。当环境条件确定后，交换速度快，交换前后两种结构越不稳定，给予第三者介入的机会越大。溶液中物质交换的方式有以下几类：

① 同物质交换。如物质内部或表面的水分子、羟基、质子交换，配合物内外界配体的交换，同位素及同电荷之间交换。该类交换直接称交换反应。图 2-6 表达了两种交换反应现象。

② 非同类物交换。使用最多的是该类反应。如物质内部或表面的 A 物质与本体内 B 物质交换。该类交换反应是一种广义上的置换反应。事实上，吸附与解析反应也是该类交换反应形式。

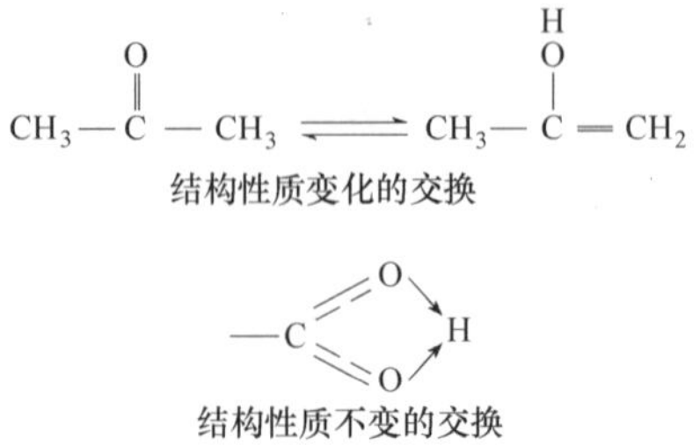

$$CH_3 - \overset{\overset{\textstyle O}{\|}}{C} - CH_3 \rightleftharpoons CH_3 - \overset{\overset{\textstyle O-H}{|}}{C} - CH_2$$

结构性质变化的交换

$$-C\overset{\diagup O}{\diagdown} \overset{O-H}{|}$$

结构性质不变的交换

图 2-6　交换反应示意图

交换反应的形式：可以在物质内部或表面同一位点进行，也可以在分子的不同位点进行，如配合物中心离子的不同配位点进行，或者在电场中有机大分子不同点的电荷交换。

2.2.3.1　交换反应特征

配合物中配体在中心离子间的交换反应与配合反应有极为相似的性质，但也有一定的差别。

（1）交换反应的特点

在配合物溶液中，溶剂分子在中心离子的配合层与本体之间进行交换的过程称为配位交换反应，这种交换反应是溶液中中心离子的基本反应。

配位交换反应在外界条件变化不大的条件下，与阳离子性质关系很大，25℃时一级交换速率 Ca^{2+} 为 $10^{10}/s$（速率常数），而 Rh^{3+} 为 $10^{-7}/s$；对同一中心离子，交换反应与溶剂关系也很大，Fe^{3+} 在乙醇中的速率常数为 $2\times10^4/s$，在二甲基甲酰胺中（DMF）为 $40/s$。

（2）研究交换反应的方法

研究交换反应的动力学参数方法有两种，即同位素标记法和核磁共振法。

① 同位素标记法。对配位水交换可用 $H_2^{18}O$ 溶液，如在一定时间内将配合物沉淀或脱离本体后进行测定。该法适合交换速率慢的体系。

用同位素 ^{35}S 探索硫化物脱毛机理时，Feairheller 用 $Na^{35}S$ 代替 NaS。通过同位素跟踪分析发现，^{35}S 在羊毛硫氨酸中占 40%，在磺基丙氨酸中占 20%，在胱氨酸中占 27%，证实了 β-消除机理的真实性。

② 核磁共振波谱法。利用配合物中配位水分子与本体中分子的核有不同的环境，出现不同 δ 的两个峰。但随温度上升，交换速度提高，直至交换频率使磁共振频率无

法分辨时，两峰合并，获得交换速度，见图 2-7。

这种合并随温度上升峰宽由宽变窄，可得到交换过程的活化参数 ΔH 及 ΔS。几个常见离子配位配体交换数据见表 2-6。

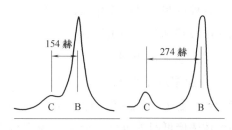

图 2-7　NMR 谱交换频率（速度）

2.2.3.2　配合物交换反应机理

金属配合物亲核取代反应属于溶剂的配位交换反应与配合物生成反应中的特例，具有相同的反应机理。

表 2-6　　　　　　　　　　离子配位配体交换的 ΔH 及 ΔS

离子	溶剂	lg$k$	$\Delta H/(10^3 J/mol)$	$\Delta S/(10^3 J/mol)$
Al^{3+}	水	0.8	113.4	117.6
	甲醇	3.6	16.4	-121.8
Cr^{3+}	水	-6.3	109.2	0
Fe^{3+}	水	3.5	37.4	-54.6

（1）亲核取代交换反应

根据离解过程与缔合过程，或单分子 SN1 过程与双分子 SN2 过程。实际的反应机制可再细分为 4 种：

① D 机制。D 机制又称极限离解机制，反应中产生一种配位数减少的中间体，这种中间体存在时间足够长，以致能选择出可能进入的亲核物（或与离解基团复合），这种反应的速率常数 k 与配体浓度无关，见下式

$$ML_6 \Leftrightarrow ML_5 + L$$
$$\downarrow L'$$
$$ML_5L'$$

在溶液配体都相同时无须考虑。当配体浓度低时并与其他配体有竞争，两者 k 与配体浓度的倒数为直线。

② Id 机制。ID 机制又称离解交换机制，该反应过渡态中金属离子与离解基团的键长变长，但金属离子与加合基团没有作用，只是在外层（二层）产生缔合，一旦离解基团离开，加合基团迅速代之，进入一级配位，见下式

$$ML_6 + L' \Leftrightarrow ML_6, L'$$
$$\downarrow \leftarrow 决定速率$$
$$[L_5M \cdots L, L']$$
$$\downarrow$$
$$ML_5L' + L$$

③ Ia 机制。配体在一级配层与二级配层间存在交换，两层与中心离子均有明显作用。

④ A 机制。生成一种配位数增加的中间体。

$$ML_6 + L' \rightarrow ML_6L' \rightarrow ML_5L' + L$$

各种机制有时单独存在，有时几种共存，与中心离子、配体、环境条件有关。Cr 的 SN2 反应机制 $k = 10^{-6} \sim 10^{-5} /$（$mol \cdot s$）。

（2）机制的识别

① 速率定律的确定。一级速率常常指单分子（离解）反应，二级速率则为双分子（缔合）反应。两者有一定的不同，但是在 D 机制和 Id 机制中都可给出二级速率定律。当配体浓度低时 k 也低，如果配体亲核力很小，k 则与配体浓度成一级，总反应为二级，有时 Id 机制也服从二级速率定律。

② 速率比较。当各配体交换速率较其他配体配合速度更低时，反应则表示为亲核取代，如果速率都相同，则为离解机制，这对配合物的生成反应过程也是适应的，是有价值的。

③ 活化焓比较。用反应的活化参数判断反应机制也是较好的方法，如用 $\Delta H^{\neq}$、$\Delta S^{\neq}$、$\Delta V^{\neq}$ 判断法。尽管交换活化焓（$\Delta H^{\neq}$）不能单独用于判断反应机制，但有时通过比较相关中心离子的 $\Delta H^{\neq}$ 值可获得有价值信息。

例如，Al^{3+} 与 Ga^{3+} 附近水的交换 $\Delta H^{\neq}$ 分别为 $1.1 \times 10^5 J/mol$ 和 $2.6 \times 10^5 J/mol$，如此大的差别证明两者交换机制是不同的。Al^{3+} 的 $\Delta H^{\neq}$ 高，推测反应按离解模式进行。Ga^{3+} 的 $\Delta H^{\neq}$ 低，推测反应按缔合模式进行。

④ $\Delta S^{\neq}$ 判断法。这种判断较有说服力，当 $\Delta S^{\neq} > 0$ 表示过渡态中有较大自由度，即离解机制，$\Delta S^{\neq} < 0$ 时反应为缔合机制。

例如，Al^{3+} 附近水交换的 $\Delta S^{\neq} = 1.2 \times 10^2 J/(K \cdot mol)$，$Ga^{3+}$ 附近水交换的 $\Delta S^{\neq} = -92 J/(K \cdot mol)$。

事实上，Ga^{3+} 的半径大，易生成增加配位数的过渡态。

Al^{3+} 附近水交换这种离解机制，也可说明其配合物生成也会如此。已证明，Al^{3+} 与 SO_4^{2-} 生成配合物的速率与 H_2O 的交换速率为同一数量级。而 Ga^{3+} 与 SO_4^{2-}、H_2O 配位明显以不同的速率生成配合物。

⑤ $\Delta V^{\neq}$ 判断法。现代测试技术表明，用活化体积 $\Delta V^{\neq}$ 测定反应机制为很好的方法，根据

$$\left(\frac{d\ln k}{dp}\right)_T = \frac{\Delta V^{\neq}}{RT} \tag{2-50}$$

而 $\Delta V^{\neq} = \Delta V^{\neq}_{(过渡态)} \cdot \Delta V^0_{(始态)}$。当 $\Delta V^{\neq} > 0$，表示过渡态形成反应物和膨胀这是一个离解过程，体积收缩则为缔合过程。

例如，水合 Cr^{3+} 离子 $[Cr(H_2O)_6]^{3+}$ 是一个稳定的离子，其 $\Delta V^{\neq} = -9.3 \pm 0.3 cm^3/mol$，证明是缔合交换机制。此外，在 $[Cr(DMF)_6]^{3+}$ 及 $[Cr(DMSO)_6]^{3+}$ 体系中分别测得 $\Delta V^{\neq}$ 为 $-6.3 cm^3/mol$ 及 $-11.3 cm^3/mol$，这为 Cr^{3+} 进行缔合交换机制作出了答复，同时也

为 Cr^{3+} 配合物生成机制提供信息。

测定 $\Delta V^{\neq}$ 来推测交换反应机制，也可得到一些有利的结构方面的信息，如下物质的 $\Delta V^{\neq}$ 值所示：

$$[Co(NH_2)_5(OH_2)]^{3+} \quad +1.2cm^3/mol$$

$$[Cr(NH_2)_5(OH_2)]^{3+} \quad -5.8cm^3/mol$$

$$[Rh(NH_2)_5(OH_2)]^{3+} \quad -4.1cm^3/mol$$

$$[Ir(NH_2)_5(OH_2)]^{3+} \quad -3.2cm^3/mol$$

Cr^{3+} 的离子半径与 Co^{3+} 相近，但 Cr^{3+} 的 t_2g 轨道上的电子密度（d^3）比 Co^{3+} 的（d^3）更低，易受亲核配体的进攻，进行缔合机制。

Rh^{3+}、Ir^{3+} 有较大的半径，形成配位数大的配合过渡态也是可以理解的。

⑥ 其他几种判断法。溶剂的交换反应很简单，但要确定其机制却比较难，原因是溶剂即是离解基团又是加合基团，能获得的变量信息并不多。尤其溶剂的量大，反应级数不能靠溶剂来确定。一种较好的方法是采用混合又互不作用的溶剂，以不同比例为准测定交换速率的变化。通过改变离子强度决定是离解机制还是缔合机制（过渡态是否有电荷产生，有则受离子强度影响大）。

（3）交换反应与阳离子关系

① sp 元素。影响交换速率的因素多为电荷数和半径。正 1 价与正 2 价的离子 Ca^{2+}、Ba^{2+} 等交换速度极快，如果半径小，如 Mg^{2+}、Be^{2+}，反应速率可用核磁共振测出，3 价阳离子附近的水交换也能用磁共振测定。

② 过渡金属元素。电荷是影响交换速率的因素之一。对 +2 价与 +3 价的相同离子而言，后者反应慢得多，如 Cr^{2+} 与 Cr^{3+}；不同离子也是电荷高、交换慢，如 Cr^{3+}（d^3）的水交换比 V^{2+}（d^3）水交换速率慢 10 万倍。

晶体场稳定化能（CFAE）是过渡金属表征其交换速率的重要指标，CFAE 越高，过渡态失去能量越多，表现出交换速率越慢，d^3 离子 Cr^{3+}、Rh^{3+} 有最慢的交换速率。

Jahn-Teller 畸变使两个距离较远的溶剂分子结合松散，易被二级层或本体分子交换，使交换速率增加。

③ 镧系元素。镧系元素具有较大的半径较高的配位体，其内层电荷屏蔽强，配合水交换速度高，交换速率在 $10^6 \sim 10^8/s$。

（4）交换反应与溶剂关系

对 +2 价中心离子而言，配体的 Gutmann 给体数基本表征了配体与中心离子的亲和性增加，交换速度降低。但 +3 价中心离子除给体数外，空间因素影响显得更重要。中心离子尺寸小，配体之间排斥大，使一些配体始终处于被离解状态。而较小的配体与交换速度之间无明显关系，因为亲和力与离解力几乎是相反的进而抵消。

配体与阳离子之间以 σ 键为主时，配位水的交换速度增加。对 +2 价阳离子而言，这种现象较为明显。可解释为：当 σ 电子给予阳离子，使正电荷减少，减弱了阳离子与水的结合能力。

如果配体与金属离子间存在很强的 π 键，则金属正电荷的有效性不变，其他配合水交换速度不变。配体把 σ 电子给予阳离子的给电子作用所引起的效应，被金属离子把 π 电子给回配体的给电子作用所抵消。然而，配体的进入总使水交换速度增大，而且对位的水显示出更高的速度。

+3 价阳离子的交换水速率均较+2 阳离子小，反位效应较明显，在 $[Cr(OH_2)_5X]^{2+}$ 中，反式激活的作用为 $I^->Br^->Cl^->NCS^->H_2O$。

（5）交换反应与配合物生成

由于交换本身包括了配合物的生成过程。因此，从交换反应机制研究可判断配合物生成的信息。

① 离解机制。与配合体浓度关系小，形成多配体能力强，配体体积大小受限制小。

② 缔合机制。配体浓度体积受限制大，影响生成速率（Cr^{3+} 配合物的生成特点）。

③ 配合物生成速率与水交换速率相当（Al^{3+} 配合物的生成特点）。

④ 当配合物生成速率大于水交换速率时，可判为缔合机制。

⑤ Cr^{3+} 水合物为缔合机制，当形成碱式配合物后，OH 与 Cr^{3+} 形成配价键，使静电力下降，离解机制增加，这时溶液的电荷因素上升，使得高碱度 Cr^{3+} 液在浓电解质溶液中生成配合物速度迅速下降。

⑥ 配合物稳定性与水交换速率相关，Al^{3+} 与 Re^{3+} 的水交换速率大，使配合物活性也增大。

配合物的稳定性通常用表观稳定常数表示。根据交换平衡测定，常见配合物的表观稳定常数见表 2-7。

表 2-7　　　　　　　　　　Cr^{3+}、Al^{3+}、Fe^{3+} 配合物表观稳定性

稳定常数	Cl^-	SO_4^{2-}	$CHOO^-$	Ac^-	Gly	Asp	$C_2O_4^{2-}$	OH^-	H_2O
$\lg k_{Cr}$	1.1	3.5	3.3	3.5	8.2	9.8	9.0	7.2	6.3
$\lg k_{Al}$	0.6	3.8	2.3	4.0	5.7	8.4	6.2	0.8	
$\lg k_{Fe}$	1.3	3.6	3.5	3.8	9.7	11.4	11.0	7.9	3.5

2.2.3.3　Cr^{3+}水合配合物的质子交换反应

（1）$Cr^{3+}-H_2O$ 体系的 H^+ 交换反应

早在 20 世纪初，对 Cr^{3+} 水溶液的性质及其与氨基酸配位络合反应过程的研究就已开始。水合 Cr^{3+} 中配位水分子与本体自由水的交换反应已被用同位素跟踪法测试过，其水分子在配合物中的寿命大于 10h。然而，用 NMR 法测定 ^1H 的弛豫时间（动静平衡时间）却可获得关于两种环境中水的质子氢离解交换过程的信息。设交换过程为以下 3 种情况：

$$[Cr(H_2O)_5H_3O]^{4+} \rightleftharpoons [Cr(H_2O)_6]^{3+} + H^+$$

$$[Cr(H_2O)_6]^{3+} \rightleftharpoons [Cr(H_2O)_5OH]^{2+} + H^+$$

在（300±2）K 时，对不同 pH 的 Cr^{3+}-H_2O 系统研究发现，这种交换速度 $1/t$ 受质子浓度（$c[H^+]$）控制。将 $1/t$ 对 $\lg[H^+]$ 作图，见图 2-8。

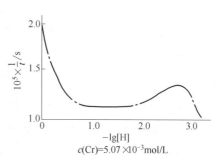

图 2-8 pH 与 Cr^{3+} 配位水 H^+ 交换速度

图 2-8 表明随着溶液 pH 升高（0.0～0.8），配位水的质子交换迅速降低。溶液 pH=0.8～1.8 出现动态平衡稳定区，或者说主干结构变化区；当溶液 pH 在 1.8～2.8，主干结构趋于稳定，交换速度出现升高。然后，当 pH>2.8 后，交换速率继续下降。这个变化的解释可以是 pH 在 0.0～0.8 及 pH>2.8 时，质子活性降低，但是质子的来源或在结构中的特征是不同的，从图 2-9 中 3 个水解反应可以看出，也可以说是 Cr^{3+} 配合物主干结构的稳定期。而 pH 在 0.8～1.8 解释为主干构架开始转变。早在 1986 年，罗勤慧等利用根加节原理描述了低浓度下铬配合物基本结构。pH 在 1.0～3.0，当浓度较低时，Cr^{3+} 具有几种结构，几种结构都显示出聚合物特征。结构中有不同环境的质子，可以在不同 pH 下进行交换，而这些交换的速度是不同的。

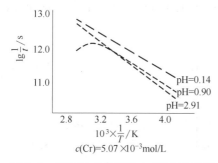

图 2-9 温度与 Cr^{3+} 配位水 H^+ 交换速度

$$c[Cr^{(3+)}]=0.0002～0.0025mol/L$$

$$c[Cr^{(3+)}]=0.005～0.040mol/L$$

2007 年，Covington AD 等研究发现，铬鞣皮革中 Cr^{3+} 主要以四聚体形式存在，如下式所示：

$$\left[\begin{array}{cccc} O & O & O & O \\ >Cr< & >Cr< & >Cr< & >Cr< \\ O & O & O & O \end{array} \right]$$

由此可见，Cr^{3+} 离子在溶液中几乎以多核为主干的形式存在，pH 的变化仅仅根据羟桥与氧桥之间进行质子的交换速度而定。

（2）Cr^{3+}-H_2O-Gly 体系的 H^+ 交换反应

根据化学滴定法证实，在 Cr^{3+} 的水溶液中加入一定量的阴离子配位体可提高溶液的浊点，这种功能称为隐匿（俗称蒙囿）效应。用甘氨酸配体作为模拟鞣制过程的动态平衡参照进行研究，可以了解这种隐匿作用原理。

通过用上述同样的方法来测定 Gly 存在下 Cr^{3+} 配合物中配位水的质子的交换过程。图 2-11 说明了氢质子的平均寿命与溶液 pH 关系（单志华，1993）。非水配体 Gly 进入 Cr^{3+} 配合物后的配位水质子交换反应速度曲线中，H^+ 交换速度虽然随着温度升高加速，但与图 2-9 比较明显减缓。图 2-11 与图 2-8 相似，在 Cr^{3+}-H_2O-Gly 体系中，随着 pH 升高交换速度也存在一个动态平衡区（pH=3.0~4.0），图 2-11 比图 2-8 中平衡 pH 明显高，而在 $5.3 \leqslant pH \leqslant 3$ 有相似的减速现象。值得关注的是，pH 在 4.0~5.3 是加速的，该区间主干构架开始变化。一种简单推测说明当溶液体系 pH 高于 4.0 后，铬配合物结构加速改变，水解配聚加剧。

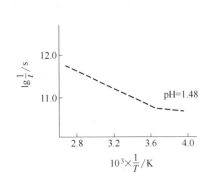

$c(Cr)=2.43\times10^{-3}mol/L; c(Gly)=1.0mol/L。$

图 2-10　Gly 存在下 H^+ 交换速度与温度

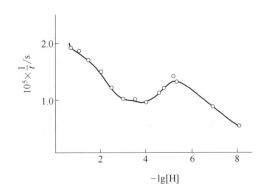

$c(Cr)=2.43\times10^{-3}mol/L; c(Gly)=1.0mol/L。$

图 2-11　Gly 存在下 H^+ 的交换速度与 pH

对 Gly 而言，其配位交换速率与质子的交换速率相差 10^3 数量级，慢得多。而且，随着 pH 升高，交换速度越慢，pH 在 6.0 左右基本稳定。直至 pH>8.0 后，质子的交换加快，显示不稳定上升，见图 2-12。根据式 2-51：

$$\frac{1}{t}=\frac{KT}{h}\exp\left(\frac{\Delta S^{\neq}}{R}-\frac{\Delta H^{\neq}}{RT}\right) \tag{2-51}$$

分别计算体系 Gly 存在与质子交换的活化焓，见表 2-8。可以看出，Gly 进入配位，质子的交换活化能明显提高，配合物抗水解稳定性提高。

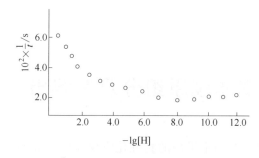

$c(\text{Cr}) = 2.43^{-3}\,\text{mol/L}; c(\text{Gly}) = 0.8\,\text{mol/L};$ 温度为 $(300\pm2)\,\text{K}$。

图 2-12　Gly 的交换速度与体系 pH

表 2-8　　　　　　　　　　　　　　两种体系中水质子交换活化焓

$-\lg c[\text{H}]$	$\Delta H^{\neq}[\text{Cr}^{3+}\text{-H}_2\text{O}]/(\text{kJ/moL})$	$\Delta H^{\neq}[\text{Cr}^{3+}\text{-Gly-H}_2\text{O}]/(\text{kJ/moL})$
1.48	7.2	11.0
4.05	9.4	16.1

2.2.3.4　蛋白质的异物质交换反应

在配合物的交换反应中，对同物质等质量的交换反应而言，与平衡相关的只是交换的速度，其中温度是决定速度的主要因素（$\Delta H = T\Delta S$ 相），一些配合物的离解交换还包括了 pH 因素影响。

大量的交换反应研究表明，在水溶液中，除了物质自身的离子化、离子极化率、离子尺寸、弥散力、界面粗糙度、水合自由能以及体系的温度、离子强度等，都是影响交换平衡的因素。然而，作为大分子两性电解质蛋白质的交换平衡，或者吸附解析平衡与体系离子强度相关。小分子电解质的加入使溶液的离子强度发生改变，将改变蛋白质的电荷性质以及构象，导致吸附平衡能力发生明显变化。见图 2-13，当中性盐的质量分数从 0 增加至 0.01 时，吸附平衡量迅速降低。

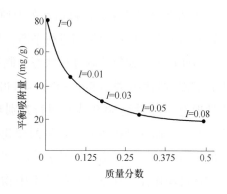

图 2-13　中性盐用量与蛋白吸附平衡

第3章 生皮非胶原组分及其溶出

皮革是由生皮经过一系列不平衡的物理化学反应后形成的产物。无论是在理论还是感官上，都无法或无须描述理想的平衡应该如何界定、结果会如何。实际生产中生皮的酸碱酶处理、鞣剂鞣法的优化、染整材料的渗透与结合等，均以皮或坯革的物理化学变化达到既定感官要求为准则。事实上，在皮革制造过程中，影响因素较多，如材料的品种、用量，环境的 pH、液量、温度、干燥方法、机械力作用等，而且这些因素交互性较大，结果判断难以精确表达，各工序靠"在线感官平衡"为主要目标。如果将制革过程的物理及化学处理分 3 个阶段来描述，生皮转变为皮革的过程用三段"在线感官平衡"表达：

① 在鞣前准备过程中，以生皮为原料，对非胶原物质溶出与皮胶原被保留的平衡处理，达到鞣前多孔和高活性化皮胶原产物。

② 在鞣制过程中，以皮胶原为原料，对鞣剂鞣法与鞣革的耐湿热温度为平衡目标，通过鞣制达到三维构造稳定化的坯革产物。

③ 在染整过程中，以鞣后坯革为原料，进行复鞣填充与坯革感官进行平衡，进一步延伸与干燥、机械力作用进行平衡，最终获得理想的感官、理化性能产物。

由此可见，如何控制过程状态，制革操作者早已不自觉地利用了（理论上可以采用）有限时间稳定性（finite-time stability，Г. B. 卡曼科夫，1953）理论或 Lyapunov 稳定性理论（19 世纪 80 年代）进行判别与解析。当反应过程及产物指标非确定性或无须确定性，可通过寻找特征变化量的变化描述过程的稳定性。因此，所谓制革化学或工艺的平衡就是接近平衡 [即从 $f''(x)$ 小于 0 趋向等于 0]，结果是忽略稳定性微小的变化实现可操作性。这正是制革技术中物理与化学平衡过程的理论与实践方法。利用宏观判断，无论对化学家还是对工艺师都被认为是最有效的方法。本章就常用制革化学技术研究对习惯的感官判断进行参数分析与描述，拟建立制革的"感官平衡"与理论表达的关联与依据。

本章描述生皮内非胶原通过溶出而除去。通过 4 个步骤进行：

① 选择适当材料（酸、碱、盐、酶及表面活性剂）进入皮内；

② 溶解或水解皮内非胶原物质，或与胶原分离；

③ 将游离的非胶原物溶/迁出皮外进入溶液；

④ 溶出的非胶原物需要保持稳定（非可逆）在溶液中直至排除。

3.1　生皮的组织构造

3.1.1　生皮的基本构造

真皮层位于表皮层与皮下组织之间，是生皮的主要部分。皮革就是由真皮鞣制加工而成，其质量或厚度占生皮的 90% 以上。

真皮主要由胶原纤维、弹性纤维和网状纤维编织而成，而胶原纤维则占全部纤维质量的 95%~98%。

动物皮的构造基本类似，以黄牛皮为例，见图 3-1。通过编织的密度与编织角，动物皮可以分为粒面层、真皮层（网状层）、肉面层。

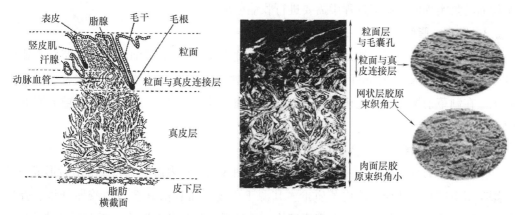

图 3-1　生皮的组织形态

① 粒面层被表皮所覆盖。生长的表皮构成了皮厚度的 1%~5%，是由 4~5 层细胞组成（层数取决于动物生长环境）；

② 真皮主体由三维编织的胶原纤维束组成；

③ 粒面层中的胶原纤维束比真皮层中的编织更紧密、直径更小；

④ 沿纵切面，与皮部位相关的编织的紧实度、编织角及孔性质均存在差异；沿横截面，与皮部位相关的编织的紧实度、孔性质也存在差异；

⑤ 每克胶原纤维有 $1~3m^2$ 的可及内表面积。

3.1.2　生皮非制革用组织成分

3.1.2.1　毛

毛是表皮细胞分化形成的角质化组织，存在于这种角化组织中的蛋白被命名为"角蛋白"，因此，毛也被称为毛角蛋白，是一种含双硫键化学结构的角蛋白。皮革需要去除毛，毛皮要求保留毛，毛的粗细、生长密度及排列方式决定成革的粒面外观。

3.1.2.2 毛囊

毛囊深入真皮层内，其深度、直径、形状与动物种类、部位相关。由包围着毛杆的毛鞘部分、毛底部的球型（毛凸、毛乳头）部分形成口袋状组织，称为毛囊。毛囊是由结缔组织细胞及基质与真皮连接，制革前期通过化学机械作用去除毛、毛囊内的上皮组织及基质形成的毛孔，形成后续化工材料的主要通道。

3.1.2.3 肌肉组织

竖毛肌决定毛孔外观及粒面平细感官，其对冷敏感。竖毛肌能够影响皮革粒面硬度与平细度的组织，制革准备中需破坏或除去它。

3.1.2.4 汗腺

汗腺深入真皮内，连接毛囊，是分泌汗液的管状腺体。汗腺的数量、大小影响成革粒面的紧实程度，制革过程中需要进行收缩或填充。

3.1.2.5 脂腺

脂腺位于毛囊和竖毛肌之间，为囊状腺。脂腺内有多个腺细胞包裹着脂肪。脂腺的大小以及其内部脂肪的去除不仅影响水性材料吸收，也对成革的抗氧化及抗菌影响较大。在制革前期需要通过机械作用及化学处理破坏细胞壁，溶出脂肪并填充脂腺去除后的孔隙。

3.1.2.6 血管

生皮的血管分布在真皮及皮下组织层，见图3-2。管内血液流失或溶出后形成空腔并塌陷留下凹痕，从而影响皮革质量，其源于生皮。血管由外至内由胶原纤维、弹性纤维及肌肉组织混合构成。深入真皮层内的血管难以采用化学除去，需要固定或收缩。

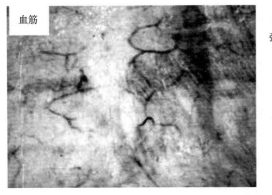
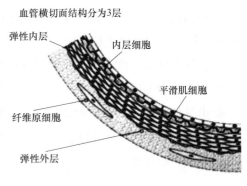

图3-2　真皮表面的血管印及血管构造

3.1.2.7 表皮

表皮以细胞的形式层叠在真皮上。细胞内的结构、成分与毛相似，以含硫角蛋白为主。制革中必须除去表皮，使粒面裸露与洁净。

3.1.2.8　弹性蛋白

弹性蛋白以交联网状形式存在于真皮之中，主要起到稳定胶原构型的作用，在感官上影响皮革的柔软延弹性。弹性蛋白以中性氨基酸为主，化学稳定性好，亲水性差，弹性蛋白结构组成见表 3-1。

表 3-1　　　　　　　　　　　　　　　弹性蛋白结构组成

氨基酸类型	每 1000 个残基含有氨基酸数量/个	
	弹性蛋白	胶原蛋白
酸性	14	120
碱性	10	86
中性	431	170

图 3-3 显示了绵羊皮弹性纤维分布特征，以及弹性纤维的锁链与异锁链的交联结构。锁链与异锁链的交联结构耐酸碱作用，不会被酸碱试剂水解，具有较强的抗化学稳定性，需要在制革过程中被减弱或消除。

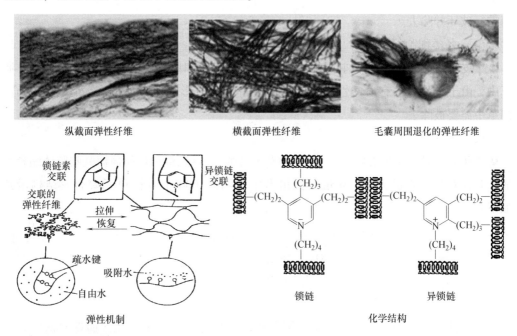

纵截面弹性纤维　　　　　横截面弹性纤维　　　　　毛囊周围退化的弹性纤维

图 3-3　弹性纤维结构特征

3.1.2.9　细胞与基质

真皮细胞及基质组织是制革过程中无用的非制革成分，见图 3-4。图中的基质或者纤维间质占无水真皮质量的 7.8% 左右，包括白蛋白（不含多糖）、球蛋白（含多糖）、黏蛋白（含多糖）、透明质酸（多糖）。这些材料主要以蛋白多糖与蛋白质混合的形式存在，占胶原质量的 0.5%，但是这些蛋白多糖及多糖物能以上千倍的体积被充水膨胀，通过脱水成为黏结胶原纤维的主要成分。在制革的准备过程中采用水、酸碱盐和

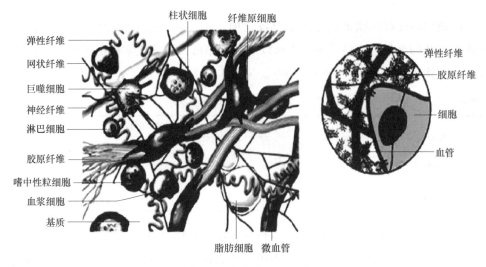

图 3-4 真皮内组织结构

酶进行破坏并除去。

（1）各类细胞

生皮中含有多类细胞。主要为成纤维细胞、组织细胞、肥大细胞、脂肪细胞。制革中，由于细胞对水有通透性，其充水后会占用通道影响化学品的有效渗透与结合，制革中需要被除去。

（2）黏多糖

透明质酸是黏多糖类物质，由 D-葡萄糖醛酸与 N-乙酰-D-葡萄糖酰胺胶体缩合而成。其相对分子质量为 10^6 数量级，相当于 $3\sim19,000$ 个双糖单元聚合。结构示意如下：

黏多糖可以与钙、铬等金属离子结合或通过自身黏合使革硬化。前期浸灰中钙与黏多糖结合产生沉淀难以除去。浸酸钙释放出后，黏多糖可与铬反应。

黏多糖在皮内通过负电荷的排斥作用给皮提供空间与弹性。由于其与胶原没有较强的结合而仅仅缠结在纤维之间，当生皮盐腌时，离子胶体在盐作用下产生盐析，减少了离子间作用，易被洗出。

（3）硫酸皮肤素

硫酸皮肤素由一个蛋白核和 $2\sim3$ 个具有 $35\sim90$ 个重复单元的硫酸多聚糖构成，其中，含有一个 L-艾杜糖醛酸和一个 N-乙酰-D-半乳糖胺-4-硫酸盐。其相对分子质量

为 10^5 数量级，其中 60% 是蛋白，40% 是多糖。它们附着在胶原原纤维周围以静电结合，见图 3-5。

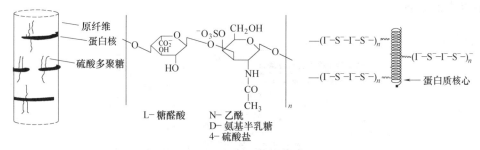

图 3-5　硫酸皮肤素结构

硫酸皮肤素通过多肽与胶原连接，形成共同的水合物。尽管它在皮革制造过程中的重要性并不确定，由于影响胶原纤维的分散性，准备过程中大部分被除去，并用它作为衡量浸灰效果。

（4）硫酸软骨素

硫酸软骨素 A 是 D-葡萄糖醛酸及 N-乙酰-D-半乳糖胺-4-硫酸盐的重复的聚合物，相对分子质量为 10^6 数量级，硫酸软骨素结构示意见图 3-6。硫酸软骨素 C 是由 D-葡萄糖醛酸及 N-乙酰-D-葡萄糖醛酸-5-硫酸盐组成。硫酸软骨素没有与胶原键合，在浸灰时多数被除去。

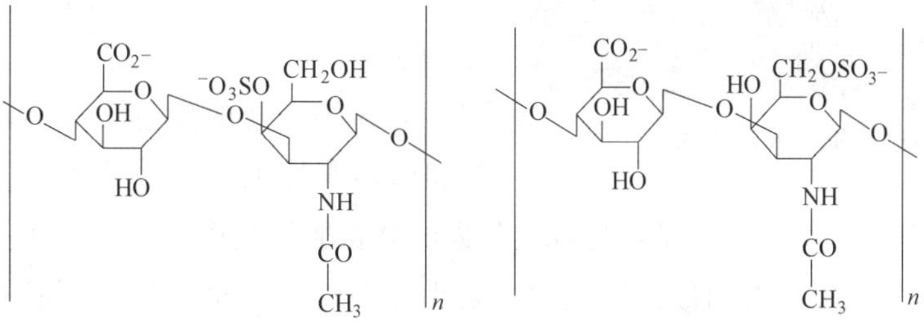

硫酸软骨素 A

硫酸软骨素 C

图 3-6　硫酸软骨素结构示意

（5）白蛋白

白蛋白是基质中含量最丰富的蛋白，相对分子质量 $>6 \times 10^4$，分子中含有双硫键，不含糖类。白蛋白为球形，水中溶解度大，也溶于酸碱盐。

（6）脂肪

生皮含有多种脂质物，根据皮种及部位相差较大。脂肪的主要成分为甘油三酯，还含有少量的固醇、卵磷脂和蜡。牛皮含脂量为 0.5%~2%，山羊皮含脂量 3%~10%，猪皮含脂量 10%~30%，绵羊皮含脂量 >30%。生皮中脂质物主要储存在脂肪细胞中，也分布于脂腺内及周围、表皮层上以及生皮的不同内层中，其中牛皮中各类脂质物分布及含量见图 3-7。脂肪对皮外水及水性材料的渗透与结合造成阻塞，是制革前首先除去的目标物质。脱脂、去肉除去表面脂质物；浸灰、软化可以破坏细胞壁，去除各类存在状态的脂肪。

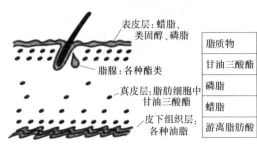

脂质物	含量/%
甘油三酸酯	～53
磷脂	～21
蜡脂	～11
游离脂肪酸	～10

表皮层：蜡脂、类固醇、磷脂
脂腺：各种酯类
真皮层：脂肪细胞中甘油三酸酯
皮下组织层：各种油脂

图 3-7　生皮脂质的结构

（7）色素

黑色素是一种特殊的多环生物高聚物，属于腐殖酸一类，在自然界中广泛存在，

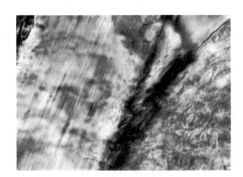

图 3-8　生皮表面的色素

一般出现在有色人种和动物身上。黑色素是动物中存在的由黑色素细胞生成的色素，是存在于毛、皮和眼睛中的一种主要着色剂，是抵抗紫外辐射的保护剂。生皮的黑色素以粒状黑色素细胞的形式存于表皮及毛（除白毛外）中，一些生皮的色素深入真皮。见图 3-8。

有 3 类主要的黑色素：①真黑色素：当酪氨酸转变为 3,4-二羟基丙氨酸（多巴）时衍生的褐-黑色素；②棕黑色素：是真黑色素的胱氨酸衍生物，也是微红色-褐色色素；③异黑色素：与真黑色素相似的黑色素，是由儿茶酚通过聚羟基萘形成的。作为大分子极性物，制革过程中采用碱与还原剂作用除去。

（8）纤维腔囊

生皮纤维腔囊结构（图 3-9）是一种无形的编织。整张皮看，生皮纤维腔囊构成了生皮的各向异性，也确定了局部纤维束的整体方向。在制革操作（尤其是机械作用）中为了获得均匀、平整的加工品，需要注意这种结构的方向。

（9）防腐剂

除一些化学合成防腐剂外，NaCl 是迄今为止广泛使用的防腐剂。但不可降解的 Cl^- 污染始终难以克

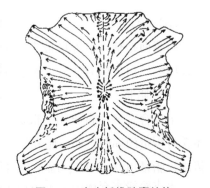

图 3-9　生皮纤维腔囊结构

服。在湿氧状态下，盐湿皮含 40% 的食盐可以保证生皮在较长时间（如数个月）中不受损伤、不变性。一些操作简单、成本低廉的方法被探索，如无机盐（KCl、Na_2CO_3、$Na_2S_2O_3$、Na_2SiO_3 等）、抗菌素（杀藻胺、金霉素、土霉素等）、变性剂（γ-放射处理、电子束等）、低温速冻等。目前研究表明，这些防腐材料均具有时间的局限性。生皮中大量的 $NaCl$ 成为重要的非组织成分，且影响制革化学过程，是需要首先除去的物质。

3.2　生皮的充水与溶出

3.2.1　生皮充水的目的

迄今为止，由生皮转变为革的化学过程是在水溶液中进行的。作为在制革过程中水在生皮内起着重要作用，最为关注的 3 种作用如下。

（1）维持感官的结合水

胶原是亲水蛋白，除了维持胶原结构的水合水外，胶原蛋白表面极性基团有大量的氢键结合水。这些水保持在胶原纤维之间，隔离纤维使生皮具有柔软性，保证生皮受机械作用时不受伤害。

（2）作为交换的游离水

游离水是一种没有被胶原水合的自由水或是被结合水吸附的水，存在纤维间隙之间，具有良好的活动性，可以称为毛细平衡水。这些水在皮或革内纤维表面没有结合或弱结合，是外界渗入化学物质最重要的交换物，在干燥中被挥发除去。

（3）溶解分散的溶剂水

溶剂水是化学品溶解、分散的水，协助化学品渗透入皮或革内，使化学品迁至必要的原位后，经过材料与纤维结合后脱离溶出或转换为游离水。

3.2.2　生皮的充水特征

3.2.2.1　游离水充入

新鲜的动物皮除含大量的水分外，是一种以胶原蛋白为主，多种组织及非组织成分构成的"混合物"。

生皮经过盐腌、干燥处理后剩余的水，及原料鲜皮内原有的水，存在于细胞内及周围组织中，缺乏活性，无交换能力。就是说，这部分水无益于材料进入或生皮内无用之物的溶出。因此，无论是干态还是湿态的原料皮，充入游离水是制革开始的先决条件。

生皮经浸水充水后胶原纤维束的一般特征：

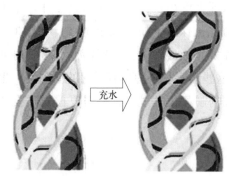

图 3-10 胶原纤维的自然充水

① 分子链内径、长度基本不变；

② 链间距离由约 0.1nm 增加至约 0.17nm，见图 3-10；

③ 侧链每一极性基饱和吸水分子数量约 6 个（按吸附 N_2 计，皮胶原纤维常温下正常可以吸附>2g/g 的水，不包括结合水及膨胀水）。

3.2.2.2 胶原充水热力学

图 3-11 显示了生皮充水量与能量变化过程。根据 Donnan 平衡原理，在达到平衡时：

$$\mu(X)_{内}=\mu(X)_{外}$$

由于皮内过剩的离子量与其活度的积相关（尤其是盐腌皮），与 pH 无关；胶原亲水性强，渗透膨胀成为必然。

根据热平衡原理：

$$\Delta G = \Delta H - T\Delta S$$

充水是一个放热过程，有 $\Delta H<0$，$\Delta S \geq 0$，因此，$\Delta G<0$，反应是自发过程，温度作用影响不明显。过度充水过程仍有微放热，则 $\Delta H \approx 0$，$\Delta S \geq 0$，因此，$\Delta G \leq 0$，反应也是自发过程，但受温度影响。

胶原纤维间水分子的缔合作用、毛细作用均能导致水的渗透。随着溶剂化层嵌入，以及去间质后吸水作用减小，逐渐达到平衡。

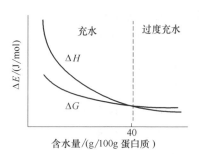

图 3-11 胶原的充水平衡

3.2.2.3 充水过程的溶出

通过充水可以溶解皮内的一些化学物，借助热动力学及机械作用获得向外扩散并溶出。溶出物有皮表层的黏附物、皮内的 NaCl、可溶性非纤维蛋白、多糖、油脂等。适当打开材料进入的通道，获得操作工序的目的要求。因此，制革的浸水/充水工序是保证后续化学物渗透的重要前提。

（1）生皮的浸水

理论上，浸水可以被认为是一个能够达到平衡的过程。1986 年，Alaxander 与 Bienkiewicz 解释了非胶原成分阻止充水、胶原纤维的分离及鞣制现象。已经证明，黏多糖不仅阻止各种杂质的除去，也阻止纤维分散。其中，透明质酸是皮内较关键的多糖组分，具有直链高分子（相对分子质量 $10^4 \sim 10^7$）特征，造成生皮中相当大的水疏通性。

在纤维之间，透明质酸占有两倍于分子的不亲水空间，阻止水及亲水化学物的出入迁移。因此，除去透明质酸成为除去其他杂质的前提条件，也是准备阶段的主要目标之一。事实上,在常规浸水条件下,机械与化学处理 48h,这种透明质酸几乎完全除去。

(2) 浸水的进程

浸水进行→皮内 NaCl 浓度降低→皮内透明质酸吸水黏度迅速增加→产生 Cl^- 的感胶离子效应→生皮产生微膨胀→NaCl 及透明质酸的溶出→膨胀减少→生皮柔软度增加。

相比而言,鲜皮则显示出较弱充水的平衡现象。在盐湿皮充水过程中,除了透明质酸的溶出外,NaCl 可以使部分盐溶蛋白不断地被除去,最大充水平衡难以维持稳定(Mclaughlin,1960)。

(3) 皮内水溶物溶出

为了提高充水效果,制革工艺中一直使用助剂。自 20 世纪 60 年代起,表面活性剂、碱及蛋白酶都成为了助充水材料。考察中,尽管浸水前生皮含水量不易确定,但可以通过对比浸水皮质量的变化及溶液中组分的变化进行材料使用效果的分析。

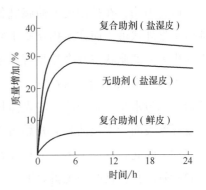

图 3-12　浸水生皮质量增加

2007 年,Stockman 试验以生皮质量为基础,在 0.2% 非离子表面活性剂、0.7% 碳酸钠、0.3% 浸水酶(助剂)、200% 水、25℃ 条件下,进行浸水过程的对比分析(图 3-12 至图 3-14,反映了各类助剂对鲜皮与盐腌皮透明质酸溶出的规律)。结果如下:

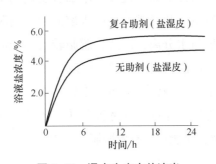

图 3-13　浸水生皮中盐溶出

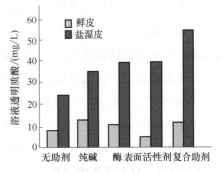

图 3-14　浸水生皮中透明质酸溶出

① 盐湿皮充水初期迅速增重,约 6h 达到平衡,随后略降;鲜皮充水较快,但 6h 后也开始缓慢,充水质量一直有缓慢升高趋势。

② 复合助剂组较无助剂组充水量多且速度快。

③ NaCl 溶出与水进入的过程相似,只是在 6h 后转折进入缓慢溶出过程,12h 基本达到平衡(除非换水)。

④ 在 24h 的浸水过程中复合助剂组较无助剂组溶出 NaCl 多且快。

⑤ 有无助剂均有透明质酸溶出。

⑥ 3 种材料复合组除去透明质酸的量最多，表面活性剂组与酶组其次并接近，无助剂组溶出透明质酸量最少。

⑦ 鲜皮浸水溶出透明质酸最少，但单纯碳酸钠也可以增加溶出。

（4）皮内油脂的溶出

皮内油脂或脂肪的溶出分两种情况：

① 乳化溶出。在正常浸水温度下，皮内的油脂由于毛细力和附着力的作用而处于不流动的状态。当碱或表面活性剂溶液进入皮层，改变固-液和液-液的界面性质，可以降低油水界面张力使油脂逐层乳化。

研究表明，在盐湿皮中油脂乳化规律依据不同的助剂配方，可以形成水包油型或油包水型乳状液。而在多孔介质中乳液形成的规律不仅与配方有关，而且在很大程度上受皮表面油脂状态及含盐情况影响。初期，在不含盐的条件下，油脂乳化形成水包油乳液可以迅速脱脂。随着皮纤维表面的 NaCl 溶出增加，乳液不稳定性增加，部分乳液形成油包水型。亲油的生皮表面将阻止油脂完全脱离生皮表面。随着盐不断溶出离开皮纤维表面，水包油乳液开始占主要状态，油相的流动阻力大大降低，乳液开始向外移动。因此，理论上需要先以水洗为主。先溶出较多的盐，然后进行脱脂，进入乳化脱脂阶段获得良好的脱脂效果。

② 分散溶出。通常工艺中采用的脱脂剂用量均在 CMC 以下（皮质量的 0.5% ~ 1.0%），无法形成增溶胶束，只能依靠机械作用营造动润湿效果。根据第一章内容，适当的机械作用不仅提高液体运动速度还可提高液固接触面前进角，增加脱脂剂润湿效果。制造脱脂剂在油脂上的强迫润湿，有利于油脂离开纤维，分散入溶液中达到脱脂效果。由于分散的油脂会在静置过程中重新聚集与水分离，因此，脱脂转鼓不能静置，需要直接排出。由此可见，采用具有良好润湿性能的材料对脱脂更有效。

实际情况应该是上述两种情况都存在。值得注意的是，牛羊脂肪聚集时熔点高于 40℃，如果脱脂温度低于熔点，脂肪软化熔融需要机械摩擦生热才能解决。因此，为了不出现胶原变性，通常脱脂温度与机械作用相结合才能达到有效脱脂。

3.2.2.4 充水平衡的控制

一种情况是动物皮在宰杀后常温下 6h 会生长大量细菌并激活内外源多种酶，20h 后毛根受到破坏。另一种情况是制革盐湿皮浸水时，当 NaCl 被溶出，产生无法控制的酶水解作用，分别如下：

① 溶液菌酶作用。盐浓度降低后，溶液中细菌再生产生酶对生皮进行作用。

② 自溶酶作用。动物宰杀后组织内含有自溶酶破坏蛋白及多糖组织，随着浸水食盐的溶出活性恢复，即使在杀菌的环境下仍然无法抑制胶原溶解增加。

③ 外携酶作用。动物在生存过程及宰杀过程难免被粪便、血污污染，随着浸水进入浴液恢复作用，也非杀菌剂能够抑制蛋白溶出。

由此可见，随着时间延长，出现"充水过度"，最终导致成革的空松、绒面、血管印（失去大量皮质，导致管壁破坏，在后续机械中易出现凹陷）的感官缺陷，难以获得平衡。因此，浸水过程需要采用杀菌剂及抑酶剂。为了保证正常充水，外加材料需要良好渗透，不涉及生皮中胶原蛋白变性及其他蛋白的固定，以免影响充水及后续工序作用。

为了达到理想浸水效果，需要快速、均匀地充水，通常采用浸水助剂、机械作用及环境条件（pH、温度、液体量）多种作用达到目标即为平衡，如下：

① 水量与平衡。随着盐和可溶物的除去，浴液浓度上升，阻止皮内物质进一步扩散和浸出，如果水量不足会导致游离水进入不够，达不到工艺目标的平衡，影响后续化学品的渗入分布。

② 温度与平衡。低温能减缓细菌作用，在20℃以下可以降低细菌活性，但对盐及脂肪乳化的溶出极为不利。超过该温度或长时间处理将加速充水及助剂作用效果，也加速细菌与自溶酶作用。因此，理想的盐湿皮浸水温度是 22~24℃。在此温度下选择溶解脂肪（固体）较为困难。因此，充水为主，脱脂为辅。温度只是为了充水平衡。

③ 表面浸润与平衡。表面活性剂有助于润湿与渗透，可以加速浸水平衡。但为了消除脂肪的疏水作用，表面活性剂用量需要根据生皮状况决定。然而，纤维间质内大量的阴离子物质，如硫酸皮肤素、DNA、阴离子多肽等，需要采用非离子更为有效（Li，2002；Zhao，2003）。

④ 碱性作用与平衡。提高 pH、乳化脂肪酸、中和生皮表面及内部的酸性水解物，都可以提高充水速度，加速平衡。为了抑制超出浸水平衡，Na_2CO_3 为首选，少量 NaOH、Na_2S、NaHS 也可被选用，其中，硫化物可以松弛表皮组织，但多用于较新鲜的原皮。9.0~9.5 的浸水 pH 高于生皮等电点，可以保证终端良好吸水而不易引起菌酶过强作用，也可以使一些纤维间质与脂肪酸的适当溶解与乳化。

⑤ 浸水酶作用与平衡。外加蛋白酶协助浸水。2001 年 Thomas 在 28℃ 的中性条件下，利用 0.2% 杀菌剂，0.3% 的蛋白酶，浸水 24h，相比空白而言，浸水羟脯氨酸溶出增加在 5mg/L 以内，总氮溶出增加在 300mg/L 以上。因此，浸水酶能加速浸水，但难以控制平衡。

⑥ 机械加工与平衡。去肉：去肉是除去阻水的结缔组织、脂肪组织，破坏组织内部细胞结构及纤维束的黏结，是加速充水的一种很好的方法，且能使皮吸水均匀一致。机械作用力的"破坏"，可以调整生皮部位充水平衡均匀，也影响组织中纤维束充水的层次。

转动：机械转动可以提高充水速度及浸水剂浸润强度。需要按照加工器的性状、生皮性状、转动时间与转动速度操作。机械曲挠使部位差增加，导致薄、软部位纤维疲劳、断裂变性而疏松。

3.3 生皮的碱性充水与溶出

3.3.1 胶原纤维束膨胀现象

为使生皮表面及皮内中脂肪、多糖、非胶原蛋白溶出，制革中采用碱性物进行处理。尤其是在碱及还原剂作用下能使角蛋白的双硫键断裂，进而使上述物质溶解、除去，完成溶出目标。因此，在碱性条件下的充水膨胀与溶出远比无碱（包括无膨胀弱碱条件）作用有效。该膨胀包括肿胀（Herfeld，1975）。

碱性条件下胶原纤维束产生形变、质量增加，膨胀充水示意见图 3-15，结果有：

图 3-15 胶原的膨胀充水

① 充水膨胀横径增加、纵向长度缩短；
② 膨胀后胶原充水容量异常增加；
③ 膨胀的皮胶原弹性、硬度、透明度增加。

3.3.2 碱性充水特征

3.3.2.1 最大充水

不同种类及特征的生皮受碱的作用产生不同的碱性充水反应。

以浸水的去毛（手工）黄牛皮的标准取样部为基础进行研究，图 3-16 和图 3-17 表现了 $Ca(OH)_2$（用量分别为 1%、2%、3%）与 NaOH（用量分别为 1%、3%、5%）对样品充水膨胀的影响：

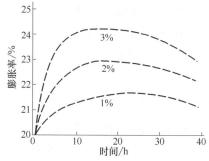

图 3-16 在 25℃下 $Ca(OH)_2$ 用量
对充水膨胀的影响

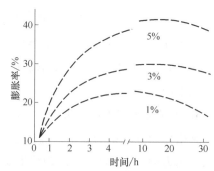

图 3-17 在 25℃下 NaOH 用量
对充水膨胀的影响

25℃下，$Ca(OH)_2$ 的溶解度为 1.6g/L，溶度积为 $[Ca^{2+}][OH^-]^2 = 5.5×10^{-6}$，水溶液 pH 为 12.4~12.6。NaOH 完全溶解，水溶液 pH>14.0。

根据充水膨胀曲线可以得到一些规律：

① 碱性强或 OH^- 浓度高的最大充水膨胀率高，表示了 OH^- 对胶原变形性影响的能力随浓度增加而增强。

② 碱性充水膨胀达到最大值后开始降低。图 3-16 中，膨胀迅速则相对降低速度快。

③ $Ca(OH)_2$ 碱性弱，但缓慢充水使得到达最大充水膨胀的时间缩短。3% 的 $Ca(OH)_2$ 在 10~12h 可以达到最大充水膨胀。

④ NaOH 碱性强。快速充水膨胀导致表面阻塞，延缓了深度的充水膨胀，达到最大充水膨胀时间延长。5% 的 NaOH 在 15~20h 达到最大充水膨胀。

⑤ 较低碱用量时，如 1% 的 $Ca(OH)_2$ 或 NaOH 都可以在相近的时间内获得最大充水膨胀，只是 NaOH 碱性强，充水膨胀量大。

分析：碱浸入初期膨胀充水受碱的浓度与生皮组织的物理强度平衡控制；膨胀后期受碱的浓度与生皮组织降解速度平衡控制。

3.3.2.2　碱性充水速度

充水程度、速度与溶液中 OH^- 有关。OH^- 浓度高，生皮充水速度快。从图 3-18 可以看出：

① 等化学计量下，$Ca(OH)_2$ 溶解度低，溶液中 OH^- 浓度低，充水较慢，总充水量少；而 NaOH 溶液中 OH^- 浓度高，生皮迅速充水，在 1h 内可以完成 70%~80% 的充水量，总充水量多，表明低 OH^- 浓度具有缓慢膨胀、降低膨胀度的效果。

② NaOH 溶液中加入无机盐或有机胺后，充水速度明显降低。表明无机盐和有机胺与胶原结合降低受碱作用力相关。

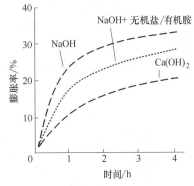

图 3-18　碱与充水速度关系

分析：为了在制革过程中均匀地充水，使 OH^- 有效进入生皮内，采用先加入无机盐或有机胺处理，然后进行 NaOH 充水作用。结合机械作用使得组织紧实部位获得缓慢、有效充水。

3.3.2.3　生皮内物质的溶出

由于制革需要除去非胶原物质及增加自由水分，生皮胶原的非碱充水与碱性充水都是充水，但两种状态下溶出的物质种类及量不同。碱性条件溶出的物质多并快速。

在 $Ca(OH)_2$ 及 NaOH 的充水膨胀过程中，皮内的氨基多糖（4-硫酸软骨素、6-硫酸软骨素、硫酸皮肤素、肝素、硫酸乙酰肝素、透明质酸和硫酸角质素等）及蛋白被溶出。以浸水黄牛皮机械去毛的标准取样部为基础，在 25℃、200%水条件下，对两种不同碱强度作用过程的溶出对比，见图 3-19 至图 3-21。

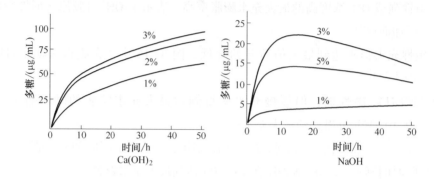

图 3-19　碱性充水与多糖的溶出关系（25℃）

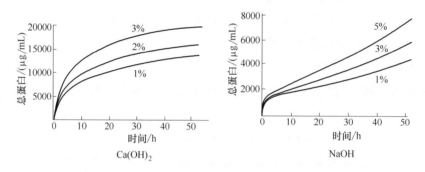

图 3-20　碱性充水与总蛋白的溶出关系（25℃）

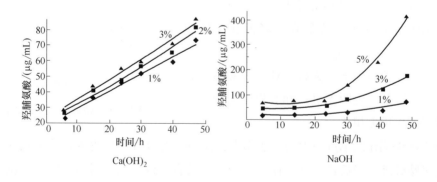

图 3-21　碱浸过程溶出的"胶原"关系（25℃，200%水）

根据图 3-18，两种碱的充水速度与程度、pH 的差别，导致了图 3-19 至图 3-21 中溶出之间的差别。对制革而言，Ca(OH)₂ 因 OH⁻ 的稳定释放，表现出更好的效果：

① 多糖指标来自以共价键连接蛋白质的氨基多糖，而以电价键的方式连接原纤维

的多聚糖物质，在碱性条件下两种物质都被溶出。$Ca(OH)_2$ 溶出氨基多糖的能力远高于 NaOH，但并非按比例增加。12h 后，$Ca(OH)_2$ 的作用随时间的延长而缓慢增加；NaOH 的作用随时间的延长而减少。

② 在 50h 内，$Ca(OH)_2$ 溶出总蛋白的能力大大高于 NaOH，但是从图 3-20 轨迹看，$Ca(OH)_2$ 对蛋白的溶出随时间延长而减弱，而 NaOH 的溶出在增加。在常规工艺操作时间区间内，$Ca(OH)_2$ 的溶出能力较 NaOH 强。

③ NaOH 溶出的羟脯氨酸较 $Ca(OH)_2$ 多，且 20h 后随着碱浓度的增加上升速度加快。$Ca(OH)_2$ 溶出羟脯氨酸较慢，作用时间与溶出量几乎呈直线增加。如果将羟脯氨酸代表胶原，从图 3-21 看出，胶原皮质的溶出与碱的浓度、时间相关。

综合分析：NaOH 引起快速膨胀，阻止了其深入渗透，导致皮内溶出减少；NaOH 溶出的羟脯氨酸较多在于皮的表面。

3.3.3　酸碱膨胀平衡

在碱性溶液中，生皮内各种物质的溶出随碱浓度及时间的增加而增加。制革准备需要溶出无用物，同时保留皮质。因此，进行可选择性溶出处理是制革重要的控制条件。条件控制不当，快速过度的充水膨胀会使皮质流失，胶原结构受到破坏，这是制革过程中不可取的。对图 3-22 中皮胶原在不同酸碱区域膨胀现象进行表达：

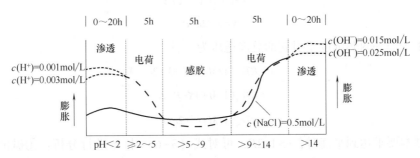

图 3-22　皮胶原充水膨胀特征

① 渗透膨胀控制区：两种浓度酸碱在 0~20h 内的膨胀变化。
② 电荷膨胀控制区：pH = 2~5 和 pH = 9~13，5h 膨胀。
③ 感胶膨胀控制区：pH = 5~9，5h 膨胀。
④ 溶液含盐与不含盐具有不同的膨胀曲线。

分析：生皮在电解质溶液中膨胀可用 3 种情况解释，即感胶离子效应、电荷排斥及渗透膨胀。生皮遇碱初期，少量的碱渗入生皮后中和生皮内的酸，出现从中性→弱碱性→强碱性的过程，膨胀的机制也在转变。

3.3.3.1　渗透膨胀

在遇碱初期，可以用渗透膨胀解释生皮在碱液中的充水膨胀，也可以用 Donna 平

衡原理解释。在达到平衡时，皮内（α 相）与皮外（β 相）化学势有

$$\mu^\alpha(NaOH)=\mu^\beta(NaOH) \tag{3-1}$$

设 NaOH 的浓度 c 与活度相等，根据（3-1）式分别有

$$\mu^\alpha(NaOH)=\mu^{0\alpha}(NaOH)+RT\ln c^\alpha(Na)\cdot c^\alpha(OH) \tag{3-2}$$

$$\mu^\beta(NaOH)=\mu^{0\beta}(NaOH)+RT\ln c^\beta(Na)\cdot c^\beta(OH) \tag{3-3}$$

忽略 $\mu^{0\alpha}(NaOH)-\mu^{0\beta}(NaOH)$，达到平衡时得

$$c^\alpha(Na)\cdot c^\alpha(OH)=c^\beta(Na)\cdot c^\beta(OH) \tag{3-4}$$

这种生皮在碱液中的平衡说明两个特点：

① 渗入的电解质总是电中性的，即正、负离子是配对的。

② 从处于电中性的生皮起，OH^- 进入与质子结合形成 H_2O，随 OH^- 浓度增加，最终达到平衡。

设某一生皮可结合 OH^- 的 H^+ 浓度为 P，平衡达到时皮内皮外可表示为：

平衡前		平衡时	
P $c(OH)$		$X(OH)-P$ $c(OH)-X(OH)$	$X(OH)=X(Na)$
$X(Na)$		$c(Na)-X(Na)$	$c(OH)=c(Na)$

由式（3-4）得：

$$(X-P)X=(c-X)^2 \tag{3-5}$$

$$X=c^2/2c-P$$

这时由生皮内外两侧浓度差引起的总渗透压为

$$\begin{aligned}\pi &=RTc_w(1/M+X-P+X-2c+2X)\\ &=RTc_w(1/M+4X-2c)\\ &=RTc_w(1/M+P^2/2c-P)\end{aligned} \tag{3-6}$$

按基本要求达到平衡时，$c>1/2P$，可对式（3-6）中 π 进行分析：①碱的浓度与 π 成反比，即浓度增加，渗透压减小；②温度与 π 成正比，即温度升高，渗透压增大；③减小蛋白质的结合量，π 减小。

如图 3-22 所示，在 2<pH<14 的区域中可以发现，当膨胀达到最大时，随着酸碱浓度增加，膨胀降低，显示出离子渗透压作用特征。

3.3.3.2 亲水感胶离子膨胀

亲水感胶离子序也称霍夫迈斯特次序（Hofmeister，1928），根据离子的电荷及极化能力进行排序，有

$$Cs^+<Rb^+<NH_4^+<K^+<Na^+<Li^+<Ba^{2+}<Sr^{2+}<Ca^{2+}<Mg^{2+}$$

$$柠檬酸<酒石酸<SO_4^{2-}、S_2O_3^{2-}<CH_3CO_2^-<Cl^-<NO_3^-<B_r^-、ClO_3^-<I^-<CNS^-$$

感胶离子膨胀效应示意如下：

$$\begin{array}{c}\\ \diagup \\ \diagdown \end{array} C = O \cdots H - N \diagdown \begin{cases} \xrightarrow{\text{M}^+} & \diagup C = O \cdots M^+ \longleftrightarrow H - N \diagdown \\[2mm] \xrightarrow{\text{A}^-} & \diagup C = O \longleftrightarrow A^- \cdots H - N \diagdown \\[2mm] \xrightarrow{\text{RCO}_2\text{H}} & \diagup C = O \cdots H - O \underset{\substack{\diagup \\ RC}}{\diagdown} O \cdots H - N \diagdown \\[2mm] \xrightarrow{\text{RNH}_2} & \diagup C = O \cdots H - N - H \longleftrightarrow H - N \diagdown \\ & \qquad\qquad\quad \underset{RC}{|} \end{cases}$$

感胶离子对胶原膨胀充水的结果见表 3-2。

表 3-2　　　　　　　　　　中性条件胶原的感胶离子膨胀

1mol/L 盐	含水重（100g 干胶原计）/g		1mol/L 盐	含水重（100g 干胶原计）/g	
	处理前	处理后		处理前	处理后
KCNS	194	373	RCOO⁻	194	229
KI	194	257	RNH₂	194	241
BaCl₂	194	240			

从感胶离子序中可见 Ca^{2+} 对胶原具有强的膨胀效应，在低 $Ca(OH)_2$ 浓度中皮内具有较低的 pH，胶原中一些氨基酸的侧链氨基还没有离解（赖氨酸 $pK_a = 9.4 \sim 10.6$；精氨酸 $pK_a = 11.6 \sim 12.6$）。Ca^{2+} 对阴电荷的亲和性，产生感胶离子效应，充水急剧发生：

$$\begin{array}{cc} \Big\}C\underset{\diagdown O}{\overset{\diagup O}{\cdots}}Ca^+ \longleftrightarrow H-N\Big\{ & \Big\}C=O\cdots Ca^+ \longleftrightarrow H-N\Big\{ \end{array}$$

随着大量 OH^- 的渗入，pH 升高，$Ca(OH)_2$ 浓度增加，感胶离子效应减弱或消失。但是，当浸灰后采用水洗减少或消除 OH^- 时，皮内的 Ca^+、RNH_2、Cl^- 等产生的感胶离子效应膨胀产生，被制革称为"水肿"或"肿胀"，其中水分难以被挤压流出。这类膨胀难以用酸碱进行调节消除，最终将导致成革质量（僵硬）下降。

图 3-22 中，在 5<pH<9 的区域可以发现，无盐情况下等电点区域充水膨胀最小，离等电点远充水膨胀增加。该区域内，当 NaCl 浓度在 0.5mol/L 时，产生的感胶离子作用使充水膨胀增加。

分析：感胶离子膨胀中，离子进入胶原的精细结构，引起肽键分离导致胶原精细结构变化，离子或水分子进入结构很难被替代出，最终使皮革感官变化，稳定性降低，这是制革中不愿意发生的。然而，感胶离子膨胀与离子浓度相关，随着离子浓度升高，活度降低，极化作用下降引起的膨胀减小。众所周知，当 NaCl 浓度高于 1mol/L 时，替代水对胶原的溶剂化作用，导致脱水。因此，在水溶液中，保持必要的浓度，即使在中性条件下也是可以控制感胶离子膨胀发生。

3.3.3.3　电荷膨胀

中性条件下 H^+ 与 OH^- 含量极低，没有电荷膨胀。OH^- 的继续渗入出现多余不动阴

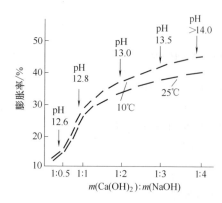

图 3-23 温度、pH 与膨胀关系

电荷，使分子链间出现同阴电荷及非离子内部排斥。随着 OH⁻ 含量增加，排斥力增加，导致空间增加，充水度增大（图 3-23）。H⁺ 增加也有相似结果。

这种因分子链间电荷引起的膨胀是生皮蛋白质偏离等电点后最主要的表现。但是，这种电荷膨胀占主要地位时，膨胀的程度受电荷量及蛋白质结构的内应力控制而平衡。在结构不受严重破坏时膨胀是有限的。

电荷膨胀与温度相关。生皮蛋白质在膨胀时为放热反应，生皮内电势与温度的关系在常压下为：

$$\frac{\partial E}{\partial T_p} \leqslant 0$$

该式表示：温度上升，结合稳定性下降，皮内电势降低。事实表明，环境温度高，会因热运动加剧使氢键、盐键受到破坏，沿电场排列分子受到干扰，使膨胀皮脱水、柔软。

分析：电荷膨胀与离子浓度相关。随着酸碱离子浓度升高，活度降低，导致电荷排斥受限，因而电荷引起的膨胀受限。温度升高可以抑制膨胀，但需要考虑胶原在高 pH 膨胀下易受温度升高而变性，溶出增加导致结构破坏，见图 3-24 [试验条件：去毛猪皮，200% 水，2.0% NaOH，2.0% Ca(OH)₂]。因此，升温与胶原变性需要被考虑。

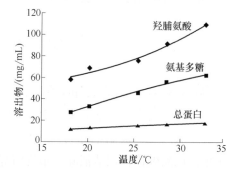

图 3-24 温度与碱性溶出关系

3.3.3.4 碱膨胀特征

根据膨胀平衡实验分析可得出以下结论：

① 生皮的碱膨胀是由 OH⁻ 渗透（或与 H⁺ 中和）推动的，渗入后膨胀受电荷控制，表现在 pH 升高，膨胀增加。

② 升高温度使渗透（或中和）加快，初膨胀迅速，达到平衡时间缩短。碱膨胀是一种"充电"型放热反应，最大膨胀度随温度上升而减小。

③ 在图 3-22 中，pH 在 2~5 与 9~13 两个区域内，随着 pH 降低或升高，充水膨胀均迅速增加，充分显示了电荷的排斥作用。

根据膨胀平衡，在工艺过程中控制碱对生皮的充水膨胀可从 3 个方面考虑：

① 减少或减缓与生皮作用的 OH⁻ 数量，使电荷膨胀作用减小，可以减缓及控制膨胀。

② 加入低感胶离子或高结合水物质（或反离子），阻止胶原电荷膨胀及减少溶剂化水分子结合减缓及控制膨胀。

③ 在可行的范围内升温，加速非胶原物溶出。

3.4　生皮的盐作用与溶出

利用盐调整生皮的充水与溶出是长期以来制革化学常用的方法。也是改造工艺，向清洁化转变需要探索的重要题目。胶原蛋白本身是具有特定结构的大分子电解质，在相同 pH 溶液中根据不同的阴、阳离子对胶原蛋白具有不同的亲和性，利用感胶离子原理作用于胶原蛋白，在浸灰时利用中性盐可以改变生皮的充水与溶出。

3.4.1　中性盐抑制充水与溶出

中性盐的加入可以干扰皮内离子活度、降低充水膨胀、改变总蛋白的溶出。对 Na_2HPO_4 与 Na_2SO_4 的加入进行试验对比，结果见图 3-25 及图 3-26。图中曲线的试验条件为去毛猪皮，200% 水，1.5% Na_2S，分别补充：1—2% $Ca(OH)_2$；2—2% $Ca(OH)_2$+2% Na_2HPO_4；3—2% $Ca(OH)_2$+5% Na_2SO_4。

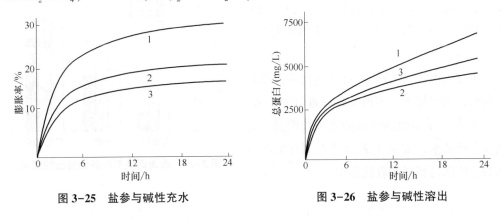

图 3-25　盐参与碱性充水　　　　图 3-26　盐参与碱性溶出

中性盐降低了电荷膨胀，减弱了 $Ca(OH)_2$ 其对胶原及非胶原蛋白的作用，起到了碱条件下抑制充水并溶出的作用。

3.4.2　中性盐协助充水与溶出

感胶离子作用强的离子加入，略微降低充水膨胀，但可以增强 OH^- 对总蛋白的溶出。试验对有无加入 $CaCl_2$ 与 $MgCl_2$ 进行对比。结果见图 3-27 和图 3-28，试验条件均为：山羊皮涂 Na_2S 脱毛，水洗至 pH9.0 ~ 9.5，加水 200%，然后分别：1—2.0% NaOH；2—2.0% NaOH+2.0% $CaCl_2$；3—2.0% NaOH+2.0% $MgCl_2$。

图 3-27 显示，加入 $CaCl_2$ 和 $MgCl_2$ 后，膨胀情况略有抑制，但溶液蛋白溶出却大大增加。由于加入 NaOH（Na_2S 水解产生）膨胀过快，直接作用对细胞组织溶出不利，加入 $CaCl_2$ 及 $MgCl_2$ 的参与对细胞组织溶出十分显著，见图 3-28。从显示的相对分子

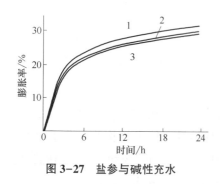

图 3-27　盐参与碱性充水

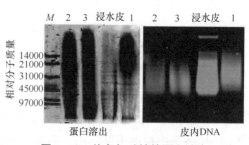

图 3-28　盐参与碱性的蛋白溶出

质量看，浴液中具有大分子质量的蛋白片段溶出。

3.5　生皮的表面活性剂作用与溶出

理论上，加入表面活性剂的目的可以遮盖生皮表面疏水物质或溶解洗出疏水部分，使碱、盐理想浸润。试验加入 $2\%\,Ca(OH)_2$ 及 0.5% 阴/非离子表面活性剂，反应 24h。结果从图 3-29 显示了阴离子或非离子表面活性剂对溶出的影响。

① 表面活性剂的加入对促进物质溶出是有利的，明显增加了多糖及胶原蛋白的溶出。

② 非离子表面活性剂的效果较明显。该试验中抗硬水的非离子表面活性剂在 Ca^{2+} 存在时，能保持较好的乳化作用。

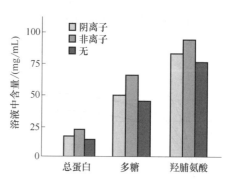

图 3-29　表面活性剂对碱性溶出的影响

3.6　生皮的生物酶作用与溶出

酶可以在温和条件下使高键能的化学键断裂，将有机物降解。在制革过程中，生物酶起着重要作用，根据环境友好的工艺要求，酶的利用将会不断增加。使用酶是为了通过水解皮内及表面的非胶原蛋白、多肽、多聚糖、色素、油脂，达到除去纤维间质、分离纤维、脱脂助水渗入、修饰生皮胶原化学结构、净化与疏松粒面、增加孔率、降低生皮延弹性等目的。根据酶的作用机制，在相同底物下，酶的作用效果受以下条件影响：

① 酶的活力（U/g）。活力高作用强，酶的活力可以被激活与抑制。

② 作用环境温度。在有效温度范围内较高温度作用强。

③ 作用环境 pH。距最适 pH 远，作用减弱。

④ 作用时间。随时间延长，受水解产物影响，活力下降。

⑤ 酶的使用浓度。受即时可作用点及转移作用速度影响。

采用蛋白酶对裸皮进行适当修饰，改变裸皮充水与溶出是制革化学从实践中一直沿用的方法。轻微的酶作用可以保持胶原蛋白三股螺旋结构（1989 年 Silvester 用简单的红外吸收峰 A_{1235}/A_{1450} 进行比较，当比值越接近 1，螺旋保留越完整，低于 0.5 证明螺旋已经消失）。

3.6.1　生皮胶原的酶降解

与大多数蛋白酶不同，胶原酶可以水解天然胶原的三股螺旋。而用于软化的一系列来自细菌的蛋白酶不能完全破坏螺旋结构，但能在缺乏稳定化作用的 Gly-Pro-Hyp 序列的宽范围内有选择性地进攻，水解产品主要是几种不同长度的碎片。

细菌胶原酶来自发酵微生物。不同于别的蛋白酶、端肽酶和外肽酶，这一类型的胶原酶从端肽开始，能将典型的胶原序列水解成低分子物质，主要是三肽。但细菌胶原酶不能水解非胶原蛋白。

组织蛋白酶来自原料皮的内源性酶。是一类以金属蛋白酶为主的蛋白酶，包括内肽酶、外肽酶，以及丙烯酰、精氨酸、蛋氨酸、亮氨酸和焦谷酰胺肽酶。组织蛋白酶在 pH5~7 下，通过水解共价键来破坏和降解天然三螺旋胶原主链以及在链与链之间交联，最终破坏胶结构（Wu 等，2008）。这些酶在动物宰杀后激活，随盐腌浓度增加，自溶性酶解被抑制。其活性也与原料皮含水量、pH 和温度相关。然而，自制革浸水开始，其活性可以延长至制革干燥前（Ahmad 等，2011）。

天然胶原可以受胰酶、胰凝乳蛋白酶、弹性蛋白酶、胃蛋白酶等在常温下进攻，但仅仅是在非螺旋结构的 N-终端和 C-终端区域，胶原的螺旋结构部分不受影响。这常常被用来溶解被强烈交联的端肽，获得无端肽的单链胶原。

无胶原水解特性的蛋白酶可以降解经过变性（或三股螺旋已被破坏）的胶原。根据不同蛋白酶的特性可以对变性胶原进行不同程度的水解，例如，胰酶水解产生相对分子质量>5000 的碎片混合物，用胰凝乳蛋白酶水解得到的是相对分子质量>10000 的碎片。随着这些多肽碎片的增加并溶出，足以使皮胶原完全溶解。

大量研究表明，酶的作用会因渗入困难而受到很大制约。酶的水解作用只能是由表及里，或从可入的毛孔、腺体空腔内进行。由此产生的结果是皮表面的"粗糙"或毛孔与腺体的扩大。因此，利用酶松散胶原纤维在程度上及产品感官上有较大限制性。

3.6.2　蛋白酶处理后无灰膨胀的溶出

3.6.2.1　充水膨胀前酶处理

以酶脱毛为例，浸水牛皮为原料，在 25℃ 时，经 4% NaOH 作用后，用 35℃、1.5% 的 1398 蛋白酶脱毛处理。然后，在 25℃ 下，对脱毛皮用碱处理。结果如图 3-30 所示，酶处理后碱充水程度降低；$CaCl_2$ 与 $MgCl_2$ 的加入进一步降低充水。

3.6.2.2 皮内细胞组织考察

DNA 电泳图谱见图 3-31，由图可知：

① 绵羊真皮组织中细胞正常的 DNA 分子大小应该在 20~100kbp，而经过酶处理后的生皮内 DNA 电泳测定结果发现是小于 1kbp，说明在酶前处理和酶脱毛作用后，真皮中细胞组织及 DNA 已经受到破坏。

② 在 DNA 数量的比较上发现，$CaCl_2$ 与 $MgCl_2$ 的加入比单独 NaOH 处理酶脱毛皮中的数量明显减少。说明酶脱毛后的 $CaCl_2$、$MgCl_2$ 处理，能更好去除皮样内的细胞残留。

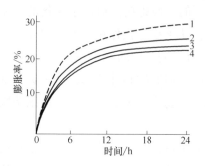

1—2%NaHS+4.0%Na_2OH；2—酶脱

毛+4.0%NaOH；3—酶脱毛+4.0%

NaOH+1.5%$CaCl_2$；4—酶脱毛，

4.0%NaOH+1.5%$MgCl_2$。

图 3-30　牛皮酶前处理与充水关系

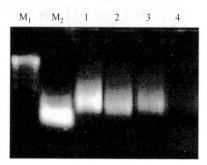

M_1—1kpb；M_2—Hyp. V；

1—酶脱毛皮；2—酶脱毛皮+2.0%NaOH；

3—酶脱毛皮+2.0%NaOH+1.5%$CaCl_2$；

4—酶脱毛皮+2.0%NaOH+1.5%$MgCl_2$。

图 3-31　羊皮中 DNA 电泳图谱

3.6.2.3 充水膨胀后酶处理的溶出

天然胶原具有良好的抗酶能力，但是经过变性处理后这种能力减弱，并随着变性程度的增加，抗酶能力下降。

以浸水猪皮去毛的标准取样部为基础，在 25℃、200% 浴液中，用不同 NaOH 或 $Ca(OH)_2$ 处理，水洗，2.5%（NH_4）$_2SO_4$ 脱碱，0.5% 胰酶软化（35℃，pH = 8.0，30min）。总蛋白及羟脯氨酸的溶出分析结果见图 3-32 和图 3-33。

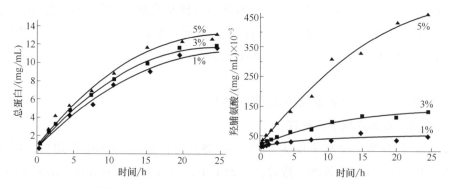

图 3-32　NaOH 充水及酶处理（软化）后的溶出

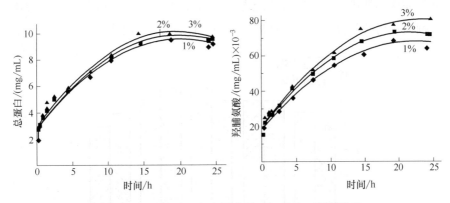

图 3-33　Ca(OH)₂ 充水及酶处理（软化）后的溶出

碱处理后，皮胶原对胰酶较敏感，尤其是经 NaOH 预处理的样品，可以总结如下：

① 碱用量大，酶作用后的溶出量都增加。

② 相同质量分数 NaOH 及 Ca(OH)₂、Na(OH)₂ 处理后，羟脯氨酸的溶出显著高。

③ 相同种类碱，NaOH 用量增加，胶原蛋白溶出明显增加。

裸皮各参数变化：图 3-34 表达了 24h 内 2%Ca(OH)₂ 处理的时间与酶处理前后裸皮特征的变化。

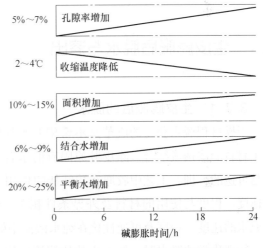

图 3-34　Ca(OH)₂ 膨胀后酶处理裸皮

3.6.2.4　全酶处理纤维间质溶出

用蛋白酶与淀粉酶进行原料皮处理分析纤维间质的溶出，用蛋白多糖为代表（MadhanB, 2010）。方法：取 4 张山羊皮割分成两份，4 张左半边与 4 张右半边，工艺与分析见表 3-3。结果表明蛋白多糖溶出相差 19%。

表 3-3　　　　　　　　　全酶分散纤维处理及结果

项目	传统工艺	酶法工艺
浸水	称重，按照常规方法	
脱毛	6%石灰,2%NaS,涂肉面,4h手工去毛	3% 蛋白酶,涂肉面, 18h 手工去毛
分散纤维	300%水(25℃),10%石灰,4d;200%水洗20min;100%水,1.5%NH₄Cl,60min;200%水洗20min;100%水,0.5%软化酶,60min;200%水洗20min;15min,收集所有废液	100% 水（30℃）, 2% α-淀粉酶,pH8,3h,收集所有废液
蛋白多糖溶出/(mg/kg 皮)	12.50	10.13

将处理完成的裸皮按照相同及传统方式进行浸酸，8%铬粉鞣制，丙烯酸树脂、合成鞣剂、荆树皮栲胶复鞣，干燥、伸展、修边，评价坯革结果见图3-35。

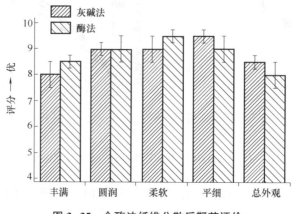

图3-35 全酶法纤维分散后鞣革评价

3.7 生皮膨胀后脱水与溶出

3.7.1 生皮膨胀后的脱水

干燥过程脱水获得的成革是不希望非水物的溶出或迁移，而湿态处理中的脱水是为了材料的渗透或结合。除皮胶原固有的水合水脱除是不可逆的，正常充水的胶原脱水是可逆的，即，工艺中胶原在酸碱盐酶作用下的充水及脱除是可逆的。当然，可逆的速度、程度与使用的材料及外界条件相关。例如，在含有醇、酮、醚溶剂时，脱水及充水的速度、程度及可逆性比在纯水溶液中好。

物理化学法脱水时，加工皮革的溶液中往往是含有溶出物的。浸灰膨胀后脱灰消除膨胀的目的之一是将堵在皮内的水解物随着脱水而溶出，达到分离纤维的目的，工艺中一些化学物质也随之脱去，按照胶原的亲和力，鞣前胶原中常见的水溶出顺序为：中性环境水脱出速度>碱性环境水脱出速度>酸性环境水脱出速度。

3.7.2 脱碱与溶出

碱性条件下充入的水处于强的电荷膨胀之中，水与胶原蛋白以氢键结合不易脱除。因此，脱水首先需要降低pH。

在制革过程中碱性充水使用了NaOH（硫化物水解）与$Ca(OH)_2$。$Ca(OH)_2$的低溶解度（$k_p = 4.7 \times 10^{-6}$）以及高pH作用下导致胶原碱膨胀充水，在强阴离子富集的皮内除去皮胶原内结合Ca^{2+}变得困难。尽管制革的"脱灰"工序目的是先降低pH，然后

溶出脱去 Ca^{2+}、碱膨胀水。

3.7.2.1　Ca^{2+} 溶出

Ca^{2+} 在高 pH 条件下水解形成 $Ca(OH)_2$ 或与胶原形成水合配合物，表现出低溶解度，在中性条件若形成脂肪酸钙也不溶于水。因此，在石灰充水膨胀的生皮中 Ca^{2+} 主要以结合或沉积的形式存在。降低 pH，增加 Ca^{2+} 盐溶解度也是必要的措施。实践中先用水洗（常用水的 pH = 6.0~6.5），以稀释裸皮内 OH^- 含量，洗出部分游离 Ca^{2+} 盐。为防止 Hofmeister 效应，还需要采用材料进行脱去 Ca^{2+} 或改变其存在形式。4 种典型脱灰曲线，见图 3-36，分析如下：

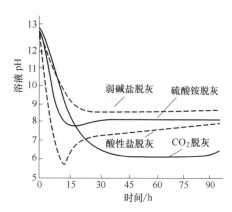

图 3-36　类代表性脱钙曲线

（1）铵盐溶 Ca^{2+}

将 NH_4Cl、$(NH_4)_2SO_4$ 溶液均为良好的缓冲体系，$pK_a = pH + \lg \left[c(NH_4^+)/c(NH_3) \right]$，浴液缓冲 pH = 7~8。$NH_4^+$ 具有良好渗透能力，与 Ca^{2+} 形成氨钙配合物 $\left[Ca(NH_3)_2 \right]^{2+}$ 溶出。若采用 $(NH_4)_2SO_4$，脱除 Ca^{2+} 与脱除 OH 同时发生（产生 HSO_4^-），有利于同浴软化，不会产生感胶离子膨胀效应，但 NH_4Cl 有感胶离子膨胀效应。

（2）有机酸脱 Ca^{2+}

小分子有机酸，如甲酸、乙酸，可以形成有机酸钙溶出。$\left[(CHO_2)_2Ca \right]$ 体系的缓冲 pH 在 6.5 左右，$\left[(C_2H_3O_2)_2Ca \right]$ 体系的缓冲 pH 在 7.5 左右，但限于有机酸根的感胶离子膨胀效应作用不利于水的溶出，使裸皮软化效果不良。

（3）酸性盐脱 Ca^{2+}

不同酸性盐脱 Ca^{2+} 均可以降低裸皮 pH，除了形成各种缓冲体系 pH 外，形成的 Ca^{2+} 盐形式，但是否存在感胶离子膨胀效应需要考虑。

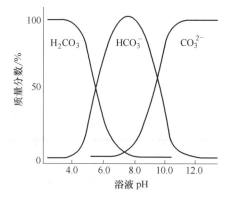

图 3-37　碳酸盐形式与 pH 范围

（4）其他物质脱 Ca^{2+}

作为酸性氧化物 CO_2 能以固态、液态及气态形式进行脱 Ca^{2+}。由图 3-37 可知，浴液酸碱度控制在 5.5<pH<9.0 合适，满足 Ca^{2+} 盐的溶出。见下式：

$$CO_2 + OH^- + Ca^{2+} \longrightarrow Ca(HCO_3)_2$$

CO_2 脱灰不会产生感胶离子膨胀效应，成为理想的脱 Ca^{2+} 的脱水材料，但是由于其在溶液中的浓度不够（HCO_3^-）及渗透动力问题存在缺陷。

有机碳酸酯通过水解进行脱灰，如：

$$R_1COR_2 + OH^- \longrightarrow R_1CO_2^- + R_2OH$$

与有机酸类似，能够良好脱 Ca^{2+} 但需要考虑感胶离子膨胀效应。

3.7.2.2 非组织物溶出

碱性充水破坏了生皮内多种非组织物，或者说胶原纤维间质，以及降解部分胶原纤维结构物。为了使降解物溶出，最有效的方法是采用蛋白酶水解处理。其主要作用表达为：

① 水解裸皮表面与胶原连接的皮垢及毛根，开启毛孔通道，疏松粒面层。

② 降低 pH，使裸皮表面近等电点脱水，有利于纤维间质溶出，疏通结构，见图 3-38。

③ 进一步降低等电点及胶原的收缩温度（Ts）。

④ 水解粒面层及毛囊周围肌肉及弹性纤维。

综上所述，碱膨胀与脱碱溶出存在区别：

①碱膨胀溶出与膨胀速度及膨胀度相关，膨胀速度及膨胀度又与碱的种类和用量相关，实际应用需要平衡。

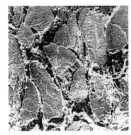

(a) 处理前　　　　　　　　(b) 处理后

图 3-38　碱充水与溶出完成前后胶原束对比图

②脱碱溶出是协助碱膨胀溶出，其中蛋白酶使用会增加胶原的溶出，可见这种溶出与前期碱膨胀条件相关，需要根据实际要求进行平衡。

③经过碱膨胀后，生皮多项性能产生变化，包括等电点及 Ts 下降，结合水与孔隙率升高。这些变化的利弊也需要根据最终目标要求分别进行平衡。

3.7.3　裸皮充水与溶出后的化学变化

除了非胶原纤维被溶出外，在 OH^- 作用下羟脯氨酸的溶出表示胶原受到损失。生皮在高 pH（≥12）处理下，一些不耐碱的基团及结构产生变化。表现如下：

① 酰胺键的水解。作用 18h 裸皮将失去近 50% 的酰胺基氨基酸及少量的主链肽键（Convington，2009），水解过程：水解产生氨，使溶液氨氮值升高。肽键的水解使非胶原蛋白及胶原蛋白降解，小分子片段进入溶液或游离基团增加。胶原经膨胀溶出后对电解质、温度更敏感。

$$\text{---}(CH_2)_nCONH_2 + OH^- \Longrightarrow \text{---}(CH_2)_nCO_2^- + NH_3$$

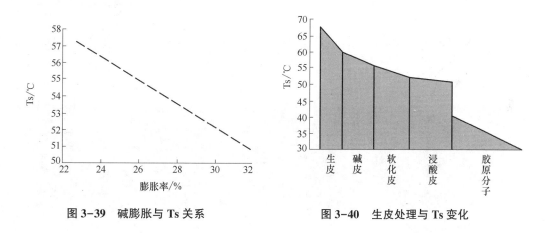

② 碱性氨基酸的水解。根据胶原结构对 OH⁻ 的可及性与不稳定性，脯氨酸、酪氨酸、组氨酸、羟基脯氨酸、羟基赖氨酸和蛋氨酸都产生较严重的水解。

③ 碱性充水与溶出后的结构变化，胶原的等电点（pI）由 7.0~7.5 降至 5.0~5.5。

④ 角蛋白在 Na_2S 作用后溶解度增加，其中水解的 NaOH 具有协同作用，有助于溶出。

⑤ 游离脂质物被皂化后作为乳化剂，将其他脂质物进行乳化溶出。

⑥ 生皮在碱性充水与溶出的过程中收缩温度（Ts）出现较大变化：如果生皮的 Ts 为 65℃，随着充水度的增加，Ts 下降，见图 3-39。

⑦ 在实际工艺中，生皮经过碱性充水与溶出后，胶原蛋白结构随着改性程度的增加，变性温度范围加宽，见图 3-40。

图 3-39 碱膨胀与 Ts 关系　　　　图 3-40 生皮处理与 Ts 变化

⑧ 由于经过纤维束的充水粗化，部分纤维间的连接键被破坏，纤维分离，容易使真皮层的织角增大。

3.8 裸皮的酸性充水

酸性充水膨胀可参照图 3-41。酸根阴离子的感胶离子膨胀效应也可参照 Hofmeister 序列。图 3-41 显示了两种酸，分别以 3 种浓度，在 25℃、200% 水时与脱毛山羊生皮进行作用。与碱膨胀不同的是，酸膨胀速度快，在 1h 左右接近膨胀最大值。但随时间延长，膨胀稍有增加而没有降低。与碱膨胀类似的是，随着酸用量增加膨胀率增加。

与碱膨胀不同的是，酸使胶原产生不可逆膨胀充水，被认为是酸肿胀（Herfeld，1975），见表3-4。采用碱去酸后，膨胀仍然存在，膨胀程度符合感胶离子序。可以推测，酸以 H^+ 的形式进入了胶原的精细结构，使肽链以电荷排斥分离而膨胀造成蛋白微纤维结构破坏。

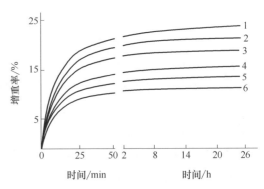

1—$2\%H_2SO_4$；2—$1.5\%H_2SO_4$；3—$1\%H_2SO_4$；
4—$2\%HCOOH$；5—$1.5\%HCOOH$；6—$1\%HCOOH$。

图 3-41　皮胶原酸充水膨胀

表 3-4　　　　　　　　　　　　　胶原的酸性胶溶　　　　　　　　　　　　单位：g

酸的种类	含水量(以100g 干胶原计)			酸的种类	含水量(以100g 干胶原计)		
	处理前	膨胀	去膨胀		处理前	膨胀	去膨胀
$H_2SO_4(0.1mol/L)$	194	404	212	$CH_3COOH(1mol/L)$	194	600	285
$HCl(0.1mol/L)$	194	540	280				

采用原纤维电镜观察可见的最小纤维单位（胶原采用磷钨酸阴离子与铀酰阳离子显色）—原纤维的电子显微镜图。图3-42显示，酸、碱充水膨胀后出现了纤维的错位与排列结构混乱程度的增加。其中，酸充水膨胀后胶原的结构混乱最大，表现出难以恢复的现象。

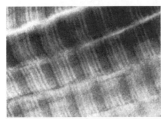  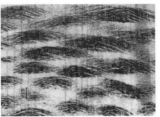

(a) 充水膨胀前　　　　　　(b) 碱性充水膨胀　　　　　　(c) 酸性充水膨胀

图 3-42　酸、碱充水膨胀前后胶原的原纤维构象

3.9　生皮的电场作用与溶出

电化学脱毛浸灰是排放量最少的清洁化处理（单志华，2017），有助于氧化脱毛的研究。脱毛的羊皮含水量70%，以其为基重加入2%NaCl为支持电解质，25℃下进行电流密度为$12A/m^2$的电化学处理，在$1\sim7h$后取溶液分析溶出，测定原料皮中胶原和纤维间质的去除情况，见图3-43。虽然纤维间质可以被除去，但胶原蛋白的损伤较大。

扫描电镜观察纤维束形态见图 3-44。随着电解时间延长，生皮内纤维被细化，组织被空化严重。说明氧化（OCl⁻）作用对胶原降解比酸碱膨胀强烈。

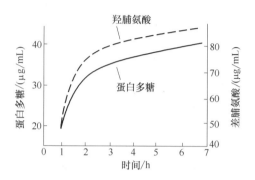

图 3-43　皮胶原在电场作用下的溶出

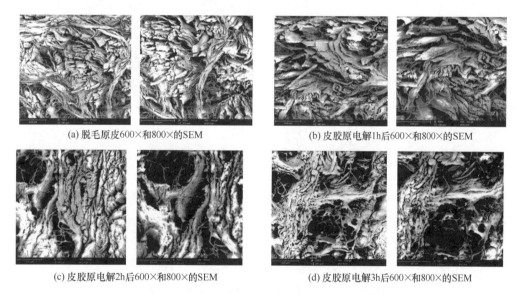

(a) 脱毛原皮600×和800×的SEM　　　(b) 皮胶原电解1h后600×和800×的SEM

(c) 皮胶原电解2h后600×和800×的SEM　　　(d) 皮胶原电解3h后600×和800×的SEM

图 3-44　皮胶原电解后 SEM 图

3.10　生皮的毛与表皮溶出

3.10.1　毛角蛋白构造

角蛋白是由角质化细胞堆积构成的蛋白。毛角蛋白是细胞壁内含有双硫键的一类蛋白。毛角蛋白分子的一级结构中角蛋白分子链由 19 种 α-氨基酸构成。氨基酸重复单元中主要有两种基本的五肽环模式单元 A（C-C-X-P-X）和 B（C-C-X-S-T），其中，C 表示 Cys；P 表示 Pro；S 表示 Ser；T 表示 Thr；X 表示其他氨基酸。

在第一种重复单元 A 中又衍生出两种新的重复结构单元 A_1（C-C-Q-P-X）和 A_2（C-C-R-P-X）。在 A 或 B 重复单元中主要由双硫键维持角蛋白的二级、三级结构。二级结构主要为 α-螺旋（α-角蛋白）。α-角蛋白含有大量的半胱氨酸残基，在二级结构（α-螺旋）之间形成大量的双硫键，毛的含硫量>7%，甚至可以>10%（蹄、爪、角）被称为硬角蛋白。由于 α-角蛋白的伸缩性能很好，以湿热破坏氢键后，毛发可被拉伸到原有长度的 2 倍，此时肽链变成了伸展的 β-折叠构象。

α-螺旋轻度卷绕，称为超螺旋而形成二聚体的三级结构。二聚体中，非螺旋化的 N 端和 C 端区域位于中间 α-螺旋棒状区域的两端。两条链相互缠绕成左手超螺旋，又通过双硫键把它们紧紧维系在一起。几百个二聚体相互作用构成微原纤维，几十根微原纤维又相互作用构成毛发的原纤维。

由于 α-角蛋白中的二聚体之间及微原纤维之间甚至原纤维之间都含有很多半胱氨酸，即众多的双硫键，使毛的含硫量达 3% 左右，α-角蛋白很稳定。结构见图 3-45。

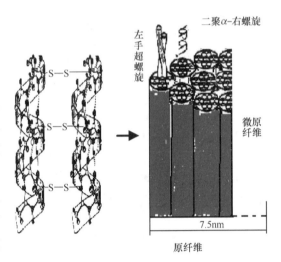

图 3-45　毛角蛋白构造

角蛋白中极性氨基酸占 50%，有很好的充水膨胀性，膨胀率可达 60%。充水后毛的直径增加 17%~18%，长度增加 2% 左右。

3.10.2　毛与表皮的组织构造

毛在生皮组织中的状态与结构见图 3-46 和图 3-47。

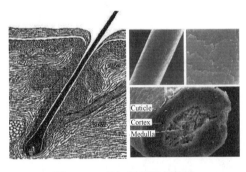

图 3-46　毛与表皮组织构造

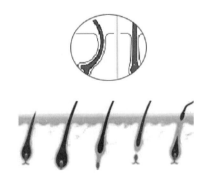

图 3-47　毛构造的周期性

① 毛被。生长在皮板上毛的总称。毛被一般由针毛和绒毛组成。同一张皮上，部

位的不同，毛的长度、粗细和颜色也不同。

② 毛。毛分为毛根、毛干，都是由逐渐角质化的表皮细胞构成。横切面为圆型或椭圆型，外层为鳞片层（硬化了的角质细胞）、中层为皮质层（紧密排列角蛋白细胞）和毛髓（疏松的角蛋白细胞）。

③ 毛囊。毛囊由两层构成，外层叫毛袋，由胶原纤维和弹性纤维构成；内层叫毛根鞘，由表皮组织构成。毛囊与脂腺相接连，在毛囊底部有竖毛肌。

④ 毛根鞘。毛根鞘分为外毛根鞘和内毛根鞘，内、外毛根鞘都是由表皮细胞构成，是表皮的延续部分。外毛根鞘的下部由具有繁殖能力的表皮细胞构成，而内毛根鞘由角质化的表皮细胞构成。在毛囊的最下端，毛袋凸入毛球内形成毛乳头。

⑤ 毛的生长周期构造。动物生存期毛在皮内按照季节或生长过程交替更新，见图 3-47，制革过程中不同阶段毛的化学与物理脱除都会不同。

⑥ 表皮层。表皮层位于毛被之下，紧贴在真皮层的最上面，由不同形状的 3~4 种上皮细胞排列构成。表皮的厚度随动物种类和部位的不同而不同。毛被不发达的皮，其表皮较厚，如猪皮的表皮占整个皮层的 2%~5%，牛皮占 0.5%~1.5%，山羊皮占 2%~3%，绵羊皮占 1.0%~2.5%。表皮上层为老化细胞；下层为活性生长细胞，半胱氨酸较多，总含硫量也较上层少，平均小于 2%，比毛干少。

3.10.3　毛与表皮的溶解脱除

3.10.3.1　β-消除反应机理

角蛋白中胱氨酸的 α 碳受 OH^- 的作用失去 H^+ 后产生 β-消除反应，生成胱氨酸的硫阴离子与脱水丙氨酸，见图 3-48。这种脱水丙氨酸与半胱氨酸的硫阴离子产生交联生成羊毛硫氨酸，它也能与赖氨酸的氨基形成赖氨酸丙氨酸交联。

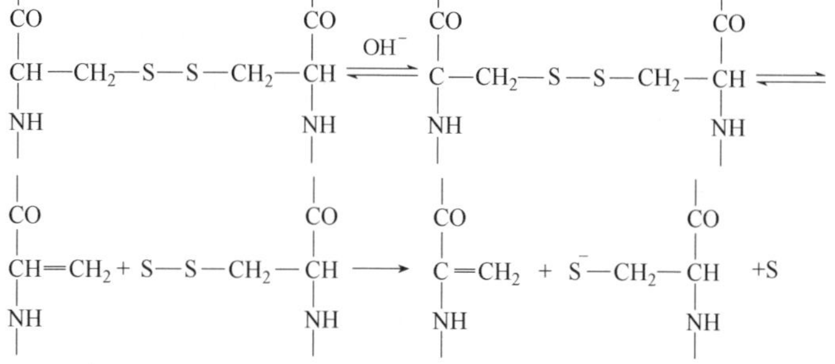

图 3-48　β-消除反应机理

用丝氨酸脱水后与半胱氨酸作用得到的羊毛硫氨酸也证实这一点。进一步研究发现，谷氨酰胺和天冬酰胺在碱作用后放出氨，然后与脱水丙氨酸反应生成 β-氨基丙氨酸，再与脱水丙氨酸作用生成一种称为 β-氨基丙氨酸丙氨酸交联。此外，在碱作用下，精氨酸胍基水解后生成的鸟氨酸也可与脱水丙氨酸生成鸟氨酸丙氨酸交联，见图 3-49。

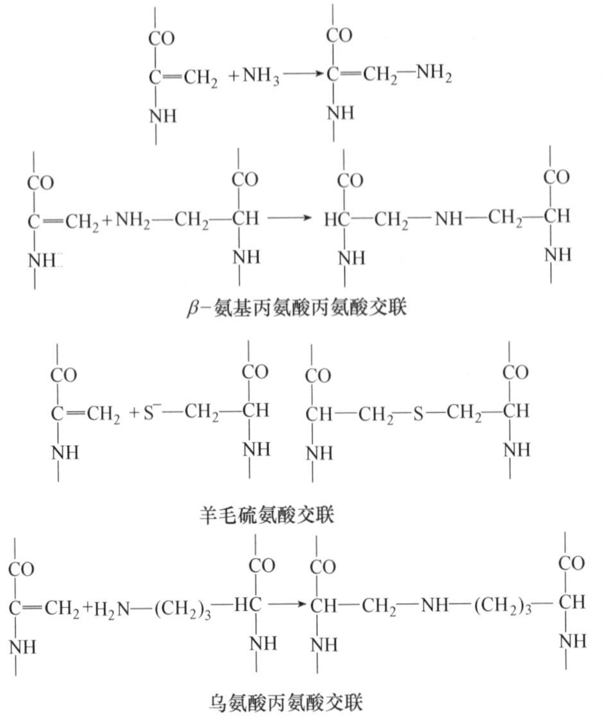

图 3-49 β-消除反应机理举例

Feairheller 用 Na_2S^{35} 代替 Na_2S，方法同前。通过同位素跟踪分析发现，在羊毛硫氨酸中 S^{35} 占 40%，磺基丙氨酸中占 20%，胱氨酸中占 27%，也证实了 β-消除机理的真实性。

根据 β-消除反应机理，要完成毛与表皮的除去，可加入亲核物阻断交联，见图 3-50。

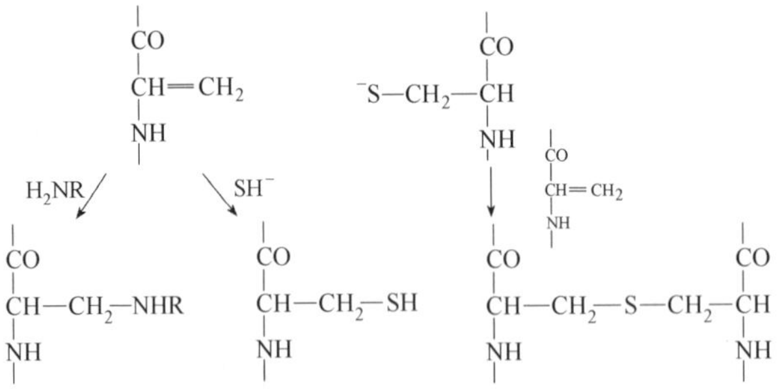

图 3-50 β-消除反应的溶毛

3.10.3.2 亲核取代反应机理

氯化锡、氰化物、硫醇等为什么具有脱毛能力？1886 年，Schiller 和 Otto 发现双硫键可以被亲核试剂进行取代而断裂，这些双硫键中巯基上的硫有较大的亲电性，与它连接的基团较易被亲核试剂所取代，而非巯基被取代：

$$C_6H_5S{-\!\!-}SC_6H_5 + 2K_2S \longrightarrow 2C_6H_5SK + K_2S_2$$

根据亲核试剂亲核能力的排序：

$$\begin{matrix} S^{2-} \\ RS^- \end{matrix} > CN^- > (CH_3)_2NH > S_2O_4^- > OH^- > \begin{matrix} SO_3^{2-} \\ S_2O_3^{2-} \end{matrix}$$

其中，OH^- 是较弱的亲核试剂。然而，高浓度 OH^- 的存在却可保证 S^{2-}、HS^-、NH_2R 的浓度，使亲核反应顺利进行，反应式为

$$RS{-\!\!-}SR + OH^- \Longrightarrow RS{-\!\!-}OH + RS^-$$

亲核反应降解角蛋白在于亲核试剂足够强，且有良好的空间，一步完成双硫键破坏，见图 3-51。

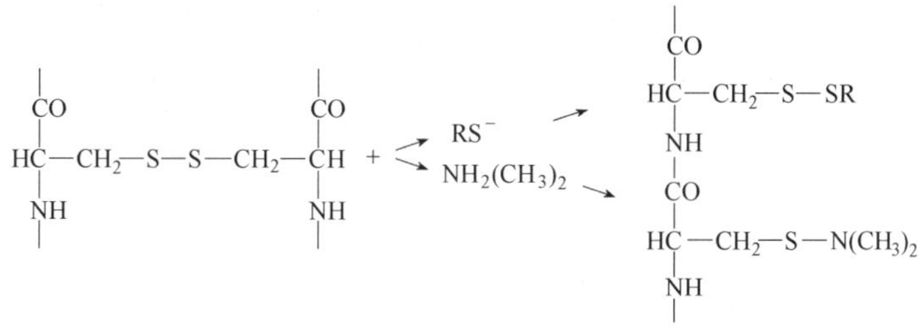

图 3-51　亲核反应降解角蛋白

亲核试剂与还原剂有相同的作用，因此亲核脱毛也存在还原脱毛。在碱性条件下一些还原剂均可以两种形式脱毛，见表 3-5。

表 3-5　　　　　　　　　　　　　　　　还原性脱毛剂

还原剂	分子式（pH = 12）	E/mV
二氧化硫脲（亚磺酸）	$(H_2N)_2C{=\!\!=}SO_2$	610
硫化钠	Na_2S	550
巯基乙酸根	$-SCH_2CO_2^-$	410
半胱氨酸根	$H_2N-CH(CH_2S^-)-CO_2^-$	400
连二亚硫酸根	$S_2O_4^{2-}$	220

3.10.3.3　β-消除与亲核取代并存

由于反应机制相同，都需要在碱性条件亲核试剂完成加成（取代），然而亲核试剂体积较大时难以进入角蛋白结构完成反应，因此 β-消除反应更为有效。Feairheller 试验中用 Na_2S^{35} 代替 Na_2S，S^{35} 在磺基丙氨酸中占 20%，也与亲核机理有关。

3.10.3.4　氧化降解角蛋白

采用氧化剂如亚氯酸（ClO_2^-）、过氧化氢（H_2O_2）等能够破坏双硫键，溶解毛与表皮。亚氯酸脱毛产生氯气（Cl_2），遇水产生酸，通过氧化也能修饰胶原氨基，达到特殊的作用。反应见下式：

$$\text{ClO}^{2-} + \overset{\overset{\displaystyle |}{\text{CO}}}{\underset{\underset{\displaystyle |}{\text{NH}}}{\text{CH}}}-\text{CH}_2-\text{S}-\text{S}-\text{CH}_2-\overset{\overset{\displaystyle |}{\text{CO}}}{\underset{\underset{\displaystyle |}{\text{NH}}}{\text{CH}}} \overset{[O]}{\rightleftharpoons} \overset{\overset{\displaystyle |}{\text{CO}}}{\underset{\underset{\displaystyle |}{\text{NH}}}{\text{CH}}}-\text{CH}_2-\text{SO}_3^- + \text{Cl}_2$$

鉴于 Cl_2 既腐蚀设备，又是有毒气体，较空气重，实践中 Cl_2 不被采纳。但是，Cl_2 在生皮内可以氧化多糖及部分蛋白质侧链基团，具有一定的分散纤维作用，可以获得充水、软化、浸酸的综合作用，是简化制革工艺的有效处理，只是专用设备及操作控制有待开发。

根据不同方式对毛降解后产物相对分子质量的电泳测定可以发现，尽管各种毛降解机制是不同的，结果大相径庭（图3-52）。根据双硫键的不同反应进行推测，碱水解最强，毛易除净，氧化过程由于产物相对分子质量大，产物黏度高，溶出较困难。

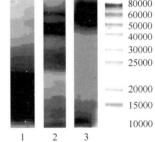

1—NaOH；2—还原；3—氧化。

图3-52　角蛋白降解物相对分子质量

3.10.4　毛与表皮的固形脱除（保毛脱毛）

3.10.4.1　常见制革用保毛脱毛

将毛完整或尽可能完整地从生皮中脱下，不仅可以回收角蛋白进行再生资源化，也可以使脱毛过程减少 COD 排放。这是当前制革所希望的。保毛的核心还是保护双硫键或该位置的结合，消除毛及表皮与真皮粒面的连接，使毛能够机械拔出。迄今为止，保毛脱毛方法有：

① 细菌脱毛（发汗法）。与生皮共存培养细菌，产生酶水解毛与粒面的黏结物，并机械拔毛获得脱毛。

② 发酵物脱毛。将麦麸发酵，通过酵母菌产生酶水解毛与粒面的黏结物，并机械拔毛获得脱毛。由于在酸性作用状态下，也属于酸性脱毛。

③ 酶脱毛。利用蛋白酶与生皮作用，水解毛与粒面的连接、黏结物，然后利用机械力拔毛，获得脱除。

④ 有机胺脱毛。利用有机胺碱性及亲核作用对连接真皮层的软角蛋白进行水解，溶解并用机械力拔毛，使毛干与粒面脱离而脱毛。

⑤ 免疫法灰-碱脱毛。利用化学修饰使双硫键固化，然后用硫化物溶解毛根，并用机械力拔毛，获得脱毛。

⑥ 氧化脱毛。利用化学氧化剂与皮内水的作用，对毛根的双硫键水解并机械拔毛，获得大部分保毛。

3.10.4.2　硫化物-石灰保毛除毛原理与工艺

（1）保毛除毛原理

毛降解物与 Ca^{2+} 反应。Na_2S 溶解毛形成溶液，在 OH^- 作用下生成的磺基丙氨酸与

Ca^{2+} 反应生成交联键，产生絮凝物悬浮导致浊度增加，见图 3-53，分析如下：

0.5% 毛（液重），用 2.5% Na_2S 溶解，浊度 <100 度，溶液为 0.25% $CaCl_2$（液重），浊度 >100 度。

根据碱–还原反应机理及空间可行性推测，反应是磺基丙氨酸交联反应；根据 Mckay 的研究，钙离子和钡离子促使了新的、稳定的交联，一个钙原子存在如下两种反应结果：

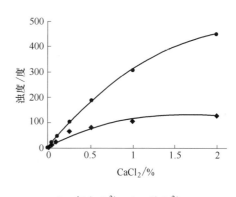

●—加入 Ca^{2+}；◆—无 Ca^{2+}。

图 3-53　Ca^{2+} 与毛溶液浊度

$$\begin{array}{cc}
\overset{\displaystyle |}{\underset{\displaystyle |}{CO}} & \overset{\displaystyle |}{\underset{\displaystyle |}{CO}} \\
CH\!-\!CH_2\!-\!SO_3^-\!-\!Ca^{2+}\!-\!S^-\!-\!CH_2\!-\!CH & \\
\overset{\displaystyle |}{NH} & \overset{\displaystyle |}{NH}
\end{array}$$

$$\begin{array}{cc}
\overset{\displaystyle |}{\underset{\displaystyle |}{CO}} & \overset{\displaystyle |}{\underset{\displaystyle |}{CO}} \\
HC\!-\!CH\!-\!S\!-\!O^-\!-\!Ca^{2+}\!-\!S^-\!-\!CH_2\!-\!CH & \\
\overset{\displaystyle |}{NH} & \overset{\displaystyle |}{NH}
\end{array}$$

（2）保毛与脱毛的过程

保毛与脱毛方法是基于 Sirolime 法，过程为：浸水→HS^- 渗透入毛囊→石灰护毛→Na_2S 作用+机械脱毛→过滤回收毛。随后有改进方法，如 Rohm-HS 法、Blair 法等，基本原理还是通过加强浸水及预处理，例如，用酶及亲核试剂对软角蛋白或黏多糖进行消除，然后，进行护毛→化学降解→机械脱毛→过滤回收毛。

Mckay 强调 Ca^{2+} 重要作用的同时，碱度是胱氨酸残基改性的基本条件。毛浸泡在 0.1mol/L 的 NaOH 溶液中 3h，添加 Ca(OH)$_2$ 以保持 0.01，0.02mol/L 的浓度。处理之后，毛的收缩情况见表 3-6。

表 3-6　　　　　　　　　　　　碱用量与毛的收缩

材料与浓度	收缩/%	材料与浓度	收缩/%
0.1mol/LNaOH	24	0.1mol/LNaOH、0.02mol/LCa(OH)$_2$	0
0.1mol/LNaOH、0.01mol/LCa(OH)$_2$	0		

由表 3-6 可知：

① 当碱度条件满足时，很低浓度的二价离子都会导致护毛现象的产生。

② Heidemann SH 等的研究表明：pH 为 12.5~13.0，毛、毛根、毛根鞘中可溶性物质减少，对保毛脱毛很有帮助。

③ 毛干、毛根鞘、毛乳头中的双硫键含量不同，抵抗化学或酶的能力有别。少量石灰对毛干表面固化。

④ "硬"角蛋白的毛干能承受化学品或酶作用的强度和时间，保证后续硫化物及机械作用使毛脱落。

3.10.4.3 酶法保毛除毛原理与工艺

酶法脱毛由发汗法脱毛发展而来。发汗法是利用皮张上所带有的溶菌体及微生物所产生的酶的催化水解作用，以达到脱毛的目的。1910 年，RðhmO 得到启发，利用胰酶发明了脱毛方法。

Gstavson 研究发现，蛋白酶并不是直接脱毛，而是通过酶解毛、表皮与真皮的连接物，使毛、表皮与真皮去黏结，随之辅以机械作用使毛从皮内脱去。

20 世纪 60 年代末期，全国致力于酶脱毛的研究，开发了碱酶浴液、滚酶堆置法。70 年代，该法在全国推广应用于猪皮革生产。对于牛羊皮制革，常常造成小毛脱不尽，容易松面而难以控制。80 年代后，尽管关于酶脱毛研究成功的成果仍不乏报道，但稳定的牛羊革大生产应用确实鲜见。

（1）酶脱毛机制及客观因素

消除"连接"（水解毛与真皮黏多糖）→宽松"周边环境"→机械"拔挤"。由于毛生长的部位及周期不同，脱毛难度差别甚大，表现出：短毛、细软毛、螺旋并弯曲的毛囊不易除去，见图 3-54。

因此，采用酶脱毛，如果对毛没有化学处理将存在客观的困难。

（2）酶脱毛后期的酶处理因素

酶对毛干几乎无影响，当毛与真皮连接被

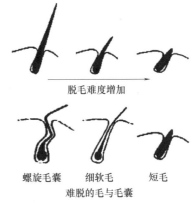

图 3-54　毛、毛囊与酶脱毛

清除、毛囊内表面被清理干净后，再也无法抵抗酶及酸碱的进一步攻击。酶处理作用包括后续蛋白酶软化及酸碱、胶溶盐的作用，松面风险极大，未拔除的毛还造成真皮层内刺入。酶脱毛过程见图 3-55。

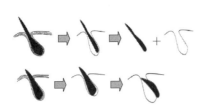

图 3-55　酶脱毛过程示意图

毛与毛根完全脱离或溶出后，裸露的毛孔内表面随着酶、酸、碱的作用，胶原变性增加，"伤口"扩大造成皮革质量下降。酶脱毛出现的缺陷见图 3-56。

为了克服这些问题，用基因工程科学切除一些蛋白酶中胶原酶的活性部分，采用无胶原水解活性的蛋白酶和非蛋白酶。但是，结果发现脱毛效率大幅度降低，一旦延长时间，内外菌酶作用将造成更大损失。

酶脱毛过程中毛的除去与生皮胶原的保护已成为此消彼长的一对矛盾，终究将被作为制革生化科学领域中的研究课题之一。

3.10.5　毛与表皮脱除的工艺控制

3.10.5.1　保毛脱毛的控制

实际操作中，脱毛得到干净的粒面，保持毛的完整性。要控制好不同种类的毛，不同性质的皮，必须了解保毛的原理及化学法保毛脱毛中的平衡：

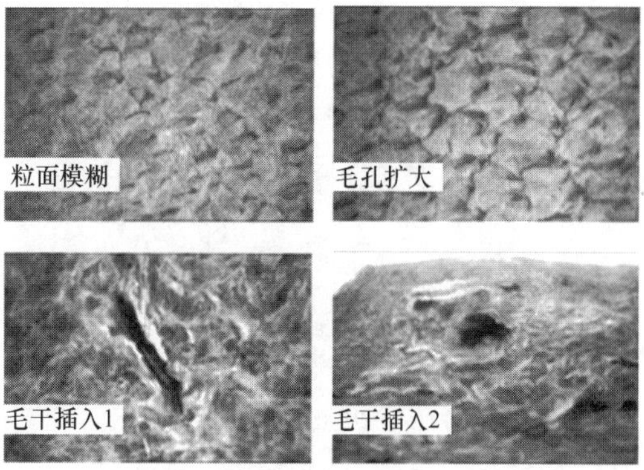

① 利用氧化、还原材料要防止毛表面溶解过度，导致护毛不足时，结果更接近于一个毁毛过程。

② $Ca(OH)_2$ 的作用强度适中，但快速地作用于毛干，使毛干表面及表皮迅速钙化，并与毛袋结合难以脱除，导致石灰免疫护毛根过度。

③ 碱液处理时间长短的控制、适中脱毛试剂的选择及加入顺序控制，如硫醇/胺和碱同时加入或提前加入，都能够改变保毛的效率。

④ 溶解蛋白的脱毛来自酶法脱毛。过度水解引起皮质的流失，由于毛的周期性构造，需要平衡较困难。

3.10.5.2　化学脱毛的控制

硫碱法脱毛，简单快速。但是，皮纤维组织在碱性条件下快速充水膨胀，在脱毛完成之前，膨胀将使毛孔受挤，化学物质进入生皮组织将变得非常困难，难达毛根部位，不利于脱毛的顺利进行，将导致大量的毛根残留在毛囊中，后期的石灰加入将未溶的角蛋白固定在毛囊中。

硫碱法脱毛的平衡在于被滞留在毛囊、表面的角蛋白残余临时阻止了后续蛋白酶进入组织内部，保证了后续蛋白酶在完成软化功能的同时，彻底完成除去皮垢、残余毛根。硫碱法脱毛获得了 100 多年来工业化的认可，形象描述见图 3-57。

表皮的去除往往被忽视。事实上，如果表皮没有被完全除去，粒面的色素难以除去，粒面粗糙性增加，成革的光洁度、后续染色受到影响。由图 3-58 可看出，生皮的

图 3-56　酶脱毛出现缺陷示意图

（图中标注：粒面模糊　毛孔扩大　毛干插入1　毛干插入2）

图 3-57　硫-碱法脱毛过程

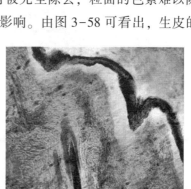

图 3-58　粒面的表皮层

表皮表面是以坚硬、老化的无核角质细胞，能够较好地抵抗碱与硫化物作用。然而，粒面内毛囊的表皮以软角蛋白为主，易受硫化物作用。因此，溶解从此起步，以片段形式被揭起、脱落，最终以固体形式进入污泥及浴液。在保毛过程中当表皮被 Ca^{2+} 保护后，除去表皮变得困难，需要大量的硫化物。

3.11　色素去除

前文中已述3类主要的黑色素。黑色素不仅与胶原蛋白通过共价键连接，而且，黑色素含有大量的-COO⁻，是带负电的聚合物，与带正电荷的胶原蛋白以离子键形式结合。因此，黑色素除去需要降解聚合物中显色的芳环或基团或消除色素与真皮的结合使之脱除，可考虑用以下方法去除生皮表面色素：

① 利用碱水解表面黑色素与真皮的连接，去除黑色素。

② 利用糖酶水解黑色素和表皮之间的附着材料，除去黑色素。

③ 利用具有氧化还原作用的化学试剂破坏显色基团，去除黑色素。去除黑色素的化学试剂有多种类型：过氧化氢、高锰酸钾、亚硫酸钠、连二硫酸钠、乳酸钠、次氯酸钠、乙醇胺和抗坏血酸。一些去除黑色素材料对比见图3-59。

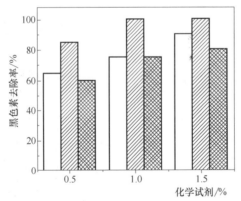

用酶纤维打开过程中使用不同化学试剂黑色素的去除程度

图3-59　一些材料对黑色素去除

第4章　鞣前皮胶原的物理化学特征

制革过程包含了众多种类的化工材料与动物皮胶原之间所发生的物理化学过程。鞣制则是制革生产中最重要的胶原变性或质变过程；各种鞣质与胶原以多种形式结合，如共价键结合、离子键结合、配位键结合、氢键结合、疏水和 Van der Waals（范德华）结合；生皮经鞣制后皮胶原/革不仅遇水不易膨胀，不易腐烂变质，而且还提高了其耐酶、耐酸碱力和更高的耐湿热稳定性，其制备的商品具有必要的感官性、透气透水汽性、力学强度等。因此，了解鞣前胶原结构是改性处理的基础。根据前期化学分析、仪器观察及计算机模拟，本章对鞣前生皮胶原的物理化学特征进行表述，介绍其通透性及化学反应活性特征。

4.1　鞣前皮胶原的结构

4.1.1　胶原的化学构造

各种蛋白质一般含有约 20 种氨基酸，而羟基脯氨酸（Hyp）和羟基赖氨酸（Hyl）则只属于胶原蛋白。氨基酸分中性、碱性和酸性 3 类。氨基酸的连接次序称作蛋白质的初级结构，决定蛋白质的折叠方式：无规的、螺旋状、β 折叠、β 转角或三股螺旋结构。自 20 世纪后半叶起，越来越多蛋白质的氨基酸连接次序和相应的折叠结构被人们所了解。

典型的胶原氨基酸连接模型是以 Gly-X-Y 三肽的形式为主重复出现的，其中，X、Y 是可变的，但不是完全无规的，且 X 和 Y 位置上的脯氨酸（Pro）和 Hyp 所占比例很高，是 I 型胶原共有的明显特征；在 I 型胶原中，Hyp 含量高达 0.1mol 以上，但鱼胶原中 Hyp 含量则低得多。通过测定 Hyp 含量来测定皮质含量是一种基本方法。

所有类型的胶原都有周期性出现三肽的特点，并形成三股螺旋结构，在 α_1 链，N 端远程肽含有 16 个氨基酸，C 端远程肽含有 25 个氨基酸。

胶原三股螺旋的结构特征主要是通过胶原和相关合成多肽的广角 X 射线结晶分析确定的。但目前所接受的只是一个有高度可能性的粗糙结构（Pro-Pro-Gly）；晶体的 X 射线衍射结果表明，其具有三股螺旋结构特点，但其空间结构和天然胶原是存在一定差别的。

组成胶原三股螺旋的每一条肽链都是左手螺旋，而作为整体的三股螺旋则是右手螺旋；组成三股螺旋的每一条左手螺旋与 α 螺旋不同，它已相当伸展；每个氨基酸残基沿螺旋轴方向的投影长度是 0.286nm，旋转角度为 108°，10 个氨基酸残基构成 3 节完整的螺旋；α 螺旋中每个氨基酸残基沿螺旋轴的投影长度是 0.15nm，旋转角为 100°，3.6 个氨基酸残基组成一个螺旋圈；胶原三股螺旋已经相当伸展，所以不可能再像 α 螺旋那样容易被拉长；在形成单股螺旋时．每条肽链内部的残基之间并不像 α 螺旋一样伴随有氢键的产生；当胶原蛋白的 3 条肽链绞合成三股螺旋时，每条肽链与相邻的其他肽链之间有氢键形成，这就产生了一种高度紧锁的纤维结构。这种结构与它的生物学功能非常匹配。

4.1.2 鞣前皮胶原组织

经过准备处理后的鞣前裸皮，已经去除生皮内无用物而近似纯化胶原，通常以"皮胶原"命名。鞣前皮胶原主要为 I 型胶原。I 型胶原是动物体中最主要的胶原，在同种类动物的不同器官中是一样的。世界上的每一种牛皮、肌腱和骨头胶原中三条 α 链的两条 $α_1$ 链都是一样的。只是在成熟程度间有微小的差别，如存在席夫碱、未氧化的赖氨酸残基等，但这些对胶原分子的长度和功能并不构成实质性的影响。

可溶性胶原分子有序排列形成原纤维及纤维网的编织过程，无疑是皮革化学家最想知道的，因为这将有力地帮助他们了解制革生产过程的物理-化学变化过程的本质。

4.1.2.1 I 型胶原基本构造

3 条肽链形成右螺旋分子，分子以 1/4（Elden，1971）横向聚集成微原纤维。这种有序的横向结合首先是通过静电作用，然后是近距离的相互作用（Van der waals 力和疏水作用力）。早期时，Kuhn 和 Schmitt 认为分子网的带电荷侧基是整齐排列在原纤维上的，经染色后在电子显微镜下观察，它们是横辉纹，这与带电基团的结合有关。

胶原分子以两种形式聚合成微原纤维束。一种是相同直径的 7 个分子规整组装，一种是 5 个分子形成微原纤维。

微原纤维聚合形成原纤维/纤丝（Zettlemoyer，1946；Bear，1952；Sanjeevi，1976）。预先形成的小单元逐步生长成厚度为 20~100nm 的原纤维，每个横截面包含了约 7000 个胶原分子。这些原纤维是多样性的，在皮中是由 I、III 和 V 型胶原的混合物组成。这些分子轴与轴之间的距离为 1.2~1.5nm，也可能达 1.7nm，因水分含量不同而异。这个分子的密度是通过 X 射线衍射图的侧链距离得到的，空气干燥下原纤维约含 14% 的水分时，其密度为 1.3g/cm³。在非常严格的干燥条件下，水分含量接近 0 时，原纤维结构被破坏，衍射变得模糊不清，分子间距离缩短到 1nm，密度提高到 1.8g/cm³。

原纤维直径看起来是非常有规则的。在动物皮中，真皮层原纤维直径是非常一致的，约为 100nm。然而，在乳头层中，Ⅲ型胶原含量高，原纤维的直径小。

胶原肽链间的共价交联对其构象的形成有重要作用。这些共价交联作用是源于赖氨酸（Lys）和 Hyl 经酶（赖氨酰氧化酶）促氧化使其 ε-氨基氧化成醛基，醛基和相邻的 Lys 或 Hyl 反应形成甲亚胺桥，不饱和键经还原后变得更加稳定。此外，醛基 Lys 或醛基 Hyl 之间还可以反应形成醇醛结构。不成熟（胎皮）的胶原内存在大量的席夫碱，使胶原易受碱（石灰）作用，产生胶溶。当动物成年后，甲亚胺交联演变成更加稳定的形式，尤其是对酸的稳定性增加。

原纤维聚合形成原纤维束；纤维束形态与纤维的分散相关。胶原的各级构造见图 4-1。

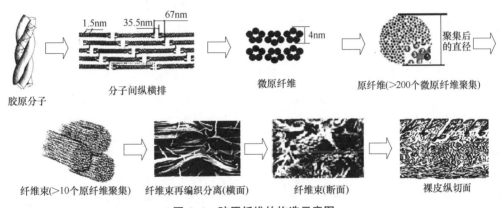

图 4-1　胶原纤维的构造示意图

4.1.2.2　Ⅰ型胶原纤维构型特征

① 裸皮主体由立体三维编织的胶原纤维束构成，基本单元为胶原分子（长为 $3×10^{-5}$cm、直径为 $15×10^{-8}$cm 的三股螺旋结构）。

② 原纤维（单个）直径为 $0.1\mu m$ 左右，是由 200 个以上微原纤维（胶原纤维）构成。然后约 10 个微原纤维构成基本的功能单位——（初级）纤维束，其直径为 7～$10\mu m$。在纤维束的基础上可以进一步聚合、编织。

③ 粒面层由 1%～5% 厚度的表皮所覆盖（有 4～5 层组细胞）。

④ 粒面层中的胶原纤维束比真皮层中的编织更紧密，纤维束直径更小。

⑤ 裸皮的胶原纤维束分离合并，编织紧实度、织角及孔性质没有规整性，无末端。

⑥ 纤维束直径与间隙（孔性质）也存在差异，没有规整性。

4.1.2.3　其他类型胶原

除Ⅰ型胶原外，裸皮表面及浅层还存在其他几种类型胶原，分布见图 4-2。

Ⅲ型胶原是网状纤维，是胶原的一种，外观构造与Ⅰ型胶原无法分辨。Ⅲ型胶原有 1/3 的甘氨酸及高含量的 β-氨基酸构成，也有 3 个肽链一组的螺旋结构。因此，网硬蛋白是Ⅲ型胶原的另一个称呼，只是构造形态上较胶原纤维细小。Ⅲ型胶原在组织

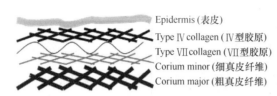

Epidermis (表皮)
Type Ⅳ collagen (Ⅳ型胶原)
Type Ⅶ collagen (Ⅶ型胶原)
Corium minor (细真皮纤维)
Corium major (粗真皮纤维)

图 4-2　各型胶原纤维分布示意图

构中连接固定在真皮层。Ⅳ型胶原在制革准备中主要受酶作用除去。

Ⅶ型胶原也是非纤维蛋白，外观构造与Ⅰ型胶原无法分辨。以简单的二聚形式存在Ⅳ型胶原与Ⅰ型胶原之间。

Ⅻ型胶原是和Ⅰ型胶原原纤维结合的，覆盖在Ⅰ型胶原原纤维表面。在胰酶软化前的处理中，Ⅻ型胶原仍在原纤维表面保护胶原而除去非胶原部分。

中与Ⅰ型胶原连接或形成复合纤维束，在组织中起着部分弹性作用，参加与Ⅰ型胶原相同的化学反应。

Ⅳ型胶原非纤维蛋白，外观构造与Ⅰ型胶原无法分辨。在基膜中，不构成纤维束而是以网状形式在上皮结构中连接固定在真皮层。

4.1.2.4　胶原纤维分散特征

完成对生皮准备处理后的裸皮，除去了蛋白多糖，降低了原纤维之间的湿态黏性，减小了脱水的毛细黏合及干态黏结作用。获得有效分离（脱水）的纤维束，建立了多而均匀的通道构型，见图 4-3。现实中这种结构很难用数据表征，因此，研究胶原纤维分散判别往往采用生皮内硫酸皮肤素、透明质酸、羟脯氨酸的去除状况，定性确定胶原纤维的分散程度。其中，酸性硫酸皮肤素的含量很难测定，通常以后两者的溶出判定评估。

图 4-4 是胶原纤维束分散情况对比图。根据纤维束直径大小、分布的凌乱性及孔隙的平均性观察，图 4-4（b）中胶原纤维束的分散比图 4-4（a）

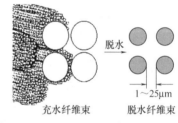

脱水

1～25μm

充水纤维束　脱水纤维束

图 4-3　纤维束脱水分离

好。进一步放大纤维束发现，分散前纤维束内有多个空腔被纤维包围；分散后纤维束收缩分离出周边的空间通道。

4.1.3　皮胶原内的水分

4.1.3.1　皮胶原内的本征结合水

胶原具有结合水，是天然胶原柔软的重要因素，当失水达到临界值以下时，胶原出现硬化或脆化，形成不可逆的构型。因此，水是胶原结构不可分割的一部分，以氢键形式直接与蛋白结合的水有多种，见图 4-5。

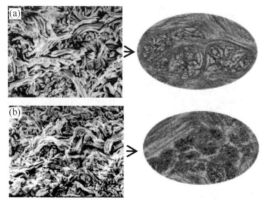

图 4-4　胶原纤维分散前后对比图

这也是胶原蛋白大量含水的主要原因。但是，在这些水进入到胶原的微观结构中，被认为由 Hyp 作为一个核心与起点建立的多层次水结构，占胶原 13%（质量分数）的 Hyp 是稳定着胶原空间结构的重要成分，是胶原蛋白的一部分（Engel，1998），见图 4-6。

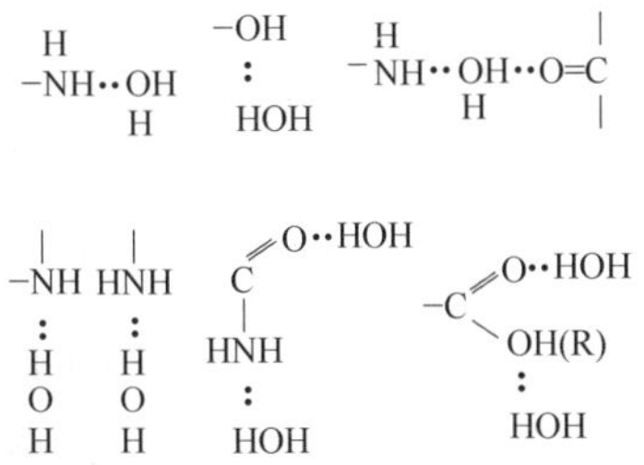

图 4-5　蛋白分子各种形式结合水

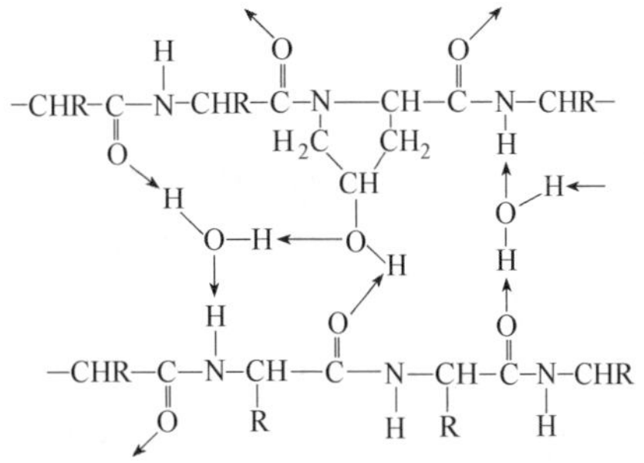

图 4-6　羟脯氨酸的多层次结合水

　　根据冰点温度测定到胶原有 5 个水合级别（表 4-1）。由于涉及一些水的保留时间不易确定，不能明确区分各级界限。Hyp 与 Lys 作为水簇结合中心结合或交联了水分子，在胶原分子间以 1000 个残基交联了 600 个氢键，2~3 个水分子形成的立体氢键桥，构成并稳定了胶原的构型（Bienkiewicz，1990）。如果鞣剂在这些点以稳定的价态替代水分子，就可以获得热稳定性高的胶原。干燥的皮革含有 14%~16% 的水分，而当吸湿达到 40% 都没有湿感正是吸收的水分被分散结合了（Kopp，1989 年）。结合水，也称水合水，制革中不易与外界交换或发生化学或物理变化，不被制革所关注。

表 4-1　　　　　　　　　　　　　皮胶原内的水分特征

简称	水：胶原(质量比)	水的结合	键的类型	冰点温度/K	测定方法
结合水	0	强结合	三股螺旋内 3 个氢键	不结冰	NMR 法 Fischer 法 105℃ 干燥 P₂O₅ 真空
	0.02		与胶原分子 2 个氢桥		
	0.07		与胶原分子 2 个氢键	180	
	0.25		与官能团 1 个氢键	265	
毛细水	0.35	弱结合(可动水)	由 10 个水排列成链		
	0.5	弱结合(溶胀水)		266	机械力除去
平衡水	2.0	不结合水	无结合本体水	273	

4.1.3.2　皮胶原内的毛细结合水

　　毛细结合水是裸皮中从微观到宏观的存在水，保持细微平衡，维持生皮的活性、柔软、弹性。这些水是通过氢键与蛋白分子基团结合的。

　　生皮中结合水是指通过氢键与生皮中胶原、非胶原蛋白、多糖等组分结合的水，约占生皮总含水量的 15%。当通过准备工段处理，纤维间质被大部分除去后该部分水应该会减少，但由于胶原蛋白纤维束表面极性增加（包括脂肪的除去及部分降解）、纤维束间毛细的增加（非胶原物除去及纤维结构的疏松），结合水总量会成倍增加，见表 4-2。

表4-2　　　　　　　　　　　　蛋白结合水　　　　　　　　　单位：g/100g

蛋白来源	含水量	原皮来源	含水量	
			生皮	裸皮
绝干胶原	~45	小牛	70.9	270
胶原	200	母牛	69.4	224
网硬	30	公牛	67.3	206
弹性	25	猪皮	66.1	150

4.1.3.3　皮胶原内的平衡水

平衡水存在于较大的组织间隙中，与毛细结合水相吸附，可受压力移动，不影响纤维间润滑。这些水是通过胶原弱极性基团或与结合水以氢键连接。平衡水更多是以表面张力铺展或极性吸附在纤维束的毛细管内。经过鞣制的胶原含水主要来源于胶原亲水基团及毛细吸附。平衡水可以用机械力去除，制革中为了节省脱水能量，通常采用挤水，而毛细水受环境湿度控制，内表面结合水受环境影响较小。因此，通过湿度调整，可以稳定在吸附水范围（刘岱君，1992）。

4.1.4　胶原的双亲性

胶原的双亲性（过去被称为两段性）是指胶原在纯水中形成不溶于水的单分子膜，显示了干胶原两个表面的疏水与亲水性。胶原疏水的原因是多肽链上的某些氨基酸的疏水基团或疏水侧链（非极性侧链）的相互作用，见图4-7。当分子中疏水基或链与水接触时，为了克服表面张力，疏水基团会收缩、卷曲和结合，将吸附于表面的水分子排挤出，熵值回升，焓变值减少，降低系统能量。这种非极性的烃基链因能量效应和熵效应的热力学作用，在水中相互结合成为疏水键。疏水键在维持蛋白质三级结构方面占有重要的作用。因此，在天然蛋白质中，疏水键是疏水侧链为了避开水相而群集在一起的一种相互作用，是对蛋白质构象的稳定性及部分功能具有重要意义。由于蛋白质的大分子结构，有

图4-7　胶原蛋白疏水侧链

时表面（或有效）疏水性比整体的疏水性对蛋白质的功能具有更大的影响。表面疏水性影响分子间的相互作用，如蛋白质与其他亲疏水化学物之间的作用。

制革化学反应在水浴中进行，需要结合大量的亲水性化学物，经过了盐碱酶作用，使胶原的极性基增加，对电解质敏感增加，吸水量增加，导致亲水大于疏水。这种比例与分布对制革化学反应是十分重要的，目前缺乏定量研究。

4.2　皮胶原的化学活性

4.2.1　活性结构特征

裸皮胶原以Ⅰ型胶原为主，由酸性、碱性及中性的 α、β-氨基酸构成。生皮经过

碱酸盐酶作用后，等电点由 6.8~7.2 降至 5.0~5.3，表示经过前处理，胶原的碱性基失去较多以及酰胺基水解，导致酸性氨基酸较生皮胶原多。鞣前胶原除等电点下降的同时，Ts 由生皮的 65~68℃ 降低到 52~58℃（根据前处理强度决定）。随着胶原纤维束的表面结合及纤维束之间的组织被除去，新增侧链的基团及其化学活性明显增加，新表面的外露及固有胶原的化学物理结构特征也充分被显示出，使裸皮的化学反应可及度及活性大大增加。

4.2.1.1　分子的端肽特征

Ⅰ 型胶原纤维 3 条肽链形成右螺旋。每个肽链有两个没有形成螺旋的端肽区。在 α_1 链，N 端远程肽含有 16 个氨基酸，C 端远程肽含有 25 个氨基酸。在制革过程中端肽间空间、活动性与化学键合起着重要作用，见图 4-8。已证明内外源蛋白酶对端肽作用为主，水解后拉开了分子间距离，对材料的进入胶原精细结构以及引起胶原结构的疏松具有较大影响。

图 4-8　胶原的端肽区

4.2.1.2　皮胶原的两性特征

从本质上说，蛋白质具有两性特征，胶原也是如此。虽说制革化学理论是建立在胶原的两性基础上，但是，事实上，对固体的皮胶原的化学反应性而言，两性的特征并非唯一重要。仅仅用两性不能解释制革过程的化学原理，因为还有一些由两性以及由其延伸的其他特征，如酸碱作用下超电荷特征存在。

（1）区域性相对等电点

蛋白质的等电点是指蛋白质溶液在电场下运动平衡的位置。胶原溶液也不例外。然而，固体不溶性裸皮胶原也存在两性特征，但一些固体内部的电荷难以表达，使得整体等电点只是想象而无法测定。由于裸皮胶原纤维的内外表面及近表面都存在两性基团，因此也应该存在等电点。如果在皮胶原表面或近表面的某一空间的点（库仑力范围内）受到零电荷作用，那么该点就是固体胶原的相对等电（荷）点（Area isoelectric point，pI_R）。

（2）暂时等电（荷）点

暂时等电点（Temporary electric point，pI_t）有两种情况：

① 在溶液中有机或无机离子与固体胶原蛋白结合改变了其表面电荷。当环境不变获得暂时稳定性的同时，也改变了固体胶原蛋白整体的等电点。这种相对稳定的等电点可以称暂时等电点 pI_t。

② 暂时稳定的等电（荷）点也可能与描述的环境状态有关，如胶原表面受温度、机械运动引起不同的动电行为，可以出现短暂的等电点或区域。因此，这种等电点也可以称为条件等电（荷）点，见图 4-9。

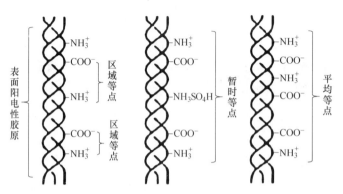

图 4-9 表面电荷与等电状况

4.2.2 皮胶原与电解质作用

4.2.2.1 与有机酸盐作用

胶原在有机酸盐溶液中的稳定性，是离子与蛋白质表面水分子竞争后的平衡结果。这种平衡往往是蛋白质新的物理化学性质的基础。

（1）与烷基磺酸盐作用

不同种类烷基磺酸盐（包括表面活性剂）的作用，可以使胶原显示出反差较大的湿热稳定性。这种稳定性与烷基链长度相关，见图 4-10。除乙基磺酸盐外，随着烷基部分碳数的增加，胶原的 Ts 下降。

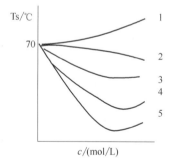
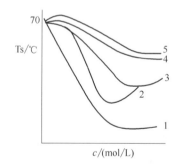

1—乙基磺酸钠；2—丁基磺酸钠；3—庚基磺酸钠；
4—苯磺酸钠；5—β-萘磺酸钠。

1—苯磺酸钠；2—萘磺酸钠；3—1,3 磺酸苯钠；
4—对苯磺酸钠；5—1,3,5-三磺酸苯钠。

图 4-10 有机磺酸盐与胶原的 Ts

（2）与苯基磺酸盐作用

不同种类苯基磺酸盐作用于胶原的结果与磺酸数量相关。随着磺酸基增加，与胶原作用加强，Ts 降低。

（3）与羧酸盐作用

不同种类羧酸盐作用胶原的结果，是随着烷基链长度的增加，胶原的 Ts 降低。见图 4-11。

4.2.2.2　与无机酸盐作用

与有机酸盐作用于胶原不同，无机离子的水合作用与胶原作用相关性较大，与胶原表面张力关系较小。对一些常见的无机酸盐与胶原作用的研究结果总结如下：

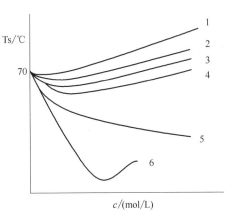

1—甲酸钠；2—丙酸钠；3—乙酸钠；
4—丁酸钠；5—庚酸钠；6—苯基丙酸钠。

图 4-11　羧酸盐与胶原的 Ts

① 中性条件下，无机酸盐浓度 <20mmol/L 时，以离子结合产生的静电作用为主，每增加 1mmol/L，Ts 降低 1℃ 左右。

② 中性条件下，无机酸盐浓度为 20 ~ 500mmol/L 时，根据 Hofmeister 效应有

$$H_2PO_4^- \geqslant SO_4^{2-} > Cl^- > SCN^-$$

③ 中性条件下，无机酸盐浓度为 200 ~ 800mmol/L 时，产生盐析或聚集。蛋白质变性增加，溶液开始不透明。

④ 当 pH≤4.0、$c(SO_4^{2-}) = 0.5mol/L$、离子强度 $I = 0.32$ 时，胶原纤维开始无序，纤维结晶减少。

⑤ 常用盐与胶原作用依据阴、阳离子不同而异，在中性及相同离子强度 I 下，NaCl、NaAc、MgCl_2 中 NaCl 结合好，盐析最优先。

⑥ 对 SO_4^{2-}、CH_3COO^-、Cl^- 三种阴离子而言，结合顺序：$SO_4^{2-} > CH_3COO^- > Cl^-$，这与它们的水合作用焓变相关，与阳离子关系不大。

⑦ SO_4^{2-} 与 PO_4^{3-} 能使水分子有序导致胶原稳定，其中，SO_4^{2-} 在 0.5mol/L 时就能够引起胶原的稳定。

⑧ KI 则使胶原充水膨胀达 257%，KCl 的充水膨胀达 69%。

⑨ 阳离子与胶原结合顺序：Mn^{2+}、$Ni^{2+} > Ca^{2+}$，$Ba^{2+} > Mg^{2+} > Na^+$，与阳离子水合作用相关（顺序相反），与溶液的 pH 相关。

4.2.2.3　皮胶原与酸作用

由于大量的无机、有机鞣剂与胶原作用的初期需要在酸性条件下进行，因此，酸性条件下胶原的充水是制革所关注的重点。

胶原亲酸能力大于亲碱能力，可以从胶原的酸容量（0.90mmol/g 左右）与碱容量（0.33mmol/g 左右）进行比较外，酸的结构特征也表现出与胶原的亲和能力，见表 4-3。

这种亲和力也可以通过酸对胶原作用后的充水膨胀程度进行判断。试验在 25℃ 条件下，以软化裸皮质量为基础，添加 200% 的水、质量分数 4% 的材料，然后用 0.5mol/L H_2SO_4 调溶液 pH = 2.0±0.2，平衡后结果见图 4-12。以十二烷基脂肪族磺酸为代表的脂肪族磺酸，没有抑制酸膨胀的能力。

表 4-3　　　　　　　　　　　　胶原与部分酸的相对亲和力

酸	相对亲和力	酸	相对亲和力
盐酸	1.0	β-萘磺酸	59.0
苯磺酸	3.9	蒽醌,β-萘磺酸	97.0
对甲苯磺酸	4.4	对二苯基苯磺酸	412.0
硫酸	20.6	2,4,6-三硝基苯酚	758.0
二苯基磺酸	38.6	2,4-二硝基-1-萘酚-7-磺酸	3020.0

对具有共轭环的化合物可以不产生充水抑制膨胀，在抑制酸膨胀中表现出以下 3 个特点：

① 低 pH 下有良好溶解性的磺化物是抑制酸膨胀的基础，它在酸性条件下仍能够在皮内运动与阳电荷结合，其分子小渗透快，但抑制膨胀能力低。从理论上讲，较大共轭环具有强的疏水作用，当它的一端或某些基团与胶原的基团极性相接后，另一端斥水，破坏水分子在皮内的排列状态，使体系熵增加，抑制充水能力也增加。

② 在等电点下胶原表面带正电，能够离解出带负电荷的酸根与皮胶原良好的结合、并使其稳定性提高的化合物，可以抑制充水膨胀力。

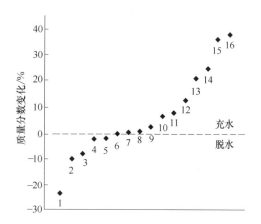

1—磺化乙萘酚；2—磺化邻苯二酚；3—萘磺酸；4—正常浸酸；5—没食子酸；6—水杨酸；7—苯醌；8—磺化对苯酚；9—变色酸；10—对硝基酚；11—磺化蒽；12—醌合苯二酚；13—邻苯二酚；14—鞣酸；15—十二烷基苯磺酸；16—甲苯磺酸。

图 4-12　pH=2.0±0.2 胶原充水情况

③ 酚羟基是抑制酸膨胀的重要基团。在酸性条件下酚羟基可以代替水分子与羧基结合，起到了"桥"的作用，稳定胶原结构，抑制充水膨胀。这从磺化乙萘酚与萘磺酸不同膨胀率的对比中可得到。

4.2.3　皮胶原与酶作用

低温、高效、低毒、专一已成为酶作为制革优选的使用材料。从生皮浸水至坯革处理都有大量报道。来自于微生物、动物、植物的酶都在制革工业中不断增加应用，随着人工合成酶的进步，不久将进入新的时代。其专一性种类包括蛋白酶、糖酶、脂肪酶，使用条件由酸性至碱性，范围宽广，起着除去非胶原组织的重要作用。使用最久、最多、最广，效果最明显的还是蛋白酶。这归因于生皮内含蛋白多肽物质最多，如胶原、角蛋白、弹性蛋白、蛋白多糖、细胞物质等。蛋白酶以肽键为主要水解点，按水解物结构分为有内切肽酶与外切肽酶，其中水解点不同水解物结构不同。由于蛋白酶水解点为肽键，因此，酶处理后胶原可以最大化地保持螺旋结构，通常采用胶原蛋白在酰胺 I 带 1680~1630cm⁻¹，酰胺 III 带 1239，1450cm⁻¹ 的吸收确定螺旋存在。

酶对皮胶原的纯化与降解有着特殊意义，是最有高效清洁生产前景的材料。然而，经过前期充水，酸、碱、盐、菌类以及其他变性处理作用后的胶原易受蛋白酶作用。如，浸灰后的皮胶原易受胰酶作用而成为工艺控制关键。因此，软化过程酶的抑制与激活条件也被关注。

对于裸皮的酶处理主要采用中性酶（作用范围 pH7.0~8.5）为主、碱性酶（作用范围 pH8.6~11.0）为辅，可以除软化（最终）皮革外，在除去皮垢、消除膨胀及色素、提高铬的吸收均具有关键作用。在酸性条件下（作用范围 pH2.5~7.0）具有最佳活力的蛋白酶称酸性蛋白酶。与碱性酶比较，碱性酶偏于侵蚀粒层，而酸性蛋白酶偏于在整个皮的断面上并也在肉面上起着松散皮纤维的作用；酸性蛋白酶软化可以增加近 30% 铬的吸收（Pfleiderer，1979）；此外，利用酸性蛋白酶还可以去除皱纹、软化（最终）皮革、增加面积得率。

4.3　皮胶原的变性

4.3.1　胶原的变性热

1914 年，Povarrin 将皮或革在水中加热出现体积变化时的温度称为收缩温度（Ts），以此来判断鞣制效果。随后，给予理论上解释为胶原蛋白的 Ts 是一种相转变起点，在转变过程中，纤维排列间距发生变化，表现出体积收缩。迄今为止，制革中将这种长度或体积上的收缩起点温度定为 Ts，并用 Ts 的高低判断胶原稳定性。

Weir E W 在 1949 年就对胶原肌腱收缩现象进行了研究总结。他认为胶原收缩是一个一级动力学过程，而并非只在某一固定温度时才收缩，通常所谓的 Ts 是收缩速率达到一定值时的温度，因为此时收缩最明显，易被仪器监测和观察。并由此提出胶原收缩变性时分两步反应。

$$胶原(稳态) \underset{k_1}{\overset{k_{-1}}{\rightleftharpoons}} 胶原(活化) \xrightarrow[k_2]{\Delta} 胶原(收缩)$$

第一步反应是可逆的，并且有两个速率常数，一个是正反应速率常数 k_1，另一个是逆反应速率常数 k_{-1}，当 $k_1 > k_{-1}$，胶原处于活化状态。作为一个可逆反应，活化态在一个微小的能量作用下就进入反应产物的收缩状态，反应过程变得不可逆。一级反应的平衡常数可以根据反应自由能（$\Delta G°$）方程得到，方程为

$$\Delta G^\circ = -RT\ln K = -RT\ln\frac{k_1}{k_{-1}} \tag{4-1}$$

式中，R 表示摩尔气体常数，T 表示反应时的热力学温度，K 表示反应平衡常数。活化自由能定义如下：

$$\Delta G^{\neq} = \Delta H^{\neq} - T\Delta S^{\neq} \tag{4-2}$$

式中　$\Delta G^{\neq}$ 表示活化自由能，J/mol；$\Delta H^{\neq}$ 表示反应活化焓，kJ/mol；$\Delta S^{\neq}$ 表示反应活化熵，J/（K·mol）。

对一个吸热反应来说，过渡态更接近于产物，因此活化自由能 $\Delta G^{\neq}$ 与反应自由能 ΔG° 值大致相同，即

$$\Delta G^{\neq} \approx \Delta G^\circ \Rightarrow \Delta H^{\neq} - T\Delta S^{\neq} = -RT\ln k_1 + RT\ln k_{-1}$$

当 $k_1 \gg k_{-1}$，有

$$\Delta H^{\neq} - T\Delta S^{\neq} = -RT\ln k_1 \Rightarrow \ln k_1 = \frac{\Delta S^{\neq}}{R} - \frac{\Delta H^{\neq}}{RT}$$

因此胶原的离解取决于两个因素，即活化熵（过渡态形成的无序程度）和活化焓（过渡态形成时的键能）。这就表明，随着活化熵的降低和活化焓的增大，收缩速率减小，意味着 Ts 升高。$\Delta G^{\neq}$ 越大，$\Delta H^{\neq}$ 越大，或 $\Delta S^{\neq}$ 减小，k_1 越小，Ts 越高。因此，降低胶原的内聚力，使之受热收缩能力下降，这种降低胶原内聚力的方法破坏了胶原的化学结构。破坏胶原的结构越微细，$\Delta H^{\neq}$ 越小，需要收缩的能量也越小，如破坏肽键、氢键（稳定螺旋）。

从焓、熵和自由能变化的角度，研究发现肌腱胶原在酸性和碱性介质中焓和自由能都降低；在盐溶液中，仅当盐的浓度较大时会增加自由能。铬鞣剂能明显地提高焓和自由能，而降低熵，因此 Ts 升高。

胶原变性的活化参数可以通过量热法用差示扫描量热法（DSC）测定，图 4-13 为含湿 10.5% 浸灰牛皮 DSC 图。其中，Onset 表示起始温度，常当作 Ts；最高点 T_M 表示熔化温度；Q_M 表示单位质量的胶原变性

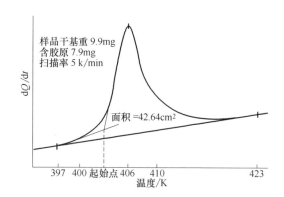

图 4-13　含湿浸灰牛皮 DSC 曲线

热值；ΔH_M（摩尔焓）$= M \cdot Q_M$（M 为胶原相对分子质量）；假设收缩变性属熔化型相变，因此：

$$\Delta G_M = \Delta H_M - T_M \cdot \Delta S_M = 0 \tag{4-3}$$

$$\Delta S_M = \Delta H_M / T_M$$

4.3.2　胶原的变性温度

4.3.2.1　水分与胶原耐热稳定

通过水分子稳定结构的胶原组织，改变结构与改变水分子的结合相关。因此，胶原中水分子既是稳定胶原的组分又是易产生破坏胶原结构的组分。早期的一些研究表明：

Eaton（1994）：引入交联剂分子不足以赋予胶原高的湿热稳定性。

Bella（1995）：胶原是高含水物质，胶原的肽链之间没有直接连接，是通过水与肽链之间的极性端的氢键保持构型稳定。

Engel（1998）：破坏胶原内结合水分子，降低胶原稳定性；Hyp 对胶原的稳定起着特殊的作用，是水在网络中结合的中心，破坏这种水分子的构架将降低胶原的耐热稳定性。

Covington（2007）：在干态下 Cr（Ⅲ）鞣革与未改性胶原的变性温度均约 200℃。

如果胶原的湿热温度为 60℃，干胶原在 209℃收缩，则有湿度与 Ts 关系见图 4-14。

4.3.2.2　胶原的热变性过程

无论是分子还是各级纤维的构象转变都是以肽链分子间相互作用方式的变化过程为代表。肽链分子间主要存在两种作用力——氢键与共价键。在升温过程中，肽链分子的运动能力逐渐增强。在某一个温度点周围，肽链分子间将首先克服氢键作用力，三维有序的胶原结构将向无定形结构转变，

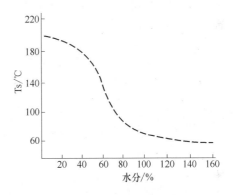

图 4-14　胶原含水与热变性关系

胶原的网状结构可以通过无规卷曲使胶原纤维沿轴向方向长度收缩。但是，纤维仍然保持着较高的取向程度。随温度的进一步升高，肽链分子的运动能力增强，当链段运动可克服旋转位垒和分子间氨键作用时，微纤维结构进一步进行解取向，纤维的长度进一步收缩，胶原由取向无定形态向非取向无定形态转变。从图 4-15 的原位热机械分析（LTA）曲线上可以清楚地观察到胶原原纤维的两重转变行为。在较低温度下，探针的偏移为正偏移增大，表明在升温过程中，初始的热运动使胶原的体积有轻微膨胀，当温度达到 58℃附近，探针向负方向偏移，表明胶原发生了体积收缩，达到 65℃时，探针向负方向显著偏移，意味着胶原有显著的体积收缩（Laurent，2011）。与常规高分子热转变时体积膨胀不同，证明了鞣前胶原原有的疏松网状结构。其中两个收缩表明了胶原存在两种稳定结构的能，是氢键及主键的结构。

经不同湿热温度处理后，样品具有相似的 XRD 谱图，在 7.4°（2θ）处均出现了较明显的衍射锋，反映了胶原分子之间的侧向距离为 1.13nm ［$2\sin(\theta) = n\lambda$ 计算得到］，

表明胶原分子收缩后，收缩胶原依然保持着规整的横向有序紧集方式，而第二个是在20°附近出现漫反射包峰。从图4-16中可以看出在55~60℃发生明显变化，转变是明显的（Chvapil，1960）。

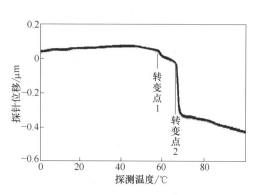

图 4-15　水合胶原原纤维的 LTA
的探针偏移–温度曲线

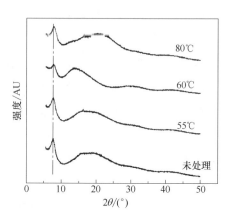

图 4-16　不同湿热温度处理
胶原纤维干燥后 XRD 谱

进一步确定变性对胶原纤维热转变行为的是将绵羊皮胶原在58℃的去离子水浴中进行等湿热处理，制得湿热收缩率为23.4%的样品，常温晾干后用于DMA分析。图4-17为皮胶原的储能模量-温度曲线，测试条件为静态力0.01N，应变追踪120%，振幅0.055%，频率1Hz，升温速率3℃/min。在起始温度至45.5℃范围内，样品的模量明显下降，证明58℃变性后仍然存在胶原纤维次级松地转变。当温度>45.5℃时，随温度的升高样品的模量逐渐增大，胶原纤维收缩并取向转变，样品的模量在166℃处达到最大值，形成两个阶段的转变。

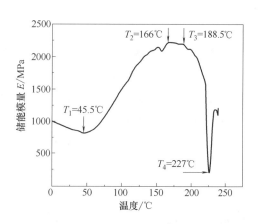

图 4-17　胶原纤维的储能模量–温度曲线

4.3.2.3　胶原收缩的特征

20世纪50年代末，Weir从热力学的观点看待胶原及改性胶原的湿热稳定性。所谓收缩温度是收缩速率、收缩程度最明显时的温度，易被仪器监测和观察。且从焓、熵和自由能变化的角度研究未经处理的和经酸、盐、碱和鞣剂处理过的肌腱胶原，在酸性和碱性介质中，焓、熵和自由能都降低。盐溶液和酸溶液会降低焓和熵，但当盐的浓度高时能增加自由能。结合使用酸和盐的情况是复杂的，但盐的浓度高时能提高自由能。

Ⅰ型胶原收缩有很高的温度系数，很小的温度变化带来的影响都是很明显，见图 4-18（a）。胶原纤维束在收缩期间形态的变化过程见图 4-18（b）。

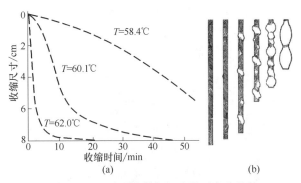

图 4-18　胶原收缩与温度及形态变化

鞣前皮胶原的湿热收缩也与导热介质相关，见图 4-19。将浸酸皮置入水、甘油及 NaCl 溶液中会出现不同湿热变性状态，见图 4-20。在盐水中，浸酸胶原被脱水稳定，收缩温度接近生皮，显示出胶原熔断型现象；在水中受到电荷作用显示局部充水膨胀导致较低温度下收缩；甘油亲胶原又有更强的亲水性，使胶原形成一定的脱水，一定的均质膨胀导致胶原稳定性略高于其在水介质的情况。

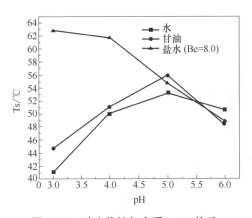

图 4-19　酸皮收缩与介质、pH 关系

图 4-20　浸酸皮纤维束的收缩

4.3.2.4　胶原变性的机制

Ropgaueb、Heideman、Usha、Wei 等都对胶原收缩变性进行了描述：

① 收缩是胶原螺旋结构转换成无规的、紧缩形式的扭结。

② 胶原显示典型的熔化行为（相变），湿热收缩是由螺旋圈的转换（松弛）引起的，也称变性。螺旋的破坏温度主要依赖于氨基酸的数量、分布和连接次序。

③ 脯氨酸和羟脯氨酸残基，以及天然胶原的量和位置对螺旋结构的稳定性有重要作用。

④ Ts 反映的是湿热稳定性。只有当组织充分水合时，用 Ts 进行耐湿热温度估价才是有效的。

⑤ 破坏氢键降低稳定。脲的浓度为 6mol/L 时，铬鞣胶原的 Ts 从 105℃下降至41℃；破坏胶原氢键结构非酸碱类小分子有机物，导致胶原的 Ts 改变。如图 4-21 所示，破坏氢键使胶原热稳定性降低而收缩。

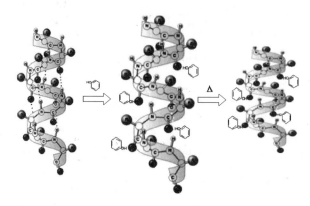

图 4-21　氢键破坏收缩

⑥ 破坏或分离肽链更易使胶原热稳定性降低。对相同含盐含水量的胶原而言，酸性（pH4 左右）比中性（pH6 左右）的 Ts 低 10℃左右。胶原在酸性条件下微结构改变出现胶解变性，是 H^+ 对胶原作用的结果。

表 4-4 表达了有机酸及一些小分子物质对胶原 Ts 的影响。

表 4-4　　　　　　　　有机酸溶液中胶原变性温度

有机物结构	Ts/℃	胶解状况	有机物结构	Ts/℃	胶解状况
HCOOH	≤0	25℃溶解	C_3H_7COOH	45	不溶解
HS—CH_2—COOH	≤0	20℃溶解	$C_6H_4(OH)_2$	15	201℃
CH_3—CH(OH)—COOH	≤15	20℃溶解	$HCONH_2$（甲酰胺）	15	212℃
CH_3COOH	20~25	不溶解	CH_3COCH_3	71	不溶解

4.4　皮胶原的改性

4.4.1　胶原的化学改性方法

胶原改性是鞣剂鞣法研究中鞣剂与胶原化学反应方式探讨的重要手段。胶原改性的方法可以根据鞣剂特征及鞣制过程需要设计。本节以铬鞣剂鞣法研究为例进行描述。

4.4.1.1　去氨基改性

多种类型的羧酸酰氯、羧酸酐、磺酰氯、磷酸酯、焦磷酸酯、氧碳氯化物，在碱性条件下都很容易与赖氨酸 ε-氨基发生酰氨化反应。在酸性介质中，酰基化试剂则与氨基酸、肽和蛋白质的醇羟基或酚羟基反应形成酯。用丁二酸酐进行酰化反应见下式：

$$\text{—NH}_2 + \begin{array}{c}\text{O}\\\|\\\text{C—CH}_2\\ \text{O}\\\text{C—CH}_2\\\|\\\text{O}\end{array} \xrightarrow{+\text{H}_2\text{O}} \text{—NH—}\overset{\text{O}}{\underset{\|}{\text{C}}}\text{—CH}_2\text{—CH}_2\text{—COOH}$$

反应结果不仅氨基被取代，同时增加羧基，ε-氨基被烷基化。

Van Slyke 采用一种简单的脱氨基法，使游离侧链氨基成为羟基，见下式。它是将蛋白暴露于乙酸和亚硝酸盐的混合物中进行的。首先形成的偶氮基是不稳定的，分解释放出氮，并产生羟基。反应程度依赖于反应时间和酸度大小。如果使用更低的pH（1~2），胍基的降解程度较大。

$$2\text{HNO}_2 \longrightarrow \text{N}_2\text{O}_3 + \text{H}_2\text{O}$$

$$\text{—NH}_2 + \text{N}_2\text{O}_3 \longrightarrow \text{—N}\equiv\text{N}^+ \xrightarrow{-\text{N}_2+\text{H}_2\text{O}} \text{—OH} + \text{H}^+$$

异氰酸酯也和氨基反应形成脲结构：

$$\text{RNCO} + \text{NH}_2\text{—(CH}_2)_n\text{—} \longrightarrow \text{RNHCONH—(CH}_2)_n\text{—}$$

不少与氨基能够反应的物质都可以在不同程度上改性胶原氨基，如活性醚、咪唑盐、环氧化合物等。用乙醛酸改性为例，见下式：

$$\begin{array}{c}\text{O}\quad\quad\text{O}\\\|\quad\quad\|\\\text{C—C}\\\text{H}\quad\quad\text{O}^-\end{array} + \text{H}_2\text{N—} \longrightarrow \begin{array}{c}\text{O}\\\|\\\text{C—CH}_2\text{—HN—}\\\text{O}^-\end{array}$$

增加羧基减少氨基的方法较多。通过胶原氨基和含活泼氢的有机羧酸的 Mannich 反应改变了氨基结构，同时增加了羧基的数量，从而可以判断配合物鞣剂鞣革时羧基和氨基的作用。例如，Feairheller 很早就采用了甲醛和丙二酸进行 Mannich 反应。

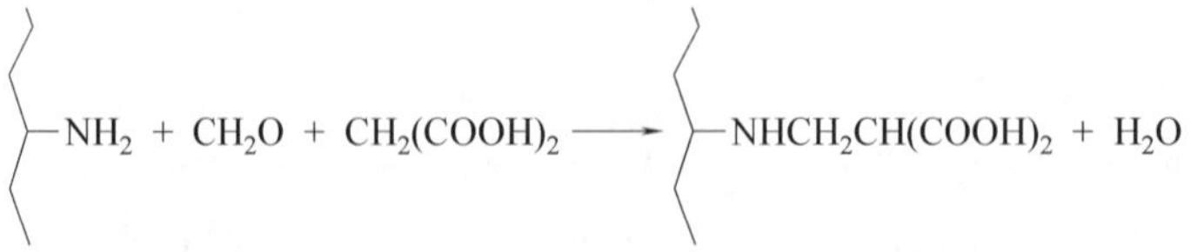

$$\text{—NH}_2 + CH_2O + CH_2(COOH)_2 \longrightarrow \text{—NHCH}_2CH(COOH)_2 + H_2O$$

能发生此类反应的有机羧酸较多，如丙酮二羧酸、丙酮酸、α-氧化戊二酸、乙酰基羧酸和甘氨酸等。这些物质也可以是修饰胶原氨基的材料。

4.4.1.2 胶原蛋白的胍基改性

采用二酰基和胍基也可以进行反应，胍基被封闭，见下式：

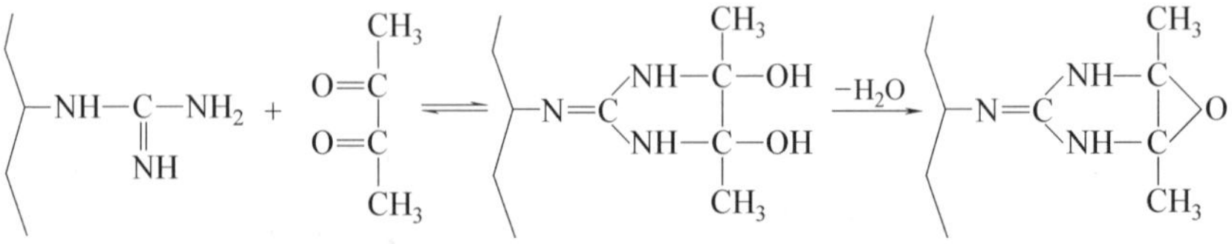

采用 NaOCl 去胍基作用，见下式：

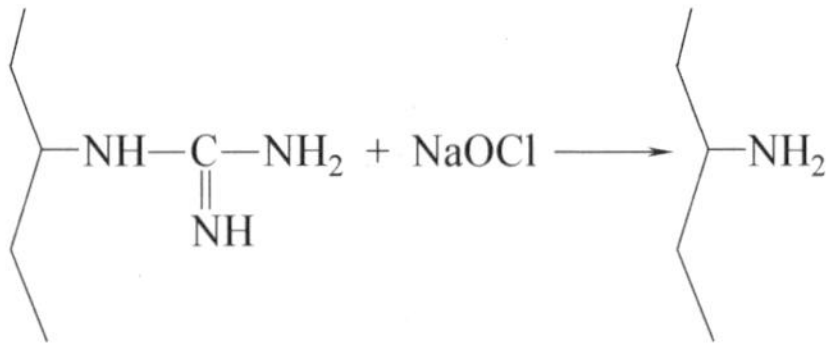

4.4.1.3 胶原的氨基改性与结构

Chang 和 Heldemann（1991）用白皮粉进行了以下试验。将皮粉悬浮在有三乙醇胺存在的水中，加盐酸溶液和乙酰化试剂（N-甲基乙酰胺）（pH=8.5），搅拌 1d，过滤，洗涤，再过滤和干燥，按 Bowes（1968）所述的 Soerensen 甲醛滴定或氨基酸分析测定氨基改性程度。反应结果见表 4-5 至表 4-7。

表 4-5　　　　　　　　　　　　　　　氨基的改性

皮粉状态	Ts/℃	游离氨基/(mmol/g)	改变率/%	pI
天然皮粉	55	0.325	—	7.88
脱氨基	59	0.025	92	5.28
酰胺化	58	0.018	94	—
苯甲酰化	63	0.048	85	5.31
去胍基化	56	0.143	66	5.10
二乙酰化	60	0.320	1	5.55
乙酰化	41	0.063	81	4.86
甲苯磺酸盐化	58	—	—	7.44

乙酰化和苯甲酰化产物不耐水解。二乙酰化只对胍基有效，对氨基无效。通过这个改性，Ts 无大的提高，等电点 pI 降至 5 左右。在表 4-7 中，各种酸酐改性皮粉后，pI 降至 4.0，改性程度几乎达到 80%。

表 4-6　　　　　　　　　　　　　　　改性皮粉的氨基酸分析

皮粉状态	w(赖氨酸)/%	w(羟基赖氨酸)/%	w(精氨酸)/%	w(丝氨酸)/%
天然皮粉	87	23	157	100
脱氨基皮粉	1	5	140	—
酰胺化皮粉	30	22	150	—
去胍基化	34	20	92	—
二乙酰化	89	23	66	—
甲苯磺酸盐化	—	—	—	61

表 4-7　　　　　　　　　　　　　　　　用酸酐改性皮粉

皮粉状态	Ts/℃	游离氨基/(mmol/g)	改变率/%	pI
天然皮粉	55	0.325	—	7.88
丁二酸酐	54	0.080	75	4.39
邻—苯二甲酸酐	42	0.050	85	3.94
苯均四酸酐	60	0.075	77	3.90
顺-丁烯二酸酐	59	0.063	81	4.25

4.4.1.4　胶原蛋白羧基的改性

皮胶原的羧基改性较为困难。涉及酸性条件下的膨胀，导致可及度下降。但是，利用胶原分子或微细纤维时，表面积大，可以提高反应效率。常见的研究方法如下：

① 用甲醇酯化（在 0.1mol/L HCl 溶液中），产率大于 50%。

② 用硫酸二甲酯甲基化，可封闭 95%的羧基。

③ 亚硫酰二氯、偶氮甲烷等也可以使羧基甲基化。

由于改性胶原使得原有的活性基团产生变化，胶原的 pI 产生偏移，研究时需要考虑环境条件，以获得有意义的研究结果。

4.4.2　胶原官能团模拟物的采用

在研究鞣剂物质和胶原的官能团化学反应机理或变性后物理化学性质时，除采用上述改变胶原官能团结构和数量的化学改性方法外，常用有确定结构的化学合成物或天然产物作为模拟，用所研究的鞣制物质处理这些已知结构材料，然后分析，如：

① 鞣剂组成结构、数量的变化。

② 被处理材料结构、结合的鞣剂的数量变化。

③ 推断所研究的鞣制物质和胶原何种官能团反应与结合特征。

常采用的这些胶原模拟物有已知结构的氨基酸、小分子多肽、聚酰胺、1，6-己内酰胺、聚乙烯醇、含羧基的阳离子交换剂、含氨基的阴离子交换树脂。

4.4.2.1　胶原的化学模型

动物皮的主要结构单元是胶原分子。对 I 型胶原结构和表面官能度的详细了解有助于认识鞣制机理，设计新的鞣剂和防水剂、着色剂等其他皮革化学品。这些蛋白变性剂都希望和胶原中某些氨基酸侧链反应。另外，试剂和胶原的反应程度将决定于活性侧链的数量及它们的可接触率。为了识别和确定蛋白变性剂的潜在反应点和反应特性，充分了解胶原的结构和性质是必要的。

Ⅰ型胶原结构目前统一的认识是棒状三股标准螺旋，约 300nm 长和 1.5nm 的直径。三股螺旋是天然右手螺旋，它由 2 条 α_1 链和 1 条 α_2 链组成。每一根多肽链绕它的螺旋轴呈左手缠绕，是由 Gly-X-Y 三肽单元组成，X 和 Y 可以是任何氨基酸残基。试验确定了 α_1 和 α_2 链的氨基酸次序，但 X 和 Y 位置上分别高频率地出现脯氨酸和羟脯氨酸。因此，经常用合成多肽 Gly-Pro-Pro 或 Gly-Pro-Hyp 来代表胶原模型。尽管这些合成多肽提供了有关多肽的结构信息，它们并未表明天然胶原中存在的氨基酸官能度，所以不适合作蛋白配位反应研究。

有关Ⅰ型胶原的结构及堆砌的信息，主要来自天然胶原和多肽的 X 射线衍射与电子显微研究。对于胶原原纤维的排列组合的本质仍然存在争论，然而，Smith 5 原纤维模型被广泛采用。在 Smith 初原纤维模型中，5 根三股螺旋环绕排列，但相邻间错位67nm（1D）。在初原纤维结构中，处在同一根轴的相邻胶原分子间，不存在直接的末端对末端的相互作用，而有 40.2nm（0.6D）的裂缝。

1991—1997 年，Chen、Brown、King 等用分子模型化技术，对 Smith 初原纤维三维空间结构进行了详细研究。这些研究使用了大家所知的试验数据，以构建和检验一个（Gly-Pro-Hyp）合成初原纤维模型及使用小牛皮Ⅰ型胶原片段构建的一个初原纤维。采用 Brookhaven Protein Data Bank（布鲁克海文蛋白质数据库），使用分子模型化构建的一个 $[(GlyPro-Hyp)_{12}]_5$ 初原纤维是有效的。

从布鲁克海文蛋白质数据库可获得构建的 $[(Gly-Pro-Hyp)_{12}]_5$ 模型，用作为构建新模型时的一个模板。Buttar 等采用 AMBER 全原子力场作为大分子模型化软件 SYBYLV6.1 的补充，处理对胶原的初原纤维模型和它们的次级单元的所有计算。AMBER 全原子力场是一个潜能函数，专门用于模拟蛋白质和核酸的结构和能量性质，使用于 SYBYLV。对 Brookhaven Protein Data Bank 构建的 $[(Gly-Pro-Hyp)_{12}]_5$ 模型进行完全的能量最优化，所得结构与 Chen J M、Brown E M、King G 等的（Gly-Pro-Hyp）模型吻合性很好。

4.4.2.2 化学模型应用

尽管制革已有几千年的历史，但对鞣制化学基础较深入的研究并不多。关键的问题是认为制革化学仅仅是制革工艺的辅助解说，更少有与产品感官的理论关联。然而，19 世纪欧洲制革化学研究，却引起了科学家对有机化学、无机化学及蛋白质化学的兴趣，促进了相关学科的大发展；继而，20 世纪生物化学、高分子化学的发展，"反哺"了制革向高效、高质量及清洁化技术与产品的进步。

鉴于天然皮胶原复杂的化学与组织结构，制革化学难以精确地、微观地确定胶原中独立分子和基团的位置及功能，只能从宏观上综合表达制革化学反应的结果。所以，求助于胶原的原子结构模型，以帮助直观地了解鞣制化学。

分子模型化属于宽领域的计算化学，是指在计算机上进行的化学研究，如计算机辅助分子设计（CAMD）、定量构效关系（QSAR）和计算机辅助化学合成等。分子模型化的更具体目的是设计一个分子的原子模型，以尽可能多地预测分子的性质。

Buttar D 等构建了浸灰后的初原纤维模型。浸灰过程可使谷氨酰胺和天冬酰胺侧链分别水解成谷氨酸和天冬氨酸侧链。因为酸性侧链基的数量对胶原和金属鞣剂的配位反应起重要作用，所以确定初原纤维模型表面的谷氨酰胺和天冬酰胺残基，以及将它们水解成相应的酸式是必要的。这个过程在初原纤维模型表面形成 12 个新的酸性侧链。

优化 Gly-Pro-Hyp 替代的初原纤维的轴长分别是 10.5nm 和 10.3nm，相应的间隔分别是 6.8nm 与 6.7nm。构建的替代初原纤维表面官能团被检验发现，有利于形成三股螺旋中二股螺旋内部的相互作用，以及检验将三股螺旋结合成初原纤维的三股螺旋间的相互作用。

通过 AMBER 全原子力场进行优化。计算优化的单链、三股螺旋和初原纤维的总能量，可以用来估价形成螺旋和初原纤维结构的稳定化能。使用该法对未浸灰的替代初原纤维进行计算，结果表明，初原纤维的总稳定化能是非常小，稳定化能在螺旋间和螺旋内的分布是明显不同，这种主要差别归于替代模型中存在强的静电相互作用，以及不同的氢键结合模式。

检验（Gly-Pro-Hyp）三股螺旋的研究结果表明，每个三肽单元有两个氢键。这些相互作用由 Gly 与 Pro 作用形成。羟脯氨酸残基不形成内部螺旋氢键，通常是指向螺旋结构外侧的羟基氢键。形成初原纤维时，羟脯氨酸羟基与初原纤维的羧基形成了氢键，产生螺旋间相互作用。甘氨酸和脯氨酸残基被包含在三股螺旋和初原纤维的稳定化中，而羟基脯氨酸残基，仅仅是包含在初原纤维结构的稳定化中。

除 Gly-Pro-Hyp 模型氢键相互作用外，替代模型的稳定化可以通过相反电荷残基间的静电相互作用产生。在初原纤维模型中发现，相反电荷的侧链通常是紧密贴近的，相类似，疏水残基趋向于集束在一起。掩蔽了初原纤维中存在螺旋内和螺旋间的静电作用，如下式所示：

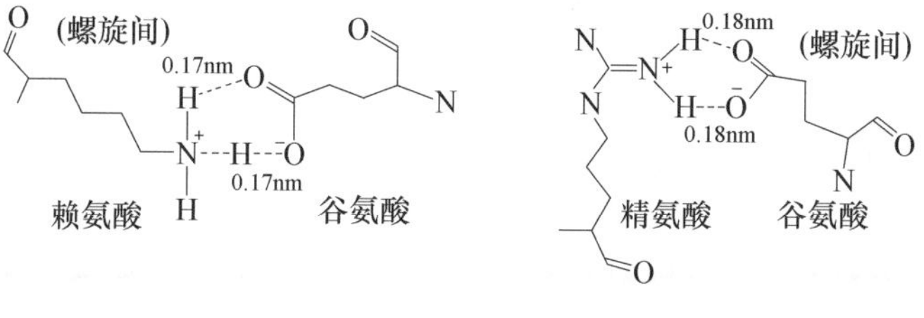

由氨基酸秩序组成的初原纤维模型表面 3 种主要官能团来自于酸性、碱性侧链的氨基酸，以及含极性羟基侧链的氨基酸残基。表 4-8 列出了在初原纤维中和初原纤维表面的不同官能团的总和。

表 4-8   胶原初原纤维模型中的表面官能团的总和

官能团	酸性基	碱性基	羟基
氨基酸残基	天冬氨酸,谷氨酸,天冬酰胺,谷酰胺	赖氨酸,精氨酸	羟脯氨酸、丝氨酸、酪氨酸
残基总数[①]	48	44	92
表面残基数	36	34	56

注：① 包括浸灰时被水解成酸式形式的 12 个表面天冬酰胺和谷酰胺。

表 4-8 表明，在浸灰初原纤维表面，酸性和碱性侧链的数量几乎相同，也存在许多含羟基的氨基酸残基，这些侧链对初原纤维的亲水性是重要的。这些基团都是被参考与鞣剂反应的基团。

第5章 渗透与结合

渗透与结合是生皮制革的关键平衡过程，在此过程中涉及的因素较多。本质上，在水溶液中的渗透与结合，也是一种物质交换的平衡过程，包括：皮与革内的物质之间渗入与溶出交换、结合与离解的交换。常见交换物质有水、无机离子、有机离子、小分子中性物质，见图5-1。该过程可以表达为：①同物同点之间；②同物异点之间；③异物异点之间（间隔或远程交换）。

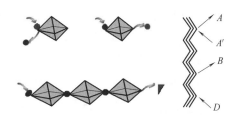

图5-1 革内一些渗入与结合的交换形式

制革中随着工序增加，影响交换的因素渐变复杂，如胶原/革纤维的结构特征、材料的物理化学性质、环境条件，都成为与交换关联的因素。

5.1 胶原/革纤维的渗透模型

5.1.1 渗透相关构造

胶原是构成生皮的两性蛋白，假设鞣前的皮胶原是被纯化的一种纤维组织、一种多孔的立体网状模块（Matrix），见图5-2。在鞣前的准备过程中，经过脱脂、脱毛、膨胀、软化、浸酸处理后，才有可能将鞣剂、助剂、油脂、染料等加入反应。因此，鞣前皮胶原的多孔是必然要求。胶原 Matrix 的三维模型特征在于（Bienkiewicz，1983；Silverston，1986）：

① Matrix 的区域编织是立体网状的无规编织物，与纤维所处的位置无关。

② Matrix 有高孔隙率（50%~90%），是孔孔相互连接的。

③ 大孔径结构是由纤维束不平行和交叉构成，与厚度无关。由此形成的毛细管有直的、

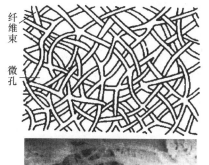

图5-2 皮胶原的构型

纤维束

微孔

斜的，角度是任意的。

5.1.1.1 胶原/革纤维的孔径

胶原作为两性蛋白纤维的多孔模块结构，是一种充满结合及自由水的管网。柔软、延弹且又无规编织的胶原纤维难以确定 Matrix 组织的规律，在多因素条件的假设下完成的研究对于实际应用作为参考。关于胶原/革纤维的孔径已有多种研究及表达：

① 从胶原的 1/4 排列后集合成微原纤维、原纤维，原纤维之间存在 $0.1 \sim 5.0 \mu m$ 的微孔结构空间（Schmit 和 Gross，1948；Zettlemoyer，1946；Bear，1952；Elden，1971；Sanjeevi，1976）。

② 通过液体置换测试，表达了纤维内部空间直径在 $0.2 \sim 6.0 \mu m$（1954；Zakhaernko 和 Pavlin，1973）。

③ PandurangaRS（1994）根据胶原的模型，假设胶原孔的交叉角度是任意的，孔径是可变的，如"⋈"，按照公式（5-1）：

$$D_e = \frac{\varepsilon_m \delta}{\tau} D_t \qquad (5-1)$$

式中　D_e——有效扩散系数，m/s；

　　　D_t——实际扩散系数，m/s；

　　　ε_m——微结构中水的体积分数；

　　　τ——弯曲系数；

　　　δ——出口半径（r_{max}）和入口半径（r_{min}）比例。

通过液体置换测试得到各种湿态铬鞣山羊鞋面革、黄牛鞋面革（33%碱度的铬粉，用量为碱皮质量的 4%进行鞣制）微纤维之间孔半径 $r = 0.2 \sim 0.6 \mu m$，平均半径 $r = 0.3 \mu m$；其中，约 50%微纤维之间孔平均半径为 $0.2 \mu m < d < 0.3 \mu m$；约 40%为 $0.3 \mu m \leqslant d < 0.4 \mu m$。

5.1.1.2 胶原/革纤维内渗透与扩散通道

尽管结构无规，但仍可以假设胶原/革的纤维编织是统计均质的，材料及其在溶液中也是统计均质的，因此，无论材料从粒面还是从肉面渗透，应具有相同的动力与速度。材料进入胶原/革纤维网络内的途径与渗透扩散模式见图 5-3（a），根据"全透"的结果进行理论的分布表达见图 5-3（b）。

5.1.2 胶原/革纤维内的渗透与扩散模型

研究胶原模块中扩散的报道不少，如 Stromber 和 Swerdlow（1954），Zakhachenko（1972），Grigera and Acosta（1974），Zakhaernko 和 Pavlin（1973），Panduranga（1994）均对皮胶原/坯革内扩散的孔径尺寸分布进行了研究和报道。Brien（1970）和 Atto（1968）等提出了在胶原/革模块中的有效扩散数据，他们认为：材料在水溶液中

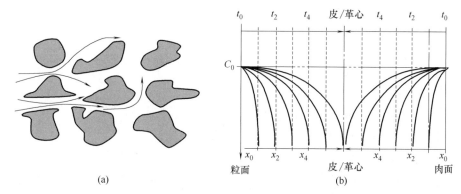

图 5-3 材料在胶原/革的多孔曲折路径内扩散

扩散速度为在皮胶原/坯革内的 1/20，无论哪种孔模型描述理论上都有合理性，扩散系数是有效的。事实上，这类模型的设计是有偏差的，因为皮胶原/坯革是有机非刚性编织物（膨胀形变），具有黏弹性（滞后性、压缩变形性、回弹性）。

5.1.2.1 Fick 渗透/扩散模型

材料扩散进入皮胶原/坯革内是生皮结合的起始。扩散是由混合物中的化学势不平衡状态引起的。设温度和压力梯度可以忽略不计对物质 i 的浓度差 Δc 的影响。在坐标轴 x 方向应用 Fick 第一定律，见式（5-2）：

$$J_i = \frac{\alpha}{\tau} D_i \left(\frac{dc_i}{dx} \right)$$

$$J = D_{iff} \times \left(\frac{dc_i}{dx} \right) \tag{5-2}$$

式中 J 表示维方向单位面积皮胶原/坯革通过物质的量；a 表示孔率；τ 表示曲折率（长度与直线距离比）；D_i 表示皮革内的扩散系数；c_i 表示 i 层中物质的浓度。

将铬鞣革的固定参数代入，根据深度与浓度关系及总 J 变化，可以获得革在特定状态下的 D_{iff}。

当使用连续性方程时，可以运用 Fick 第二定律。第二定律描述了浓度在空间和时间上的差异，并将二者连结起来，得到：

$$\frac{dc_i}{dt} = \left[dD_{iff} \times \left(\frac{dc_i}{dx} \right) \right] / dx \tag{5-3}$$

式（5-3）表明：

① 材料从皮胶原/坯革面向皮胶原/坯革内的转移，可以用浓度对时间的函数 dc_i/dt 来表示，同时要考虑由材料与皮胶原/坯革的结合而引起的浓度的持续性下降。

② 扩散系数 D_{iff} 主要取决于温度和物质的组成，而压力不会有太大的影响。

③ D_{iff} 在利用 Fick 第二定律进行计算的时候非常有用，它主要取决于混合物质的组成，可以用 Stokes-Einstein 公式计算得到。

④ Stokes-Einstein 公式是由 Svedberg 公式和沉降公式推导而来的。Haase（1973）描述的扩散系数 D_{iff} 为式（5-4）：

$$D_{iff} = \frac{kT}{6\pi\eta r} \tag{5-4}$$

其中，k 表示玻尔兹曼常量。

对于球形构造的大分子物质，其扩散系数可以近似地用式（5-4）进行计算。颗粒半径 r 和黏度 η 越小，扩散系数越大。扩散系数与温度成正比。

5.1.2.2 离子电导（率）与扩散（系数）的关系

水溶液中进行的制革化学过程离不开离子的行为。离子周围的场强可以来自流质本身的状态及皮胶原/坯革的纤维表面的特征，这些特征直接与离子的渗透与扩散相关。

（1）电场作用下的离子扩散

离子电导就是在电场作用下的离子扩散。与扩散系数相关的电流密度（J），见式（5-5）：

$$J_1 = -Dq\frac{\partial n}{\partial x} \tag{5-5}$$

当有电场存在时，所产生的电流密度，见式（5-6）：

$$J_2 = \sigma E = -\sigma\frac{\partial V}{\partial x} \tag{5-6}$$

式中，V 表示电势。总电流密度 $J_总$，见式（5-7）：

$$J_总 = -Dq\frac{\partial n}{\partial x} - \sigma\frac{\partial V}{\partial x} \tag{5-7}$$

根据玻尔兹曼分布规律得到式（5-8）：

$$n = n_0\exp\left(-\frac{qV}{kT}\right) \tag{5-8}$$

式中，n_0 为常数。浓度梯度，见式（5-9）：

$$\frac{\partial n}{\partial x} = -\frac{qn}{kT}\frac{\partial V}{\partial x} \tag{5-9}$$

设处于平衡状态下 $J_总 = 0$，由式（5-6）、式（5-8）得到式（5-10）：

$$J_总 = 0 = -\frac{nDq^2}{kT}\frac{\partial V}{\partial x} - \sigma\frac{\partial V}{\partial x} \tag{5-10}$$

进而得到 σ，见式（5-11）：

$$\sigma = D\frac{nq^2}{kT} \tag{5-11}$$

该式建立了离子电导与扩散系数的重要联系，根据扩散系数 D 与离子迁移率 μ 的关系，有式（5-12）：

$$\mu = D\frac{q}{kT} \quad D = \frac{\mu}{q}kT = BkT \tag{5-12}$$

式中，B 表示离子绝对迁移率。

（2）离子的迁移率

根据统计热力学，某一间隙离子热振荡次数为式（5-13）：

$$\Gamma = \frac{1}{6} \nu \exp\left(-\frac{V}{kT}\right) \tag{5-13}$$

加入电场后，由于电场力作用使离子的势垒不再对称，增加的势能 ΔV 为

$$\Delta V = \frac{1}{2} qE\lambda$$

顺电场及逆电场方向的间隙离子在单位时间内跃迁的次数分别为式（5-14）：

$$\Gamma_{顺} = \frac{\nu}{6} \exp\left(-\frac{V-\Delta V}{kT}\right)$$

$$\Gamma_{逆} = \frac{\nu}{6} \exp\left(-\frac{V+\Delta V}{kT}\right) \tag{5-14}$$

单位时间内每一间隙离子沿电场方向的剩余跃迁次数为式（5-15）：

$$\Delta\Gamma = \frac{\nu}{6} \left[\exp\left(-\frac{V-\Delta V}{kT}\right) - \exp\left(-\frac{V+\Delta V}{kT}\right) \right]$$

$$= \frac{\nu}{6} \exp\left(-\frac{V}{kT}\right) \left[\exp\left(\frac{\Delta V}{kT}\right) - \exp\left(-\frac{\Delta V}{kT}\right) \right] \tag{5-15}$$

设每跃迁一次的距离为 λ，所以载流子沿电场方向的迁移速度 U 可视为式（5-16）：

$$\Delta U = \Delta\Gamma\lambda = \frac{\lambda\nu}{6} \exp\left(-\frac{V}{kT}\right) \left[\exp\left(\frac{\Delta V}{kT}\right) - \exp\left(-\frac{\Delta V}{kT}\right) \right] \tag{5-16}$$

当电场强度不大时，有 $\Delta V \ll kT$，则有式（5-17）：

$$\exp\left(\frac{\Delta V}{kT}\right) = 1 + \frac{\frac{\Delta V}{kT}}{1!} + \frac{\left(\frac{\Delta V}{kT}\right)^2}{2!} + \frac{\left(\frac{\Delta V}{kT}\right)^3}{3!} + \cdots \approx 1 + \frac{\Delta V}{kT}$$

$$\exp\left(-\frac{\Delta V}{kT}\right) = 1 - \frac{\Delta V}{kT} \tag{5-17}$$

又因为：

$$\Delta V = \frac{1}{2} qE\lambda$$

所以有扩散速度，见式（5-18）：

$$U = \frac{\nu\lambda}{6} \times \frac{q\lambda}{kT} \exp\left(-\frac{V}{kT}\right) \times E$$

$$U = \Delta\Gamma \cdot \lambda = \frac{\nu\lambda}{6} \exp\left(-\frac{V}{kT}\right) \left[\exp\left(\frac{\Delta V}{kT}\right) - \exp\left(-\frac{\Delta V}{kT}\right) \right] \tag{5-18}$$

由于载流子沿电场方向的迁移率 $[cm^2/(s \cdot V)]$ 为式（5-19）：

$$M = \frac{U}{E} = \frac{\nu q\lambda^2}{6kT} \exp\left(-\frac{V}{kT}\right) \tag{5-19}$$

扩散系数有式：

$$M = D\frac{q}{kT}$$

$$D = \frac{1}{6} \Gamma \cdot \lambda^2 = \frac{\nu \lambda^2}{6} \exp\left(-\frac{V}{kT}\right) = \frac{kT}{(10^9 \sim 10^{12})q} \tag{5-20}$$

5.1.2.3　流动电位与扩散（系数）

皮胶原/坯革作为多孔介质，其孔隙是由微小毛细管组成的。形成流动电位的流质就存在于这些毛细管之中。作为大分子两性电解质的皮胶原/坯革纤维表面均匀地分布着一层极性电荷，另一极性电荷则分布在液相之中，根据 pH，表面与液层电荷可以不同。当 pH 低于 pI 时，其表面为正电荷，液相中则为负电荷。流体运动时，这些电荷就随其一起运动从而形成了电流。

（1）毛管内流体的电荷体密度

设毛细管为非贯通性的，毛细管内的负电荷分布是均匀的；又设毛细管半径为 r，长度为 l，管壁上正电荷的面电荷密度为 σ，其上的总电荷量则为 $2\pi rl\sigma$。当流体不动时，正、负电荷量应是相等的。这些电荷分布在相应的体积 $\pi r^2 l$ 之中，由于其分布的均匀性，显然其体密度 ρ_v 为式（5-21）：

$$\rho_v = \frac{2\pi rl\sigma}{\pi r^2 l} = \frac{2}{r}\sigma \tag{5-21}$$

（2）毛细管内的电流强度

当流体在压差 Δp 作用下沿毛细管运动时，单位时间内通过的电荷数量就是电流强度。其大小与流体的流量有关。由于毛细管半径小，内部流体运动慢，因而其雷诺系数远小于临界值，流体运动为层流。按 Hagen（1893）与 Poisenille（1840）公式，单位时间通过毛细管的流量 Q 为式（5-22）：

$$Q = \frac{\pi \Delta p}{8\eta l} r^4 \tag{5-22}$$

由于毛细管的电荷和流体是一起运动的，显然，单位时间通过毛细管截面的电荷数，电流强度 I 为式（5-21）和式（5-22）的乘积，见式（5-23）：

$$I = \frac{\pi \Delta p r^4}{8\eta l} \times \frac{2}{r}\sigma = \frac{\pi \Delta p}{4\eta l}\sigma r^3 \tag{5-23}$$

（3）毛细管内的流体电阻和流动电位

设多孔流体的电阻率为 $\bar{\rho}$，毛细管内流体的平均电阻率（$\Omega \cdot m$）则为式（5-24）：

$$\bar{\rho} = \frac{8\eta R_\omega^2 M^2}{r^2} \tag{5-24}$$

式中，M 表示离子迁移率，是与流质和温度相关的一个系数。按电学公式，毛细管内的流体电阻为式（5-25）：

$$R_z = \frac{8\eta \bar{\rho}^2 M^2}{r^2} \times \frac{l}{\pi r^2} = \frac{8\eta l \bar{\rho}^2 M^2}{\pi r^4} \tag{5-25}$$

设用 V_p 表示毛细管两端流体中电荷积累形成的流动电位，逆向电流则为 VR_z。当正向电流和逆向电流平衡时便建立起交换平衡时的流动电位。依此由式（5-23）和式

（5-25）可得式（5-26）：

$$V=\frac{\pi\Delta P}{4\eta l}\sigma r^3 \times \frac{8\eta\overline{\rho}^2 M^2}{\pi r^4}=2\Delta p\sigma M^2\overline{\rho}^{-2}/r \qquad (5\text{-}26)$$

如此类推，皮胶原/坯革纤维中毛细管的流动电位与压力、电荷密度、离子的迁移率、电阻率成正比，与毛细管半径成反比。

5.1.3　胶原/革纤维的形态

除了 5.1.2 所述的渗透与扩散模型外，制革化工材料在胶原/革纤维内渗透/扩散与多因素相关。鉴于被加工物的精细度的不可控性，加工过程中难以准确量化处理，制革过程的在线控制被视为及时解决问题的关键，以防出现质量缺陷或误差的积累。尽管现代工业化程序控制技术已有很大进步，应用在工序完成及流程的控制仍然少见。但是，分析湿态下材料在皮胶原/坯革内渗透与扩散的因素对提高可控性加工精度具有促进意义。以下通过 4 个方面对渗透与扩散因素进行化学物理补充。

5.1.3.1　胶原/革纤维毛细构造

在扩散和离子迁移过程中，毛孔和毛囊中的毛细管作用力起重要作用。材料分子通过扩散达到皮的表面，然后有两个过程同时发生：

① 部分被吸附在皮胶原/坯革的表面；

② 部分被吸收进入皮胶原/坯革的内部，并被吸附和固定。

根据 Laplace 公式，$\Delta p=2\gamma/R=\rho gh$（见第 1 章），除电场作用外，材料分子被吸收与渗透是由毛孔和毛囊中的毛细管作用力引起的，毛细管越小吸附力就越大；同样，材料的表面张力越低，容易被吸收。由此可见，同样的孔径条件下，表面张力 γ 成为重要的渗透/扩散动力。

实际过程中，相同温度、体积下胶原/革纤维束之间间距（松软）与孔隙率对比，可以确定材料的可渗性结果。原则上说明，孔隙大小具有决定性。随着工序后移，纤维孔径出现外小内大成为规律，$\theta_A-\varphi>0$ 有利于渗透（锥形毛细），说明前期使用 γ 较大的材料，或者说后期采用 γ 较小的材料更为可行。

5.1.3.2　胶原/革纤维内游离物

（1）小分子电解质影响

根据第 4 章描述的皮胶原的物理化学特征，实际中，湿态下皮/革表面或胶原/革纤维之间存在大量的游离小分子无机、有机盐时，导致局部离子强度高，外界的胶体化合物或弱电解质接近皮/革表面或进入胶原/革纤维之间后，易被盐析而失去进一步扩散。当水洗不足时，表现更为明显，因为游离水的减少也使进入的材料活度降低，渗透与扩散被阻止。

（2）毛细管结合水的影响

水溶性材料的水合能力影响后续材料的进入。材料的水合能力是材料在水溶液中稳定性的重要指标。但是，当先入的亲水材料稳定的水合水填充了纤维的空间，不仅降低游离水的数量也给后续材料的替换带来困难。大量的游离材料滞留在纤维间阻止了后续材料的吸收，导致饱满的假象。

5.1.4　渗透材料的化学物理特征

5.1.4.1　渗透材料的尺寸

完成渗透还需要考虑的是渗透物的尺寸。由于溶液中物质的形态与当时的环境有关，难以确定尺寸变化，因此，无论是计算还是试验测定的数据，也只能用于参考。在不考虑聚集态时，制革常见物质的参考尺寸，见表 5-1。

表 5-1　　　　　　　　　部分材料扩散尺寸

单元操作	主要游离物质	尺寸/nm
准备工段	Na^+	1.0 左右
	Cl^-	2.0 左右
	Ca^{2+}	1.0 左右
	S^{2-}	2.0 左右
	NH^+	2.0 左右
铬鞣	铬鞣剂二聚体	8.0 左右
有机鞣	栲胶鞣剂分子	10.0~5000.0
	合成鞣剂分子	20.0~40.0
加脂	植物油分子	1.0~30.0
	合成加脂剂分子	0.1~1.0
染色	单偶氮染料分子	100.0
	双偶氮染料分子	200.0
	三偶氮染料分子	300.0

5.1.4.2　渗透材料的用量

2019 年新西兰 PrabakarS 研究小组利用同步加速器的小角度 X 射线散射（SAXS）及 DSC，对间隙/重叠区域（D 周期）研究了分子水平铬盐与胶原蛋白的相互作用。证明按照常规铬鞣方法计量，少量的铬（<1.8%硫酸铬）能渗入胶原微观结构，与端肽基活性位形成共价键，导致轴向错位间隙的扩大，表明了 D 周期的最大化；在铬浓度稍高时（1.8%<硫酸铬<3.7%），铬与端肽基和螺旋区的活性位点形成了共价键，能使胶原蛋白分子内的稳定性达到最大值；而加入 6%~8%硫酸铬则多数以沉积方式滞留在分子及纤维间。这种弱结合平衡导致铬鞣剂的吸收低于 70%。然而，在实际鞣制过程中，理论上达到最佳渗透与结合的偏差还取决于材料、底物特征与环境条件。

5.1.4.3　渗透材料特征

（1）渗透材料的流变性

对被吸收的材料而言，如果皮胶原/坯革的参数可变，则可以从另一角度进行分析。皮胶原/坯革在转鼓内运动产生真空后，对材料的吸收迅速增加。假设在极短的时间内，皮胶原/坯革的纤维没有膨胀，电荷的作用较小，可以用图 5-4 描述压力对材料的吸收。图中采用水、丙三醇（$\rho = 1.26\text{g/cm}^3$）和酚醛树脂（$\rho = 1.126\text{g/cm}^3$）在真空条件下将人工叠层碳纤维布进行对比吸收，作为非平衡状态下皮与革真空吸收的模拟。根据两种可变情况分析渗透/扩散影响因素有：

① 在延弹性范围内，压力较大时水分子小流动性好，真空度高材料吸收较快。

② 压力较小时受液体流动性影响大，材料吸收慢。酚醛树脂液密度虽小但黏度大，吸收慢。压力较大时，黏度影响小，吸附占主要，如酚醛树脂吸收较快。

（2）渗透材料形变性

当渗透物在温度、pH、溶剂化作用及机械压力下出现形变，可以减小进入通道的尺寸。亲水线性树脂溶于水中受介电常数影响通常以无规线团形式存在。只有当溶液温度上升、pH 变化时，可以因电荷排斥舒展成线性，而提高渗透能力。由于植物单宁的刚性，

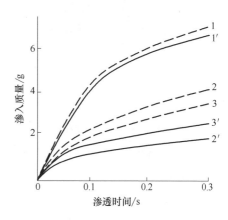

5MPa—1′（水），2′（酚醛树脂），3′（丙三醇）；
10MPa—1（水），2（酚醛树脂），3（丙三醇）。

图 5-4　不同压力下材料吸收情况

当其相对分子质量超过 3000 后失去渗透能力不能作为鞣剂，而丙烯酸树脂相对分子质量超过 50000 仍能进行复鞣填充。

乳液是一种分子聚集胶体，微米级乳液在坯革内难以渗透。尤其是当完成填充后的坯革几乎失去了理想空间的机会。但是，在机械力作用下，乳液粒子的形变显得特别重要。制革的加脂就是如此，仅仅靠机械分散不足以完成纳米级的剪切效果。因此，乳液的可形变性是一个值得研究的课题。

5.1.4.4　渗透与扩散环境条件

（1）机械作用

对皮胶原/坯革进行分析，假设皮胶原/坯革的参数，如电荷密度、离子的迁移率不变，则流动电压式（5-26）可以简化：

$$V = k\frac{\Delta p}{r} \tag{5-27}$$

式（5-27）中 Δp 与机械作用力相关，r 作为皮胶原/坯革的纤维孔径，与延弹性相关。因此，在延弹性确定时，调整机械作用力成为唯一的关键因素。

皮胶原/坯革的湿态加工过程中，在转鼓运动下，受到曲饶、挤压与拉伸作用，外压与内部瞬时真空成为材料渗透/扩散的主要动力，见图 5-5。根据渗透速率公式可以得到：

$$J = \frac{Q}{A \times \Delta p} \tag{5-28}$$

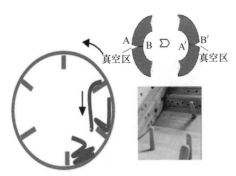

图 5-5　皮/革在转鼓内受力及形变

式中　J——渗透速率，$m/(s \cdot kPa)$；

　　　Q——渗透通量，m^3/s；

　　　A——膜面积，m^2；

　　　Δp——内外压差，kPa。

　　因此，当设备参数无法调整的情况下，如何进一步看待 Δp 问题还需要分析。如转鼓的尺寸、装载量、液体量、转鼓结构、转速都与压力有关，也与吸收速度相关。在工艺设计上需要综合考虑。

（2）温度作用

温度对胶原/革纤维及材料均产生重要影响。一方面，胶原纤维束是具有高级结构的大分子含水电解质，研究表明，在皮革制造过程中，胶原均处于软化温度范围（陈静涛，2006）。当温度升高时，除了胶原分子链段运动增加，结合水及毛细管水的润滑性能提升，胶原/革纤维的柔软性增加，胶原黏性增加，抗机械作用能力下降（Can，2013），纤维表面的可及性及化学活性增加，给材料的进入创造了机会。另一方面，根据 Stokes-Einstein 公式，扩散系数 $D_{iff} = kT/6\pi\eta r$，温度 T 升高与渗透/扩散直接相关，其中也包含材料黏度下降。图 5-6 描述了丙烯酸树脂溶液被革的吸收在非平衡状态下的特征曲线。由图可见，随着体系温度上升，$20 \sim 30^\circ C$，胶原纤维软化开始，无规增加，吸收迅速增加；在 $45 \sim 50^\circ C$ 时，溶液黏度下降，热动力增大，吸收继续增加；随着吸收时间的增加吸收也有所增加。

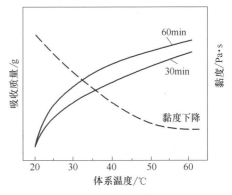

图 5-6　温度、黏度与吸收关系

（3）离子的迁移速度

离子的迁移是由不同离子电荷引起的，带正电荷的分子向带负电荷胶原/革纤维表面和内部移动，负离子部分受电场作用被牵引入内。因此，离子的迁移速度取决于它们的运动性。解除离子缔合体，增加离子的运动性可以提高溶液的电导率（Atkins 和 De-Paula）。在电场中离子受到电荷 ze 和电场强度 E 引起的力 F 的影响，得式（5-29）：

$$F = zeE \tag{5-29}$$

式中，F 可以加快带电荷分子朝反电极的移动。液体中的摩擦力 F' 反作用于 F 可以用 Stokes 公式进行计算，根据 $F' = f \times S$，其中 $f = 6\pi\eta r$，当离子的速度达到恒定，可以用式（5-30）表示：

$$S = \frac{zeE}{f} \tag{5-30}$$

式中，f 为摩擦因数。可见，亲水离子材料的初始解缔合（溶解分散）可以使迁移速度提高加速渗透与扩散，缩短吸收平衡时间。

（4）黏度与密度

Kumagai 和 Yokoyama 分析了高压 CO_2 对水溶液黏度的影响。随着温度的升高，水溶液的黏度降低；温度保持不变的情况下增大压力，溶液的黏度会增加。而溶液黏度的增加，导致分子的运动性降低。

稀释的液体可以使用 Wilke 和 Change 的式（5-30），在常压下：

$$D = \frac{AT \times \sqrt{M_n^{-1}}}{\eta_m \times \sqrt[3]{V_{sp}}} \tag{5-31}$$

式中，η_m 表示溶液的动态黏度；V_{sp} 表示比容；M_n 表示摩尔质量；A 表示常数。

根据式（5-31）可以清楚地看出，黏度增大会导致比容的降低，然后扩散系数会降低（Dahmen 和 Hebach）。根据式（5-4）中扩散系数 $D_{iff} = kT/6n\eta r$ 也表明了，黏度增大扩散系数会降低。制革中材料受到的压力来自机械作用，如装载量、液体量、搅拌速度，提高机械作用一方面可以提高吸收力，另一方面也能够导致压力增加（多数情况下影响较小）阻止渗透扩散。实践中根据材料特征进行平衡。增加转鼓直径、相对减少液体、提高压力，对渗透与扩散是不利的。

5.2　吸附与结合

在完成生皮胶原的"纯化"后，不仅获得了必要的纤维间通道供化工材料进入的机会；也获得了必要的纤维表面活化——供胶原纤维进行化学改造。材料的渗入与扩散是制革化学过程的开端，结合与固定是制革化学变化的结束。

化学助剂进入皮胶原/坯革后，可以通过吸附、沉积及结合向着制革最终目标进行。无论材料采取什么形式固定在纤维表面，都能够用键与距离进行表述。就键合而言，共价键、配位键、氢键、离子键（库仑力）、范德华力、沉积，都是制革化学讨论的内容。

5.2.1　化学亲和力描述途径

19 世纪初，法国化学家 Berthollet 在《亲和力定律的研究》等著作中指出化学反应不仅决定于化学亲和力的大小，而且决定于反应物的质量、反应温度等条件，同时提出了化学平衡的初步思想。瑞典化学家 Berzelius 提出化学相互作用可归因为静电相互作用，原子之间化合以后，电性不能完全抵消，可以再次化合。

19 世纪中叶，俄国化学家 Butlerov 具体说明了分子的"化学结构"概念，认为化学结构就是原子借亲和力形成的相互作用的体系。将原子之间的化学结合称作化学键。

Gibbs 利用自由能的变化判断化学反应能否进行以及方向和限度，提出化学位的概念，解决了化学反应的量度方法问题。

19 世纪后期，Boyle 等通过对物质组成和结构的研究，建立了化学原子论和化学结构学说，提出了原子价、化学键等新的概念。Boyle 等认为化学亲和力是形成物质和引起物质变化的原因，将化学亲和力主要看作为引起物质变化的推动力。化学亲和力主要表现为保持物质相对稳定的状态，其突出了物质间互相吸引的特性。Boyle 等对化学运动的研究又从结构特性转向了反应特性，如化学过程和化学过程中的能量转化。

1916 年，Kossel 依据原子的电子层模型提出不同元素的两个原子相互作用可以失去或获得电子，形成带电的正、负离子，正、负离子之间的静电作用形成离子键，可以解释离子型化合物的形成。Lewis 用共有电子对的概念说明了共价键的物理意义。共有电子对的概念应用于络合物以解释配价键的形成，得到了广泛应用。但是 Lewis 没有说明电子对如何形成化学键。

1925 年，量子力学诞生后，便开始用于讨论分子结构和化学键的本质。1927 年，丹麦物理学家 Burrau 解出了 H_2^+ 的 Schrodinger 方程。美国物理学家 Condon 又讨论了 H_2 中 H：配对电子成键的结构。德国物理学家 Heitler 和 London 用价键量子力学方法讨论了 H_2 结构，把 H_2 描绘为两个结构：

①正自旋的第一个电子在第一个质子上，基本上占据这个质子周围的 $1s$ 轨道，而反自旋的另一个电子则在第二个质子的 $1s$ 轨道上。

②涉及两个电子的交换。这两个结构结合起来就描绘了分子的通常状态，化学键的能量可认为是两电子在两原子间交换的共振能。

1931 年，Pauling 发现了成键轨道的杂化，碳原子的 $2s$ 轨道与 3 个 $2p$ 轨道杂化，可以形成指向正四面体的四角杂化轨道。通过量子力学计算获得了碳原子所能形成的最佳键轨道互为 $109.47°$，为量子力学提供了理论证明。

20 世纪末期，利用量子力学将分子轨道对称守恒理论（Woodward，Hoffmann，1965）引入化学反应与物质结构并被学术认可，由此提出了化学亲和力：既表现为形成和保持物质的原因，又表现为引起化学变化的原因。从此，化学亲和力进入了现代的理论解释。迄今为止，鉴于研究的方便，对于不同场合，3 种对化学亲和力的解释仍都被使用，见图 5-7。

图 5-7　化学亲和力的 3 种理论解释

5.2.2　共价结合形成

5.2.2.1　共价键合特征

共价键是化学键的一种，无论是 σ 键、π 键还是 δ 键，两个或多个原子共同使用它们的外层电子在理想情况下达到饱和的状态，组成比较稳定和坚固的化学结构键，键长为 100~200pm。根据电子的受体与供体，共价键又分为一般共价键与配位共价键。配位共价键与一般共价键的区别只体现在成键过程上，它们的键参数是相同的，最长的成键距离也需要在成键范围内。

　与离子键不同的是进入共价键的原子对外不显示电荷，因为两个结合体没有在外获得或损失电子。共价键分非极性共价键及极性共价键。一般定义而言，共价键的键能比离子键、氢键要高。共价键的形成过程中，每个原子所能提供的未成对电子数是一定的，因此，每个原子能形成的共价键总数是一定的，具有饱和性。除 s 轨道外，其他电子云具有轨道分布方向，共价键在形成时的轨道重叠也有固定的方向，共价键有它的方向性，共价键的方向决定着分子的构形。

　一切化学过程都归结为化学的吸引和排斥的过程。"A、B"二原子化合成键，正是在外界条件（能量施与）作用下，由发生强烈的化学吸引和排斥作用产生。这个成键过程可以设想为三步：当 A、B 两个分离原子（已活化）的核间距离由无穷远接近到有效作用距离时，成键电子云（自旋反平行）受到双原子的吸引，当这种吸引胜过了排斥，直至等于 A、B 价键半径之和时，就完成了电子云最大程度的重叠和收缩。重叠区域的成键电子云可称为有效键电荷，这种键电荷的形成将导致体系能量的降低和核间距离的缩短，见图 5-8。

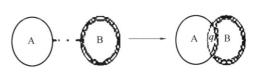

图 5-8　两核成键获得键电荷

5.2.2.2　键电荷及成键移动距离

　设 Hellmann-Feynman 定理适用于分子中每一个键。键 A-B 的 Hamilton 算符可表示为：

$$H_{AB} = -\frac{1}{2}(\nabla_1^2 + \nabla_2^2) - \frac{Z_A^*}{r_{A1}} - \frac{Z_A^*}{r_{A2}} - \frac{Z_B^*}{r_{B1}} - \frac{Z_B^*}{r_{B2}} + \frac{1}{r_{12}} + \frac{Z_A^* Z_B^*}{R_{AB}} \tag{5-32}$$

式中，Z^* 表示相应原子的有效核电荷；R_{AB} 表示核间距。应用 Hellmann-Feynman 定理于 A、B 二核并只考虑键轴 x 方向，可得到：

$$(F_A)_x = -\left\langle \Psi \left| \frac{\partial}{\partial X_A} H_{AB} \right| \Psi \right\rangle = 0 \tag{5-33-1}$$

$$(F_B)_x = -\left\langle \Psi \left| \frac{\partial}{\partial X_B} H_{AB} \right| \Psi \right\rangle = 0 \tag{5-33-2}$$

式中，F 表示作用于相应核的静电力，可解得：

$$-\overline{\left(\frac{2Z^*}{r_A^2} \cos\theta\right)} = -\frac{qZ_A^*}{(R_A + r_m)^2} \tag{5-34-1}$$

$$-\overline{\left(\frac{2Z^*}{r_B^2} \cos\theta\right)} = -\frac{qZ_B^*}{(R_B - r_m)^2} \tag{5-34-2}$$

式中，$\cos\theta$ 表示 r_A（或 r_B）在 x 轴方向的余弦，横线表示平均值；前一项表示原子与成键电子云之间的静电吸引力；后一项表示 A、B 之间的静电斥力。

式（5-34-1）和式（5-34-2）中前一项可近似表为：

$$-\frac{qZ_A^*}{(R_A+r_m)^2}+\frac{Z_A^*Z_B^*}{R_{AB}^2}=0 \tag{5-35-1}$$

$$-\frac{qZ_B^*}{(R_B-r_m)^2}+\frac{Z_A^*Z_B^*}{R_{AB}^2}=0 \tag{5-35-2}$$

式中，R_A、R_B 分别表示原 A、B 的共价半径，q 表示有效键电荷，r_m 表示成键过程中自键电荷接触迁移至成键的距离。据此假定，式（5-35-1）和式（5-35-2）可转化为：

$$q_1=\frac{Z_A^*Z_B^*}{(\sqrt{Z_A^*}+\sqrt{Z_B^*})^2}\left(\frac{R_A+R_B}{R_{AB}}\right)^2 \tag{5-36-1}$$

$$r_m=\frac{R_B\sqrt{Z_A^*}-R_A\sqrt{Z_B^*}}{\sqrt{Z_A^*}+\sqrt{Z_B^*}} \tag{5-36-2}$$

移动距离与两核的电荷量及成键半径相关。对于共价性占优势的键，可认为键长收缩因子 $(R_A+R_B)/R_{AB}=1$，则式（5-36）转化为

$$q_2=\frac{Z_A^*Z_B^*}{(\sqrt{Z_A^*}+\sqrt{Z_B^*})^2} \tag{5-37}$$

式中，q_2 表示有效键电荷，Z^* 表示有效核电荷，R 是原子共价半径，R_{AB} 表示键长。若 $q_1=q_2$，按式（5-37）可以计算键的有效键电荷。

$$q_1=q_2=\frac{Z_A^*}{4} \tag{5-38}$$

5.2.2.3 键电荷作用能

键电荷的迁移将导致体系能量的降低，此能量可用键电荷迁移前后体系的能差来量度。根据设定，忽略键长收缩，则得 q 迁移体系能量的降低值：

$$\Delta E=q\frac{(R_B\sqrt{Z_A^*}-R_A\sqrt{Z_B^*})^2}{R_AR_B(R_A+R_B)} \tag{5-39}$$

因键电荷迁移而使体系能量降低时，必然伴随着核间距的缩短，这可看作是由键电荷的迁移引起原有平衡的破坏，使得吸引胜过了排斥，以致作用于核 A 与核 B 上的净力不等于零。如果核 B 不动，则负性的核 A 要向核 B 迁移，使核 A、B 的有效核电荷相应地减小，从而使键电荷对核 A 和 B 的吸引力也相应地减小。当核 A 迁移距离 r_1 时，吸引和排斥相等，作用于核 A、B 上的净力为零。因此考虑核 A 的迁移，可得作用于核 A 及核 B 的力，以及核 A 的迁移电力所做功。

$$F_A(x_1) = -\frac{qZ_A^*}{x_1^2} + \frac{Z_A^* Z_B^*}{(x_1 + R_B)^2} \tag{5-40}$$

$$W = \int_{R_A}^{R_A - r_1} F_A(x_1)\,dx_1 \tag{5-41}$$

5.2.2.4　键长与键型

键长是分子结构的重要参数之一，对于讨论化学键的性质、研究物质的微观结构以及阐明微观结构与宏观性能之间的关系等方面，都具有重要作用。除用光谱衍射等物理方法测定键长外，量子化学中可以由从头计算法或自洽场半经验法计算键长。但计算上的烦琐限制了人们对其的使用，然而当缺乏键长的试验数据时，根据键长变化规律计算键长就显得很有必要。

根据非金属元素间的共价特征和元素电负性对键性质的影响，Schomaker 和 Stevenson（1941 年）提出了非金属元素间共价单键键长 r_{AB} 的计算公式：

$$r_{AB} = r_A^\circ + r_B^\circ - 0.09\,|X_A - X_B| \tag{5-42}$$

式中，r_A°、r_B° 分别表示 A、B 原子的共价半径；X_A、X_B 分别表示 A、B 原子的鲍林（Pauling）电负性值。

5.2.3　氢键的结合

氢键具有饱和性及方向性，通常可用 X—H$\cdots$Y 来表示，存在于分子间和分子内。

X 具有较高的电负性，以共价键（或离子键）与氢相连；Y 具有较高的电子密度，一般是含有孤对电子的原子，容易吸引氢质子，与 X 和 H 原子形成三中心四电子键。

X 和 Y 是电负性很强的 F、N 和 O 原子。但 C、S、Cl、P 甚至 Br 和 I 原子在某些情况下也能形成氢键，但通常键能较低。碳在与数个电负性强的原子相连时也有可能产生氢键。芳环上的碳也有相对强的吸电子能力，因此形成 Ar—H$\cdots$O 型的弱氢键（此处 Ar 表示芳环）。芳香环、碳碳三键或双键在某些情况下都可作为电子供体，与强极性的 X—H（如—O—H）形成氢键。

不同分子之间还可能形成双氢键效应，写为 B—H$\cdots$H—A，如 H_3N—BH_3，而双氢键很容易脱去 H_2，所以双氢键也被看成氢化物脱氢的中间体。

在大分子中往往还存在 π-氢键，大 π 键或离域 π 键体系具有较大的电子云可以作为质子的受体形成 π-氢键，也称芳香氢键，在稳定多肽和蛋白质中起着重要作用。

氢键键能大多在 $25\sim40$kJ/mol。键能<25kJ/mol 的氢键属于较弱氢键，键能在 $25\sim40$kJ/mol 的属于中等强度氢键，键能>40kJ/mol 的氢键则是较强氢键。除键能外，其他描述氢键特征有：①直线型氢键最强；②电负性大，氢键强；③B 的半径小，氢键强；④氢键键长较共价键长，成键距离为 $50\sim300$pm，较范德华力短；⑤分子间与分子内氢键强弱、聚集态和构象相关，例如，蛋白质中氢键平衡距离分别为 204，184 和 278pm。

单独而言，氢键是一种比分子间作用力、范德华力稍强，比共价键和离子键弱很多的作用力，其稳定性弱于共价键和离子键。

过去，物质之间的氢键称为次级键。但现在学术上，已经不再用"分子间作用力"来涵盖全部的弱相互作用，而是用更准确的术语"次级键"，如氢键、范德华力、盐键、疏水作用力、芳环堆积作用力、卤键。

在有机高分子化学中，氢键是被认为最关键的化合键之一。根据氢键数量及密度差别，可以导致物质化学物理特性明显改变，具体表现为以下几方面：

（1）对化合物物理性质影响

沸点、熔点、黏度升高，溶解度（分子间氢键影响大于分子内氢键）下降。

（2）对光谱影响

红外：

$$CH_3COCH_3 \qquad [v(C=O) \qquad 1738cm^{-1}]$$

$$(CH_3)_2C=O\cdots HOC_2H_5 \qquad [v(C=O) \qquad 1709cm^{-1}]$$

核磁：氢键使 C 原子的电子云密度降低，吸收向低场移动。

（3）对有机物酸性影响

水溶液：氢键使"RO—"稳定

$$H_2O>CH_3OH>C_2H_5OH>(CH_3)_2CHOH>(CH_3)_3COH>(CH_3)_3C—CH_2OH$$

气相中：上述顺序相反。

（4）对有机物碱性影响

水溶液：氢键使 R_3N^+ 稳定

$$(CH_3CH_2)_2NH>(CH_3CH_2)_3N>(CH_3)_2NH>CH_3CH_2NH_2>CH_3NH_2>(CH_3)_3N>NH_3$$

（5）使构象稳定

乙二醇　　　　乙二胺

$$(CH_3)_2COH \longrightarrow CH_3COCH_3 (\Delta H=58.5kJ/mol)$$

氢键也是稳定蛋白质、纤维素构象的最重要形式。

（6）特殊的 C—H 基的氢键

sp^3 杂化：

$$R_3C—H\cdots X—R$$

sp^2 杂化：

$$R_2C=C(R)—H\cdots X—R$$

5.2.4 离子键的结合

库仑定律是 1784—1785 年库仑通过扭秤试验总结出来的。库仑力：

$$F=k\times\frac{q_1q_2}{r^2} \tag{5-43}$$

$$（静电力常数　k=8.988×10^9 Nm^2/C^2）$$

式（5-43）表明与两电荷距离的平方成反比，与两个电荷量成正比。因此，离子键作用力的有效范围是不确定的，以电荷为引力方向，可以是远距离的，成键距离在 100~500pm，键长与共价相近，与离子半径成正比。

5.2.5　非共价结合

对于非共价结合而言，在水介质中的亲水胶原与材料之间的结合，与电子受体和给予体两种基团相关。因此，材料表面基团的电子接受能力或给予能力相匹配时，胶原与材料之间就会发生非共价结合力。

在水溶液中作用的 3 种不同的非共价力中，即范德华力（图 5-9）、Lewis 酸碱力和双电层电势力。其中任何一种力都可以独立的吸引进行结合。这些力可根据环境不同而按照自己的规则，随着距离变化而变。因此，非共价相互作用在水中的衰减是距离的函数，其中，电双层力作用受离子强度影响比距离更敏感，而 Lewis 酸碱力的作用不受离子强度影响。

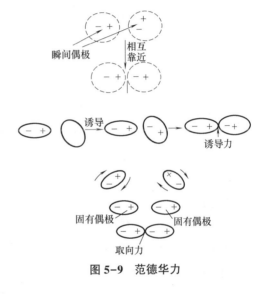

图 5-9　范德华力

5.2.5.1　范德华作用力

范德华力是一种距离最长的非共价力，物体间相互作用的范德华力自由能衰减为距离的函数，范德华力的平均作用距离为 300~500pm，当距离超过约 10nm 后已不显现。

范德华力无方向性及饱和性，作用力在 2~20kJ/mol（化学键能 100~600kJ/mol），原子或小分子之间的范德华力相互作用来自（Osset al.，1994）：

① 偶级取向的相互作用（Van der Waals-Keesom）；

② 偶极诱导偶极或感应的相互作用（Van der Waals-Debye）；

③ 波动偶极子诱导偶极子或色散力的相互作用（Van der Waals-London）。

根据各原子电负性及极化能力的不同，组成范德华力的各部分不同。表 5-2 中列举了一些分子间形成范德华力的例子。

范德华力的衰减与距离的平方至六次方成反比（Israelachvili，1991），见表 5-3。对含水胶原而言，范德华力作用能取决于 Hamaker 常数（Hamaker，1937）。非脂质鞣剂的作用能在 8~14kJ/m²，脂质物作用能较低。

表 5-2 不同分子间作用力 单位：kJ/mol

分子	色散力	诱导力	取向力	总和
HCl	16.82	1.004	3.305	21.13
NH$_3$	14.94	1.548	13.31	29.80
H$_2$O	8.996	1.929	36.38	47.30

表 5-3 不同分子间作用形式与距离的关系

作用类型	能量和距离关系	作用类型	能量和距离关系
荷电基团静电作用	$1/r^2$	偶极子-诱导偶极子	$1/r^6$（诱导力）
离子-偶极子	$1/r^2$	诱导偶极子-诱导偶极子	$1/r^6$（色散力）
离子-诱导偶极	$1/r^4$	非键排斥	$1/r^{12} \sim 1/r^6$
偶极子-偶极子	$1/r^6$（取向力）		

5.2.5.2 Lewis 酸碱力

正常情况下，Lewis 酸碱的作用力比范德华力及双电层电势力强一个数量级。在水溶液中鞣剂与胶原的 Lewis 酸碱力对胶原的极性、非极性段都有作用。Lewis 酸碱相互作用可以是吸引（疏水吸引）或排斥（亲水排斥），这取决于所涉及材料表面的疏水性或亲水性程度。与范德华力相似，Lewis 酸碱力的相互作用能随距离呈指数衰减。

5.2.5.3 双电层电势力

水溶液中双电层电势力的相互作用是扩散离子双层厚度的函数（$1/k$，为德拜长度）。德拜长度是液体离子强度的函数，在含有大量电解质的胶原体内，德拜长度 $\leqslant$ 0.8nm，双电层电势力作用很小。只有在动态下这种双电层电势力才不可忽视。

5.2.5.4 非共价作用强度

在非共价相互作用中，最重要的是范德华力中的色散力相互作用。取向力主要是偶极取向和偶极诱导偶极/感应的极性相互作用力，这些极性范德华力相互作用与真正的极性相互作用（Lewis 酸碱力）虽然不同，但很难被明确的区分。在宏观尺度上，色散力的相互作用距离 $\leqslant$ 10nm（Lifshitz, 1955）；偶级取向与偶极诱导偶极取向力的相互作用距离更短，衰竭更快。

在胶体界面系统，范德华力的相互作用是 3 种力联合的，总的结合力由 3 项平衡确定：

$$\Delta G^{总} = \Delta G^{范氏} + \Delta G^{酸碱} + \Delta G^{双电} \tag{5-44}$$

式中当 $\Delta G^{总} < 0$ 时结合可以发生；式中 3 个自由能均为距离的函数。其中 $\Delta G^{范氏}$ 力在 <10nm 作用开始显著；$\Delta G^{酸碱}$ 随距离呈指数衰减，但是这种 Lewis 酸碱力受水合控制。在水溶液中，在 20℃ 下有 $\Delta G^{疏水} = \Delta G^{水合}$（Van Oss, 1994）。$\Delta G^{双电}$ 主要由双电层厚度（$1/k$）决定（见第 2 章），而这种厚度又受离子强度影响，即使在低离子强度下，其作用也 $\leqslant$ 0.8nm（Hunter, 1981），因此，通常在缺乏运动作用下 $\Delta G^{双电}$ 显示一种弱的作用

能力。

5.2.5.5　疏水引力作用

疏水引力是在水中聚合物与分子间发生的最强的非共价、非静电结合力的重要作用因素。在水中，两个非极性表面之间或一个极性表面与一个非极性表面之间的引力，传统上称为疏水效应。由于"疏水性"这个名称使用不当，阻碍了对疏水效应的机制的理解。疏水表面并非"斥水"，而是一种吸引水的能力（Hildebrand，1979）。例如，非常疏水的材料，如聚四氟乙烯或烷烃浸入水中，吸引水分子的自由能为 $40\sim50mJ/m^2$，这一点不容忽视。

疏水引力是由水的内聚自由能驱动的。事实上，范德华力对浸入在水中的物质之间的总相互作用能贡献不大。而疏水引力是主要的，唯一的结合驱动力是 Lewis 酸碱力与水内聚自由能的氢键能力比较（Tanford，1980）。为了使亲水性实体之间的结合力占优势，水合相互作用自由能必须大于实体与水相互作用能。因此，两个非水物质之间的疏水结合不是化学键，而是受水的自聚而排斥导致的相互作用。当物质分子与水接触时，分子内外的基团不能被水溶剂化，界面的水分子将整齐地排列，导致系统熵值降低，体系能量增加。为了平衡这种张力，分子构象产生收缩、卷曲，甚至结合达到平衡。这种非极性分子因能量效应和熵效应作用，使疏水物在水中的"相互结合作用"称为疏水结合。

由此可见，疏水引力的本质是因水而形成的，与连接的两个基团的亲水性有关，并非两个基团之间的共价或非共价作用。因此，通常提及的疏水键又称疏水作用力，不是真正的化学键及疏水键，而是疏水分子之间与水界面之间的能量平衡特征。疏水分子间距与外界表面张力相关，依靠体系熵稳定。疏水作用在大分子内表现最明显，如蛋白质在水中的形态跟疏水引力就直接相关。大分子蛋白质多肽链上的某些氨基酸的疏水基团或疏水侧链，由于避开水而相互接近、黏附聚集在一起，形成疏水引力结合是维持蛋白质高级结构构象的重要方式。同样，在水介质中的材料受到疏水作用后产生接近，不仅有利于共价结合。同时，当材料表面基团的电子接受能力或给予能力与胶原相匹配时，胶原与材料之间就会发生 3 种非共价结合力。

第6章 鞣剂、鞣性与鞣制

皮革是由生皮制成、具有特定可加工及使用性能的材料。生皮通过鞣制作用后在多项物理化学指标上发生的变化，自18世纪末希腊医生Gelenus提出"收敛性"以来，经过两个多世纪的试验研究，目前在制革领域中将这种收敛性称为鞣制效应，这种产生鞣制效应的过程称为鞣制。最典型的、最易被接受的鞣制效应表征之一是生皮与革之间耐湿热稳定能力的差别，称鞣性差别。除此之外，相对于生皮而言，鞣制效应还应该有以下一些共性特征：

① 在酸、碱、盐的水溶液中膨胀速度下降。

② 脱水干燥后收缩减少。

③ 耐酶、抗菌作用能力加强。

④ 黏滞性下降（相同含水率下可机械加工性提高）。

⑤ 通透性增加（水及化学物质的可迁移能力增强）。

上述这些共性特征的强弱，也可以用来鉴别鞣制效应强弱的程度。

皮与革的耐湿热稳定性与革的含湿相关，随着含水量的减少，耐湿热稳定性提高。在无水情况下，未改性胶原、铬鞣革的变性温度或分解温度相近（Covington，2007）。因此，胶原的耐湿热稳定性与耐热稳定性之间的内在联系是无可非议的。关于蛋白质的耐热稳定性已有大量研究，但是，耐湿热稳定性与耐热稳定性的研究结论是有区别的：

① 胶原受热作用使蛋白质肽链上的 α-H 或 β-H （Pro）氧化，导致肽键断裂而改变胶原的耐热稳定性（Ushaa，2006）。

② 水与肽链极性端之间的氢键是保持胶原稳定构型的重要形式，改变胶原中的水含量即改变了胶原的稳定性（Bella，1995）。

③ Hyp 构成胶原螺旋肽链是水分子在网络中结合的中心，破坏水分子的位置构架将降低胶原的耐热稳定性（Engel，1998）。

④ 仅仅通过引入交联剂分子，是不足以赋予胶原更高的湿热稳定性（Bella，1995）。

从文献报道看，有关鞣剂交联与胶原的耐热稳定性的研究不胜枚举。祝伟（2003）在超高温菌酶构象的刚性和热稳定性的相互关系的综述中，引用了一些对超高温菌酶构象的热稳定性的研究结论，如蛋白质结构中的离子对之间的相互作用的因素（Vetriani，1998）；高温下稳定的蛋白质结构必须有带电区域、非极性区域或网络（Robertson，2002）；蛋白质结构中存在特殊的氨基酸残基聚合体（Li，2003）等。尽管最终仍然难以明确蛋白质在受热后构象的稳定机理，但是，随着温度的升高，热运动加强，原子或基团间的相对位移加大，导致微观的构象转变（Beaucam，1997），宏观上产生收缩的行为，自然是不争的事实。

6.1　皮胶原的鞣制效应与湿热稳定性

鞣制效应的一个重要表征参数是胶原蛋白的耐湿热稳定性提高；鞣制机理是描述生皮胶原怎样与鞣剂作用引起胶原蛋白物理化学性质的变化，使皮转变为革。自 20 世纪起，制革化学家一直在为探索鞣制机理而不懈努力着，许多以前提出的理论已经得到印证。1914 年，Povarrin 用皮或革体积变化时的温度称为收缩温度（Ts）来判断鞣制效果，70 年代在理论上解释了胶原蛋白的 Ts 是一种相转变起点。在转变过程中，纤维间氢键破坏、排列间距发生变化，表现出体积收缩。前已描述，Charles 在 1984 年就对胶原肌腱收缩现象进行了研究总结，认为胶原收缩是一个动力学过程，随着活化熵的降低或活化焓的增加，收缩速率降低，意味着 Ts 升高。形态学研究认为，鞣剂或鞣剂和超分子水在胶原分子链周围形成稳定的刚性物质，从而起到固定胶原分子链的作用，使其在受热时不易变形，导致 Ts 升高。

6.1.1　鞣制的结果

裸皮受到一些材料（鞣剂）处理时，这些材料渗透到裸皮内用两种方式表达：

① 在胶原束表面发生多种结合力，如共价键、配位键、离子键、氢键、范德华力等（或者描述为共价、酸碱、疏水结合）。

② 在多级胶原纤维束之间除了结合力外，还形成多种连接形式，如两点或多点交联、单点结合、吸附及物理缠结。

③ 鞣剂结合与 Ts 存在特色的量效现象：随着鞣剂增加，Ts 升高，直至最高 Ts；达到最高 Ts 时，并非需要最大结合量。

①、②两种描述的结果都是胶原结构稳定性的提高。图 6-1 为芳族鞣剂稳定胶原结构的示意。也表明胶原的结构稳定性提高还表现在化学物理上纤维可分离聚集特征的改变，导致厚度、柔软性、丰满性和弹性的变化。

判断鞣制结果的方法很多，如测定鞣制后革的湿热稳定性（用 Ts 表示）、耐沸水溶解能力（将革煮沸 7h，测定溶解皮质的量）、抗碱溶能力（在 NaOH 溶液中溶解性）、耐酶水解性、测定干燥后革的孔隙度等（Stather 和 Pauligk，1961）。但实践中需要适时适地用有效功能关系表征，常见的表征有：生皮被鞣制后耐湿热稳定性出现显著的提高；胶原纤维组织抗湿热溶解能力增强，即鞣制后的革耐水煮能力增强，见表6-1。未经鞣制的生皮经过 10h 的沸水处理，仅存<10% 的残留皮质，而经铬鞣后则仅

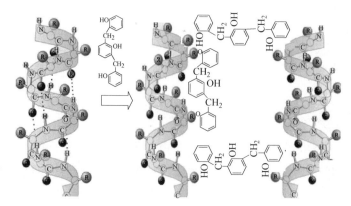

图 6-1 鞣剂在胶原分子内及分子之间结合

溶解掉 1%~2% 的皮质，表现出铬盐提高胶原纤维抗湿热溶解能力。

表 6-1   一些常规材料处理前后的皮/革煮沸 10h 的不溶皮质

皮/革状态	中性裸皮	植物单宁处理	不饱和油处理	甲醛处理	铬盐处理
不溶皮质/%	0~10	60~92	75~80	80~85	98~99

在实际的研究及生产中，更常用的方法是通过 Ts 来表示生皮获得的鞣制结果。根据测试皮/革的 Ts 表征各种材料的鞣制能力，表 6-2 中列出了一些材料处理后的相对 ΔTs。

表 6-2   一些常用材料处理后常见的鞣制结果

处理情况	生皮	硫酸铬	植物单宁	硫酸锆	甲醛	芳族树脂	硫酸铝	鱼油	聚偏磷酸钠
$\Delta Ts/℃$	0	≥35	≥24	≥25	≥22	≥20	≥20	0	≥5

6.1.2 鞣制效应

6.1.2.1 鞣制效应与 Ts

胶原经过鞣制出现 Ts 升高的现象称鞣剂的鞣制效应。对鞣制效应而言，虽然各种鞣剂与胶原结合达到最高 Ts 的结合量有区别，但将鞣制后皮/革的 Ts 作为材料鞣剂鞣性的评价指标是具有理论与实践价值的。对一种材料是否能成为或称为鞣剂，则需要根据其对皮作用后 Ts 的变化及其他功能特征进行评价。

实践中根据鞣制效应的强弱往往还需要在使用上进行区别，对一种材料是否能成为或称为鞣剂，按照习惯上进行以下区分为三类：

① 材料处理皮后产生鞣制效应，具有较高 Ts 提升（Ts≥70℃），此类材料称为鞣剂，可单独用于鞣制，如铬鞣剂、植物鞣剂、替代性合成鞣剂。

② 材料处理皮后产生鞣制效应，较低或没有 Ts 提升（<70℃），此类材料称为鞣剂，但不单独用于鞣制，如烷基磺酰氯鞣剂、一些复鞣剂（树脂、合成鞣剂等）。

③ 材料处理皮后产生鞣制效应，较低的 Ts 提升（<70℃），此类材料不称为鞣剂，如硫酸钠、聚偏磷酸钠等。

我国公元前 1000 年比干就发现了硫酸钠的"硝"鞣效应，公元后 14 世纪的植物鞣料鞣制生皮，但最终没有探索其原理及命名其作用。直至 18 世纪欧洲把鞣制效应称为"收敛性"到至今使用"鞣制"作为鞣剂的功能，随着新型鞣剂鞣法的不断发现与进步，鞣制效应的原理研究不断被探索。迄今为止，综合已有的描述可以归纳如下。

6.1.2.2　交联强度的解释

探讨鞣制后革的 Ts 变化、充分有效地利用鞣剂、开发新型鞣剂，就需要研究鞣制机理，这是皮革科技工作者长期并努力工作的重要方向之一。20 世纪中叶起，鞣制效应的表征将鞣剂与皮胶原蛋白产生交联键的强度作为解释鞣制效应、影响 Ts 的唯一依据。交联是提高皮湿热稳定性的唯一原因，且交联键的强度越高（键能越大），鞣制效果越好，体现在 Ts 越高（Gustavson，1956；Cрpaxoв，1964）。研究结果虽也表现出良好的理论说明与实践效果，但也不乏难以解释的现象，因为没有数量的描述是有缺陷的。

价键理论表明，Cr^{3+} 与胶原羧基配合物是内轨型的，其键能相当于共价键，铬鞣革的 Ts>100℃；Al^{3+} 与胶原羧基配合物是外轨型的，其键能相当于离子键。因此，铝鞣革的 Ts<80℃。植物鞣剂鞣革和酚型合成单宁鞣革是以多氢键结合为主。因此，Ts 也不可能很高，Ts<85℃。

存在的问题：醛鞣剂被认为是共价键结合，而醛鞣革的收缩温度也在 85℃ 左右，无法用键能高低圆满解释。用键能解释革的湿热稳定性高低不同时，认为鞣制的革收缩后，其胶原与鞣剂所形成的交联键被破坏，因此造成皮胶原螺旋结构的松散，卷曲变形。Gaidau（1997）用差热分析（DSC）测定铝鞣皮粉的 Ts，并对铝鞣皮粉进行 Al-NMR 分析，结果表明，收缩时 Al^{3+} 与胶原羧基配位键并未被破坏。因此，直接用 Al^{3+} 与胶原羧基配位键的破坏引起革收缩的解释是不够完善的。

1977 年，Гоpбaцeв 以热力学的观点阐释胶原的收缩现象。Ts 表征的是革整个结构的稳定性，而不是键的牢度，但键的作用可以提高革的 Ts，且交联键的数量与革 Ts 的提高呈线性关系。

6.1.2.3　协同单元理论解释

收缩过程是氢键的破坏。鞣制作用强又形成的协同单元大，Ts 高。鞣制是增加收缩反应焓，因此，鞣剂必须与胶原有较高的能量，生产的键至少是共价键或大量氢键。氢键多而且是通过交联形成刚性网络而起着结构稳定化作用；交联的强弱首先是鞣剂与胶原的结合强弱，其次与交联剂的性质，能够与胶原彼此交联形成大的板块。

1998 年，Covington 根据前期研究成果及进一步试验研究进行总结，认为，鞣制反应在分子水平上都是高度复杂的，但有一些共同的特点，它们构成新的鞣制理论：

① Ts 或与收缩反应中的协同单元大小决定了收缩的热力学性质。协同单元越大，收缩率越低，即 Ts 越高。

② 协同单元大小决定于交联反应的本质。因此，鞣制效应受两种因素控制，交联剂与胶原结合的稳定性以及交联剂自身的本质。

③ 结构化交联剂必须短且稳定。前者与交联立体化学有关，后者与结合强度有关（共价交联或弱键多点结合）。Fathima（2007）研究交联剂对皮的毛孔结构的影响发现，铬盐鞣减少41%的孔隙，植物单宁鞣减少97%，主要起因与材料性质与结合方式有关。

④ 少数鞣制方法无法建立起协同单元大小与 Ts 关系。例如，植物鞣和植-铝结合鞣等还存在至少一种其他的鞣制理论，围绕胶原产生稳定的刚性物质代替胶原的超分子水层，或合并部分超分子水作为部分物质的结构，获得高 Ts。

2000 年后，新的研究进一步描述了鞣制对 Ts 影响的原因：

① Gustavson 及 Berman 等研究了加强胶原的三股螺旋纤维构象稳定性，可提高胶原的热变性温度。其中，这种螺旋结构的稳定又是以羟脯氨酸为核心形成超分子的稳定网络为基础。

② Copper 及 Charles 等通过分析计算认为，胶原的 Ts 与三股螺旋结构转动的活化熵及活化焓大小有直接关系，他们测定了一些经鞣剂如 Cr^{3+}、Zr^{4+}、Al^{3+}、Fe^{3+}、甲醛等鞣制后胶原的活化参数，发现胶原 Ts 的高低与活化熵及活化焓大小顺序相同，Cr^{3+} 鞣胶原最高，Zr^{4+} 鞣胶原次之。因此，$Ts(Cr) > Ts(Zr)$。

无论是直接还是间接作用，上述鞣制理论在强调了鞣剂在胶原之间形成的交联键的强度是最重要因素外，提出了协同单元。但没有确定协同单元是由什么组成，是鞣剂与胶原之间，还是鞣剂与鞣剂之间？如果说是鞣剂与胶原之间，那就需要大结构多点结合的鞣剂与胶原长程有序交联进行能量高效传递达到协同抗热作用，这是不现实的，这种有机无机结合难以形成高导热晶体。如果说是鞣剂与鞣剂之间形成大的协同单元，那么鞣剂用量多，Ts 高。事实上，任何鞣剂都有限定的鞣革 Ts。植鞣剂用量增加或醛鞣剂用量增加，鞣革 Ts 都不会超过87℃。

6.1.2.4 Hofmeister 效应解释

皮与革的 Ts 是含水胶原被加热变性出现的。通过 Hofmeister 效应可以描述不同处理后胶原的湿热稳定特征，以及胶原变性过渡到革的现象。

Hofmeister 效应学说建立已有 1 个多世纪，描述的是一系列离子（化合物）对胶体（如多肽、胶原、蛋清等）在水溶液中的稳定性的影响。如溶液的盐溶盐析效应：膨胀现象（盐溶）与去膨胀（盐析）。

Rabinovich（2008）认为 Ts 是在水中测试胶原的稳定性，是一种鞣制材料、水及胶原作用的化学效应。铬鞣作为一种 Cr^{3+} 离子可以通过 Hofmeister 效应对胶原的三股螺旋的稳定性进行解释：

① 稳定三股螺旋的盐键。通过静电反应影响胶原的生物活性，螺旋的稳定和纤维的构型相关。Hofmeister 离子系列可以改变胶原螺旋结构。带电荷的蛋白侧链基团通过盐键桥连接，保持着热动力学的稳定。

② 鞣制是鞣剂离子与凝胶作用的结果。$Cr_2(SO_4)_3$ 与 $CrCl_3$ 鞣制作用的强弱与阴离子 SO_4^{2-}、Cl^- 的 Hofmeuster 凝胶离子作用相关，是 $Cr_2(SO_4)_3$ 中的 SO_4^{2-} 与氨基的 Hofmeister 效应结果。如果用高浓度 Cl^- 洗涤可以使 Ts 下降 15～25℃；而 $Cr_2(SO_4)_3$ 与 $Al_2(SO_4)_3$ 鞣制皮革（高 Ts）却是与阳离子相关。对于甲醛、植物单宁和合成单宁的鞣制，均可以认为是 Hofmeister 效应作用的结果。

根据第 3 章提及的 Hofmeister 概念与胶原的稳定性，更换部分离子后 Hofmeister 的离子排列次序：

$$\xrightarrow{\text{水合减弱}}$$

$$C_3H_5(OH)(COO)_3^{3-}>SO_4^{2-}>PO_4^{3-}>F^->Cl^->Br^->I^->NO^->ClO^-$$

$$N(CH_3)_4^+>NH_4^->Cs^+>Rb^->K^+>Na^+>H^+>Ca^{2+}>Mg^{2+}>Al^{3+}$$

该序列离子特征是在低浓度下可以溶解胶体，高浓度下能析出胶体获得稳定性：

① 两排中阴离子的一端能很好被胶原吸收，脱除与氨基结合及其周边的结合水，产生凝胶化稳定胶原。另一端没有一点脱水功能，而是使凝胶膨胀。

② Ca、Al 具有弱水合能力，加快周边水的活动，进入三股螺旋的凝胶区，干扰有序水，使三股螺旋不稳定或变性。

③ 作为 Hofmeister 离子，浸酸加入少量的 Al^{3+} 盐能降低胶原稳定，导致较弱的胶原膨胀，Ts 降低。这是由于 Al^{3+} 亲和羧基导致羧基对氨基的去偶合，而使胶原的纤维构象失去螺旋特征，增加了 Cr^{3+} 的可及度，使其吸收增加。

④ 萘磺酸钠、硫酸钠、亚硫酸钠、三偏磷酸钠、大部分染料等对胶原的稳定在 Cl^- 与 PO_4^{3-} 之间。

⑤ 合成鞣剂作为隐匿剂，其硫酸根作为阴离子与氨基作用或与 Cr^{3+} 结合释放出羧基，使胶原表面电荷降低。

⑥ SO_4^{2-} 不能分散纤维，在铬盐内起着 Hofmeister 稳定效应而产生坚硬的革。

⑦ $CaCl_2$ 导致 Hofmeister 膨胀。例如，用可溶性钙盐可使表面强度降低，可溶性 Ca^{2+} 为粒面收缩效应助剂。而 $CaSO_4$ 沉积于革的表面能够降低 Ts，提高粒面收缩。

可见，精细地控制并应用 Hofmeister 效应，去除分子间偶合使更多的"隐形"基团为可及，是制革工艺中参考的方法。

随着制革清洁生产的需要，无铬鞣法开始被要求。与铬鞣发明前的无铬鞣不同，现代无铬鞣法采用新的鞣剂鞣法才能满足市场需要。研究发现，两种无铬鞣剂结合鞣的优化鞣制，其鞣制效应可以与铬鞣相当甚至超过铬鞣。经过理论探索，将鞣制后革湿热收缩机理从单一的鞣制化学变化转变为鞣剂间化学、物理结合过程进行分析与补充，提出了刚性鞣剂框架（Matrix）支撑的解释。该解释依据将在第七章进行详细表述。

6.1.3　皮/革鞣制效应与变形

6.1.3.1　湿热升温变形与变性

皮/革的收缩是一个复杂的化学物理过程，是一个通过微观化学变化表现出宏观物理现象的过程，其基本原理已在第 4 章第 4.3 节中描述。值得指出的是，在实际测试中虽然可得到宏观的 Ts 的一个值（仪器或直接观察），而从微观的角度看，由于胶原局部结构的非均性及鞣剂分布结合的非均性，导致胶原收缩的温度是一个范围，即从开始收缩到完成是一个温度区间，类似高聚物的熔程。对于坯革而言，随着鞣剂结合的特征，该熔程宽度将有所变化。以加热生皮为例，加热温度未达到胶原的 Ts 时，生皮受热柔软，应力下降低，外观保持不变。然而，实际内部结构开始变化；从图 6-2 中看出，生皮的 Ts 虽为 65℃，但从近 40℃ 已经初见变性端倪。浸酸后的裸皮更是如此。因此，在浸酸工序的实际操作中温度控制在 30℃ 以下视为合理。同样，如果铬

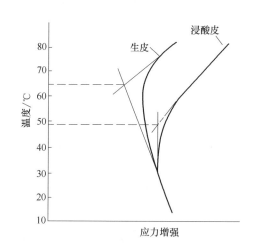

图 6-2　纤维束受热与应力

鞣后革的 Ts 为 110℃，当测定 Ts 时加热至 100℃ 前，坯革出现受热软化舒展，表现长度伸长，内应力减小，根据前已述及的分析，此时胶原纤维已开始发生变化，弱碱分离见图 6-3。只有当加热温度达到 Ts 后，胶原突然发生宏观的迅速（剧烈）收缩，证明这时支撑组织结构的力已被大量破坏，纤维蛋白质的化学物理性质发生突变；发生脱水收缩后，皮的物理力学性、化学反应性难以恢复变性前的性状。

由此可见，皮/革的 Ts 虽然是通过水的温度测定，收缩前后会产生形变。然而，实际表明在 Ts 前后，皮/革的变性还受不被注意的多种因素影响。

6.1.3.2　缓慢受热变性与变性

受热时间与变性。革的 Ts 测定只表示在一定时间内升温发生的受热收缩，实际上，提高 Ts 测定的初始温度或加速测试中温度上升都可以获得 Ts 的升高。这就说明皮/革的 Ts 与受湿热时间相关，通常，皮/革的 Ts 低受热时间短，Ts 高受热时间长。

Ts 为 100℃的铬鞣革，在 100℃下随着时间延长出现收缩（正常要求 3min 内不收缩即可）；在储存过程中，铬鞣蓝湿革在 50℃湿热 10d，Ts 下降 3～5℃，强度可下降 10%；有机醛植结合鞣的 Ts 为 95℃，在 50℃下湿热存放 10d，Ts 下降 10～15℃，强度降低近 20%。在磨削工序中，较低的 Ts 会因刀/沙与革面接触摩擦产生的瞬时高热使之收缩变性。因此，在没有足够 Ts 的坯革，在长时间的复鞣、加脂染色等加工中，或革表面受贴板、真空干燥中都易造成坯革的点、面的局部变性。

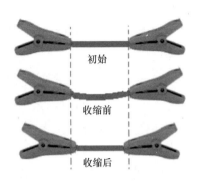

初始

收缩前

收缩后

图 6-3　皮/革 Ts 测定中变化

6.1.3.3　受机械力作用变形与变性

表 6-3 显示了鞣制效应的高低与后续力作用变性相关。通过不同鞣剂完成鞣制后的样品进行压缩变形变性测试的数据，以考察自然恢复能力。

表 6-3　　　　　　　　　　鞣后湿皮的挤压形变（相对比较）

样品	可压缩形变	恢复回弹	变性结果（挤水）
酸裸皮	大	差	Ts 升高
20%栲胶鞣革	小	较差	Ts 升高
5%甲醛鞣革	较大	较好	Ts 升高
6%铬粉鞣革	较大	好	Ts 升高

获得良好鞣制效应的革能表现出优良的抗机械力作用，如压缩变形、伸缩恢复能力。例如，机械加工的挤水、剖皮、削匀，转鼓加工中多种受不同形式的机械力作用，坯革发生不同程度的形变与内部再交联（力化学作用）。鞣制效应中的脱水性及降低胶原纤维束之间粘合力，直接与压缩变形及恢复能力相关。这种恢复能力包括无水时及充水后的坯革，其差别会造成后续加工及使用质量的变化。

6.1.3.4　受鞣制作用变形与变性

描述革物理力学性能的指标较多，革收缩温度的高低与革的强度需要与鞣剂鞣法相关联。一种定性试验研究，见图 6-4。在干态时，未鞣生皮抗张强度最大，鞣后强度次序为：生皮>醛鞣>铬鞣>植鞣；湿态时有醛鞣>植鞣>铬鞣>生皮。抗张强度

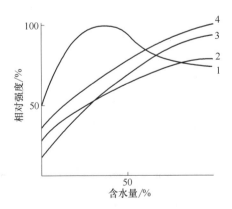

1—裸皮；2—铬鞣；3—植鞣；4—醛鞣。

图 6-4　含水量与鞣制革的强度

的大小与单位面积胶原纤维束的数量直接相关，干态时生皮与醛鞣的纤维间距离最短，强度大，湿态充水生皮内缺乏交联，强度最低。然而，撕裂强度却并非如此，往往与抗张强度相反。

鞣制效应"封闭"了胶原对水的亲和基团与通道，降低了皮胶原与水的亲和力。在平衡湿度与相同蒸汽压下，革的吸水能力略低于裸皮的吸水能力，见图6-5。如果将未鞣裸皮、铬鞣革及植鞣革放入水中，先以相同的干重计，可以得到最大吸水度为（22℃）鞣前软化皮100%；铬鞣坯革80%；植鞣坯革60%。

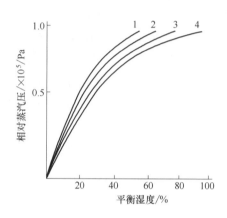

1—植鞣；2—铬鞣；3—铁鞣；4—裸皮。

图6-5　皮革平衡湿度

鞣制效应增加了革抗酸、碱、盐的作用能力。与生皮明显区别的是鞣制后的坯革对酸、碱、盐溶液作用的膨胀度大大减小。但与认定的鞣制效应关系无规律可循。简单的定性试验结果见表6-4。

鞣制效应增加革耐酶、霉作用能力。研究发现，在湿态、40℃、pH=5.9、40min条件下，裸皮与正常鞣制革抵抗胰酶的能力顺序为：铬鞣>醛鞣>植鞣>裸皮。对于各自的抵抗能力随鞣剂的用量增加而增加。而对抵抗霉菌作用顺序有：醛鞣>铬鞣>植鞣>裸皮。当抵抗汗液及霉菌同时作用时顺序有：醛鞣>植鞣>铬鞣>裸皮。

表6-4		干坯革在酸、碱、盐溶液中增重			
溶液（22℃，24h）	Δw(裸皮)/%	Δw(植鞣革)/%	Δw(铬鞣革)/%	Δw(醛鞣革)/%	Δw(油鞣革)/%
0.1mol/L HCl	100	<25	<15	<25	<25
0.1mol/L NaOH	100	<35	<20	<15	<15
1mol/L KSCN	100	<25	<15	<25	<35

6.1.3.5　鞣制效应改变胶原表面电势

鞣制效应可以改变胶原蛋白的两性特征。鞣剂与革的特定基团结合，能够修正胶原纤维的表面电荷或改变表面的相对等电点（pI_R），也使胶原整体等电点产生不同程度的差异。但事实上，鞣剂的用量及鞣制的可及性仍保留胶原纤维的两性特征。因此，传统上提及的鞣制改变固体胶原等电点实际上是指某个空间的相对平均电势，简称"区域表面等电点"（见4.2.1.2）。习惯上，根据这种表面电势换算出某个点或区域的平均相对表面等电点pI_R。这种表面电势对材料的渗透与结合起着重要作用，并成为胶原/革纤维湿态加工过程中技术控制的重点。

研究表明，与羧基结合为主的鞣制效应将提高革的表面电势，与氨基结合为主的鞣制效应将降低革的表面电势。一些鞣剂鞣制后的皮或坯革（最高 Ts）的表面电势及 pH=6.5 时革表面电势见表 6-5。

表 6-5 皮或坯革的 pI_R 和革表面电势

皮或坯革	pI_R	表面电势 ψ/mV(pH=6.5)	皮或坯革	pI_R	表面电势 ψ/mV(pH=6.5)
生皮	~7.6	—	甲醛鞣革	~4.6	-41
鞣前裸皮	~5.4	-31	荆树皮栲胶鞣革	~4.0	-85
铬鞣革	~6.8	+25	酚类合成鞣剂鞣革	~3.2	-119

6.2 金属离子鞣剂与鞣制

6.2.1 无机离子鞣制效应的认识进步

鉴于胶原蛋白的两性基团特征，无论从数量和可及度上讲，胶原/革纤维表面的氨基及羧基是胶原参与化学反应的最重要的活性基团标志。因此，导致胶原稳定性的物质可以是带正电荷的金属阳离子与羧基作用，也可以是阴离子酸根与氨基作用。按照 Hofmeister 效应解释，我国公元前 1000 多年称作"硝皮"的鞣制效应，是不自觉地利用了阴离子 SO_4^{2-} 对胶原的稳定化作用。在公元前 200 年利用金属汞作为尸体保存方法（长沙马王堆女尸）是有意无意地利用了阳离子 Hg^{2+} 对胶原有很好的稳定化作用。从 8 世纪的俄罗斯矾土用作鞣制制造皮革毛皮开始，至 15 世纪欧洲有了铝鞣山羊皮革制造衣着与装饰，可以认为是有意识地利用无机盐鞣制的开端。随后的 1770 年，英国发明的铁盐用以处理提高生皮热稳定性，1850 年起，欧洲用铬盐防腐，为金属盐鞣革培育了基础。直至 1858 年德国教授 Kinapp 真正从科学角度确定铬盐具有优良的鞣性起，以无机金属离子起主要作用来稳定胶原的鞣法，被称为无机鞣或矿物鞣，确立了制革鞣剂的重要地位。

然而，并非元素周期表中每一种金属离子均有独立稳定胶原结构的能力。1958 年，Chakravoty 对元素周期表中除在此之前已被认为是鞣剂的金属 Cr、Fe、Al、Zn 外，几乎所有金属离子做了鞣制试验。表 6-6 中显示了当时在最佳试验条件下的最高 Ts。Chakravoty 发现具有良好鞣制效应的金属并不少，如果以 Ts≥70℃ 为标准，那么金属离子 Hg、Cu、Ti、Be 应该说是有良好的鞣制效应的金属离子（当然，误差来自实验者的鞣法）。当时，仅以金属对胶原的稳定化效果为目标，而不考虑金属的来源、价格、安全、社会价值的情况下，铬盐的优异鞣制作用结果被凸显。长期以来，金属离子鞣法基本上就是指铬盐鞣法。直至 20 世纪中后期开始考虑环境友好、资源利用价值后，世界范围内才开始努力进行无铬或少铬鞣制的研究。但是，要改变一个世纪的认知，还是需要长期的过程。

表 6-6　　　　　　　　　　　　各种金属离子的鞣制效应

名称	最终 pH	Ts/℃	名称	最终 pH	Ts/℃
氯化亚锡	4.0	60.0	硫酸铜氨	10.2	65.5
氯化锰	7.7	62.0	氯化锂	7.7	66.0
氯化钇	7.2	62.5	氯化锡	6.3	66.0
硝酸银	7.8	63.0	硫酸镉	6.5	67.0
三氯化铈	7.7	63.0	氯氨合汞	7.3	67.0
氯化钍	3.8	63.0	硝酸铅	6.7	68.0
硝酸铅	6.9	63.0	硫酸钍	3.9	68.0
硝酸镧	8.6	63.5	硫酸镁	7.3	68.5
氢氧铜氨	10.9	63.5	氯氧化锑	5.1	67.0
硝酸钍	4.0	64.0	四氯化钛	6.3	71.0
草酸钛钾	5.6	64.0	硫酸铍	5.1	71.0
硫酸锌	7.0	65.0	硫酸铜	5.4	73.0
硝酸钕	7.5	65.0	乙酸汞	7.1	91.0

从理论角度讲，金属离子与胶原作用时需要考虑金属离子的配位和聚合能力、胶原的化学物理性状，以及环境条件三者相匹配，才能出现最佳的鞣制效应。实践中，金属离子鞣剂是否能够形成良好的鞣制效应，还需要使金属离子在胶原内能够良好地渗透与扩散，形成原位结合及聚合。

如果将一些必要条件构成因素进行具体表达，则可以从金属盐水解特征、鞣制温度、pH、鞣剂浓度等，进行归纳可以总结为：

① 在胶原组织内的深层次构造上营造足够、必要的渗透通道及鞣剂结合空间；

② 鞣性离子前驱尺寸、活性能够被控制，带着有效鞣性渗入胶原内鞣制位置；

③ 采用物理力与化学运动力平衡，协调渗透与结合，使鞣剂吸收，鞣制效应最大化。

6.2.2　铬盐鞣剂与鞣制

1884 年，Schultz 发明二浴鞣法，获得了真正意义上的六价铬鞣推广，该法生产的革丰满性超过一浴鞣法，以致在世界范围内使用至 20 世纪 80 年代，最终因皮革或毛皮内六价铬过量及环境毒性而废除。其实，早在 1893 年，Dennis 发明一浴三价铬鞣法，用 $CrCl_3$ 液鞣制，并用 Na_2CO_3 进行提碱，并申报了专利。继而 Kinapp 在该一浴鞣的基础上进行了改进。三价铬盐的鞣制方法最终应用至今。经过一个多世纪的发展，三价铬盐作为一种主鞣金属盐被制革界公认为成革综合性能最好的一种鞣剂，并因此几乎完全取代了传统的植鞣，成为轻革生产中不可或缺的生产方法。三价铬盐鞣革耐湿热稳定性好（Ts>110℃），耐光，且鞣制条件温和，工艺简单，操作方便。三价铬盐鞣革用途广泛。迄今为止，90%以上的皮革生产都采用三价铬盐鞣制。

6.2.2.1　溶液中铬盐的聚集特性

（1）水解聚合性

1986 年罗勤慧等描述了低浓度下解析铬配合物基本结构。在 pH1.0~3.0 铬浓度在

0. 0002~0.0025mol/L 其具有结构：

$$\left[\text{Cr}\overset{\overset{\text{H}}{\text{O}}}{\underset{\text{O}\atop\text{H}}{}}\text{Cr}\overset{\overset{\text{H}}{\text{O}}}{}\text{OH}\text{Cr}-\right]^{4+} \qquad \left[-\text{Cr}\overset{\overset{\text{H}}{\text{O}}}{}\text{OH}\text{Cr}\overset{\overset{\text{H}}{\text{O}}}{}\text{OH}\text{Cr}-\right]^{3+} \qquad \left[-\text{Cr}\overset{\overset{\text{H}}{\text{O}}}{}\text{OH}\text{Cr}\overset{\overset{\text{H}}{\text{O}}}{}\text{OH}\text{Cr}-\text{OH}\right]^{2+}$$

铬浓度在 0. 005~0.004mol/L 多核物的结构如下：

$$\left[\text{Cr}\overset{\overset{\text{H}}{\text{O}}}{\underset{\text{O}\atop\text{H}}{}}\text{Cr}\right]^{4+} \qquad \left[\text{Cr}\overset{\text{H}}{\text{O}}\text{Cr}\overset{\text{H}}{\text{O}}\text{Cr}\right]^{5+} \qquad \left[\text{Cr}\overset{\text{H}}{\text{O}}\text{Cr}\overset{\text{H}}{\text{O}}\text{Cr}\overset{\text{H}}{\text{O}}\text{Cr}\right]^{6+}$$

（2）革内 Cr（Ⅲ）形态

几乎不存在有关与胶原结合的 Cr^{3+} 配合物的尺寸大小和形状的直接证据。尽管溶液中 Cr^{3+} 是以 ≥2 的聚合度形式存在，但是，根据 2007 年 Covington 等研究发现，铬鞣皮革中，铬以线性四聚体形式存在。由此可见，当 pH 变化时，在革内 Cr^{3+} 除了进行简单的聚合外，更多的是在羟桥与氧桥之间进行质子的交换。

$$\text{Cr}\overset{\text{O}}{\underset{\text{O}}{}}\text{Cr}\overset{\text{O}}{\underset{\text{O}}{}}\text{Cr}\overset{\text{O}}{\underset{\text{O}}{}}\text{Cr}$$

从 EXAFS（extended x-ray analysis fine structure）研究得到的邻接原子的比值结果，支持了结合到胶原上的 Cr^{3+} 配合物的线性本质和平均含 4 个 Cr^{3+}，见表 6-7。

表 6-7　　　　　　　　　　结合到胶原上的 Cr^{3+} 配合物邻位 EXAFS

碱度/%	壳层	原子数	碱度/%	壳层	原子数	碱度/%	壳层	原子数
	O	6. 29(0. 14)		O	6. 46(0. 18)		O	6. 54(0. 16)
33	Cr	1. 45(0. 30)	42	Cr	1. 42(0. 34)	50	Cr	1. 45(0. 32)
	O	7. 43(1. 37)		O	5. 55(1. 46)		O	5. 85(1. 46)

（3）溶液中 Cr^{3+} 形态

尽管革内结合 Cr^{3+} 以线性结构形式存在，但在溶液中易形成非线性结构，1997 年 Ramasami 认为在铬鞣废液中存在非线性结构，见下式：

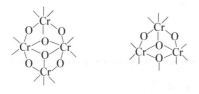

（4）SO_4^{2-} 的配位

2001 年 Covington 认为碱化时 SO_4^{2-} 参与形成多聚配合物，并且 Covington（2002）

利用 EXAFS 法对 SO_4^{2-} 是否参与 Cr^{3+} 配合物的配位进行了研究。该技术是基于靶原子铬的同步加速器 X 射线光谱吸收。无证据证明 SO_4^{2-} 参与了 Cr^{3+} 的配位。事实上，SO_4^{2-} 在 Cr^{3+} 中瞬时双价配位使所有其他位置不稳定，使相连结构的交换反应变得更容易，促成非线性结构的形成，这说明在胶原内未发现 SO_4^{2-} 应该是正常的。

6.2.2.2 溶液中水合铬离子

（1）溶液中铬的结构模型

Cr（Ⅲ）作为一个重要的过渡金属离子，在早期的研究中铬被描述为是一种惰性元素，Cr^{3+} 的水解聚合作用很慢。罗勤慧采用 Cr^{3+} 浓度为 0.0002 ~ 0.3200mol/L、平衡静置 pH（pH2.0~4.0）法，较系统地研究了 Cr^{3+} 的水解聚合状态。基本结果可以有以下表达：

① 在较低浓度区，水解产物平衡代表为：

$$[Cr_3(OH)_4](OH)_n^{(5-n)+} \quad (n=1、2、3)$$

② 在中等浓度区，水解产物平衡代表为：

$$Cr[Cr(OH)_2]_n^{(3+n)+} \quad (n=1、2、3)$$

③ 在较高浓度区，水解产物平衡代表为：

$$Cr[Cr(OH)]_n^{(3+2n)+} \quad (n=1、2)$$

④ 低浓度/较高 pH，水解产物平衡代表为：

$$\left[Cr \begin{matrix} OH \\ \\ OH \end{matrix} Cr\right]^{4+}$$

⑤ 较高浓度/低 pH，水解产物平衡代表为：

$$[Cr{\overset{H}{-}}O-Cr]^{5+}$$

（2）多级水解独立性

由于极慢的配体交换速度，导致一、二级水解的相对独立性、稳定性。尽管在低浓度下 Cr 以多核形式存在，在碱化过程中水解常数 k_1、k_2 的差别成为 Cr^{3+} 渗透与结合的重要特征。一定碱化速度下 Cr^{3+} 的水解特征见图 6-6。

6.2.2.3 铬配位离子的结合稳定

鞣制过程中，Cr^{3+} 配合物与胶原的配位作用受水、酸根和羟基 3 类配位体的制约，这些

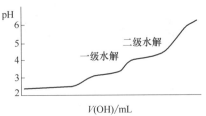

图 6-6 一定碱化速度下 Cr^{3+} 水解特征

因素决定配合物分子大小及配位活性。Cr^{3+} 鞣制配合物对皮胶原的交联作用，主要是通过 Cr^{3+} 与胶原侧链羧基的 2 点或多点螯合配位实现的。尽管化学交联不是唯一能够说明

单独 Cr^{3+} 鞣制有最高的 Ts（>100℃），但这是目前任何其他单一鞣剂所无法达到的。通过理论对比解释，提出了用 3 种主要的配合物形成的化学键理论：价键理论、晶体场理论和分子轨道理论，来解释这些鞣制效果的差异。这种解释是建立在皮革收缩因鞣制金属配合物中心离子和胶原形成的配位键破坏所致的基础之上。相对多种金属配合物而言，配位键的键能越大，革的 Ts 就越高。因此，认为不同的金属鞣制配合物与胶原形成的配位键的键能强度，判断鞣性是一种解释方法。

（1）价键理论解释

配合物的中心离子或原子和配位体 A 之间的配位化合，一般是靠配位体提供孤对电子与中心离子共用，形成 6 个配位键，其本质是共价性的。显然，作为配位体至少应有一对孤对电子，而中心离子必须要有空的价电子轨道。例如，在 $[Cr(H_2O)_6]^{3+}$ 配离子中，H_2O 有两对孤对电子，而基态 Cr^{3+} 的外层电子结构为 $3d^3 4s^0 4p^0$ 有 6 个空轨道。6 个空轨道预先进行了 $d^2 sp^3$ 杂化，形成数目相同、能量相等、有一定方向性的新的杂化轨道，每个杂化轨道接受配位原子的一对孤对电子形成配位键，形成正八面体配离子。由于 d^2 是属于 $(n-1)$ 内层轨道，形成的键又称为内轨配键，相应的配合物称为内轨型配合物。

对于内轨型配合物，其配位电子对深入到中心离子较内层的空 d 轨道，这种轨道能量较低，处于较稳定的状态，形成的配位键键能较强，接近于共价键（所以有时又把它当做共价键对待），配合物较稳定，被认为是影响鞣剂鞣革 Ts 的因素。

（2）晶体场理论和分子轨道理论

金属中心离子的 5 个 d 轨道在无配位场作用下，其能量是相等的（即简并状态）。但当配位体场存在时，它们的能量就发生不同程度的分裂，这便是所谓的配位场效应。下面以 6 个配位体的正八面体配合物为例，按静电场模型分析其配位场效应。

在八面体配合物中，当 6 个配位体分别沿着 3 个轴的方向靠近中心离子时，正好与 5 个 d 轨道中的 dz^2 和 dx^2-y^2 轨道的极大值方向正面相遇，这两个轨道上的电子云就受到带负电或独对电子的配位体的强烈静电排斥作用，能量升高。而 dxy、dxz 和 dyz 轨道的极大值方向却正好处于配位体的空隙中间，恰好和配位体错开，故受到较小的静电排斥作用。因此，这 3 个 d 轨道的能量较 dz^2、dx^2-y^2 低，即在八面体配合物中配位体场把原来五重简并的 d 轨道分裂为两组：能量较高的 dz^2 和 dx^2-y^2 轨道，能量较低的 dxy、dxz 和 dyz 轨道。

不同类型的金属配合物的 d 轨道分裂情况不同，其分裂能 Δ 值亦不同，不同配位体和中心离子的 Δ 值亦不同。一般来说，这种能量比未分裂前要低，给配合物带来额外的稳定化能，使配合物更稳定，配位键键能更大，其增加的键能就称为配位体场稳定化能，常用 LFSE 表示。Cr^{3+} 在八面体的稳定化能 $E = -12Dq$，部分 d^n 电子的离子形成八面体的稳定化能见表 6-8。

表 6-8 几种过渡配离子八面体的 LFSE（Dq）

d 电子数	离子种类	弱场八面体	d 电子数	离子种类	弱场八面体
0	Zr^{4+}	0	6	Fe^{2+}	-4.0
1	Ti^{3+}	-4.0	7	Co^{2+}	-8.0
2	Ti^{2+}	-8.0	8	Pt^{2+}	-12.0
3	Cr^{3+}	-12.0	9	Ag^{2+}	-6.0
4	Cr^{2+}	-6.0	10	$Ga(IV)$	0
5	Fe^{3+}	0			

同价 d^n 离子的配位化合物的稳定性决定于两个因素：稳定化能大的配合物较稳定，过渡金属水溶液中的水合离子的稳定性可用水合热表示。扣除稳定化能的影响后，从 $d^0 \sim d^{10}$ 的 2 价金属离子和 3 价金属离子的水合热，随核电荷的增加而增加。将该两种因素结合起来考虑可得到弱场配位体配合物的稳定性顺序：$d^0 < d^1 < d^2 < d^3 > d^4 > d^5 < d^6 < d^7 < d^8 > d^9 > d^{10}$。

以上说明了有 $3d^3$ 结构的 Cr^{3+} 配合物的稳定性好，包括胶原羧基和它形成的配合物，优于 d^0 结构的 Zr^{4+}、Ti^{4+} 和 d^5 高自旋（低场）的 Fe^{2+}。

6.2.3 铬鞣前皮胶原

6.2.3.1 铬鞣的预备条件

经过准备过程处理的生皮胶原，等电点 pI=4.5~5.0，当体系 pH 在 pI 附近时，皮胶原处于脱水及化学稳定状态。一方面，鞣制需要鞣剂的渗透及结合，为了增加可及度及化学活性，尺寸与水解程度需要控制；另一方面，生皮需要有足够的毛细水及游离水，纤维良好分离，开拓通道（见第 2 章）。确切地说，要获得铬鞣剂理想的渗透与结合，需要满足 5 个条件：

① 皮胶原预处理达到高细度的分离，以及足够吸引铬鞣剂渗透；

② 胶原/革纤维内结合水或离子可以被鞣剂交换；

③ 皮胶原带阳电荷（pH<pI）；

④ 控制铬的配合物尺寸有利于渗透；

⑤ 明确铬配合物水解分级差别，保证后期以结合为主。

根据上述 5 个条件，在铬鞣体系中，高浓度 Cr^{3+}、低 pH、低温、无膨胀皮胶原有利于 Cr^{3+} 的渗透。

在酸性条件下，作为大分子电解质的皮胶原纤维表面显阳电性，需要负电荷的 Cr^{3+} 配合物离子才能渗入皮内。虽然多电荷阴离子配体成为渗透首选，但 Cr^{3+} 配合物中需要有能够与胶原负电羧基进行交换的配体。研究表明，水分子、氯根是最适合的先占位后交换的物质。为了满足这两种需要，自 1893 年使用水合 $CrCl_3$ 改进至 1917 年后碱式 $Cr(OH)SO_4$，最终以 SO_4^{2-} 为负电荷的 Cr^{3+} 配合物离子成为首选。理想的各种碱

度 Cr^{3+} 配合物离子在溶液中的结构及电荷特征示意可以表达如下：

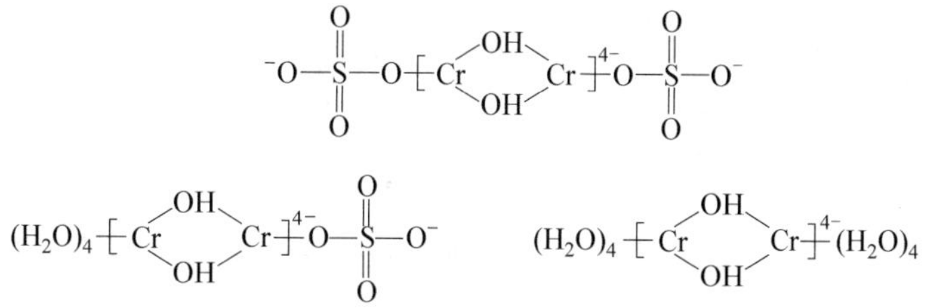

$$^-O{-}\underset{\underset{O}{\overset{O}{\|}}}{S}{-}O{-}Cr\underset{OH}{\overset{OH}{\langle\rangle}}Cr^{4+}{-}O{-}\underset{\underset{O}{\overset{O}{\|}}}{S}{-}O^-$$

$$(H_2O)_4{-}Cr\underset{OH}{\overset{OH}{\langle\rangle}}Cr^{4+}{-}O{-}\underset{\underset{O}{\overset{O}{\|}}}{S}{-}O^- \qquad (H_2O)_4{-}Cr\underset{OH}{\overset{OH}{\langle\rangle}}Cr^{4+}{-}(H_2O)_4$$

在制革物理化学理论中，渗透与结合是一对矛盾。但是它们又是互为促进、相辅相成的，是化学动力学和化学热力学的平衡。迄今为止，制革铬鞣一直被认为是以阳离子配合物渗透为主而产生结合的，事实是否如此可以从上述配合物结构可知，铬盐鞣制需要渗到浸酸后表面以阳离子为主的皮胶原内，铬鞣的过程可以按图 6-7 的 3 种方式与胶原接触：

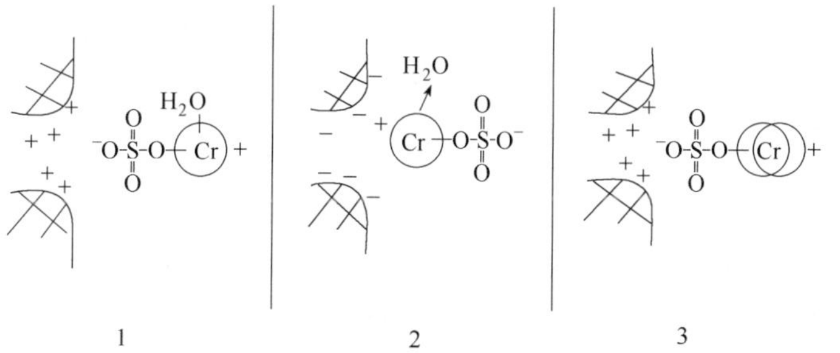

1—正常铬鞣；2—高 pH 鞣；3—高碱度鞣。

图 6-7 铬盐鞣制初始 3 种状况

① 在低于胶原纤维表面 pIR 下，阴离子 Cr^{3+} 配合物鞣制。阴离子鞣剂渗透入皮内，然后转变为阳离子 Cr^{3+} 配合物与胶原结合，这在 20 世纪 80 年代用同位素跟踪草酸 Cr^{3+} 的鞣制中早已得到证明，也是目前正常鞣制过程。

② 在高于胶原 pI 下，阴离子 Cr^{3+} 配合物鞣制。阴离子鞣剂先交换转变为零电荷或阳离子 Cr^{3+} 配合物获得渗透动力。但是，这种交换带来的是表面结合，这在高 pH 或称为不浸酸铬鞣的研究中已有报道。

③ 在低于胶原 pI 下，高碱度铬鞣剂的鞣制，铬盐配合物分子大。

Cr^{3+} 配合物出现零价及负价态，甚至较高聚合度的 Cr^{3+} 配合物要理想渗透较为困难。这种渗透需要靠带阳电胶原与带负电的 Cr^{3+} 配合物表面强结合后渗透。表面大分子 Cr^{3+} 配合物结合也将阻止深入渗透。这在自动碱化铬鞣剂鞣制的研究中也有报道。

在不断地研究、试验、生产实践后，工业化生产的铬鞣法最终选择了"在低于胶原 pI 下，阴离子铬配合物渗透入皮内，然后转变为阳离子铬配合物结合"的鞣制模式。

对于在高于胶原 pI 下的不浸酸鞣制，可以产生在短时间内就让铬盐吸收殆尽的快意鞣制现象，常令人锲而不舍。其实结果仍无法与所谓常规的鞣制比拟。

1960 年，Bayer 公司发明了自动提碱硫酸铬粉。自动提碱使鞣制期间图 6-7 中的 3 占主要。高碱度铬盐使水分子配合能力降低，配合物尺寸增加，结合速度超过渗透，造成胶原精细结构的鞣制减少，最终被放弃。

在皮胶原内，随着后续提碱，负离子羧基增加，配合物水解程度提高，内界 SO_4^{2-} 退出，Cr^{3+} 配合物离子向阳性转变，最终构成以下线性四聚体为主的结构。

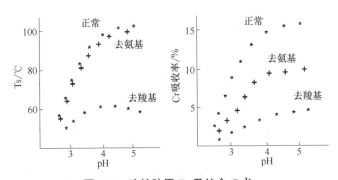

鞣制的结果表明（Sreeram，2003）：

① Cr^{3+} 配合物在胶原纤维表面包裹，形成胶原纤维内/纤维间交联；

② Cr^{3+} 配合物使胶原纤维表面脱水分离，通过表面电荷使纤维长距离有序。

6.2.3.2　铬鞣胶原的结合点

（1）结合基团

从活性基团的离解性、电荷及数量方面考虑，Cr^{3+} 在胶原内主要结合基团是羧基（Sykes RL，1956）。试验研究发现，增加胶原内游离羧基，Cr^{3+} 的吸收上升，如果预先将胶原改性减少氨基，H^+ 浓度降低，Cr^{3+} 的吸收明显减低，见图 6-8。但是，去氨基胶原的 Ts 与正常胶原的 Ts 相近。

图 6-8　改性胶原 Ts 及结合 Cr^{3+}

根据配位化学理论，Cr^{3+} 与—NH_2 能形成配合键，热力学研究可表明 Cr^{3+} 与—NH_2 的配合物有很好的稳定性。但是，动力学研究表明 Cr^{3+} 与—NH_3^+ 形成配合物的速度取决于—NH_3^+ 中 H^+ 的离去或—$NH_3^+HSO_4^-$ 中 HSO_4^- 的离去后 H^+ 的再离去。这在铬鞣中很难实现（通常，H^+ 离去在 pH $\geqslant$ 5.5）。然而，热力学稳定性理论将不可避免 Cr^{3+} 与—NH_2 的结合。因此，这种去氨基最终导致 Cr^{3+} 结合数量下降，只能证明配件在脱离铬前将铬带入结合。

（2）结合位置

铬鞣在胶原中的结合位置应该由纤维的分散及铬盐的尺寸决定。然而，值得关注的是，Wachsmann H（2003）报道：采用 50000 倍显微图发现，铬鞣纤维单根原纤维（100nm）的三条螺旋与鞣前胶原相同，表明铬盐结合至少在原纤维或纤维束之间。

图 6-9 铬鞣胶原原纤维

6.2.4 提高铬鞣结合

Cr^{3+} 盐作为当今制革工业鞣剂的"首席"，100 多年来不再怀疑制革铬鞣的利大于弊。然而，1993 年 Sykes 在总结制革发展和存在问题的报告中博采众议、鞭辟入里地表达了对自己生存环境的认识，对铬盐制革造成积累性污染引起了全球性的关注，不得不使人们重新开始审视铬鞣的是非。

铬盐用于制革常规鞣工艺中，Cr^{3+} 的利用率只有 65%～70%，导致大量的铬盐、食盐及硫酸盐进入废水。进入废水中的 Cr^{3+} 不易被回收，食盐无法降解，Cr^{3+} 又会在中性的环境下经空气及微生物作用出现向高毒性 Cr^{6+} 的转变，对植物及生物造成危害。因此，提高皮胶原对 Cr^{3+} 的吸收效率成为鞣制清洁工艺的关键。

真正铬盐鞣制条件的完善应该自 1960 年固体硫酸铬盐（Bayer）鞣制起，为了提高铬盐的吸收，1970 年，Bayer 发明了高吸收固体硫酸铬盐。继而，常规铬盐鞣制与高吸收铬盐鞣制并存。随着清洁化改造要求的提高，更多的高吸收铬盐鞣制研究经历了近半个世纪的不懈努力，其成果主要归纳为几种方法，包括：无添加方法（如改变鞣制条件、改变鞣剂结构）、有添加方法（利用鞣制助剂）和修正皮胶原结构方法。

6.2.4.1 无添加方法

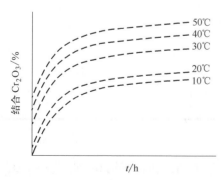

图 6-10 鞣制温度与结合 Cr_2O_3

（1）提高鞣制温度

前已述及提高温度使氢离子交换速度加快，水离子化的增加又促使更大 Cr^{3+} 配合物的形成，固定能力增强。温度从 0℃ 增到 50℃，皮胶原固定 Cr_2O_3 的量增加近 4 倍。因此，升温的结果是：①铬鞣收缩温度提高，吸收铬增加，但呈非线性关系，见图 6-10；②没有完全鞣透的纤维收缩，革面积缩小；③表面结合过快，出现紧实粗糙的感官。

Covington A D 研究后提出，温度的升高使革内含 Cr_2O_3 量增加，从而减少废铬液中的 Cr_2O_3 含量；pH 的升高，皮革的 Ts 升高。但是，在促使皮胶原具有相同含 Cr_2O_3 量的情况下，较高 pH、低温鞣制的革 Ts 较高，低 pH 与高温鞣的 Ts 相对较低。

（2）少浴或无浴

无浴只能是意向性描述。在铬鞣过程中采用少浴，阻止配合物水解活性，增加配合物渗透动力，向皮内快速、深入渗透，但是，少浴对鞣剂溶剂化不足，水解与固定反应受到影响，使得铬盐不能产生完全有效的结合，导致鞣制后期迅速充水而退出，结果是：①鞣制时间短，表现吸收增加，铬盐易溶出；②动力增加，提碱均匀性下降；③胶原脱水多，革面积缩小。

（3）提高终端 pH

铬鞣初期的低 pH，能使胶原有足够的表面正电荷，也能避免水解聚合，使铬顺利地渗透；后期提高 pH，完全以结合为目标，其结果是：①促进铬的固定，使溶液内铬进一步被吸收；②水解快于结合，导致表面过鞣，粒面紧实；③鞣制快速完成，坯革面积收缩增加。因此，高 pH 可以提高 Cr_2O_3 结合，见图 6-11。

（4）铬鞣初期的生皮高 pH

初期皮胶原表面带负电荷，阻止阴性配合物渗透。需要通过机械力将铬配合物在水解前进入皮胶内。但是，铬配合物的水解导致平衡向结合移动。结果是：①铬盐截面分布梯度增加；②革身紧实平整，厚度增大，色调深移；③提碱简捷。

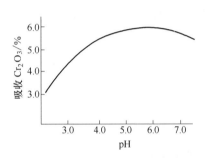

图 6-11 终端 pH 与铬 Cr_2O_3 吸收

（5）加强机械作用

通过转鼓对皮进行挤压、拉伸与曲挠作用，加强铬盐的吸收。转鼓长径比、转速、内构造均直接影响鞣制的效果，减少液体能增强机械力作用。相同的化学物理状态下，延长作用时间的结果是：①铬吸收增加，分布均匀度好；②表面光泽下降，粒面粗糙，部位差增大；③革里纤维长度增加，柔软度增加，革强度降低。

（6）高吸收铬鞣剂

利用高碱度或适当隐匿的铬配合物鞣制，由于配聚物与胶原亲和力较高、鞣剂活动性较低，借助机械作用使之渗透到皮中，平衡向结合移动，产生高吸收。20 世纪 70 年代德国 Bayer 公司就推出鞣剂鞣法。由于这种渗透与结合受配合物形态影响，结合位点受限，往往需要与低碱度配合满足结合与分布的要求。

（7）铬用量

鞣制铬的吸收随着铬用量的增加而降低，见表 6-9。初鞣使用 0.5%~2% Cr_2O_3 鞣制的试验，以浴液含铬计算（鞣后相同液体量平衡），吸收 Cr_2O_3 的平衡为 68.5%~

86.2%。而当鞣制与复鞣分开使用鞣剂（主鞣取出静置24h后直接再进行复鞣），前后总使用量为2.5%Cr_2O_3时，无论前后之间比例如何，经过中和水洗并测定浴液含铬，其总吸收Cr_2O_3在60.1%~66.6%。因此，要提高铬的吸收率，只能减少用量。

表6-9 　　　　　　　　　　　　鞣制复鞣方案的Cr_2O_3吸收[1]

项目	$w(Cr_2O_3)$/%	吸收/%	Ts/℃	$w(Cr_2O_3)$/%	吸收/%	Ts/℃	$w(Cr_2O_3)$/%	吸收/%	Ts/℃	$w(Cr_2O_3)$/%	吸收/%	Ts/℃
初鞣	0.5	86.2	81.2	1.0	82.6	>90	1.5	76.7	>90	2.0	68.5	>90
复鞣	2.0	74.6	>90	1.5	67.9	>90	1.0	69.2	>90	0.5	79.3	>90
水洗		60.1			62.5			64.9			66.6	

注：1）主鞣提碱至pH=3.8后浴液含铬测定；复鞣提碱至pH=4.0后浴液含铬测定；中和至pH=5.5~5.8后，100%水洗20min，收集浴液含铬测定。

（8）鞣液或鞣剂极性改变

在弱极性溶剂中鞣制，将出现鞣剂、胶原及溶液之间受极性或界电常数作用，使鞣剂与胶原的亲和力相对增大，吸收增加。作为一种铬鞣的媒介物，非水弱极性溶剂条件下的铬鞣，如二氧化碳超临界流体，正是利用了这一原理。通过密度、极性及介电常数使亲水铬盐向含水皮胶原内聚集，平衡向高吸收方向移动。其中的高压使高度聚集（$\Delta S<0$）得以实现，吸收结合量显著提高。皮胶原以"萃取吸收"的形式使铬盐迅速、大量地离开介质进入其中。但是，这种吸收入皮胶原中的铬盐，因水的含量较低，铬离子的水解、转变难以理想地完成。因此，未能够证明有良好地结合。该环境下"过饱和"吸收往往被后续减压、充水产生可逆交换。

6.2.4.2 添加助鞣方法

（1）羧酸类助鞣剂

随着铬鞣被胶原吸收结合，胶原的疏水性增加，对铬盐亲和力降低；按顺序讲，当有机酸进入鞣制体系后，降低了铬配合物亲水性及表面电荷，疏水效应增加（Marsal，1999），继而提升了铬盐对鞣制胶原的亲和力，增加了鞣制结合。然而，一方面，多羧酸类物质通过与铬阳离子从静电结合至配位点结合，增加了铬的链接、革内固定，外部铬继续渗透，提高吸收量；另一方面，随着铬配位点减少，与胶原结合下降，鞣性下降。因此，除了羧酸类助鞣剂用量受限，而且加入顺序以及胶原与羧酸的配位顺序也值得考虑。部分掩蔽剂效果被列出（Vernali，2002）。

氢氧根>草酸>柠檬酸>乳酸>丙二酸>马来酸>邻苯二甲酸酯>乙醇酸>酒石酸>琥珀酸>己二酸>醋酸酯>甲酸盐>亚硫酸盐>硫酸盐>氯化物>硝酸盐>氯酸盐。

大量研究表明，小分子二羧酸，如苯二甲酸、乙二酸、己二酸及其钠盐等，被作为隐匿剂（又称蒙面剂）与铬盐同浴鞣制，可增加铬的吸收量。其隐匿剂用量与铬吸收的关系见图6-12，共性特征是具有最大值。

大分子多羧酸也存在类似的功能，只是不同分子质量的丙烯酸树脂作为助鞣剂，可使铬盐吸收增加并迅速完成鞣制平衡。然而，铬与树脂结合导致配合物体积增大，结果是表面特征明显不同于单纯的铬盐鞣制，如色调的紫移、铬在粒面吸收较多。与小分子单体比较，多羧酸类树脂与皮胶原更易竞争铬盐，导致鞣性降低、鞣期延长。

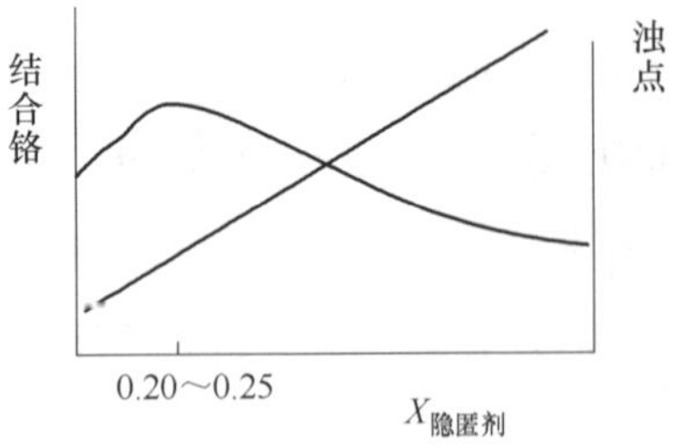

图 6-12　鞣剂的隐匿

（2）醛基类助鞣剂

酸性介质中醛基被激活为阳离子，与阴电性铬配合物构成中性，降低了鞣剂表面张力，增强了鞣制胶原的渗透吸收能力，获得明显的铬盐高吸收效果。提碱后，醛基占有氨基使羧基更多暴露，增加阳电性铬盐的结合，形成醛铬协同效应。表面上看似无法相关的醛-铝鞣早期就被利用。醛类与铬盐的协同使得一次性铬鞣剂吸收量较多。结果是胶原的活性亲水基团减少但革的状态良好，疏水性增加。在醛基类助鞣剂中，甲醛、戊二醛、噁唑烷等被研究报道，效果明显。

（3）氨基类助鞣剂

氨基或有机胺化合物进入皮胶原后，使皮胶原的暂时等电点 PI_t 升高，给阴电性铬配合物更强的库仑引力，促使结合并渗透，平衡向高吸收方向移动。

（4）非铬鞣性金属混合

为了提高铬的吸收，将鞣性金属混合形成溶液，也称多核/异核金属离子溶液，是一种较为复杂的体系，参考第 2 章所述，能从几个方面进行描述。对单一水合 Cr^{3+} 离子体系而言，本身是一个多尺寸或多电荷水合配合物水解的动态平衡体系，当加入常见的 Al^{3+}、Fe^{3+}、Zr^{4+}、Ti^{4+} 离子后，各种平衡发生变化。除 Zr^{4+} 水合热较高外，这些离子与 Cr^{3+} 的水合热相近（Smith，1977），但是，这些离子的电荷密度不同，水合层数量不同（见第 2 章）。在相同的阴离子及相同浓度下，配合物的阳电荷密度小，水合层少，迁移数大，活度高（Nightingale，1959）。胶原是亲水高聚物，含有羧基、氨基、酰胺基等亲核基团，可与金属离子产生静电结合、配合、螯合、离子交换（Natkański，2013）等作用，对较低电荷密度的具有更好的综合亲和力。鉴于 Cr^{3+} 配合物稳定性好，显示出电荷密度低，相对活性较强。因此，适当金属种类及化学计量配比的多金属离子溶液可以促进 Cr^{3+} 的有效吸收。试验报道了 Cr^{3+}、Al^{3+} 复合可以提高 Cr^{3+} 的高吸收。此外，在多金属混合的鞣制中，除了一些高密度电荷离子外，低水合热离子（RE）以及高水合热大尺寸离子（Zr、Ti）的加入都可以提高铬的渗透与结合。

6.2.4.3　胶原修饰

研究报道，胶原上天冬氨酸和谷氨酸侧链的羧基与铬配位使铬鞣产生交联，提高皮革湿热稳定性。事实上，天冬氨酸和谷氨酸侧链的羧基很少，含量分别为 42/1000 及 73/1000，而只有经过碱酶处理后，精氨酸的胍基、带酰胺基氨基酸以及部分肽链水解，才能增加铬阳离子的配合位点。但是，纤维束内的结合位点不易被铬配合物触及。正常鞣制结合铬量仅仅是理论值的 10% 左右。在较大直径的胶原纤维表面增加结合位点，或进一步分离微纤维束以提高可及度，需要进行胶原的修饰改性处理。除准备工段的酸碱盐酶处理外，化学修饰也是多有报道。

Gustavson（1961）研究报道了可以采用酸酐增加羧基，如引入丁二酸酐、苯二酸酐、均苯四酸二酐与裸皮进行反应，丁二酸酐的一端与皮胶原的氨基形成酰胺键，另一端则引入了羧基，但这个反应要求在碱性条件下进行。反应式：

$$P—NH_2+(CH_3CO)_2O \longrightarrow PNH—CO—CH_2CH_2—COOH$$

利用醛酸作用于皮胶原，ChangJ 与 Heidemann 等（1991）报道了用乙醛酸代替部分硫酸用于浸酸，可节约 50% 的铬。羧基的吸电子效应使醛基的活性增强。与胶原的氨基作用而引入羧基，与传统铬鞣相比，羧基使铬得到更好的吸收和固定，且使铬分布均匀、颜色均匀。

利用羟乙基丙烯酸酯与皮胶原侧链氨基发生 Michael 亲核加成反应引入羧基，同样也可以改善铬鞣效果，加强铬的结合牢度。反应过程为：

$$P—NH_2+CH_2 =CHCOOCH_2CH_2COOH \longrightarrow P—NH—CH_2CH_2COOCH_2CH_2COOH$$

6. 2. 4. 4　高吸收与高结合平衡

制革过程中，皮与革对化学品的吸收、结合途径有多种，值得注意的是以下两个关键内容：

（1）高吸收要求有高结合

完成铬盐在皮内高吸收的动力学过程后，是否能获得良好结合，使渗入胶原内的铬停留在皮胶原内达到热力学最大结合平衡。能够最大化抵抗后续水洗、材料的交换替代。

（2）高吸收要求保持活性

结合性高吸收若使铬失去活力或变得更为"惰性"，将使铬鞣特征被迅速降低，较大改变了后续材料的渗透结合平衡，结果使复鞣填充效果降低，成革的丰满度多有逊色。因此，为了达到活性要求，在过度隐匿下的高吸收对保持铬及其他非铬金属鞣性离子配合物需要考虑。

6. 2. 5　锆盐鞣制

20 世纪 20 年代已有锆盐鞣革报道及锆鞣剂商品。锆鞣革饱满、坚挺、抗切割，是制造白色革，尤其是制造抗磨坚实底革的优良鞣剂。与铬盐鞣制的条件不同，锆的 pK $(I>0)=-0.7$，试验表明锆鞣需要通过大计量隐匿提高浊点 pH 才能进行鞣制。但是，隐匿进入降低锆盐与胶原的配位结合阶段。Zr^{4+} 水合聚离子耐热好，在皮内支撑胶原结构抵抗湿热收缩使 Ts 较高。

6.2.5.1　Zr⁴⁺的水解特性

Zr⁴⁺在水中以八配位、四聚体为最小结构单元形成多核配位化合物。在水合锆离子 $\left[Zr(H_2O)_{6\sim8}\right]^{4+}$ 水解为 $\left[Zr(OH)(H_2O)_{5\sim7}\right]^{3+}$ 的同时，四聚体进一步水解配聚成多个四聚体的配聚物，相互间可以是点连接、双桥线连接和3桥面连接，图6-13为碱度50%的水合无（左）、含有硫酸桥接的水合配合物。其连接桥可以是羟基和氧，也可能是酸根离子及作隐匿剂用的羟羧酸。

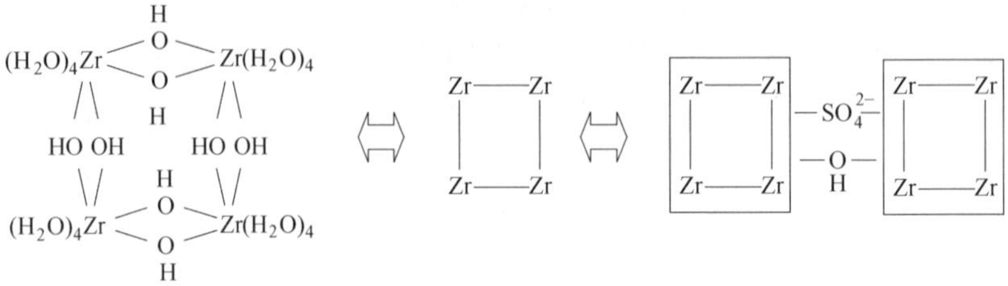

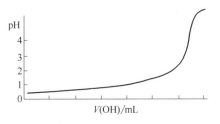

图6-13　水溶液中 Zr⁴⁺ 配合物结构示意

常用锆鞣剂表示成 $Na_2ZrO(SO_4)_2 \cdot nH_2O$ 或 $(NH_4)_2ZrO(SO_4)_2 \cdot nH_2O$。Zr⁴⁺高电荷导致水解性极强。碱滴定曲线见图6-14，Zr⁴⁺配合物在胶原的等电点附近没有分级水解特征。例如，0.01mol/L 的 Zr⁴⁺配合物溶液的 pH 为 2.81 并出现沉淀。而在 pH≤2.8，胶原远离等电点，氨基羧基基团处于封闭状态；水解点与胶原等电点极大的错位，无法以小分子渗入进行内配聚，使 Zr（Ⅳ）的鞣性大大降低。

6.2.5.2　锆鞣剂和胶原的结合

对 Zr⁴⁺ 与胶原的反应存在不同的推测。与铬盐溶液类似，水解的动态平衡无法确定溶液中的各组分，因此，对 Zr⁴⁺ 的水合配合物组成的电荷的分析只能作为参考，如经离子交换色谱和电泳试验分析，Цецнов（1973）认为 Zr⁴⁺

图6-14　一定碱化速度下
0.1mol/L Zr⁴⁺的水解特征

配合物主要是以阴离子组分为主，包含非离子和少部分阳离子。而 Heidemann（1965）认为它们是阳离子的（事实上，只能在非常低的 pH 条件下才获得有限的溶解度）。最终可以分析：

① 经过氯氧化锆、草酸锆对胶原作用后经差示扫描量热法（DSC）检测，样品变性温度升高，而元二色谱中无变性位移，证明了 Zr⁴⁺ 与氨基酸以极性结合为主（NishtarNF，2003）。

② Zr⁴⁺ 配合物的多电荷特征是特有的。因此，Zr⁴⁺ 与胶原的结合也可以是多形式的，而仅仅涉及质子化氨基起稳定化作用不真实（Hock，1975）。

③ Zr^{4+} 配合物的阴离子与胶原的质子化氨基极性结合。随着溶液 pH 升高，Zr^{4+} 配合物水解程度更快升高，Zr^{4+} 配合物外层将逐步失去质子而变成负电状态，可与阳离子氨基形成盐键。

④ 对锆鞣裸皮、丝血纤朊（带活性氨基蛋白链较胶原中的少 5~6 倍）和聚酰胺进行比较，裸皮所固定的锆量最大，丝血纤朊固定的 Zr^{4+} 几乎只为裸皮所固定的 1/5，而聚酰胺 6（肽基）只有 1/6 ~ 1/11，从而说明 Zr^{4+} 鞣时氨基和肽基的活性作用，以—NH_2 为主，肽基次之。

⑤ 裸皮被酯化和乙酸化后与未处理的裸皮比较，导致 Zr^{4+} 的吸收大大减少，引起成革的收缩温度降低，因此，降低胶原极性可增加 Zr^{4+} 被裸皮的吸收量，表明存在疏水结合。

⑥ 经 Zr^{4+} 盐饱和的革对 Cr^{3+} 的吸收就如同裸皮一样。表明阴离子配合物与氨基结合，不阻碍羧基和 Cr^{3+} 的吸收与结合。Heidemann（1965）却认为，部分阳离子 Zr^{4+} 配合物和胶原阴离子基团间的电荷-电荷作用不能排除。

事实上，没有足够的实验依据，结果是 Zr^{4+} 鞣机理的研究存在多种解释，这可能是由使用的试验条件不同、Zr^{4+} 盐组分不同、在溶液中的稳定程度不同所致（Михаинов，1965）。隐匿使 Zr^{4+} 水合离子水解析出高碱度的 Zr^{4+} 化合物，并沉积、吸附在革纤维之间，而化学键的结合是次要的，这难以用一种机制解释。但是，在低 pH 条件下鞣制时，配位硫酸根负离子是渗透与结合的主导力。

无论何种解释，对于锆鞣革能力而言，其在高酸度溶液中能形成稳定的水溶性配聚物，可通过 $Zr_4O_8H_m$ 的结构中大量的羟基与胶原结合，形成类似植物多酚的鞣制（Covington，2009），见图 6-15，使得锆鞣革的收缩温度高于 90℃。

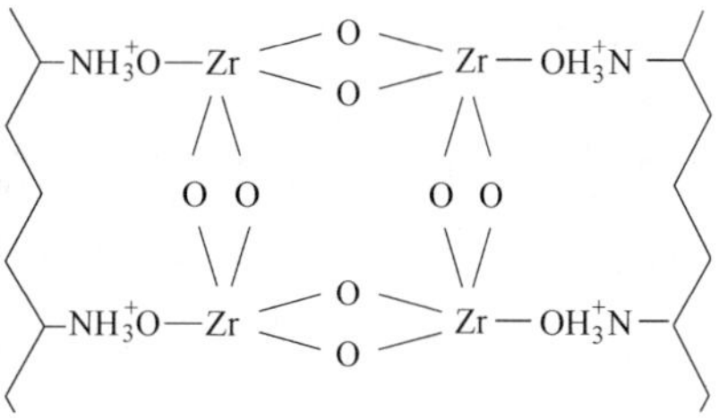

图 6-15 Zr^{4+} 配合物稳定胶原推测

6.2.6 铝盐鞣制

除铬盐鞣外，铝盐鞣制的研究报道是最多的。其实，在铬鞣之前就有铝鞣。早在公元 8 世纪恺撒帝国（俄罗斯前身）时发明了矾土（Al_2O_3）鞣。直到 16 世纪，开始鞣革使用的铝盐是其复盐，称铝矾或明矾，如硫酸钾铝（钾明矾）、硫酸铵铝（铵明矾）。随后有碱式氯化铝、碱式硫酸铝。氯化铝比硫酸铝更稳定，易制成适于鞣革的高碱度铝盐。但是，直接使用铝盐时，通常还是采用硫酸铝 $[Al_2(SO_4)_3 \cdot nH_2O]$。

6.2.6.1 Al^{3+} 的水解特性

前已述及，Al^{3+} 的 pK（$I>0$）= 4.3。由于 Al^{3+} 特定的电子结构，其水解反应较快，难以获得逐级水解过程，对水解配聚程度难以控制。在溶液碱性提高时易从低碱度直接进入高碱度，最终产生沉淀，即特定碱度的稳定性较差，见图6-16。

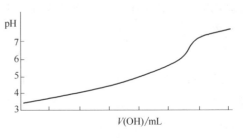

图6-16　一定碱化速度下0.2mol/L Al^{3+} 的水解特征

Al^{3+} 进入水中即刻产生水解反应，生成羟基 Al^{3+} 水合离子并迅速趋于聚合反应，生成羟基聚合物。随溶液 pH 的升高，Al^{3+} 水合离子进一步进行水解聚合反应生成复杂多变的各种羟基聚合物。聚合反应可概括为以下反应步骤：

① Al^{3+} 水解缩聚生成二聚体。

② Al^{3+} 二聚体沿二聚体的晶轴方向进一步定向水解聚合，生成二维羟基聚合物。

③ 二维羟基聚合物生成具有三维结构的各种羟基聚合物。

④ 各形态聚合物间继续进行聚合生成无定形凝胶沉淀物。

试验研究和分析表明，Al^{3+} 水合离子水解产生多种物质，有：

单体形态　Al^{3+}、$Al(OH)^{2+}$、$Al(OH)_2^+$、$Al(OH)_3(aq)$、$Al(OH)_3(s)$、$Al(OH)_4^-$

聚合形态　$[Al_2(OH)_2]^{4+}$、$[Al_3(OH)_4]^{5+}$、$[AlO_4Al_{12}(OH)_{24}(H_2O)_{12}]^{7+}$

以及少量不确定的六配位水解聚合形态。结构如下：

$$(H_2O)_4Al\underset{OH}{\overset{O\,H}{<>}}Al(H_2O)_4 \qquad (H_2O)_4Al\underset{OH}{\overset{H}{<>}}Al\underset{OH}{\overset{H}{<>}}Al(H_2O)_4$$

Al^{3+} 水合离子中具有铝聚合物絮凝成分 Al_n，较熟悉的是铝原子簇 Al_{13}，结构示意为 $[AlO_4Al_{12}(OH)_{24}(H_2O)_{12}]^{7+}$。$Al_{13}$ 被认为是在酸性 Al^{3+} 水合离子溶液的 pH 突变升高后生成的，是絮凝剂的有效组分，用 X 射线进行晶体结构测定得到，在 Al_{13} 聚合物的核环（Keggin）结构中铝以四面体构成核心，其外围是 12 个八面体，见图6-17。铝原子簇 Al_n 中的 n 值难以稳定，受溶液的温度、时间及浓度影响（李国红，2006）。根据结构表明，聚合物表面大量的羟基及电荷（利用显色剂 Ferron 与铝聚合物羟基的络合动力学差异可以考察铝聚合物在溶液中水解聚合的形态）。Al_n 在 pH 弱酸及中性下有极强的聚凝及电中和效应。

用 Al^{3+} 溶液鞣制，水解以低聚物为主，难以产生 Al_{13} 甚至更高数量的铝聚合物。对于铝的低分子聚合物，很难在皮胶原内形成有效的原位聚合物，导致鞣性不足，鞣革最佳鞣制条件出现在 pH≈4.5，Ts≤74℃。研究表明，利用 Al_n 鞣革，随着 pH 升高 Al_{13} 的结合力及稳定性增加。只要在 100～300nm 的聚合物，可以鞣革获得 Ts≥70℃结果（王绍腾，2020）。Heidemann 认为中和到 pH ≈ 5.5 时革内铝含量最大，在铝鞣革内的 Al^{3+} 配合物以多核的大分子形式存在。

6.2.6.2 Al^{3+} 与胶原的结合

由于 d 轨道在最外层，形成外轨配位键，此类化合物称为外轨型配合物。其键能类似电价键的键能，稳定性较共价键的内轨型配合物的差一些。在前述 Al^{3+} 配合物的交换机制及配合物形成的活化能，都已说明 Al^{3+} 配合物的稳定性。因此，

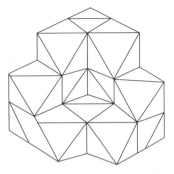

图 6-17 Al_{13} 的 Keggin 结构模型

Al^{3+} 配合物与胶原羧基及羟基的结合能力稳定性不足在 Al^{3+} 鞣制效应中体现。

Al^{3+} 的水交换速度是 Cr^{3+} 的 $10^5 \sim 10^6$ 倍（Burgess，1978），使得 Al^{3+} 离子的快速交换（第 4 章）难以获得有效隐匿；Al^{3+} 核小而水合 Al^{3+} 的电荷密度高，水合层紧密，使得配体将隔着水分结合，导致稳定性不够。高电荷又使其与阴电荷基团吸引强，因此，Al^{3+} 始终对阴离子物质敏感，但在水热作用下离解，不同于 Cr^{3+} 鞣制，在收缩转变后不能涉及金属-胶原蛋白键的破坏。

6.2.7 钛盐鞣制

1902 年，英国就有钛鞣的专利，由于当时钛是贵重金属，没有更多的研究。钛鞣革饱满、紧实，且有良好的耐撕裂及崩裂强度。Ti^{4+} 是制造白色革的优良鞣剂。钛与锆同族，有相同的外层电子结构。但 Ti^{4+} 水合离子的半径更小，其离子势（电荷与半径比 Z/R）比 Zr^{4+} 的大，在水溶液中，Ti^{4+} 水合离子形成 TiO^{2+} 的趋势比 Zr^{4+} 形成 ZrO^{2+} 的趋势大。当溶液中以 TiO^{2+} 形式存在时，正电荷减少一半，又因为 TiO^{2+} 离子较 Ti^{4+} 水合离子体积更大，TiO^{2+} 水合离子的渗透及配聚物结合能力减弱，TiO^{2+} 水合离子与胶原配合结合能力较 Zr^{4+} 低。

6.2.7.1 Ti^{4+} 水解特征

Ti^{4+} 的 pK（$I > 0$）$= -4.0$。Ti^{4+} 水解性比 Zr^{4+} 强。当 Ti^{4+} 液稀释到一定程度或用碱中和到 pH = 0.5 时，在常温下也能发生水解反应而生成白色絮状的正钛酸沉淀。另外，只要将 Ti^{4+} 溶液加热维持沸腾状态，即使酸度较大，仍能发生热水解反应而生成白色的偏钛酸沉淀。碱滴定曲线见图 6-18，在胶原的等电点附近没有分级水解特征。例如，0.02mol/L Ti^{4+} 溶液的 pH = 1.5 时就出现沉淀。一方面，胶原浊点远离等电点，氨基、羧基基团处于封闭状态；另一方面，无法逐级水解配聚，使大分子聚合物难以渗入胶原内部，使 Ti^{4+} 的鞣法条件复杂化。

Ti^{4+}是高电荷的离子，在强酸性水溶液中水解易形成 TiO$_2$ 的水合物，可以进一步通过脱水制备 TiO$_2$。描述 Ti^{4+} 水合离子水解物的报道较多，由于 Ti^{4+} 水合离子浓度及环境条件不同，结果均有区别。但配聚过程形成的水溶性多核配合物有线型及体型两种，结构如下：

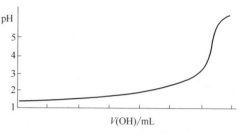

图 6-18 一定碱化速度下
0.1mol/L 的 Ti^{4+} 水解特征

Ti^{4+} 溶液中其他阴离子配体的存在会影响水解配聚作用，例如，溶液中的 SO$_4^{2-}$ 含量增多，对 Ti^{4+} 水合离子的水解有一定的抑制作用。有机配体特别是与 Ti^{4+} 水合离子能形成较稳定的配合物的配体，取代 H$_2$O 分子配体后形成混配化合物，破坏羟桥和氧桥的形成，使配聚作用不易发生，提高 Ti^{4+} 水合离子溶液的稳定性。与 Ti^{4+} 形成较稳定配合物的配体主要含氧元素，即含羟基、羧基的有机分子。由于 Ti^{4+} 水合离子在 1mol/L 的强酸溶液中就会发生水解，而在此酸性条件下 COO$^-$ 由于加质子作用与 Ti^{4+} 的配位作用很小，因此，有机羧酸，如甲酸、乙酸、草酸几乎不能提高 Ti^{4+} 溶液的稳定性，除非在 pH≤1 时出现离解的多羧酸。

由于钛鞣剂的电荷组成与锆鞣剂类似，去氨基、乙酰化、甲基化、去胍基胶原及模拟物尼龙 6 与钛鞣剂的作用表明，钛鞣剂主要也是羟基与氨基、胍基反应，少量地和羧基以电价键形式结合。尽管如此，Ti（Ⅳ）在高酸度溶液中具有良好的配聚能力，使得钛鞣革的 Ts≥90℃。

6.2.7.2　Ti^{4+}与胶原的配位结合

在鞣革方面与铝鞣相似（Swamy，1983），区别在于钛盐的填充效果更强，这是由于盐的聚合性质。阳离子钛离子是带有八面体配体场的链（—Ti—O—Ti—O—）*。与胶原蛋白的弱化学作用，导致 Ts 为 75~80℃，如果采用羟基羧酸盐时，Ts 达到 92℃（Peng，2007）。钛鞣的皮革最初是无色的，老化过程中趋于黄色，这是从氢键到静电键的转变。鞣剂 TiO（NH$_3$）$_2$（SO$_4$）$_2$ 是典型的钛鞣剂，其硫酸盐水溶液中配合物离子的电性，因条件不同，其结果是不同的。在一定条件下，硫酸氧钛铵复盐的水溶液（4%

~6%）以阴离子配合物为主，少数为中性。钛鞣剂通常在 pH≤1.0 的溶液形式中进行鞣制。因此，钛鞣剂必须在强酸性介质中保持稳定。

6.2.8　铁盐鞣制

铁鞣的产生早于铬鞣。1770 年，英国专利提出 Fe^{3+} 鞣革 Ts 最高达 97℃，而 Fe^{2+} 鞣革 Ts 为 76℃。详细的研究为 20 世纪 20 年代的德国。从生态的观点出发，铁既无毒，又价廉。铁鞣有较好的丰满性和柔软性。由于 Fe^{3+} 与 Fe^{2+} 之间的氧化还原电位很小，氧化还原不时地发生使得周边的化学环境及不稳定，出现氧化、黄变、表面铁斑，在制革中 Fe^{3+} 往往作为杂质被去除。Fe^{3+} 与多数有机物反应形成有色产物，其鞣制的革又被称为棕色革。更特殊的是，Fe^{3+} 盐鞣革具有难以接受的铁腥味，使铁鞣革一直未获得实质性的工业应用。

6.2.8.1　Fe^{3+} 的水解聚合

根据 Fe^{3+} 在水溶液中的平衡，试验发现，Fe^{3+} 的水溶液形成一级水解物 $Fe(OH)^{2+}$ 的 $pK_{11}=-3.05$，二级水解物 $Fe(OH)_2^+$ 的 $pK_{12}=-6.31$，三级水解物 $Fe(OH)_3$ 的 $pK_{13}=-3.96$，因此，要形成单独分级水解物是困难的，见图 6-19。

Fe^{3+} 在水溶液中会发生水解反应，当满足 $[Fe][OH]^3 = 4 \times 10^{-38}$ 时则形成 $Fe(OH)_3$ 凝胶沉淀。在不发生沉淀的酸性条件下，根据浓度及溶液 pH 的不同，Fe^{3+} 水合离子可能存在多种形态，如 Fe^{3+}、

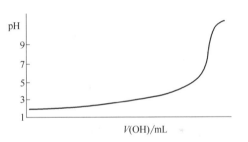

图 6-19　一定碱化速度下 0.03mol/L Fe^{3+} 的水解特征

$Fe(OH)^{2+}$、$Fe(OH)_2^+$、$Fe_2(OH)_2^{4+}$、$Fe_3(OH)_4^{5+}$ 等羟基配离子。由于获得双核水解物 $Fe_2(OH)_2^{4+}$ 的 $pK_{22}=-2.91$，较二级水解更容易达到。因此，低碱度下 Fe^{3+} 更易在高级水解前获得多核聚合物，这对鞣制是有益的。

$$(H_2O)_4Fe \diagup^{\substack{H\\O}}_{\substack{O\\H}} \diagdown Fe(H_2O)_4 \qquad (H_2O)_4Fe \diagup^{\substack{O\\H\cdots O}}_{\substack{O}} Fe \diagdown^{\substack{O\\\cdots O\\H}} Fe(H_2O)_4$$

6.2.8.2　Fe^{3+} 与胶原的结合

一方面，Fe^{3+} 水合离子的水解聚合趋势比 Al^{3+} 的更强。Fe^{3+} 水合离子一二级水解点平均接近胶原等电点，可以阳离子形式和羧基反应，形成比 Al^{3+}、Zr^{4+}、Ti^{4+} 稳定得多的配合物。然而，Fe^{3+} 水合离子的水解聚合能力低于 Cr^{3+}、Zr^{4+}、Ti^{4+}，从离子水合尺寸

及电荷密度上可以与 Cr^{3+} 媲美，只是水合级别难以控制，有效结合部分不及 Cr^{3+}，但是采用适当的隐匿剂，如酒石酸掩蔽单体，可获得 Ts 达 85℃（Tavani，1993）。

另一方面，Fe^{2+} 配合物稳定性小，在于 Fe^{2+} 不稳定，易氧化，难以作为鞣剂。Fe^{3+} 的最外层和次外层的电子结构是 $d^5s^0p^0$，它可以两种方式使用空轨道接受配位体的孤对电子，即内轨型又外轨型。例如，Fe^{3+} 与 CN^- 的配合物属内轨型的，而以 SO_4^{2-}、OH^- 和 H_2O 等为配体的外轨型配合物。

6.2.9　金属盐鞣法探索

6.2.9.1　铝盐鞣法——分析试验法

目的：由于 Al^{3+} 水解难以分级进行（图 6-16），为了稳定水解聚合提高其鞣制效应，需要通过隐匿来增加 Al^{3+} 配合物的稳定，同时尽可能获得与胶原最大的结合。

（1）试验路线

① Al^{3+} 液配制。33% 碱度 $AlCl_3$ 与 $Al_2(SO_4)_3$ 配制成 0.1mol/L 的 Al^{3+} 水溶液，室温存放 7d 平衡水解。

② 凝胶色谱。G25 填 85cm×2.5cm，取 Al^{3+} 液 5mL 样品注入色谱柱；用 0.1mol/L 的 NaCl 溶液洗脱，50mL/h，5mL 收集；用二甲酚橙方法检测。

③ 离子色谱。C25 填 20cm×1.6cm，取 Al^{3+} 液 5mL 样品注入色谱柱；用 3mol/L 的 NaCl 溶液洗脱，30mL/h，5mL 收集；用二甲酚橙方法检测。

④ 胶原鞣制。皮粉 4g，浸入 100mL 的 $NaClO_4$ 溶液；$HClO_4$/KOH 调 pH 为 3.0、4.0、5.0；隐匿的 Al^{3+} 溶液 80mL，30℃，22h。

⑤ 结合量。采用 H_2SO_4/$HClO_4$ 皮粉湿氧化；EDTA 配位滴定；胶原含量测定。

（2）Al^{3+} 鞣液组分

① $AlCl_3$ 溶液

a. 无碱度 $AlCl_3$ 溶液凝胶色谱：未隐匿是单组分小分子；隐匿后有多组分。

b. 33% 碱度 $AlCl_3$ 溶液凝胶色谱：未隐匿是双组分；0.3mol/L 柠檬酸隐匿，单组分；隐匿程度增加，双组分、分子质量增加（有多核物）。

c. 无碱度 $AlCl_3$ 溶液离子色谱：未隐匿是单组分（同电荷）；隐匿后是双阳电荷组分；隐匿程度增加，阴电荷组分出现并增加。

② $Al_2(SO_4)_3$ 溶液

a. $Al_2(SO_4)_3$ 溶液凝胶色谱：相同碱度与 $AlCl_3$ 溶液有相同的趋势。

b. 隐匿程度与组分变化同 $AlCl_3$ 溶液，稳定组分时间较长。

（3）Al^{3+} 鞣液的鞣制

① $AlCl_3$ 溶液鞣制

a. 无碱度 $AlCl_3$ 溶液：pH＝3.0，不隐匿，结合最少，隐匿程度增加，结合 Al^{3+} 量增加；pH＝4.0，不隐匿，结合量最大，隐匿程度增加，结合 Al^{3+} 量降低；pH＝5.0，不隐匿，结合量适中，0.5mol/L 隐匿结合量最大。

b. 33% 碱度 $AlCl_3$ 溶液：pH3.0 左右，同无碱度 $AlCl_3$ 溶液；pH4.0 左右，结合量最大在 0.5mol/L 隐匿（结合量中等）；pH5.0 左右，不隐匿，结合量量中，0.3mol/L 隐匿结合量最大。

② $Al_2(SO_4)_3$ 溶液鞣制

无碱度 $Al_2(SO_4)_3$ 溶液：pH3.0 左右，不隐匿，结合量最少，隐匿程度增加，结合 Al^{3+} 量增加；pH4.0 左右，不隐匿，结合量最大，隐匿程度增加，结合 Al^{3+} 量降低；pH5.0 左右，不隐匿，结合量量中，0.3mol/L 隐匿结合量最大。

（4） Al^{3+} 鞣法结论

用 $AlCl_3$、$Al(OH)Cl_3$、$Al_2(SO_4)_3$ 鞣剂鞣制：pH＝3.0 或 5.0 鞣制时，0.3～0.4mol/L 用量的隐匿效果最好；pH＝4.0 鞣制时，不隐匿效果最好；根据隐匿与鞣性关系，鞣剂 $Al(OH)Cl_3$ 及 pH＝5.0 鞣制效果最好。

6.2.9.2　Fe^{3+} 盐鞣法——鞣制试验法

（1）基本流程

① 裸皮浸酸。软化黄牛皮常规浸酸至 pH＝2.8，单层 1.1mm 厚。

② 预处理。酒石酸钠。

③ 转鼓鞣制。13.5% $Fe(OH)SO_4$（B＝45%），转动 120min，全透，浴液 pH≈1.7，$NaHCO_3$ 提碱至 pH＝4.2，得到棕湿坯革出鼓搭马。

④ 棕湿革机械加工。挤水、削匀（1.0mm）、称重。

⑤ 染整湿处理。漂洗、中和、复鞣、染色、加脂、固定、水洗。

（2）工艺过程

鞣法工艺见表 6-10 与表 6-11。

表 6-10　　　　　　铁鞣家具革鞣制工艺方案（牛皮灰皮，厚 1.5mm）

工序	用量/%	化学材料	温度/℃	时间/min	备注
水洗	150	水	35	20	
脱灰	100	水	35	30	完成后 pH≈9.0
	2.0	硫酸铵			
	0.3	亚硫酸氢钠			
	0.2	脱脂剂		30	
软化	1.1	软化酶		90	pH≈7.8，排水

续表

工序	用量/%	化学材料	温度/℃	时间/min	备注
水洗	100	水	20	20	
浸酸	50	水	25	5	溶液浓度>6°Bé(波美度)
	6.0	氯化钠			
	0.3	防腐剂		60	pH≈4.4
	2.0	耐光加脂剂			
	2.5	多羧酸隐匿剂			
	1.0	甲酸(85%,稀至10%)		15	完成后
	0.5	硫酸		60	pH≈3.2
鞣制	13.5	Fe(OH)SO₄粉		120	鞣透,pH~1.7
提碱	100	水	25	30	pH≈2.3
	1.5	Na₂CO₃(稀至10%)		30	pH≈2.6
	1.5	Na₂CO₃(稀至10%)		60	pH≈3.2
	1.5	Na₂CO₃(稀至10%)		60	pH≈3.7,排水
水洗	100	水	20	10	
机械处理	挤水,削匀(1.0mm),称重,漂洗				

表 6-11　　　　铁鞣家具革复鞣工艺方案 (牛皮坯革，厚1.0mm)

工序	用量/%	化学材料	温度/℃	时间/min	备注
水洗	200	水	40	15	排水
中和	100	水	30	30	完成后 pH≈6.2,排水
	3.0	中和合成鞣剂		60	
	2.0	碳酸氢钠			
复鞣	100	水	30	30	完成后排水
	4.0	树脂鞣剂			
	7.0	耐光合成鞣剂		60	
染色	150	水	50	30	pH≈6.0
	2.0	染料			
加脂	5.0	耐光加脂剂 A		60	
	4.0	耐光加脂剂 B			
固定	1.0	甲酸(85%)		15	1:10稀释
	1.5	甲酸(85%)		30	pH≈3.7,排水
水洗	150	水	20	5	排水
整理	真空干燥、挂凉、拉软、绷板、磨面、涂饰				

(3) 检验结果

① 铁鞣工艺中抗氧化合成鞣剂的加入，可提高成革的丰满性、耐光性和耐热性。

② 尽管铁鞣制后坯革不是白色，但是铁鞣革经涂饰后可获得浅淡颜色的成革。

③ 铁鞣革可以染出明亮的颜色包括各种棕色。坯革具有极好的耐 PVC 迁移坚牢度。

④ 需要将铁鞣革染成黑颜色时，往往要加入植物栲胶，耐湿擦坚牢度达 3~4 级。

⑤ 将铁鞣坯革经丙烯酸树脂及聚氨酯树脂处理，成革的物理力学性能良好。

⑥ 通过测定铁鞣坯革的耐湿热稳定性，可以表征鞣制效果的稳定性。

⑦ 在 70℃、相对湿度 95%条件下作用 7d，坯革革身软度及 Ts 稳定：铬鞣≈铁鞣>醛-植鞣（其中：铬鞣为 $2.5\%Cr_2O_3$ 鞣制；醛-植鞣为 3%戊二醛+15%荆树皮栲）。

⑧ 在干态 150℃受热 1h，坯革革身收缩及 Ts 稳定：铬鞣>铁鞣>醛-植鞣。

（4）铁鞣法总结

① 3.6%铁鞣制［13.5%$Fe(OH)SO_4$］：Ts=（80±2）℃；pH=3.7~3.9；挤水、削匀操作同铬鞣蓝湿革；耐光 4~5 级；耐 PVC 迁移 5 级；抗生物浸袭性同蓝湿革。

② 干坯革：撕裂强度达到要求；湿热稳定性（70℃，95%RH，7d）比醛-植鞣革强，但不如铬鞣革；压花性能好。

③ 涂饰后的革：涂层粘着性较差；耐曲挠及摩擦性能达标。

④ 铁鞣总费用高于铬鞣工艺，与无铬鞣比具有竞争优势。

铁作为铬的替代鞣剂实现无铬鞣制具有相当大的潜力。同时也应该清楚地认识到，对于任何一种无铬鞣制方法所鞣制的坯革，都无法完全达到铬鞣革的理想功能。

6.2.9.3　铬盐鞣法——提碱试验法

铬鞣制过程中提碱是铬鞣法中，其水解与结合的重要过程，直接关系到 Cr^{3+} 的吸收与分布。使用提碱剂及环境条件不当，会对鞣制造成不良化学反应结果，如蓝斑、白斑、粗面、条痕等现象。应用提碱剂优化提碱工艺可以得到以下效果：

① 使 Cr^{3+} 最大程度固定于皮革内，浴液 Cr^{3+} 浓度达到最低，坯革 Ts 最高；

② 在坯革截面上使 Cr^{3+} 获得均匀分布，不出现色花；

③ 整理的化学品吸收性能最佳。

（1）4 种提碱剂基本特征

① MgO（a）：粒子小，比表面积为 $15m^2/g$；

② MgO（b）：粒子大，比表面积为 $0.9m^2/g$；

③ 白云石：$m(MgCO_3):m(CaCO_3)=1:1$，比表面积为 $2m^2/g$；

④ $NaHCO_3$：工业级产品。

（2）电势滴定

试验时将各种用于提碱的化学品分别与 0.1mol/LHCl 反应，然后测其 pH 随时间的变化。所测得一系列电势滴定曲线，见图 6-20。白云石与酸反应最慢，比表面积大的 MgO，粒子小与酸反应最快，迅速达到最大 pH。

（3）提碱剂应用

提碱工艺操作描述见表 6-12。

表 6-12 提碱工艺

工序	操作	备注
浸酸	80%水，25℃，溶液浓度>6°Bé；1.0%甲酸钠，1.2%硫酸，要求 pH 达到 3.0	
鞣制	7.0%铬鞣剂（$B=33\%$），转 2h，检测鞣透后，加入 $X\%$ 提碱剂	用量按裸皮重计
提碱	粉状提碱剂直接加进；小苏打先用水以 1:10 稀释，再缓慢加进	

注：$1°Bé=144.3-(144.3/密度)$。

（4）提碱剂提碱特征

以等质量同时加入各种提碱剂，溶液 pH 随时间及温度的变化见图 6-21。由图 6-21 可以得出结论：

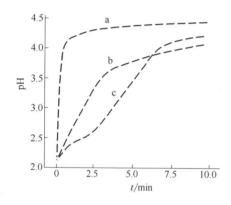

a—MgO；b—MgO；c—白云石。

图 6-20　电势滴定曲线

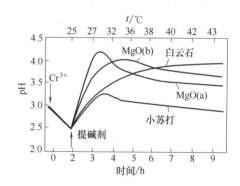

图 6-21　提碱剂与 Cr^{3+} 反应特征

① 白云石比表面积最小，中和最慢，最终水解 pH 最高，对 Cr^{3+} 水解作用最温和。

② MgO 之间比较，小粒子 MgO（a）比表面积大，与 Cr^{3+} 反应最快，1.5h 内使 pH 升至最高，然后 pH 下降速度也快，小粒子 MgO（a）。

③ 小苏打反应快，但同质量比较，其终点 pH 最低，来源与铬盐的高 pH 水解。

④ 当需要获得一致的提碱效果 pH 在 3.8~4.0，中和反应的速度与 pH 高低恰好相反。

（5）提碱剂与铬在革内的分布

采用不同提碱剂提碱。在鞣制过程中，Cr_2O_3（约 2h）被吸收 60%后进行提碱，最终 pH 约 4.1，鞣制 10h 后，不经水洗，测定 Cr_2O_3 在革内分布，检测结果显示，不同提碱剂在革内的分布差别较大，见图 6-22。与 Cr^{3+} 的水解对应：

① 与 Cr^{3+} 作用最强、水解最快的小苏打分布最不均匀；

② 提碱剂 MgO（a）比表面积大，水解反应快，比 MgO（b）分布差；

③ 白云石溶解差、pH 低，与 Cr^{3+} 作用慢，分布最均匀。但最终 pH 低，总吸收低。

（6）提碱与抗水洗能力

吸收的概念包含了渗透与结合两种不同平衡的结果。鞣剂鞣法的最主要目标是结合效果，提碱助剂决定了铬盐的水解聚合速度与程度，在改变以 pH、温度、时间为主的工艺条件下结合平衡。表 6-13 是提碱条件为 pH=4.0、存放时间 10h 或 20h，100%水，35℃水洗 30min 后，铬盐的结合平衡。

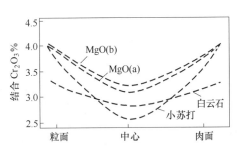

图 6-22　提碱剂与 Cr_2O_3 在革内分布

表 6-13　　　　　　　　　　　　提碱剂对铬盐的结合平衡

提碱剂	结合 Cr_2O_3/%		Δ/%	结合 Cr_2O_3/%		Δ/%
	存放 10h	水洗后		存放 20h	水洗后	
MgO(a)	3.6	3.3	-0.3	3.6	3.6	0.0
MgO(b)	3.9	3.8	-0.1	4.5	4.2	-0.3
白云石	3.3	3.5	+0.2	3.9	3.7	-0.2
小苏打	3.7	3.2	-0.5	3.9	3.5	-0.4

注：1 与存放 10h 结合 Cr_2O_3 比较。

表 6-13 所示内容说明：

① 使用的两种 MgO 和小苏打提碱，存放 10h，水洗使皮内 Cr_2O_3 量减少。其原因是提碱水解快使未固定的 Cr^{3+} 增加，经水洗即多数被洗出。洗出量与提碱速度成正比。

② 使用白云石情况下 Cr_2O_3 增加了 0.2%，这可能是由于沉积于皮层的 Cr^{3+} 在水洗中进一步发生水解而在皮内固定。

③ 白云石提碱是在低 pH 下完成的（pH≤4.0）。低 pH 导致革内 Cr^{3+} 水解不足。由此证明，水洗过程难以洗出革内的 Cr^{3+}；也可以说，在皮革中的水解速度高于洗出速度。

④ 同样条件下水洗，存放时间延长使革结合 Cr_2O_3 量略微增加。而小苏打结合 Cr_2O_3 量减少较多。

⑤ 提碱慢，达到最终 pH 时，Cr_2O_3 结合量最高，吸收平衡最好。

（7）提碱后的温度

温度对许多现有粉状提碱剂有较大影响，在铬鞣提碱后期提高温度，使铬配合物水解能力增加，固定能力增强，平衡渗透与结合同时加强，但是温度与吸收是非线性增加的。小苏打提碱后温度与结合 Cr_2O_3 量的关系见图 6-23。温度高于 20℃后结合增加较快（胶原黏性增加，受机械作用增强），可见鞣制后期升温是合理的。这可能是温度升高提碱最初阶段的 pH 会有相应提高，从而使皮对铬的吸收发生不均匀现象。

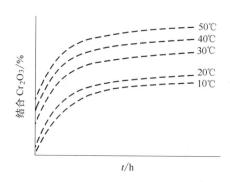

图 6-23　小苏打提碱后温度与 Cr_2O_3 结合量

6.3　有机鞣剂与鞣制

有机鞣剂包括植物单宁、合成芳族鞣剂、聚合物树脂鞣剂、醛类、噁唑烷等。自铬鞣发明以来，除特殊皮革外，有机鞣剂较少地被单独用来鞣革，但一直都是重要的制革辅助材料。

6.3.1　亲电鞣剂鞣制

曼尼希反应或胺甲基化反应，是指一个含有活泼氢原子的化合物与甲醛（或其他醛）及氨或胺（通常是伯、仲胺）的缩合反应，结果得到 β-氨基亚甲基化合物（1），（1）称为 Mannich 碱。但（1）作为反应中间体，首先形成（2），然后在一定条件下脱水形成（3）。

$$RN—H+HCOH+RX—H \longrightarrow RNH—CH_2XR+H_2O$$
$$（1）$$
$$RN—H+HCOH \longrightarrow RNH—CH_2OH \longrightarrow RN =CH_2$$
$$（2）\qquad\qquad（3）$$

含醛基鞣剂中 C 具有亲电性：

$$—\overset{|}{C}{}^{\oplus}=O \qquad —\overset{|}{C}{}^{\oplus}—OH \qquad —\overset{|}{C}{}^{\oplus}—S$$

胶原结构中的亲核基团较为丰富：

$$—NH_2, \quad —NH—, \quad HO—$$

这些基团主要源于赖氨酸、羟基赖氨酸、精氨酸、丝氨酸侧链以及链的端基等。鞣剂高浓度时，肽键参加反应。鉴于胶原大分子结构特征，需要激活氨基才能使其亲核反应可以有效进行。对醛而言，分子质量、亲水性、空间结构都是影响鞣性的因素，常见的小分子醛鞣性对比见表 6-14。

表 6-14　　　　　　　　　　　一些常见醛的鞣性

名称	Ts/℃	名称	Ts/℃
空白	56~58	甲醛	86~88
乙醛	74~76	乙二醛	82~84
正丙醛	65~67	丙烯醛	80~82
正丁醛	63~65	丁烯醛	77~79
正戊醛	56~58	戊二醛（改性戊二醛）	85~87（82~84）
苯甲醛	61~63	水杨醛	61~63

6.3.1.1　甲醛鞣剂与鞣制

（1）甲醛基本特征

甲醛为无色水溶液或气体，有刺激性气味，能与水、乙醇、丙酮等有机溶剂按任意比例混溶。其液体在较冷环境久贮易混浊，低温时则形成多聚甲醛沉淀。甲醛为强还原剂，在微量碱性时还原性更强。甲醛在空气中能缓慢氧化成甲酸，pH 为 2.8~4.0，相对密度为 1.081~1.085，沸点为 -19.5℃，闪点为 60℃。

甲醛在生产及储存过程中的形成聚甲醛是不可避免的，因为储存过程中温度、压力、pH、杂质都有可能诱导聚合。

聚甲醛分子链完全由—C—O—键连续构成，包括羟基缩合（半缩醛）、线性聚合、三氧杂环等，结构式如下：

$$HO \!-\!(HCO)_{\overline{n}} H \qquad (HCO)_{\overline{n}} H \qquad HC \begin{array}{c} O-HC \\ \\ O-HC \end{array} O$$

早先的研究发现（Auerbach，1951），当甲醛溶液质量分数达到 33% 时，甲醛主要以 1~3 聚合形式形成甲二醇及聚甲二醇：$HOCH_2OH$、$HOCH_2OCH_2OH$、$HOCH_2OCH_2OCH_2OH$。

（2）甲醛的游离

甲醛与氨基之间形成的供价键是完全耐沸水的。甲醛与胶原侧链氨基形成的共价键在 6mol/L HCl 溶液中煮沸过夜仍然是稳定的。但是，两种情况下甲醛鞣制后易解聚，分析原因：一是甲醛与氨基结合的初步未脱水形成席夫碱前，易逆向还原；二是多聚甲醛作连接桥时，聚甲醛之间易受多种外界作用而分解断链。

热解聚：一旦聚甲醛生成后，进一步分解是较为困难的，热处理或稀释可以获得解聚，溶液中聚甲醛的解聚条件及效果见表 6-15。

表 6-15　　　　　　　　　　　溶液中聚甲醛的解聚

样品	处理温度/℃	解聚时间/h	含单甲醛/%
未聚合甲醛液	20	—	34.54
聚甲醛的上清液	8	—	27.91
处理甲醛原液	60	58	29.71
处理甲醛原液	80	58	30.88
50% 稀释后处理甲醛原液	60	58	31.74

自动氧化解聚：由于氧的攻击引起分子链的断裂，在聚甲醛自氧化过程中产生的氢过氧化物，导致分子链按 β 断裂机理发生解聚。

有氧化剂解聚：在有氧化剂存在下，甲醛单体被氧化为甲酸，而甲酸能促使聚甲醛发生无规酸解反应，导致分子链断裂，分子质量迅速降低。

酸解和水解：体系中存在的 H^+ 可以引发酸解和水解，加速聚甲醛的分解。

干态光热解聚：光照及高温形成自由基，引发分子链无规断裂。

（3）甲醛鞣制

稳定的共价反应主要发生在赖氨酸、羟基赖氨酸、精氨酸的胍基上，这不能不说是对甲醛鞣革的 Ts 的主要贡献。甲醛单独鞣制的 Ts 为 86～87℃；其鞣革的密度较小，成革扁薄、较轻，耐洗性好，适合制造服装、手套，撕裂强度较铬鞣革低。但是，单独甲醛的交联概率较小，形成席夫碱需要脱水，根据可能的结果列出一些甲醛鞣产物见下式。可以理解，甲醛鞣制后随着环境变化导致聚甲醛的不稳定性（上述），释放游离甲醛的机会是较大的。

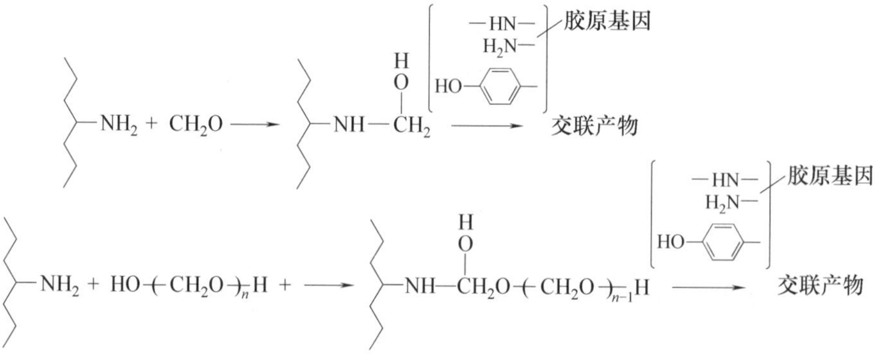

6.3.1.2 戊二醛鞣剂与鞣制

（1）戊二醛鞣剂

戊二醛易溶于水、乙醇，溶于苯，能随水蒸气挥发。纯度在 98% 以上的戊二醛在室温下可保存数日不变，但纯度低时易聚合成不溶性玻璃体。戊二醛在水溶液中以游离态存在的不多，在其质量分数 $\leqslant 50\%$ 的弱酸条件下存在大量不同形式的水合物，而大多数是环状结构的水合物（侯成信，1987）。50% 戊二醛水溶液聚合反应不显著，但高浓度或偏碱性的戊二醛溶液易聚合而不易保存。常用的戊二醛鞣剂溶液的质量分数为 25%～50%。

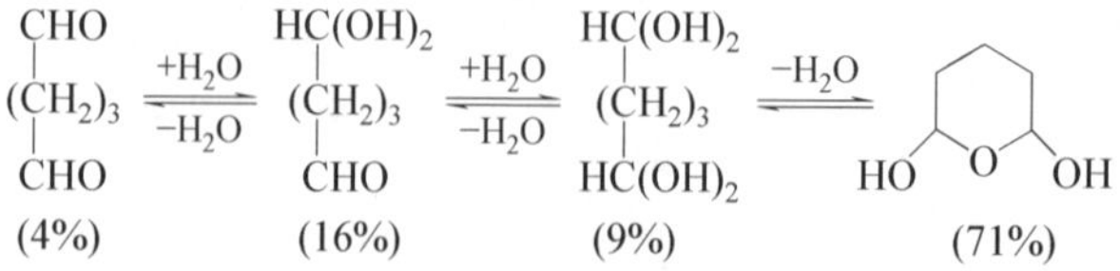

溶液中组分较多，反应过程复杂，产物较多。根据目前戊二醛鞣剂的浓度及鞣制

反应过程，反应产物举例见戊二醛鞣制。液体戊二醛在碱性条件下或有氧状态下，环状物结构出现变化，经过脱氢脱水、聚合，最后出现变色，由黄色直至棕色。

（2）戊二醛鞣制

1957 年，人们就认识到戊二醛的优良鞣制效果。戊二醛鞣制的革密度小、质量轻，适用于服装革和毛皮的生产。戊二醛鞣制的革有良好的多孔性，且耐洗、耐汗，即使革处于碱性条件下也是稳定的。

戊二醛在较大的 pH 范围（3.5~8.0）内均具有良好的鞣性，鞣革的 Ts 为 85~87℃。其鞣革进行加工较易获得丰满柔软的感官特征，与甲醛鞣革类似具有耐洗、耐汗性。用以环状物为主的戊二醛进行鞣革，革内可以形成多种复杂交联体，随着鞣制体系 pH 提高或存放后进一步交联、自聚，产生芳香（4n+2）或超共轭效应，结果是宏观上鞣革逐渐变黄。鞣制特征示意见下式：

$$-NH_2 + (CH_2)_3 \longrightarrow -NHCHOH + NH=CH + NH-CH_2-HN$$

（戊二醛与氨基反应的结构式）

戊二醛在较大的 pH 范围（3.5~8.0）内均具有良好的鞣性，但鞣制效应随 pH 的增高而加大。图 6-24 为浸酸山羊皮的鞣制条件与 Ts 的关系。但当 pH=7.5 时，戊二醛鞣革 Ts 迅速上升，对皮的表面作用太快太强，使革的粒面粗糙，常作为皱纹革生产的方法。研究表明，高 pH 可以使醛与肽键结合。

随着鞣制 pH 的升高，革对戊二醛的吸收量也有明显的增大。在较低 pH 条件下，

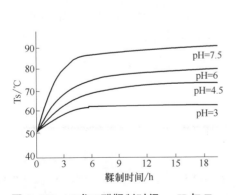

图 6-24　4% 戊二醛鞣制时间、pH 与 Ts

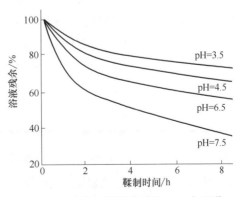

图 6-25　4% 戊二醛鞣制时间、pH 与吸收

尽管也能鞣制，但由于戊二醛缺乏渗透动力，吸收较慢，残留多，因此，在较低 pH 条件下使用戊二醛需要考虑足够的时间满足渗透，三者之间的关系见图 6-25。

为了加速或促进吸收及缩短鞣制完成时间，可以提高鞣制温度，使体系快速达到最高的 Ts，见图 6-26。但是戊二醛的渗透动力不足，渗透速度有限，过高温度的快速鞣制极易导致表面结合过多戊二醛，对粒面革制造影响较大。

与甲醛比较，戊二醛的鞣制能力稍低于甲醛，但鞣革的可整理性较好，尤其是其的低毒性，使得其更被制革工业广泛接受。只是戊二醛鞣制的革易黄变，不能得到纯白色的革，最终在浅色革的制造中受到限制。

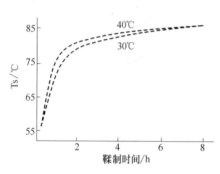

图 6-26　4%戊二醛鞣制的 Ts 与时间

（3）戊二醛鞣剂改性

根据戊二醛鞣剂成环、聚合形成有色物质的原理，对戊二醛进行化学改性。一种较好的方法，也是目前最常用的方法是利用甲醛进行缩合，将 α-H 进行取代，按照最主要的戊二醛组分进行表达，反应示意见下式：

$$HC(OH)_2\text{—}(CH_2)_3\text{—}CH_2O + CH_2O \longrightarrow$$

经过改性后的戊二醛称为改性戊二醛。改性戊二醛溶液的 pH 约为 5.0。从分子结构看，改性戊二醛的结构明显增大并复杂化。改性戊二醛一般以水溶液形式存在，为无色或淡黄色透明溶液。与戊二醛不同，改性戊二醛由于含有大量羟甲基，所以不仅易溶于水，而且与水强烈缔合，降低了它的挥发性，使改性戊二醛无明显刺激性味道。改性戊二醛水溶液虽然不易氧化也很难发生不可逆的聚合反应。但从改性后的结构看，其受热仍可分解出甲醛。因此，良好的改性戊二醛没有大量聚合的甲醛，释放甲醛较少。

（4）改性戊二醛鞣制

改性戊二醛稳定性好，如耐氧化、不聚合的性质是甲醛和戊二醛所不具备的。改性戊二醛具有醛基化合物的一般反应特性。根据化学结构，改性戊二醛鞣制能力应该更强，但鉴于结构形态，鞣制能力却较戊二醛弱。BASF 公司的 Relugan GTW 就是甲醛和戊二醛反应的产品。改性戊二醛鞣革不易出现黄色，甚至当鞣制体系 pH 达 11 也能

存放多日。因此，改性戊二醛鞣制时所允许 pH 范围更宽，适于白色及浅色革制备。在

鞣制体系中当 pH=3 时，改性戊二醛即可表现出鞣性，在铬复鞣或浸酸鞣中都可以使用，当 pH=7.5 时鞣性达到最佳。鞣革的 Ts 可达 86℃，较戊二醛鞣革略高，见图 6-27。

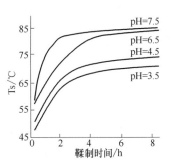

图 6-27 4%改性戊二醛鞣制 pH、Ts 与时间

但是，由于改性后分子体积明显增大，改性戊二醛的渗透成为困难，导致浴液残留量较多，见图 6-28。如果作为主鞣，需要大比例地加入鞣剂，才能达到最佳鞣制效应，否则难以获得理想的 Ts；与戊二醛比较，显示出明显不足，见图 6-29。

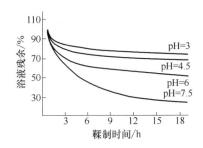

图 6-28 4%改性戊二醛鞣制
时间、pH 与吸收率

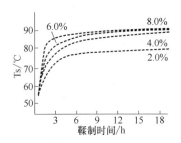

图 6-29 改性戊二醛用量、
鞣制时间及鞣性

6.3.1.3 噁唑烷鞣剂与鞣制

（1）噁唑烷鞣剂

20 世纪 70 年代，噁唑烷引起了皮革工业的兴趣，其一时被认为是继醛鞣剂后最理想的鞣剂。噁唑烷能在宽的 pH 和温度范围获得良好的鞣制效应，明显提高皮胶原的 Ts。鞣革的柔软度、丰满度高于其他醛鞣剂。

噁唑烷又称氧氮杂环戊烷，具有双官能团，是一个大系列产品的统称。用于制革的噁唑烷鞣剂主要有两种：4，4-二甲基-1，3-氧氮杂环戊烷（噁唑烷 A），1-氮杂-3，7-二氧杂二环-5-乙基（3，3，0）辛烷（噁唑烷 E）和 5-羟甲基-1-氮杂-3，7-二噁二环-5-乙基（3，3，0）辛烷（噁唑烷 T）基本结构如下：

噁唑烷A
4,4-二甲基-1,3-氧
氮杂环戊烷
（噁唑烷Ⅰ）

噁唑烷E
1-氮杂-3,7-二氧杂二环
-5-乙基(3,3,0)辛烷
（噁唑烷Ⅱ）

噁唑烷T
5-羟甲基-1-氮杂-3,7-二
噁二环-5-乙基(3,3,0)辛烷
（噁唑烷Ⅲ）

噁唑烷反应时可以在"CH₂—NH"或"CH₂—O"处断开,与亲核试剂生成席夫碱,如"CH₂=N—",然后再进行亲电加成获得再结合或交联。值得注意的是,如果噁唑烷水解发生后没有完成交联,就会出现游离甲醛,因此不适合大量使用。正常使用量≤2%。

(2)噁唑烷鞣制

噁唑烷 A 与胶原的反应速度快,受 pH 影响小,鞣革 pH 在 2~10 都能与胶原纤维有良好的反应,鞣革的 Ts 在 84~86℃;噁唑烷 E 相对来说反应较慢,尤其在低 pH 下,pH 升高鞣速加快。当鞣制体系中的 pH 升高到 7.5~8.0 时,鞣革的 Ts 在 82~84℃。他们的用量与鞣革 Ts 的关系见图 6-30。

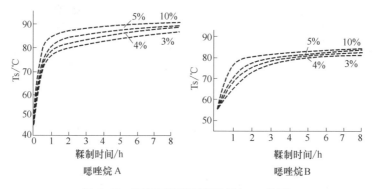

图 6-30 两种噁唑烷鞣制用量与 Ts 关系

改变鞣制体系 pH,对鞣革的 Ts 而言,噁唑烷 A 或 E 在不同 pH 下的鞣制差距较小。这说明 pH 变化对两种噁唑烷鞣制影响较小,尤其是噁唑烷 E 鞣制,可以在不改变 pH(提碱)情况下就能得到理想的鞣革 Ts。

关于噁唑烷的鞣制机理也有报道(Jim-my,2002),以噁唑烷 A、E 与多肽反应的研究发现,反应可以形成亚氨基,从赖氨酸的含量分析表明反应是可逆的,而与酪氨酸反应是不可逆的。由此也说明双环噁唑烷 A、E 与胶原反应,均有相同的结果存在,见图 6-31。

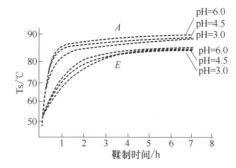

图 6-31 噁唑烷 A、E 鞣制与 pH 关系

尽管一般鞣制试验的 Ts 曲线表明了噁唑烷 A 的鞣性较噁唑烷 E 强。但足够的时间及用量处理发现,噁唑烷 E 鞣革的耐热稳定性更好,可获得 Ts>90℃的革。因此,这两种噁唑烷的鞣制机制是不同的,与皮胶原蛋白作用过程推测见图 6-32、图 6-33。

从鞣制过程可以看出,这种反应过程是比较理想的。噁唑烷鞣剂鞣革的 Ts 与其他醛鞣相近,使用条件也与其相似(Santanu,2007)。主要问题是它们的渗透,尤其是

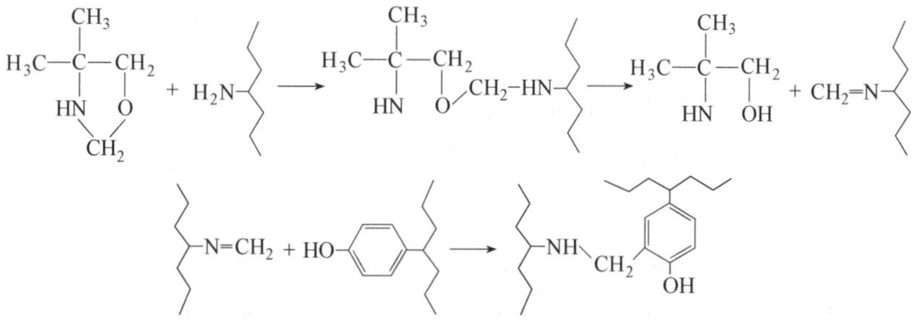

图 6-32　噁唑烷 A 鞣制示意图

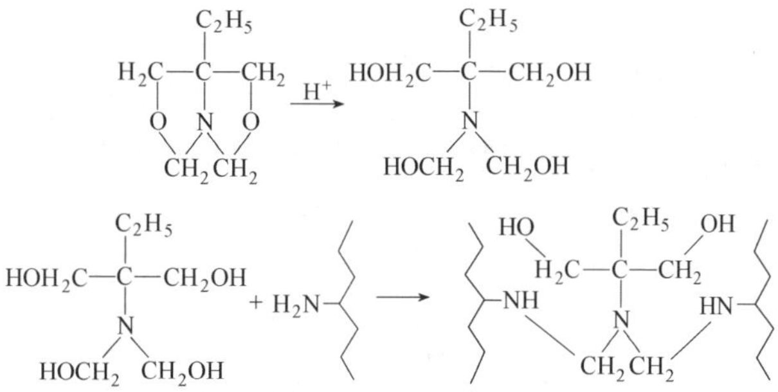

图 6-33　噁唑烷 E 鞣制示意图

噁唑烷 E 用于复鞣时，需要考虑足够的时间与机械作用。其成革的柔软度、丰满性，以及耐汗、耐洗、抗撕裂性，均比用戊二醛复鞣好。

6.3.1.4　四羟甲基鏻盐鞣剂与鞣制

（1）四羟甲基鏻盐鞣剂

四羟甲基鏻复鞣是一个以醛鞣为反应特征并提高坯革阳离子特征的过程。四羟甲基鏻是一种特殊的季鏻盐，简称 THP 盐。其中，硫酸盐称为 THPS，氯化盐称为 THPC，结构式如下：

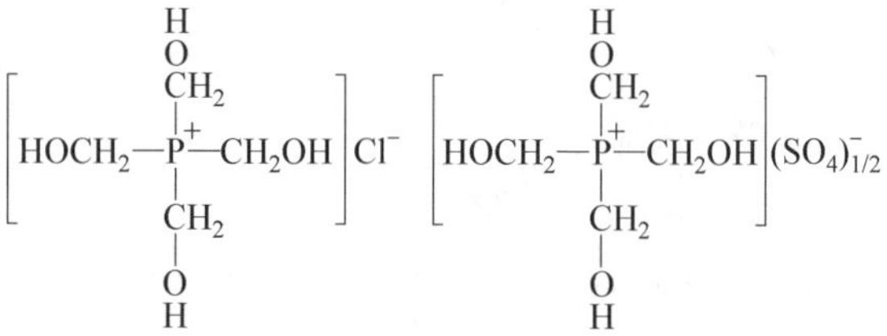

THP 盐于 1921 年由 offmanAH 在实验室发明。直到 1961 年，美国专利 US2992879 推荐使用 THPC 和酚（如间苯二酚）进行鞣革，使两种物质在原鞣液中随着 pH 的提高而反应生成一种有效的鞣剂。迄今为止，这些鏻盐鞣剂都是以 THP 为基本单元进行缩合而成。

THP 盐还具有良好的还原性，其羟甲基具有较高的化学反应活性，鏻阳离子 P^+ 的存在使得该盐具有良好的杀菌、阻燃及阴离子絮凝沉淀功能。从 20 世纪 60 年代起，THP 盐就作为广谱杀菌剂应用于各大农场中，能对各种苔藓植物、地衣、联胞藻、霉菌或微生物植物病菌，有很好的抑制或控制作用。但是，THP 盐氧化后的产品是三羟甲基氧化膦（THPO），THPO 无生物毒性，被生物降解成正磷酸盐。

（2）四羟甲基磷盐鞣制

随着无铬鞣的需要，THP 盐鞣革开始被真正地关注。THP 盐虽为阳离子，而其鞣制的原理与醛鞣相同，与胶原的氨基作用形成席夫碱后脱水交联或通过羟甲基形成氢键结合，见下式：

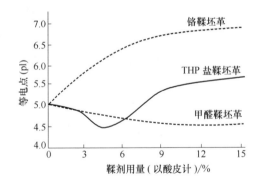

虽然与甲醛鞣类似，THP 鞣剂与氨基结合会降低革的等电点，但是，中心磷阳离子（P^+）却使鞣革的等电点明显回升。这种较高等电点的坯革类似铬鞣后坯革，给鞣制后期的染色、加脂创造了很好的渗透与结合条件，图 6-34 为 3 种鞣剂采用不同用量鞣制后水洗坯革的等电点变化。可以证明 THP 鞣剂鞣制在 4% 用量时，等电点降低甚至低于甲醛鞣制；随着 THP 鞣剂用量增加等电点逐渐升高，成为 THP 鞣剂鞣制的独特特点。

pH 对 THP 鞣剂溶液中的游离甲醛含量影响很大，随着 pH 的升高，溶液中的游离甲醛含量增加。在碱及氧的作用下，THP 盐分解并被迅速氧化成 THPO，见下式：

图 6-34　3 种鞣剂鞣制后坯革等电点

$$(HOCH_2)_4P^+ + OH^- \longrightarrow (CH_2OH)_3P + HCHO + H_2O$$

$$(HOCH_2)_3P \xrightarrow[OH^-]{[O]} (HOCH_2)_3P = O$$

甲醛的释放或分解是 THP 盐作为鞣剂应用的关键，分析表明这种分解的关键 pH 区域在 5.5~6.5。低于这个区域，THP 盐分解小，甲醛含量不高，高于这个区域甲醛降低，见图 6-35。这种甲醛反而减少现象不能说明分解停止，而是分解、氧化及聚合过程复杂化了。

　　鞣制过程中，分析鞣液 pH 与鞣剂的吸收及坯革 Ts 之间的关系。由图 6-36 可以看出，pH 升高达到 8 后吸收开始降低，与渗透动力或者渗透空间相关，成为 THP 鞣剂鞣制特有的现象。尽管如此，坯革的 Ts 并未受到影响，保持在 82~83℃，这也许与分解出的甲醛仍然能以自身能力进行鞣制有关，但是这种分解出的游离甲醛的鞣性是较小的。

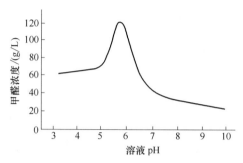

图 6-35　THPC 水溶液 pH 与游离甲醛　　　图 6-36　鞣制 pH 与 THP 吸收及坯革 Ts 关系

　　尽管鞣性部分是羟甲基，由于中心鏻阳离子带正电，配合离子带负电，相对醛鞣剂，THP 鞣剂的渗透能力较强。与醛鞣一样，为了提高 THP 鞣剂的结合能力，提高 pH 是必须的；为了获得高效吸收，pH 范围及用量需要考虑，以免结合与分解的平衡失调；关键是尽可能少的落入分解速度高的范围。

　　THP 鞣剂的鞣制过程易出现甲醛释放导致鞣制坯革内游离甲醛较高的现象，难以达到皮革质量要求。例如，用酸皮 8% 的 THP 鞣剂鞣制后坯革内的含甲醛量见表 6-16。

表 6-16　　　　　　　　　8%THP 鞣剂鞣革中的 pH 与甲醛含量

无 H$_2$O$_2$				$w(H_2O_2)=1\%$			
坯革 pH	甲醛/(mg/kg)	坯革 pH	甲醛/(mg/kg)	坯革 pH	甲醛/(mg/kg)	坯革 pH	甲醛/(mg/kg)
2.4	239	6.0	335	2.4	39.7	6.0	135
3.2	242	8.0	296	3.2	44.3	8.0	235
4.9	208	8.3	280	4.9	50.0	8.3	216
5.3	165	9.0	258	5.3	65.8	9.0	229

　　为了解决这一问题，实践中通过加入氧化剂消除这种游离甲醛，如过氧化氢、过硼酸钠等，降低坯革内因鞣制提碱引起的分解，见表 6-16 采用 H$_2$O$_2$ 氧化后的游离甲醛。

　　值得注意的是，虽然氧化剂的加入可以使坯革的含甲醛量达标，但是由氧化剂加入而随之带来的负面影响也需要得到考虑。由此，THP 鞣剂被限制在一些场合的使用。虽然提高 pH 可以增加结合，但随着 pH 升高，甲醛释放及氧化都向着不利于革的质量方向发展。尽管可以采用氧化剂除去释放出的甲醛，但氧化所产生对革的副作用难以控制。因此，THP 盐用于复鞣时，其用量及 pH 控制变得重要。

THP 鞣剂鞣革为白色，用于复鞣与醛鞣剂相同，不仅能够与儿茶类单宁有良好结合，还能与其他一些亲核基团鞣剂结合，对稳定胶原起着一定作用（蒋岚，2006）。由于等电点较醛鞣高以及季鏻的正电荷作用，良好的控制 THP 鞣剂鞣制条件，能够对阴离子材料有很好的结合作用。

6.3.1.5 其他烷基醛类鞣剂与鞣制

一些大分子醛类也能作为鞣剂提高皮胶原湿热稳定性。为了提高鞣性，渗透第一，因此，除在用量上要求较多外，温度及 pH 都是辅助条件。

（1）双醛淀粉/纤维素

淀粉与纤维素糖环的 3，4 碳位被专一性氧化剂氧化，如高碘酸，产生双醛结构，得到双醛淀粉或双醛纤维素。见下式：

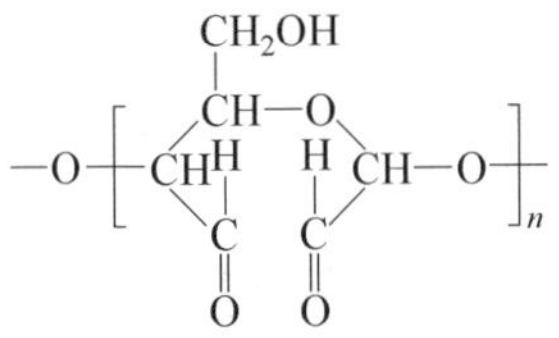

分子中的醛基官能团赋予双醛物许多优越的物化、生化特性，可应用于纸张的涂层、皮革鞣制等方面。双醛物能与皮革中蛋白质骨胶原的氨基和亚氨基发生交联反应，是良好的鞣革剂，具有革色浅、质软和耐水洗等优点。用醛基含量分别为 40%、80%、90%、120% 的双醛淀粉鞣革，结果发现皮革增厚，粒面紧实，手感丰满。醛基含量越高，鞣制效应越强。但是双醛淀粉或双醛纤维素的相对分子质量在 50000 左右，溶解、分散性均不好，不利于渗透和结合，鞣制后废液中的残留较多。对双醛淀粉或双醛纤维素进行改性，改善它的渗透和结合，提高鞣剂的鞣制效果和吸收率方法有：

① 利用亚硫酸钠与醛基发生加成反应，反应原理如下：

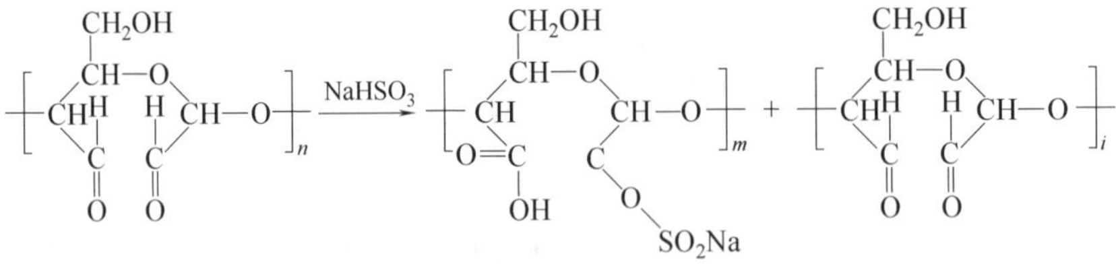

② 利用亚氯酸钠将醛基部分氧化成羧基，反应原理如下：

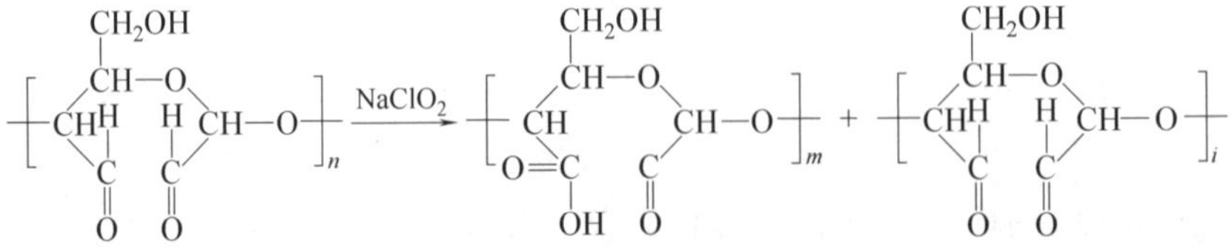

③ 利用酸水解使糖苷键断裂，平均分子质量下降，同时部分醛基会在反应过程中

被破坏；采用甲酸/盐酸混合和稀硫酸对纤维素进行水解改性。反应原理如下：

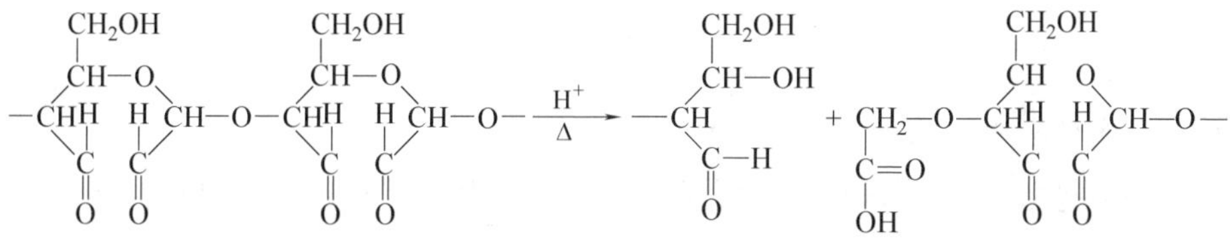

$$\text{(纤维素双醛物水解反应结构式)} \xrightarrow[\Delta]{H^+} \text{(产物结构式)}$$

改性的双醛物相对分子质量约为 20000，对胶原蛋白有良好的稳定作用，鞣制革的 Ts 范围较宽，与醛基含量、颗粒大小有关。双醛淀粉的鞣制效应可使鞣革的 Ts 达 83℃。其中，双醛纤维素的 Ts 最高可超过 90℃（石磊，2004）。尽管双醛淀粉或双醛纤维素有着环境友好的特征，但存在两个方面的问题需要解决：

① 双醛淀粉/纤维素的相对分子质量与水分散稳定时间问题。在目前鞣剂的分子质量下，仍然存在淀粉的回生及纤维素的聚集，颗粒的表面醛基并没有阻止聚合功能，随着时间延长，鞣性下降。

② 氧化剂高碘酸价格及反应物纯化问题，难以解决变色问题。

因此，双醛淀粉/纤维素难以规模化实施。

（2）烷基脂肪族醛

① 油醛。不饱和脂肪酸经过氧化断键生产的长链脂肪醛具有弱鞣性，可以使生皮具有革的主要特征。油鞣革是最早的鞣法，迄今还被少量应用。无论是自动氧化还是人工催化化学氧化，或者用氧化酶进行氧化，油醛总是带有各种令人难以接受的气味，

不宜专门制备及使用。结构式：$CH_3-(CH_2)_n-\overset{\displaystyle O}{\underset{\displaystyle H}{C}}$

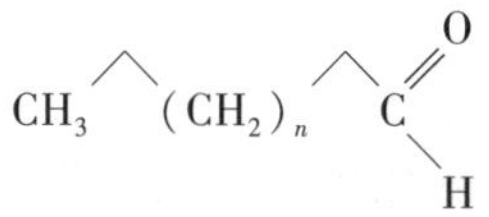

② 甘醇二醛。将乙二醛与乙二醇缩合获得甘醇二醛，具有与乙二醛相近的鞣性，鞣革的 Ts 可达 75~77℃，低于改性戊二醛，是一种温和的鞣剂。结构式：

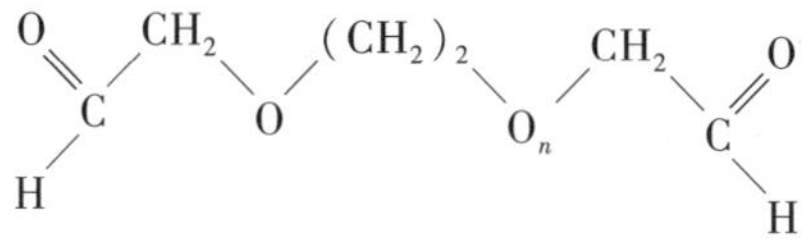

$$\overset{O}{\underset{H}{C}}-CH_2-O-(CH_2)_2-O_n-CH_2-\overset{O}{\underset{H}{C}}$$

（3）糠醛类鞣剂

糠醛，又名呋喃甲醛，来自植物多糖。多聚糖物质在稀酸的作用下，经水解、脱水和蒸馏而制备。结构式：（呋喃甲醛结构式）

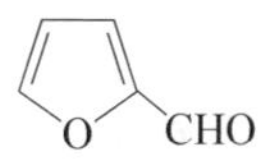

糠醛含有活性醛基，因此鞣制原理与醛鞣剂类似，主要与皮胶原的自由氨基起反应。20 世纪 20 年代已有糠醛制革的研究。在无机酸的作用下，糠醛与胶原链上的氨基反应，糠醛单独鞣制的成革颜色由黄褐色到暗棕色，革身紧实、粒面光滑。与其他醛鞣剂类似，糠醛鞣革具有良好的防霉性，成革收缩温度 70~75℃。为了提高鞣革性能，

可以将糠醛进行缩合改性，增加分子质量进行鞣制，使收缩温度略有提高，只是成革

颜色较深。聚糠醛单元结构式：

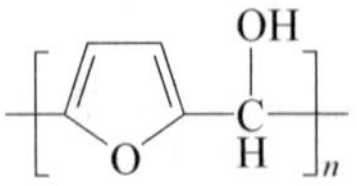

5-羟甲基糠醛（5-HMF）与糠醛类似，其也来自自然界植物多糖的降解产物，结

构式：HOH_2C 〔furan〕CHO

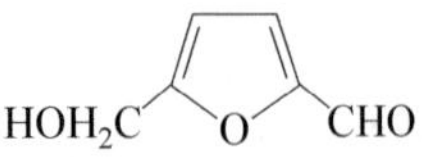

由于 5-HMF 具有良好的化学活性及来源安全，被作为平台化合物，用途广泛。与
糠醛相比，5-HMF 结构中增加了羟甲基结构，与糠醛相同达到一定的鞣制效果，直接
鞣革效果与糠醛类似。一种较好的方法是将 5-HMF 衍生化，通过催化反应制备双醛基
化合物，如：

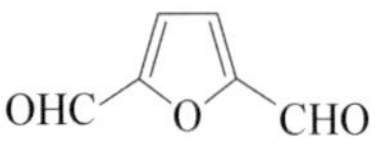

OHC 〔furan〕 CHO   OHC 〔furan〕 CH₂CH₂ 〔furan〕 CHO   OHC 〔furan〕 CH₂O 〔furan〕 CHO

2,5-呋喃二醛 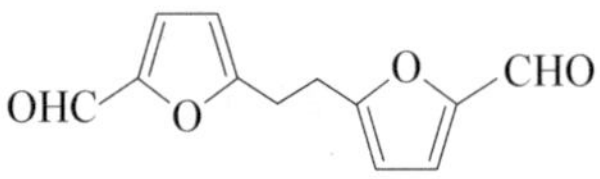   2,2′-二呋喃乙烷-5,5′-二醛 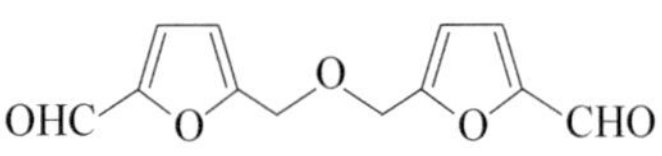   2,2′-二呋喃甲醚-5,5′-二醛

根据报道，上述产物都应该有良好的鞣革性能。但是，由于 5-HMF 及上述产物的
生产成本较高以及聚合物的渗透性不良，没有实际的鞣革研究。

6.3.1.6 氮羟甲基鞣剂与鞣制

甲醛与氨基反应可以获得氮羟甲基，与噁唑烷类似，该甲基碳具有强的正电性，
与亲核试剂进行反应与醛剂类似。自 1941 年起，就有美国、德国、法国等国家采用该
类鞣剂鞣革的专利报道，常见的是采用脲、双氰胺及三聚氰胺与甲醛反应制得。

（1）氮羟甲基鞣剂

① 脲醛鞣剂。由脲与甲醛缩合形成的鞣剂。以环状形态存在主链中的称脲环鞣剂，
它们的化学结构式如下：

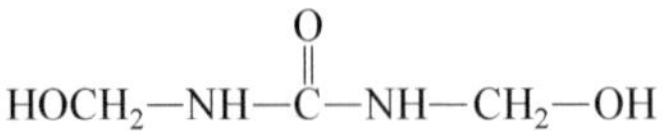

$$HOCH_2{-}NH{-}\overset{\overset{\displaystyle O}{\|}}{C}{-}NH{-}CH_2{-}OH$$

脲醛鞣剂

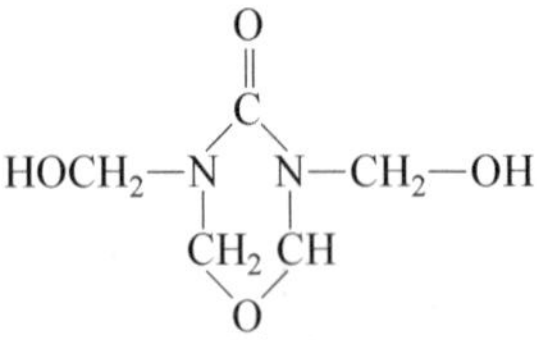

脲环

② 双氰胺醛鞣剂。由双氰胺与甲醛缩合形成的鞣剂，化学结构式如下：

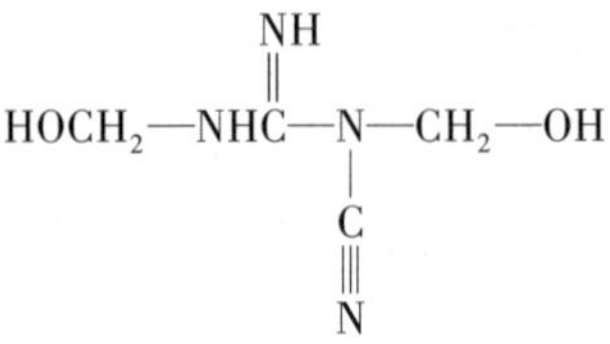

$$HOCH_2{-}NHC{-}\overset{\overset{\displaystyle NH}{\|}}{N}{-}CH_2{-}OH$$

③ 三聚氰胺醛鞣剂。由三聚氰胺与甲醛缩合形成的鞣剂，化学结构式如下：

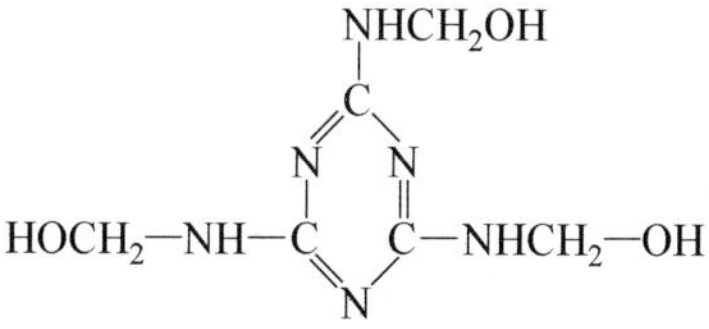

④ N-羟甲基丙烯酰胺。通过丙烯酰胺获得 N-羟甲基丙烯酰胺进行鞣制，它的化学结构式：

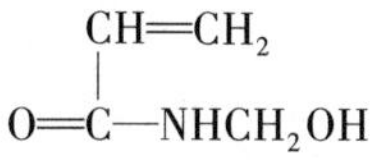

（2）氮羟甲基鞣剂鞣制

氮羟甲基鞣剂具有良好的鞣性，是因为氮羟甲基能够与皮胶原亲核基团进行反应，如与氨基进行反应形成交联，见下式：

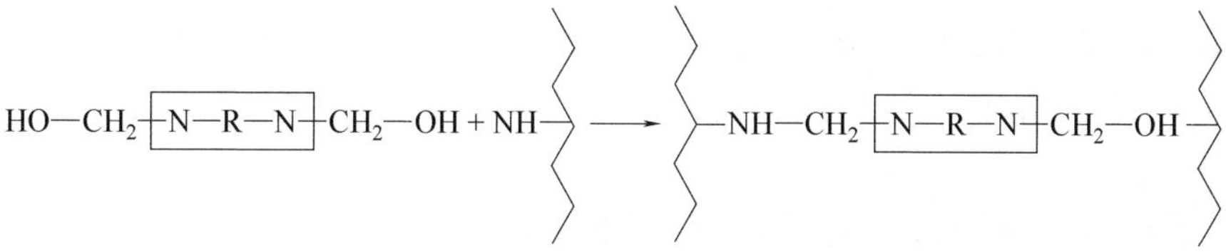

较小的分子及分子的极性使这些鞣剂能够深入渗透，因此，脲醛鞣制革的 Ts 高于 80℃，双氰胺醛鞣制及三聚氰胺醛鞣剂鞣革的 Ts 高于 90℃。与甲醛鞣制不同的是，氮羟甲基鞣剂在 pH≥2.5 时就能与胶原良好反应，只是鞣剂本身存放不稳定。

N-羟甲基丙烯酰胺处理皮粉，Ts 提高到 88℃。由于被证明鞣制主要与氨基，尤其是精氨酸胍基结合，因此，鞣制产物吸湿性强但不耐水解。

氮羟甲基鞣剂不仅能与蛋白强烈地交联，也能够在革内易形成多维聚合，出现硬化。与金属盐鞣剂也可以形成结合鞣，不仅鞣性好而且具有一定的饱满性，鞣制后的革紧实，但撕裂强度下降。

6.3.1.7　苯醌鞣剂与鞣制

（1）苯醌鞣剂

苯醌是 19 世纪开始研究的鞣剂，它是从植物鞣研究过程中衍变而来的。苯醌的鞣性已是无疑，鉴于其气味与毒性而未被制革采用。探索苯醌的鞣性在于探索其化学结构特征，在于探索出现这种结构时考虑可能的鞣制作用。常见的苯醌结构有下式，它们源于苯二酚的氧化：

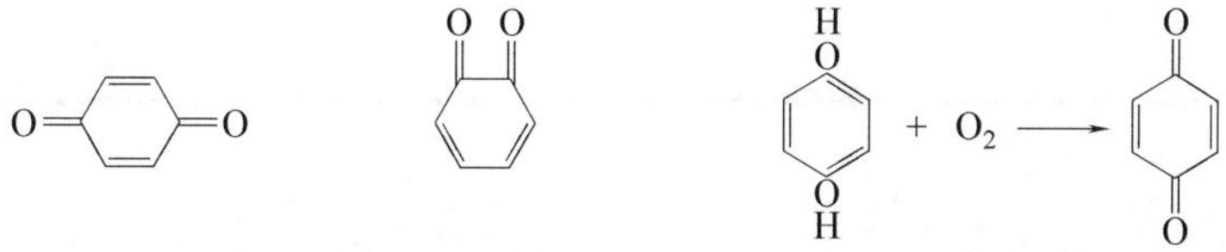

从结构上看，在极性环境中，苯醌的共轭结构导致 2、3 位碳处于正负交替之中，亲电加成成为苯醌与亲核试剂有目标地的进攻行为。因此，在碱性及酸性条件下在 2、

5 位碳处均可以获得良好的亲电反应，反应见下式。但在碱性条件下，苯醌会发生氧化聚合，导致产物颜色变深。

（2）苯醌的鞣制

苯醌的鞣制反应在 pH=6~9 条件下由 3 位进行交联，见图 6-37。弱碱性环境有利于反应形成二聚体，随 pH 提高，反应趋势增加。所鞣革的收缩温度可达 85℃，这显然是由于苯醌和胶原的结合点增加所致。当 3 位置被取代后，醌无鞣性。

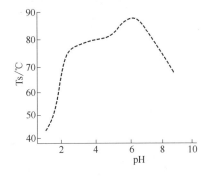

图 6-37　苯醌鞣制 pH 与 Ts 关系

6.3.1.8　京尼平（Genipin）鞣剂与鞣制

（1）京尼平鞣剂

京尼平是栀子苷经 β-葡萄糖苷酶水解后的产物，其结构见下结构式。京尼平是一种优良的天然生物交联剂，可以与蛋白质亲核基团反应。其毒性远低于戊二醛和其他常用化学交联剂，多用于生物、医药领域。京尼平鞣剂通过京尼平分子中 2 个位置反应完成，一个是京尼平上的烯碳原子受到氨基的亲核攻击，开环形成杂环胺化合物；另一个是 S_N2 亲核取代反应，即京尼平上的酯基团与氨基反应生成酰胺，同时释放出甲醇产生交联作用。反应过程如下式所示：

（2）京尼平鞣制

根据京尼平反应特征，可以在弱酸条件下进行鞣制。由于京尼平分子较大，需要鞣革的时间较长。考虑渗透需要，鞣制在酸性下渗透，然后提碱至偏碱性条件终止，鞣革最佳 Ts 超过 80℃。可以认为京尼平是一种良好、可开发的鞣剂。

6.3.1.9　异氰酸酯鞣剂与鞣制

用二异氰酸酯处理裸皮后，能得到柔软的、在干态时多孔隙的半成品革，有油鞣革的特点，其收缩温度可高达 85℃。

用异氰酸酯鞣制裸皮时，通常是应用水乳液的形式。

有机异氰酸酯化合物中因含有异氰酸酯基团（—NCO，结构式为—N＝C＝O）高度的不饱和结构，碳元素始终以高正电形式存在，故其化学性质非常活泼。异氰酸酯基团中，氧吸引含活性氢生成羟基，形成烯醇式的不稳定中间体结构，进而重排生成氨基甲酸酯（若反应物为醇）或脲（若反应物为胺）。反应式如下：

$$R—N=C=O + R—H \longrightarrow R—N=\underset{\underset{R'}{|}}{C}—OH \longrightarrow R—\underset{\underset{H}{|}}{N}—\overset{\overset{\displaystyle O}{\|}}{\underset{\underset{R}{|}}{C}}—R'$$

二异氰酸酯与胶原氨基反应形成脲结构，也和水反应，最终主要形成脲结构和 N-酰基脲。二异氰酸酯也可以与多种带有活性氢的物质反应，包括氨基、酰胺基、羟基、羧基等，举例如下：

$$O=C=N—R—N=C=O$$

RNCO + NH₂ ⟶ RNHCONH ⟨ RNCO + OH ⟶ RNHCOO ⟨ RNCO + HOOC ⟶ RNHCOC

异氰酸酯和芳香胺的反应速度是其与水反应速度的 50 倍，与脂肪胺的反应速度是其与水反应速度的 1000 倍，与尿素、酰胺的反应速度与其和水的反应速度相近。

脱灰裸皮经脱氨基后用异氰酸酯处理，没有出现鞣制作用，这可以证明异氰酸酯最可能是与胶原氨基反应。但是，用六次甲基二异氰酸酯鞣后，其酸容量为起始裸皮的 2 倍多，相似于铬鞣革。

异氰酸酯的鞣性与其结构有关。芳香族异氰酸酯和脂肪族的简单异氰酸酯不如 4~6 个碳原子的脂肪族二异氰酸酯适合鞣制。但如果脂肪族二异氰酸酯的碳数多于 6，鞣性变差。尽管是共价交联，它们鞣制革的 Ts≤80℃。

六次甲基二异氰酸酯、苯撑二甲基二异氰酸酯、环己烷二异氰酸酯和 3，5，5-三甲基环己烯-2-酮-1-二异氰酸酯鞣革的 Ts≤75℃，革呈白色，对酸、碱、苯的作用很稳定，耐洗涤，鞣制的革特别柔软，有好的磨革性能，有高的抗断裂强度和收缩温度。

多碳脂族异氰酸酯及芳香族异氰酸酯与水的高反应活性，导致渗透与结合平衡失调，至少难以在水溶液中鞣制，无法成为主鞣剂。

6.3.1.10 磺酰氯鞣制

脂肪族烷基磺酰氯也称石油磺酰氯，是一种多磺酰氯的烷烃。其制备是采用石油烷烃在光照下与二氧化硫及氯气合成，基本结构见下式：

$$C_n H_{2n+1} SO_2 Cl$$

在对生皮进行鞣制时，一方面烷基磺酰氯反应活性较高，氯的离解产生硫正离子具有强的亲电性。另一方面为了保证生皮胶原不变性（鞣制时放出 HCl），往往采用低于 30℃ 条件作用，见下式：

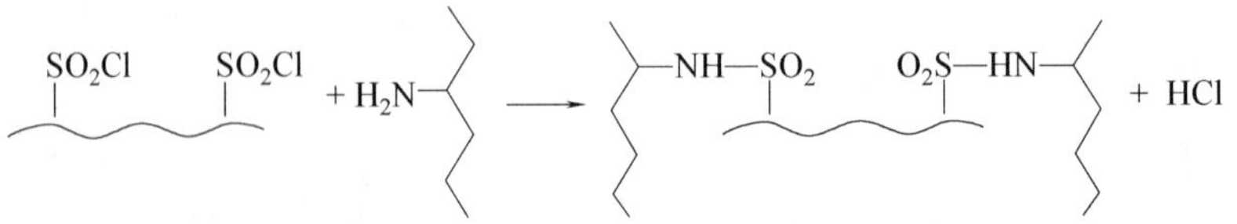

工业脂肪族烷基磺酰氯是混合物，其链含 15~30 个碳，有单磺酰氯、双磺酰氯或更多。它们与胶原氨基、羟基发生酰基化反应，形成共价结合，但反应时间很长，鞣革 Ts 较低，一般 $\Delta Ts \leqslant 5℃$。

尽管磺酰氯所鞣皮的外观像革，由于交联距离长及长链所赋予的润滑性，造成胶原纤维容易相互移动，鞣皮又称为油鞣革。

利用磺酰氯鞣制，可赋予革其他一些特性，如纯白色、耐光、柔软、多孔结构、很好的延伸性。

6.3.1.11 环氧化合物鞣制

双环氧化合物以双官能团形式与胶原进行鞣制和交联，如二环氧丁烷有很高反应活性，在碱性条件下，用量为 2%（按照生皮质量计），鞣革后 ΔTs 在 15~17℃。其中，两个环氧官能团之间的距离短时鞣革 Ts 高，即短距离交联鞣制效应高。当然，在用量相同时，双环氧基鞣制更快，鞣性更好。双环氧化合物鞣制中，渗透是关键。例如，3-氯-1，2-环氧丙烷的反应活性高，鞣革 ΔTs 在 6~8℃。因此，改变结构以提高渗透能力是有意义的。

6.3.1.12 三聚氯氰鞣剂

三聚氯氰，化学名为 2，4，6-三氯-1，3，5-三嗪，分子式为 $C_3 N_3 Cl_3$，分子式如下：

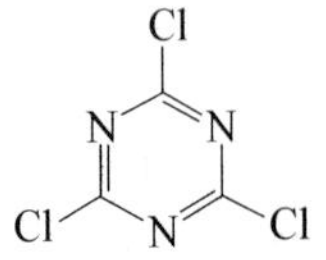

三聚氯氰 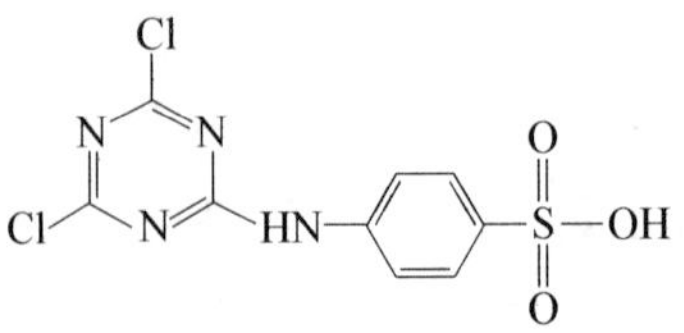   三聚氯氰鞣剂

三聚氯氰是六元环的氮杂芳香共轭体系，由于其分子中氮原子的电负性较碳原子

的大，因而对组成 C＝N 双键的 π 电子具有较强的吸引力，使与之相连的碳原子电子云密度降低而成为正电荷中心，同时也使三嗪环上与碳原子相连的氯原子具有较高的反应活性，容易被给电子基如羟基、氨基、疏基等取代。第一个氯在 0~5℃ 就可以与亲核试剂发生取代反应；第二个氯要在 30~50℃ 才能发生取代反应；第三个氯则需要更高的温度才能发生反应。国内外在 2010 年起推出了以三聚氯氰为主体氨基苯磺酸衍生物作为鞣剂。该衍生物鞣剂可以获得白色革，收缩温度接近 80℃。由于该类鞣剂对中性盐不稳定，鞣制后易产生凝胶化作用被限制使用，其次是第三个氯是否被催化参与反应的温度有待于研究，否则最后氯的存在对产品理化性能影响难以预测。

6.3.2　有机弱键反应鞣剂与鞣制

所谓弱键鞣制主要包括氢键、盐键、弱配位键，以及范德华力、疏水作用等形成的鞣制效应。能产生这种鞣制效应的鞣剂主要包括：植物鞣剂、合成鞣剂、树脂鞣剂等。在制革过程中，作为化学鞣制效应，改变胶原化学性质及耐湿热稳定作为生皮转变成为革的一个重要标志。但是，一个具有理想使用价值的皮革，还需要有良好的强度、丰满度和柔软度等综合指标。因此，化学与物理功能平衡是完善制革过程或者制造有用皮革的综合效应。制革中应用大量的弱键结合的鞣剂，更多起着填充作用。

6.3.2.1　植物单宁与鞣制

植物单宁鞣质也称植物鞣质，其用于皮革制造发现于古代埃及，真正用植物鞣液作为鞣剂鞣制的报道于 1794 年。在发明铬鞣法之前，植物单宁一直是最主要的制革鞣料。尽管铬鞣法应用后使其重要性降低，但仍为不可或缺的制革鞣剂。随着现代环保压力的增加，植物单宁这一绿色可再生资源再次被重视，尤其在无铬鞣法中起着重要作用。

（1）植物单宁鞣质

鞣革用植物鞣剂或栲胶鞣革的有效成分是鞣质单宁。作为天然产物，首先是鞣质单宁的结构类型不同，其次是同类单宁来源不同组成也存在差异。

植物单宁通常被分成水解类和缩合类。水解类单宁通常是以一个多元醇为核心，通过酯键与多个酚羧酸连接而成，在酸、碱、酶的作用下易水解。缩合类单宁是黄烷醇的聚合物，分子中的芳香环都以 C—C 键连接，在强酸性条件下缩合成不溶于水的物质。

根据水解后产生的多元酚羧酸的不同，水解类单宁又分为棓单宁和鞣花酸单宁。前者水解后得到棓酸（没食子酸），后者水解后产生鞣花酸或其他与六羟基联苯二酸有生源关系的物质。

水解类单宁的多元醇核心种类很多，如葡萄糖、金缕梅糖、果糖、木糖、奎尼酸等，但最常见的是 D-葡萄糖，鞣花酸单宁的多元醇核心基本上都是 D-葡萄糖，结构如下：

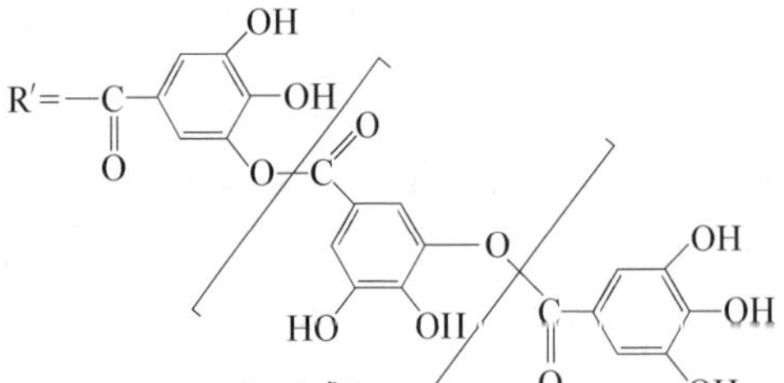

$n=0,1$ 或 2

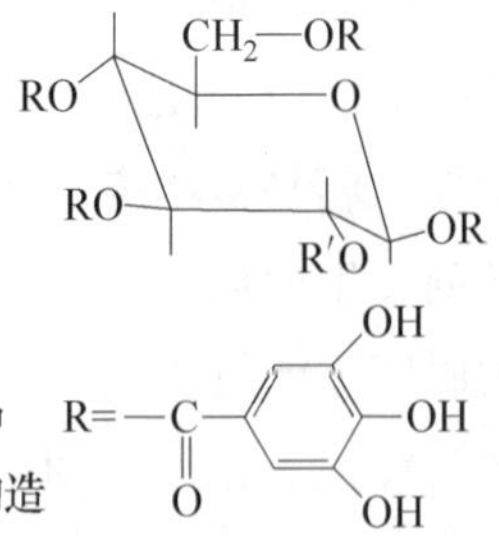

水解类单宁基本构造

其中 $R=$

缩合类单宁是聚黄烷醇多酚。习惯上将相对分子质量为 500~3000 的聚合体称为缩合类鞣质单宁，将相对分子质量更大的聚合体称为红粉和酚酸。

根据黄烷醇 A 环和 B 环羟基取代情况的不同，黄烷-3-醇有几种类型，如儿茶素、棓儿茶素等，见下结构。

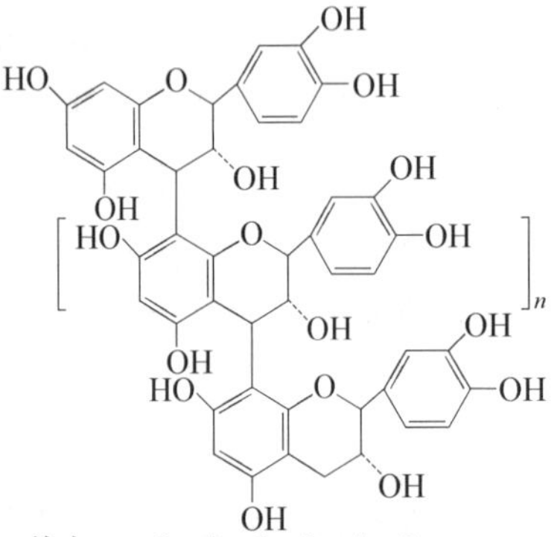

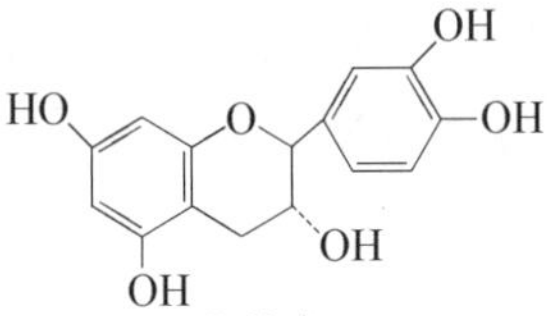

其中，$n=0,1,2,3,4,5,\cdots\cdots$ 儿茶类单宁基本构造

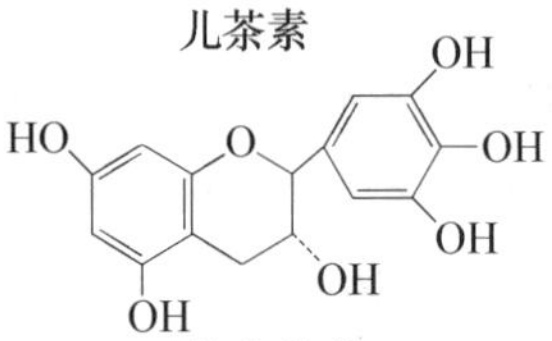

儿茶素

棓儿茶素

缩合类单宁的结构是极其复杂的。与水解类单宁相比，缩合类单宁单元间是以C—C 键连接的，由于有空间位阻的存在，往往不能自由旋转，使分子表现为较大的构象稳定性，分子构型僵硬。下式是黑荆树皮单宁的代表结构，其结构是缩合类单宁中研究最多的。它是相对分子质量为 500~3000 的混合物，数均相对分子质量为 1250，相当于四聚体，具有"支链型"结构。落叶松单宁、杨梅单宁都属于缩合类单宁。

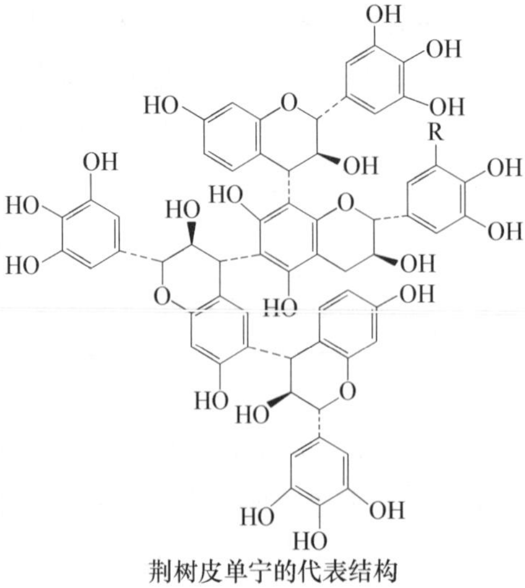

荆树皮单宁的代表结构

（2）植物鞣质与胶原的反应

植物单宁与胶原的反应描述较多，分为以下几种：

① 单宁的酚羟基能与胶原多点氢键结合。能产生氢键的胶原官能团是肽基，这是反应主体；侧链羟基，如羟脯氨酸、苏氨酸、酪氨酸残基上的羟基；侧链氨基，如精氨酸、组氨酸残基上的氨基，以及侧链羧基，如天冬氨酸、谷氨酸残基上的羧基。

② 通过疏水效应达到与胶原的疏水区结合也是植物鞣机理的一部分。疏水效应与氢键结合具有协同作用。植物单宁的芳环上虽然有酚羟基，但从整体来讲仍有一定的疏水性，如水解类单宁中的棓酰基就有较强的疏水性，而鞣花酰基的疏水性更强。胶原中的丙氨酸、缬氨酸、亮氨酸和脯氨酸残基的脂肪链侧基，在肽链上形成局部疏水区。对水解类单宁与氨基酸反应的研究表明，植物单宁对这些脂肪链侧基的亲和力随脂肪链侧基碳原子数的增加而增强，这证明了这种疏水亲和力的存在。

③ 离子键结合不可缺少。植物单宁在弱酸性条件下产生阴电性氧离子是渗透与结合的动力。水解类的酚羟基第一离解 pH 在 2~3，更利于渗透与离子键结合，儿茶类单宁经亚硫酸酸化后的酸根阴离子，也是提高渗透能力形成离子键结合的来源。

④ 共价键及配价键结合也被证实。随着水的脱去，植物单宁接近胶原各基团，在碱、热、氧及机械力的作用下形成活性氧自由基（羟基自由基或醌式自由基）与胶原的电子受体元素形成共价结合，难以被热水洗脱（罗广华，1993）。达到配位距离后，也能够通过与铬螯合并使 Cr^{3+} 稳定性提高，阻止 Cr^{6+} 的产生。植物单宁的刚性结构缺乏柔性、限制了胶原纤维间细微空间的填充，鞣剂内及鞣剂与胶原以弱键结合为主，使得植物鞣剂鞣革的 Ts 局限在 85~87℃。其中，缩合类单宁的抗氧化能力低，难以制备耐光老化产品；水解类单宁含有葡萄糖基的邻苯三酚结构，不易形成超共轭或醌式结构，获得较好的耐光效果。

（3）植物鞣质鞣制

植物鞣质鞣制过程基本特征表现在：

① 鞣剂溶液分散稳定方面，由于鞣质多酚羟基的亲水性不足以使整体分子溶解于水中，因此，植物鞣质需要与小分子亲水物形成低共溶体系（自身携带的非鞣质，或外来一些极性溶剂助溶）。由此，该体系具有良好的缓冲能力并使植物单宁在水溶液中均以分子缔合体的半胶体形式存在，直径为 1~100nm。

② 鞣剂在皮/坯革内渗透方面，由于渗透亲水缔合体结构中的各物质的离解常数不同，导致不同 pH 下缔合体的亲水性、缔合度、电荷特征不同，鞣剂在皮/坯革内部的渗透速度不同。

③ 与胶原结合方面，由于受结合方式影响，在过低的 pH 下（胶原给电子能力不

足，以及氢键处于饱和状态）酚羟基无法与胶原结合；在过高的 pH 下（产生电荷排斥，或缺乏氢桥）也难与胶原结合。需要适当的 pH（而且不同植物单宁结合的 pH 略有差别）以及良好的聚集及密集的氢键，使得植物鞣质在弱键结合的鞣剂中具有较高的鞣革 Ts。

④ 单宁的刚性大分子结构难以与胶原理想地"贴切"。为了保证渗透及稳定支撑胶原提高 Ts，需要大量堆积鞣质单宁，直至平衡获得最大 Ts，见图 6-38。

⑤ 随着鞣剂与胶原相互吸附增加，促使外部渗透，使鞣质不断进入，完成鞣制。

⑥ 调整 pH、温度及辅以机械作用保证植物鞣剂在浴液中分散，提高浓度与渗透动力。不断脱水提高植物鞣剂自聚使皮革饱满。植物单宁鞣制的形象图见图 6-39。

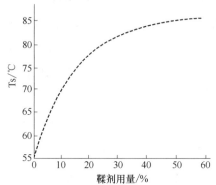

图 6-38 植物鞣剂用量与鞣革 Ts 关系

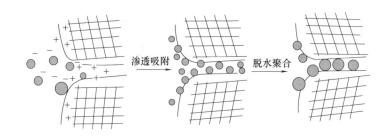

图 6-39 植物鞣剂渗透、结合及聚集

⑦ 弱键结合决定了热、机械力及水的作用可以改变坯革内植物鞣剂的聚集结合构象，制革工艺中称为压花定型及表面抛、打光性（湿热塑性）。

根据鞣制需要，天然植物鞣剂可以进行改性，最终产生多品种类别商品用于制革，除了水解类、缩合类、混合类外，通常还有高鞣质及低鞣质含量，未亚硫酸化、亚硫酸化（轻/重度）等。

6.3.2.2 木质素磺酸盐

木质素是一种复杂的天然芳香族聚合物，和植物单宁一同广泛存在于植物体内，它被认为是自然界中数量仅次于纤维素的可再生芳基物。一般认为木质素是由多个苯丙烷单元组成，与单宁具有相似的分子结构。木质素磺酸是造纸工业中亚硫酸法制浆生产过程的废弃物，其基本结构式为：

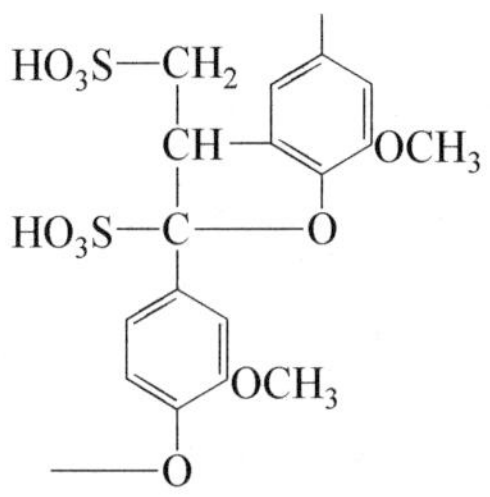

$$HO_3S-CH_2 \cdots$$

木质素磺酸盐的极性与非极性基团在空间上的无规分布，难以稳定地聚集，制革中无法作为鞣制使用，而更多地作为分散剂，减弱相似结构鞣剂的鞣性，作为辅助型合成鞣剂在制革中应用。

6.3.2.3 芳香族合成鞣剂鞣制

（1）芳香族合成鞣剂

1911 年，Stiasny 制成了世界上第一个商品 Syntan，1912 年以 Neradol D 为代号申请了第一个生产 Syntan 的专利，它是由混甲酚经磺化再缩合得到的，但它没有鞣性，不能代替栲胶，只起溶化植物鞣剂沉淀、防止氧化、提高栲胶利用率的作用。芳香族合成鞣剂大量使用开始于第二次世界大战时期。当时缺乏植物单宁，拟用人工合成的方法生产栲胶代替物。Bayer A 和 Shiff 以酚为原料，制备了有鞣性的物质。1933—1955 年间，一种用二羟基二苯砜、酚磺酸和木质素磺酸经甲醛缩合得到的鞣剂 Tanigan Extra A，能代替栲胶使用，成为当时最重要的一种商品。

在 1943—1945 年，美国 Rohm & Hass 公司及苏联制造了一些磺化酚醛树脂鞣剂产品，鞣革的 Ts 在 80~84℃，完全达到植物单宁鞣革的湿热稳定性。

1945 年后，合成鞣剂已向功能多样化发展，产品性能要求包括漂白、中和、匀染、加脂、染色等。

（2）芳香族合成单宁的结构特点

芳香族合成单宁是以简单酚、混合酚、萘和萘酚等及其衍生物为基本原料，经甲醛缩合而成，其平均相对分子质量是几百至几千的多核芳香族物质。通常用浓硫酸磺化，直接在芳环上得到磺酸基，或和甲醛、亚硫酸钠反应进行次甲基磺化，从而使产品获得水溶性。通常，为了提高产品的耐光性，常常在芳核间引入砜桥、二亚甲基脲、丙基、醚键、磺酰胺桥。这些鞣剂具有以下基本单体结构及桥结构：

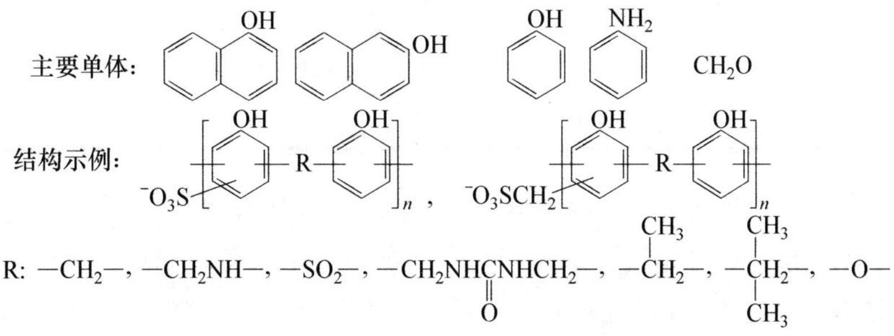

主要单体：

结构示例：

R: $-CH_2-$，$-CH_2NH-$，$-SO_2-$，$-CH_2NHCNHCH_2-$，$-CH_2-$，$-CH_2-$，$-O-$

根据结构特征，如酚羟基的数量和位置、磺酸（磺甲基）数量、聚合度等，芳族合成鞣剂被分为辅助型、综合型及替代型，结构如下：

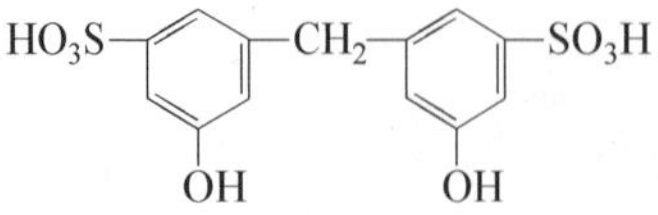

辅助型

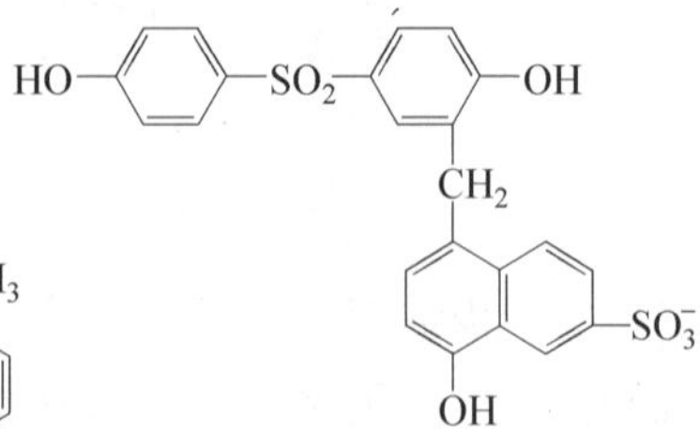

替代型

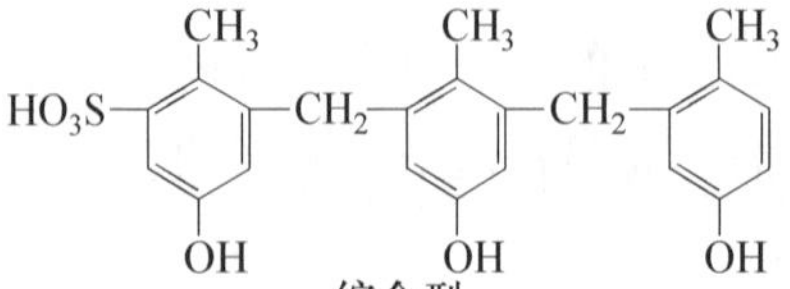

综合型

同一主体结构下的鞣剂中，酚羟基的数目、位置及磺酸根对鞣性均有较大影响。磺酸根可以使鞣剂良好溶解与分散，但也降低了鞣剂的鞣性。无磺酸基酚醛树脂有好的鞣性，如间苯二酚类鞣剂在获得良好渗透后，其鞣革的 Ts>90℃。

（3）芳香族合成单宁鞣制

从结构特点看，芳香族合成鞣剂有较明显的鞣制作用的基团是酚羟基，这与天然植物单宁相似，同时也以氢键、离子键及疏水效应等与胶原结合。无羟基的多环磺酸比单环磺酸结合力强就说明了疏水效应起着结合作用。这些结合特征及结合牢度与 pH 相关。对于弱键鞣制，结合点数量及分子的聚集能力成为鞣制效应的关键。在分子结构确定后，鞣制体系的 pH 不同，芳族合成鞣剂与胶原的结合特征是不同的，以下例举 3 种结合情况，当 pH≈pI 情况时，条件（1）下芳族基团利用率最高，交联（或收敛）效果最好，见下式：

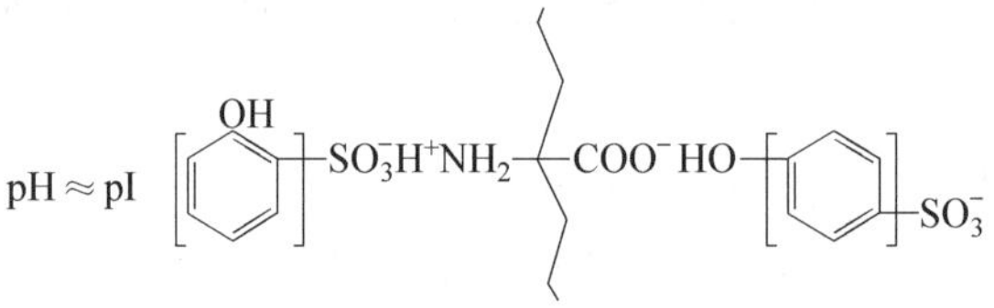

(1)

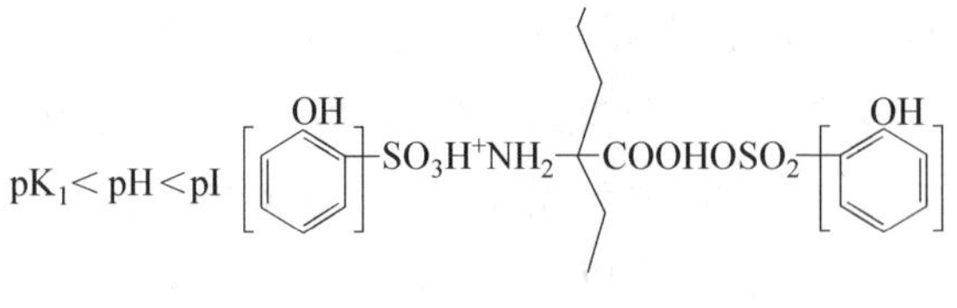

(2)

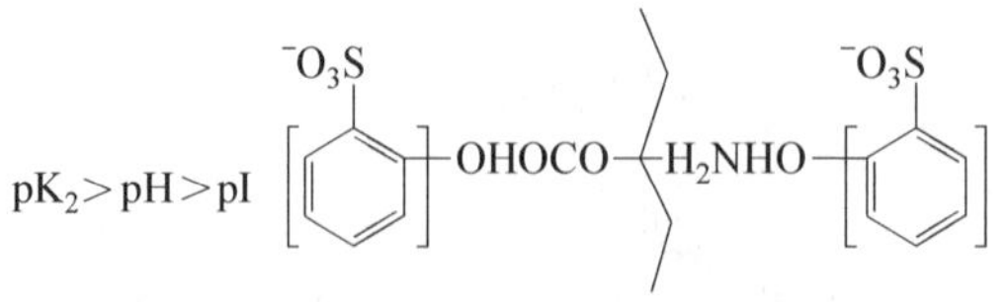

(3)

同等条件下大分子芳族合成鞣剂有更强的鞣性。但是，刚性结构及弱键结合需要的使用量大以提高 Ts，由此使得渗透成为重要的过程。因此，采用芳族合成鞣剂获得较高 Ts 的结果也伴随着成革的饱满。Helidman 发现，结合良好的替代型合成单宁鞣制的革，经长达 1 周的水洗也只能洗出 10%～20%的单宁，升高 pH 仅可轻微提高单宁水洗出量，表现出良好的结合能力。

（4）含铬芳香族合成鞣剂

含铬芳香族合成鞣剂是一种复合型合成鞣剂，有铬-双酚 S 型；铬-酚醛型；铬-萘酚型，其中以 Cr_2O_3 计，配入量通常为 8%、10%、12%等，与芳香族组分的化学计量比为 0.25～1.0。因此，含铬芳香族合成鞣剂功能间于合成鞣剂与铬鞣剂之间，更偏向于合成鞣剂。

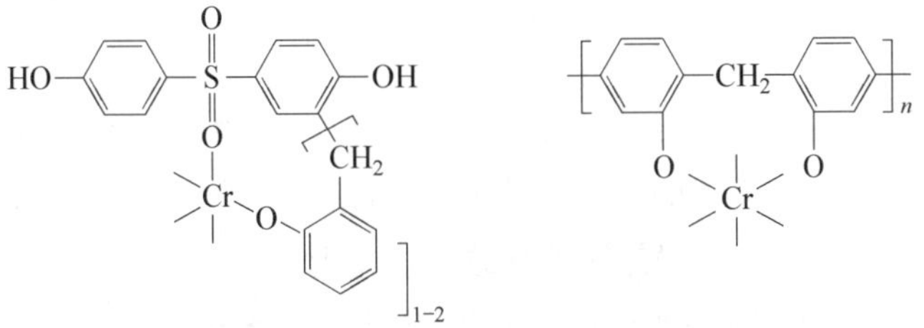

通常，含铬芳香族合成鞣剂鞣革的 Ts 在 70～75℃，坯革表面电荷、粒面的紧实性及浅色效应均与芳香族组分结构相关。鞣剂中的铬盐螯合形成大分子，铬与芳香族部分均存在与胶原结合的活性点。由于铬盐被较好的隐匿，使鞣剂的使用 pH 加宽，不至于因为溶液的 pH 提高使铬盐水解析出。作为复鞣剂，含铬芳香族合成鞣剂是理想的铬鞣坯革电荷、极性的过渡材料，是生产均质感官皮革的重要材料。

6.3.2.4　氨基树脂鞣剂鞣制

（1）氨基树脂鞣剂的稳定性

氨基树脂鞣剂是指将脲、双氰胺、三聚氰胺通过甲醛进行缩合，形成较大分子的聚合物树脂，也是在氮羟甲基鞣剂的基础上进一步缩合而成。其共性结构如下：

$$2n\mathrm{HOCH_2NH{-}R{-}NHCH_2OH} \longrightarrow \begin{cases} \mathrm{HOCH_2NH}{+}\!\left[\mathrm{R{-}NHCH_2OCH_2NH{-}R{-}NHCH_2}\right]_n\!\mathrm{OH} + n\mathrm{H_2O} \\ \mathrm{HOCH_2NH}{+}\!\left[\mathrm{R{-}NHCH_2NH{-}R{-}NHCH_2}\right]_n\!\mathrm{OH} + n\mathrm{CH_2O} + n\mathrm{H_2O} \\ \mathrm{HOCH_2NH}{+}\!\left[\mathrm{R{-}NHCH_2N(CH_2OH){-}R{-}NHCH_2}\right]_n\!\mathrm{OH} + n\mathrm{H_2O} \end{cases}$$

事实上，游离的氮羟甲基是一种不稳定结构，在溶液中或干态下，尤其在酸性环境中，都会较快进一步缩合成大分子。因此，为了阻止在存放期间的进一步缩合，制革用氨基树脂进行封端。一般封端方法有多种，如用醇、氨基磺酸、芳香族羟基酸、酚类、合成鞣剂、亚硫酸钠封闭羟甲基化合物的羟甲基形成氨基树脂鞣剂。举例如下：

① 醚化。用醇与氨基树脂的羟甲基缩合脱水成醚，形成从非离子至弱阳性离子填充剂。

② 磺化。用亚硫酸盐等处理活性羟甲基制得磺甲基化产品，形成从阴离子至两性离子填充剂。

③ 羧基化。用氨羧类化合物与活性羟甲基作用使产品带羧基，形成从阴离子至两性离子填充剂。

相应反应示意如下：

$$R-NHCH_2-OH \begin{cases} \xrightarrow{+HOR'} R-NHCH_2-OR' + H_2O \\ \xrightarrow{+HOSO_2^-} R-NHCH_2-OSO_2^- + H_2O \\ \xrightarrow{+NH_2R''COO^-} R-NHCH_2-NH_2R''COO^- + H_2O \end{cases}$$

（2）氨基树脂鞣剂复鞣

氨基树脂被封端后失去了与胶原结合的能力，缺乏鞣制效应。仅仅通过分子极性与胶原结合，以及通过分子间的聚集获得良好的饱满效果。但是，由于分子内存在醚键、不对称结构及大量氨基，仍然能够导致以下情况发生：

① 酸性环境作用下氨基树脂可以水解重新产生氮羟甲基，或出现亲核反应形成进一步聚合条件，树脂间亲和大于树脂与胶原亲和，进而造成坯革硬化或树脂迁移。

② 接近中性环境作用下，氨基树脂鞣剂显示出亲和胶原能力增加，通常鞣革进入皮胶原内被洗出较少，体现出氮羟甲基反应特征，树脂鞣制 pH 与结合量的关系见图 6-40。

③ 被封端后的氨基树脂在理想条件下渗透可以使生皮的 Ts 增加 $8 \sim 10℃$，而且增厚率十分明显。显示出树脂能够很好地吸收、结合并与胶原产生刚性疏水收缩聚集，使胶原纤维增粗变硬，支撑力增加导致坯革增厚，见图 6-41。但是，皮革存放过程中，树脂的自身聚集使树脂在皮革微结构上分布不均，最终导致皮革的感官硬化，抗撕裂能力下降。

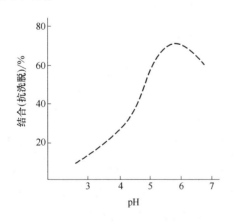

图 6-40 树脂鞣制 pH 与结合关系

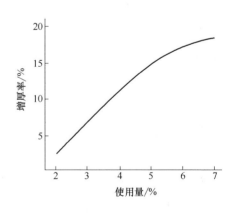

图 6-41 树脂鞣剂用量与增厚示意图

（3）水性聚氨酯树脂复鞣

水性聚氨酯树脂用于复鞣剂是 20 世纪 70 年代提出，本世纪初被制革工业接受的技术产品。二异氰酸酯采用与亲水单体进行扩链缩合，获得水乳液型树脂，如与多氨基物、多羟基物等，基本结构见下式：

$$\left[OCNHRNHCONHR'\right]_n-NH_2$$

$$\left[OCNHRNHCOOR'\right]_n-OH$$

由于异氰酸酯的反应活性强，扩链单体、封端剂的选择面宽，可以根据应用需要改变树脂的电荷特征及结构。20 世纪中晚期开始研发，至末，德国 Bayer 开发了系列的 Levotan 复鞣剂，功能各异的聚氨酯树脂鞣剂已成为开发的目标。

带多氨基甲酸酯基或多脲基的化合物沉积在皮纤维结构中时，有轻微的鞣制效果。Heidman 研究发现，这是范德华力的作用。当用无游离异氰酸酯基的聚氨酯水溶胶鞣制裸皮后，裸皮的 Ts 提高 $8\sim10℃$。如果进一步与甲醛结合则可以制备成鞣剂，其鞣革 Ts>80℃，见下式：

$$\left[OCNHRnhCOOR'\right]_n-OH + H_2CO \longrightarrow \left[OCNHRNCOOR'\right]_n-OH$$
$$\qquad\qquad\qquad\qquad\qquad\qquad\quad H_2COH$$

6.3.2.5　乙烯基树脂鞣剂鞣制

（1）乙烯基树脂鞣剂

乙烯基树脂以阴离子为主起步，是目前制革中应用最广最多的树脂。为了开发该类多功能性与铬鞣配套使用，两性及阳性型乙烯基树脂也有报道。下面以阴离子型乙烯基树脂为代表进行介绍。

① 聚丙烯酸树脂鞣剂。该类鞣剂单体主要来自丙烯酸及其酯、甲基丙烯酸及其酯、丙烯腈、丙烯酰胺及苯乙烯等。该类树脂有溶液与乳液两种类型。自 20 世纪 60 年代中期，以美国 Rohm&Hass 公司开始应用于皮革的复鞣或填充的丙烯酸类单体共聚物为代表，其基本结构如下：

$$\left[\begin{array}{c}Z\\C-CH_3\\COO^-\end{array}\begin{array}{c}Y\\C-CH_2\\X\end{array}\right]_n$$
$$X\!\!-\!\!-COO,COR,CONH_2,OH$$
$$Y\!\!-\!\!-H,CH_3,C_6H_5$$
$$Z\!\!-\!\!-H,CH_3$$

② 马来酸酐与苯乙烯单体的共聚物。该类共聚物是一种特色的制革用共聚树脂鞣剂。这类树脂以溶液型或乳液型外观存在，其基本结构单元如下：

$$\left[\begin{array}{c}CH-CH-CH_2-CH\\COO^-COO^-\end{array}\right]_n$$

乙烯基树脂鞣剂作为阴离子型树脂，亲水基以羧基为主，树脂对胶原湿热稳定性作用小，只能作为填充复鞣。由于有较多的亲水基团、较规整的构象，其单独作用于皮胶原的结合能力较差，与胶原进行质子交换或与金属离子配合（鞣剂离子或钙镁离子）达到极性基团封闭，使坯革表面的疏水作用增加，表面能较低，丰满作用高于单纯的聚丙烯酸树脂。

③ 乙烯基树脂衍生产物。已有大量的乙烯基树脂衍生产物的研究与应用来自自由基聚合，酯交换、酯化反应、取代反应、复合凝聚反应。其中的有机物，如淀粉、纤维素、蛋白质、多肽、有机醇、脂肪链、醛、聚氨酯等；无机物，如蒙脱土、二氧化硅等。迄今为止，新型产物对皮革产品制造及物理化学性能还需要通识化。

（2）乙烯基树脂鞣剂鞣制

聚丙烯酸类树脂与苯乙烯-马来酸酐共聚物树脂均为聚电解质。这些聚合物分子以线型为主，分子的柔性与离子特征使它们与胶原的相互作用在一定程度上不同于刚性大分子。这表现于在中性水溶液中树脂可与稀明胶溶液共存而不沉淀，但可被有机溶剂，如丙酮或甲醇作用后沉淀，经分析证明这些沉淀是共沉淀。而直接将混合溶液酸化后出现的沉淀中，还存在明胶成分。因此，这些树脂与胶原蛋白可以以离子键或氢键结合在一起。

聚丙烯酸、苯乙烯-马来酸酐共聚物处理裸皮的试验证明，聚丙烯酸没有鞣性。苯乙烯-马来酸酐共聚物作用于裸皮后 Ts 仅升高 4℃，不足以"成"革。以聚丙烯酸树脂为代表，通过与胶原弱键结合后，表现出干态使表面能较其他类型大分子作用后高。根据乙烯基的自由基聚合物应用研究表明，该类树脂拥有以下基本共性特征：

① 无论是均聚物还是共聚物，分子以线型结构为主，即使相对分子质量达到 10^5 数量级也能够获得较好的增塑作用。这种增塑结果可以因链段的亲疏水不同导致坯革柔软或者硬挺。

② 使用环境的 pH 与温度可以以较大程度改变溶液中树脂舒张与收缩的形态，直接改变渗透吸收性质，以获得感官差别较大的应用效果（Anghel，1998），见图 6-42。分子收缩后极性基团集中，对同性电荷产生强大的排斥，导致后继阴离子材料吸附困难。

图 6-42　乙烯基树脂在水溶液中形态与 pH

③ 树脂鞣剂分子链上有大量的羧基，对阳电性金属盐鞣剂形成强的电价结合及配位结合（适当的 pH、温度、时间条件），形成脱水收缩与疏水膨胀的平衡，最终成为皮革定型质量的重要指标。

④ 羧基的亲水能力相对较弱，酸性小分子树脂可以在 pH 低于 3.6 下稳定；中性树脂鞣剂则发生沉淀或混浊；乳液型树脂对酸盐较为敏感，在 pH 低于 5.0 时即出现破

乳、絮凝，甚至表面成膜。

⑤ 鉴于线型树脂的热塑性、相对分子质量及聚集形式，大量采用丙烯酸树脂复鞣填充后的坯革易受热压、真空、绷力等机械作用出现树脂的流变迁移及黏结，造成不可逆形变，严重时会出现坯革松壳、板硬、橡胶化等缺陷。这种现象可以用植物单宁进行补充固定，虽然可能减少丙烯酸树脂的一些本征功能，但可以使双方更为稳定，包括 Ts 升高（Madhan，2002）。

⑥ 通过树脂在纤维表面的铺展或自身球状化获得不同感官的效果。这种平衡需要根据应用条件确定，树脂革内存在形式见图 6-43。

（3）自鞣性树脂鞣剂

能够单独进行鞣制的乙烯基树脂鞣剂称为自鞣性树脂鞣剂。例如，利用甲基丙烯酸、氮羟甲基丙烯酸参与聚合，可以获得鞣性树脂，鞣革 Ts 均可达到 75℃，用于复鞣增加成革稳定性。

聚甲基丙烯酸和聚丙烯酸不同，其有很好的鞣性的原因是两者空间结构稳定性的差异。聚甲基丙烯酸分子链是螺旋结构，甲基隐蔽在螺旋圈内，亲水元素向外，并形成以下几种论述：

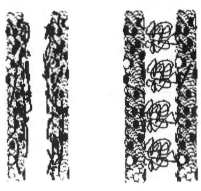

图 6-43　树脂革内存在形式示意

① 由于脱水后甲基的疏水性突出，构成疏水中心与皮胶原肽链的疏水区段通过疏水效应，形成稳定胶原作用（Heideman，1993）。

② 与铬鞣或合成单宁鞣时一样，通过横向交联或多点氢键结合，聚合物缠绕在纤维上的形式填充在纤维空隙中（Magekurth，2001）。

③ 聚甲基丙烯酸的鞣性是指在胶原原纤维周围易形成包裹层，提高了纤维的刚性结构，在受湿热时不易垮（Covington，2000）。

④ 在较低的 pH（2.0~3.5）下，树脂的羧基数量减少，聚甲基丙烯酸的甲基更趋于与明胶的疏水烷基靠近，与明胶形成疏水性较好的紧密聚离子对，完成杂对称沉淀（Kotz，1993；魏德卿，1995）。随着 pH 升高，这种沉淀被破坏，而与金属配合形成主导。

（4）溶液中丙烯酸树脂含量分析

由于没有特征吸收峰，因此，稀释的丙烯酸树脂溶液很难被单独定量表征。试验中可以借助其化学性质进行粗略分析（单志华，1991；Frangoise，1993）。其原理在于水性树脂在适当高的 pH 下，羧基产生水解或与金属离子、有机物产生结合。包括：

① 中性丙烯酸：pH 沉淀点测定（不同浓度沉淀 pH 工作曲线对比）。

② 酸性丙烯酸：410nm 吸收测定（5%铬液+x%丙烯酸树脂工作曲线对比）。

③ 含芘体系中形成缔合物通过测量稳态荧光光谱确定，为 480~500nm。

第7章　结合鞣与协同效应

1893年一浴鞣法诞生后，经过一个多世纪的发展，铬被制革界公认为是鞣制成革综合性能最好的一种鞣剂，几乎完全占有了主鞣地位。铬鞣革耐热稳定性好（Ts>110℃），且鞣制条件温和，工艺简单，操作方便。然而，多年来人们认识到含铬废液及固体废物难以处理，又有Cr^{3+}氧化为Cr^{6+}的潜在危险。100余年后的今天，为消除因铬鞣造成的含铬废水及固体污染，无铬鞣法及制品无论在科学意义上或商业价值上均占有重要地位。自20世纪70年代起，制革化学家及工艺师有目的地为替代铬盐鞣革进行了大量的无铬鞣剂鞣法研究，最有效的是多鞣剂鞣法。研究结果发现，要使无铬鞣法接近或达到铬鞣革的耐湿热能力或者说收缩温度，可以将两种较低鞣性的非铬鞣剂或材料联合使用。试验证明，如果将一些非铬金属盐与某些多酚类物结合与胶原作用，可使被处理后的胶原Ts大大提高。

7.1　多鞣剂鞣

7.1.1　无机-无机鞣

无机-无机鞣法，目的在于少用或不用铬。常用的无机金属鞣剂主要有Cr^{3+}盐、Al^{3+}盐、Ti^{4+}盐、Zr^{4+}盐、Fe^{3+}盐等。这些金属盐用于联合鞣制时，通过不同的配体来隐匿，如柠檬酸、苯二甲酸、酒石酸、硅酸等。已经研究和使用的无机-无机多鞣剂鞣法主要有以下几种：

（1）铬-铝鞣

Cr^{3+}与Al^{3+}水解pH接近，与胶原pI差距小。没有证据确定两种金属是如何直接或通过氧桥间接相连，难以按照结合鞣进行科学定义。只是通过鞣制体系的电势平衡，利用Al^{3+}与Cr^{3+}结合胶原区别及离子电荷平衡，减少Cr^{3+}用量。Al^{3+}与胶原多以弱碱结合，作用温和使革的粒面获得自然、浅色的效果，但表面阳电荷增强。

应用的铬-铝鞣制方法主要包括以下3种情况：先Cr^{3+}鞣后Al^{3+}鞣；先Al^{3+}鞣后Cr^{3+}鞣；Cr^{3+}、Al^{3+}混合鞣制。

（2）铬-稀土鞣

铬-铼鞣类似。混合鞣制的鞣革性能更是以Cr^{3+}为主鞣。没有证据确定两种金属是如何直接或通过氧桥间接相连，难以按照结合鞣科学定义。RE^{3+} 的镧系收缩使水解 pH 高于 Cr^{3+}，RE^{3+} 以离子键为主与胶原结合，混合体系中 RE^{3+} 仅仅起到电荷平衡作用，可以较大程度减少浴液中的 Cr^{3+} 浓度。RE^{3+} 成本较高且毒性未知。应用方法同铬-铝鞣。

（3）锆-钛鞣

Ti^{4+} 与 Zr^{4+} 水解与水合状态 pH 接近，与胶原 pI 差距大，需要多化学计量配体隐匿，导致与胶原弱碱基结合为主。正常鞣制条件下，两者水解成不同的聚集状，填充性能突出。根据比例决定鞣革感官差别。没有证据确定两种金属是如何直接或通过氧桥间接相连，难以按照结合鞣定义。Ti^{4+} 与 Zr^{4+} 可以连续或混合使用。两者合用的共性是鞣革白色及紧实，Zr^{4+} 因聚集态不同鞣革更为紧实。但是，Ti^{4+} 与 Zr^{4+} 都是贵重金属，成本较高且 Zr^{4+} 毒性有报道。应用方法同铬-铝鞣。

（4）锆-铝鞣

两者水解 pH 相差大，难以相互协同，无法按照结合鞣进行定义，需要隐匿剂配合才能同时使用。该鞣法用于生产白色革，鞣革结果与隐匿剂及稳定 pH 相关，利用 Al^{3+} 解决 Zr^{4+} 鞣革表面过于紧实，Zr^{4+} 的加入提高坯革打光摔软稳定性。

（5）硅-铝鞣

Si^{4+} 与 Al^{3+} 可以通过 Si^{4+} 氧化物与 Al^{3+} 形成硅酸铝，称为沸石。沸石的晶体结构是由硅（铝）氧四面体连成三维的框架，框架中有各种大小不同的空穴和通道，具有开放性。碱金属或碱土金属离子和水分子均分布在空穴和通道中，与框架的联系较弱。按照分子结构，共有 200 多种沸石，已有数十种被多行业开发应用。它们可以是天然的或辅助合成的，根据 $Na_2O/SiO_2/Al_2O_3$/有机酸以不同比例形成的各自聚集态尺寸及对溶液 pH 稳定性差别。1974 年起就有沸石鞣剂 Coratyl G 用于白湿革制造。将沸石作为无铬鞣剂的有芬兰 Kemira 公司 Tanfor T（2013 年）、西班牙 Cromogenia 公司 Retanal ZR（2000 年）。硅酸铝制成的白湿革色白、成型性好，可削匀并可以回收白湿革屑；单独鞣制 Ts<80℃，鞣后加工要求较高。硅酸铝与胶原易产生类似胶凝化、矿化效应使革硬化。还需要对鞣剂及工艺的改进。

（6）铬-铝-锆鞣

在 Cr^{3+} 与 Al^{3+} 鞣配合情况下增加了 Zr^{4+} 盐。没有证据确定 3 种金属是如何直接或通过氧桥间接相连，难以结合鞣定义。利用 3 种金属盐水解与渗透差别，鞣剂被分层结合，获得鞣革粒面效果；Al^{3+} 盐提高粒面阳电荷，Zr^{4+} 盐对表面的效果是使粒面紧实，最终提高坯革打光摔软稳定性。为了协调 3 种金属盐的共同效果，鞣制过程中通过隐匿剂种类对 pH 缓冲显得十分重要。

（7）铝-钛-锆鞣

没有证据确定 3 种金属是如何直接或通过氧桥间接相连，难以结合鞣定义，因此属于多金属混合鞣制。Ti^{4+}与Zr^{4+}可以混合使用，Al^{3+}起到调节革表面及溶液离子平衡的作用，且节省了Ti^{4+}与Zr^{4+}的用量。Ti^{4+}与Zr^{4+}为贵重金属。

多种金属无机鞣法的效果归因于各自金属水解特征与胶原的pI，需要兼顾达到共同的水解平衡，获得协同鞣制效果。迄今为止，还没有证实存在异核金属离子直接、或由氧桥、羟桥连接的聚合物。区别于结合鞣协同效应，混合鞣的结果虽然难以满足各自最佳鞣制条件，但可以通过各金属鞣制特点，分别获得鞣革效应。

7.1.2 有机–无机鞣

有机–无机鞣法是研究较多的一类多鞣剂鞣法。采用的有机鞣剂主要有植物单宁、醛鞣剂、合成鞣剂等；采用的无机盐物主要有Al^{3+}盐、Ti^{4+}盐、Zr^{4+}盐、Fe^{3+}盐等。

（1）植物单宁–金属鞣

植物丹宁–金属鞣是最典型的结合鞣制，也是生产高热稳定性的鞣法。其中，植物单宁包括水解类与缩合类。植物丹宁–Al^{3+}鞣是这一类鞣法的代表，其鞣革 Ts 可达124℃。用植物单宁与Zn^{2+}盐鞣制绵羊皮，成革的物理力学性能增加，Ts 超过 100℃，具有防水性能。但是，植物单宁与金属鞣的实现，需要两者渗透与结合的 pH 匹配。如果：

① 栲胶先鞣后金属盐需要降低 pH（如≤3.5）完成渗透，以防止金属盐水解析出或表面结合。然而，过低的 pH 将导致栲胶的收敛性使成革过度紧实，后续金属离子渗透困难。

② 采用金属鞣剂先鞣后提碱与胶原结合，一方面，植物单宁与金属离子的反应将阻止栲胶足够的渗透；另一方面，金属离子缺乏足够活性再与植物单宁反应，难以完成有效的结合鞣协同效应，结果更多显示出前期鞣剂的鞣性。

事实上，植物单宁与金属鞣较难协调渗透与结合的平衡，尤其是较厚皮革的鞣制。

（2）合成鞣剂–金属鞣

该类鞣剂包括芳族合成鞣剂与金属鞣、乙烯基树脂鞣剂与金属鞣。这些多鞣剂鞣制均有一些研究报道。在这些鞣法中各鞣剂的渗透与结合的协调进行，发挥两种鞣剂各自及协同的结果，具有良好的开发前景。但要获得结合鞣协同效应，先合成鞣剂再金属盐鞣更为合理。

7.1.3 有机–有机鞣

参与多鞣剂鞣法的常用有机鞣剂有植物单宁、合成鞣剂、醛类鞣剂（甲醛、戊二醛、噁唑烷）、乙烯基树脂鞣剂等。

典型的有机–有机鞣是用植物单宁与醛类鞣剂结合鞣，可使成革 Ts 得到比其中任一个鞣剂单独鞣的 Ts 提高 20℃以上的效果。其中植物单宁以缩合类为佳，如荆树皮栲胶与噁唑烷、戊二醛结合鞣可使成革 Ts≥110℃；丙烯酸树脂鞣剂与植物单宁结合鞣可使鞣革 Ts 比单独植鞣提高≥10℃，而其植物单宁的吸收率也较单独植鞣有明显提高。聚氨酯树脂鞣剂与植物单宁相继使用，除提高 Ts 外，还可以得到细腻、平滑、柔软、色浅、饱满的轻革，几乎综合了两个鞣剂的理想特征。

7.2　多鞣剂协同效应

由两种鞣性不佳的鞣剂结合使用得到的革，比任何一种鞣剂单独鞣有更高的湿热稳定性的现象称为"协同效应"，该鞣法称为结合鞣法。"协同效应"仅仅考虑鞣制后坯革的耐湿热稳定性的提高，而忽略皮革因多材料处理后其他感官及物理化学性能的变化。当多种鞣剂或材料联合/复合使用，皮革显示各自鞣剂特征引起的综合效果，而非湿热稳定性的协同效应时，可以称为多鞣剂复合鞣/联合鞣。如多金属鞣制、各种制革的复鞣。由此，可以区别其他多种材料处理后引起皮革的特殊变化。

研究并利用"协同效应"最早最多的是铝-植结合鞣，单独 Al^{3+} 鞣最高 Ts≤78℃，单独植鞣 Ts≤86℃，而两者联合鞣制得到的成革 Ts 可达 125℃。自 20 世纪 40 年代利用结合鞣的协同效应制造高耐热稳定皮革就有先例，例如，英国人采用铝-植结合鞣替代铬鞣制造鞋面革，德国人及美国人用戊二醛-植结合鞣制造无铬软鞋面革及高档轿车座套革。

7.2.1　鞣剂键合稳定性理论

没有任何单一的鞣剂可以取代铬鞣革而获得高 Ts 的皮革。通过各种途径研究发现，这关键在于 Cr^{3+} 与胶原的键合稳定。结论导出，鞣剂与胶原蛋白之间的交联键合力直接关系着鞣革的 Ts。加强这种键合力，如提供共价或配位结合、增加键合点及交联数量，都可使胶原蛋白热稳定性提高，图 7-1 为键合力对 Ts 的影响的示意图。

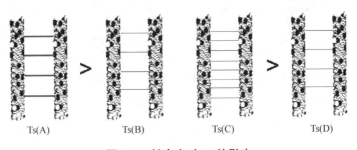

图 7-1　键合力对 Ts 的影响

这种观点有一定的合理性。就单独金属离子鞣革而言，最直接的证明是 Cr^{3+}、Fe^{3+}、Al^{3+} 鞣革的结果，由于这些无机盐与胶原蛋白的结合稳定性方面存在 $Cr^{3+}>Fe^{3+}>Al^{3+}$。因而，当它们各自鞣革时，结果为 Ts(Cr)>Ts(Fe)>Ts(Al)，这意味着 Ts(A)>Ts(B)、

Ts(C)>Ts(D)，且随鞣剂用量增加，Ts 增加。

Al^{3+} 盐鞣革是以 Al^{3+} 与胶原的羧基配位结合为基础。但事实上，即使利用一些完全没有鞣性的金属离子，如 Co^{2+}、Mg^{2+}、Ni^{2+} 与植物单宁结合，获得的革也有较高的耐湿热稳定性，Ts 接近或高于 100℃（Morera，1996）。这种现象证明结合鞣中金属盐与胶原键的合力关系并不明显。假设这种效应是植物单宁加入后使鞣剂在胶原之间交联的数量增加，而使胶原的湿热稳定性上升，如下图所示，用分子（A）与 Al 结合作用胶原，Ts 为 108℃。

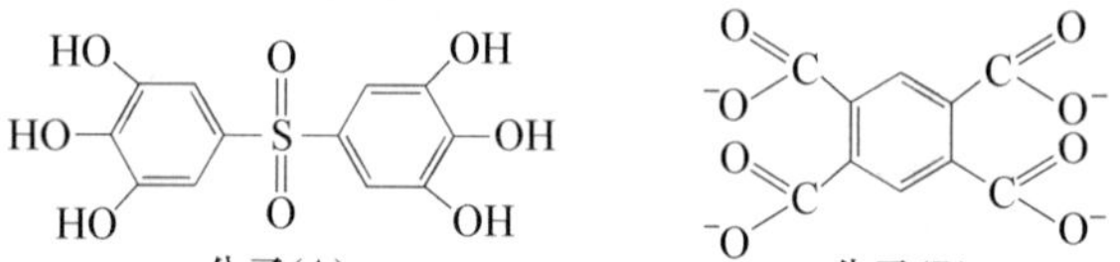

分子(A)　　　　　　　　　　　　分子(B)
Ts(A+Al)=108℃　　　　　　　　Ts(B+Al)=106℃

这种现象的原因，推测是由酚羟基与胶原的氨基及肽键可形成牢固氢键引起的。但是，这又从分子（B）与 Al^{3+} 作用胶原的 Ts 达 106℃（Gupta，1979）而失去全面性。

7.2.2 结合鞣框架理论

除金属盐与一些多酚、多羧基有机物能产生结合鞣协同效应外，这种协同效应也出现在熟知的戊二醛与植物单宁、噁唑烷与植物单宁结合鞣，以及用 THPS 与三聚氰胺等都可使结合鞣的 Ts 近于 100℃，这些现象均不能简单地用某个物质键合数、键合力，甚至用传统的结合点表示鞣制能力进行理解。通过以下几个试验研究发现：

(1)
植物单宁 + 正常胶原 + Al^{3+} —鞣制→ Ts约124℃
植物单宁 + 去羧基胶原 + Al^{3+} —鞣制→ Ts约124℃

(2)
植物单宁 + 正常胶原 + 噁唑烷E —鞣制→ Ts约115℃
植物单宁 + 去氨基胶原 + 噁唑烷E —鞣制→ Ts约115℃

对上述结合鞣的协同效应机理进行深入研究，结果的基本观点偏离传统的鞣剂交联-鞣制的概念，Shan 等发现（1996）认为无论是单一鞣剂鞣法还是结合鞣鞣法，产生高 Ts 及协同效应的结果主要因为胶原纤维间的"多支撑稳定结构"（Shan 等，1996），或更形象地被（Covington，2001）描述为刚性的模块（R-Matrix）。研究发现：

① 单独植鞣可被洗脱 95%，当植鞣剂与噁唑烷结合鞣后，可被洗脱 70%~80%。在溶液中，当儿茶素与噁唑烷相遇时，即刻形成一种疏水弹性胶体。随着水的脱去可以获得坚硬的、沸水中也不溶解的塑型（性）物。

② 当金属离子 Cr^{3+}、Al^{3+}、RE^{3+} 与没食子酸结合后，其产物热分解温度均大于单独

没食子酸。

因此，这种 R-Matrix 中的物质自身以交联网络（螯合）形式构成，具有较高的抗湿热变性温度。虽然这些 R-Matrix 在皮胶原纤维间并非与胶原纤维有特别牢固的结合，可大量被洗出，但在湿热变性温度前能够支撑胶原的组织构型及构象，最终导致皮胶原的高 Ts，见图 7-2。

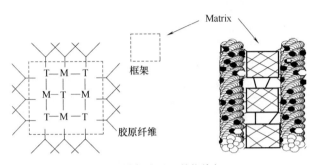

M—金属离子；T—植物单宁。

图 7-2　结合鞣多支稳定结构架或 R-Matrix

事实上，1997 年 BSLT 研究小组的 Ramasami（1997）等在对 Cr^{3+} 盐的配合物组分、结构深入研究后，对 Cr^{3+} 鞣机理提出了一种全新的见解，认为铬鞣革的高 Ts 并不仅仅是靠 Cr^{3+} 配合物分子链通过与皮胶原纤维交联引起的，很有可能是由 Cr^{3+} 水合离子水解聚合成三维稳定的体形分子所贡献。用 X-衍射研究证实了铬鞣革存在的三维 Cr^{3+} 水解配聚的体形分子与胶原仅有微弱的结合力。2000 年，Covington 引用 Kronick 和 Cook 对胶原被矿物质固化的骨及一些动物壳的研究，这些矿物质主要是氢氧化磷灰石充实在胶原纤维间，并没有与胶原发生反应，只是沿着胶原纤维的主轴晶化，但可使骨胶原的热变性温度达 155℃，分析表明该温度确实为胶原纤维的热收缩温度。2007 年 Covington 等人发现，铬鞣胶原变性张力增加速度与未结合的胶原相同，也证明铬鞣交联是有缺陷的。

根据高分子科学中马克三角形原理，要提高高聚物耐热性应满足：

① 增加链的刚性（如引进耐热的刚性链、环状物）；

② 进行交联（减少链运动的空间、运动可能性）；

③ 使其结晶（对晶体言）。

根据各种结合鞣实践及现有的机理研究发现，在结合鞣法中的两种鞣剂间能够产生良好反应，形成某种稳定的化合物，当这种化合物与皮胶原有一定的结合，或能够稳定地、在适当的位置存在并靠近，或填充于纤维间隙时，只要填入的化合物不受热破坏，则胶原纤维构象转变就会受到阻碍，表现在宏观上为热收缩温度的升高。由此可见，用"R-Matrix"或"多支撑稳定结构"对产生结合鞣协同效应的解释满足了马克原理。

7.2.3 协同效应与结合鞣

7.2.3.1 结合鞣 R-Matrix 的构造

协同效应说明结合鞣的目的是鞣剂之间或鞣剂与某些化合物之间需要形成稳定的新物质。

在有机-无机结合鞣中，一个耐热稳定性结构无非就是一种具有金属螯合结构的化合物作为 R-Matrix，这种物质可以是平面型或立体型，结构见下图所示：

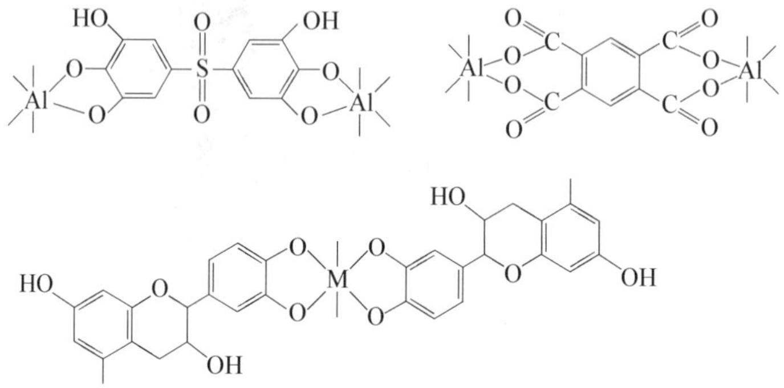

在有机-有机结合鞣中，需要一种网状结构的化合物作为 R-Matrix 才能稳定，这种物质也可以是平面型或立体型，结构见下图：

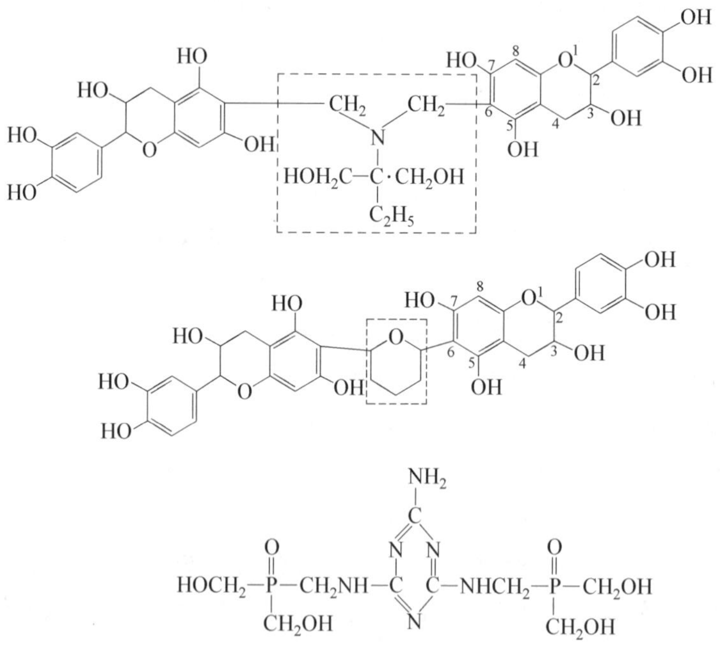

无机-无机鞣制在相同金属盐鞣制时，如下图（A）式，可以认为是通过一种特殊的 "R-Matrix" 获得高的鞣革 Ts，如果能够在皮胶原内原位水解聚合则更有效。虽然

单独金属鞣制作用未被定义为协同效应，但也与结合鞣相似。而（B）、（C）、（D）三种结构形式在溶液及皮胶原中由于没有被证实存在，结合鞣的协同效应也没有体现，因此没有作为结合鞣被考虑。

(A)　　　　　　(B)　　　　　　(C)　　　　　　(D)

7.2.3.2　结合鞣 R-Matrix 与鞣革 Ts

R-Matrix 的形成是结合鞣获得协同效应的必要条件。但是，当确定 R-Matrix 可以形成时，对结合鞣革的 Ts 或协同效应的大小还有两个方面需要考虑：

（1）R-Matrix 的自身稳定性

Chen 等（2006）证实，对植物丹宁-金属盐结合鞣而言，胶原与植物丹宁结合为主，金属为交联剂时（后讨论），结合鞣革有：Ts（Cr）>Ts（Fe）>Ts（Al）；Ts（Cr-植）>Ts（Fe-植）>Ts（Al-植）。其中，Ts（Cr-植）、Ts（Fe-植）、Ts（Al-植）>Ts（Cr）。

磺基水杨酸（Sa）与 Cr^{3+}、Al^{3+}、Cu^{2+} 体外构成的螯合物（R-Matrix）时，有以下结构

M:Cr^{3+}、Al^{3+}、Cu^{2+}

分析测定得表观稳定常数为

$$\lg\beta(Cr-Sa)>\lg\beta(Al-Sa)>\lg\beta(Cu-Sa)$$

将 3 个螯合物与胶原反应，差示扫描量热分析法（DSC）测得变性温度（Td）有

$$Td(Cr-Sa)\approx133℃>Td(Al-Sa)\approx127℃>Td(Cu-Sa)\approx91℃$$

由于它们鞣革的 Ts 均远高于单独鞣制，因此，这个结果仍然可以认定，R-Matrix 的稳定性是关键。

（2）R-Matrix 与胶原结合能力

对三聚氰胺-醛类结合鞣而言，形成 R-Matrix 后醛与胶原结合必不可少。以戊二醛、THPS 为例，由于单独鞣革的 Ts 有：Ts（戊二醛）>Ts（THPS）。根据上述（1）结论，结合鞣革必然结果为：Ts（三聚氰胺-戊二醛）>Ts（三聚氰胺-THPS）>Ts（戊二醛）>Ts（THPS）

7.2.3.3　结合鞣中的 Ts 与 Td

（1）Ts 与 Td 差别

关于 Ts 与 Td，实验室研究中常常采用不同仪器作为测定变性温度。而相变温度 Td 与皮革的收缩温度 Ts 具有较大的差别，由一种结合鞣样品测试结果可以看出：

结合鞣的湿热收缩温度仪测定:Ts(儿茶素–噁唑烷) = 83.2℃

结合鞣的干热 DSC 仪测定:Td(儿茶素–噁唑烷) = 133.7℃

结果表现在两个方面不同:

① DSC 是在程序控制温度下，测量输入到物质和参比物的功率差与温度关系的一种技术。近代测试技术使用 DSC 测定皮胶原相态改变时的活化参数（ΔH），是测定样品在无水或低水分下的吸热变化规律。

② Ts 是胶原固体受湿热后宏观上尺寸的变化，包括相态改变、脱水、硬化，是测定样品在充水或者水分子参与时胶原吸热变化的规律。

这种 Td>Ts 现象的原因可以推测为:放热在先，收缩在后;水分促使胶原变性，缺少水分使变性温度升高（Wang，2010）。

利用 Td 代表 Ts 虽然难以表达鞣制效应，但是在比较试验上是合理的。

（2）Ts 与革的含水

鞣制在水中完成，鞣剂通过与水交换，可以说水协助了鞣剂的结合，但是水也可以逆反应，在热的作用下干扰、破坏鞣剂的结合，降低鞣制效应。含水不同的结合鞣革的 Ts 明确地表达了这种结果，见图 7-3。

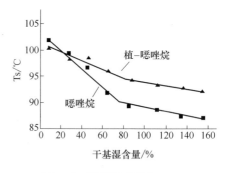

图 7-3 革样湿含量与 Ts

由图 7-3 可以发现，当革含水量增加至 70%~80%时，出现一个转折，高于该含水后 Ts 缓慢降低。其中，单独噁唑烷鞣制这种转折较显著，而植物单宁（荆树皮栲胶）与噁唑烷结合鞣该现象显得不明显。

7.2.3.4 结合鞣 R-Matrix 的形成特征

结合鞣能够在"体外"形成理想的 R-Matrix，但不一定能够在体内形成有效的 R-Matrix，见图 7-4 至图 7-6。这种现象使得鞣剂间协同效应提高不足，具体表现在以下 3 个方面:

（1）A 类现象

结合鞣 A 类现象示意，如图 7-4 所示。

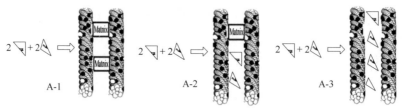

图 7-4 结合鞣 A 类现象示意图

A-1 是最理想的结合鞣。双组分都进入胶原组织内，有效形成 R-Matrix，获得最大化协同效应。

A-2 形成部分 R-Matrix。可能的原因有以下几个方面：

① 在胶原内双组分受空间、热力学稳定的影响，鞣剂组分运动受限；

② 外部条件渗透限制（温度、机械作用、浓度等）。

A-3 不形成 R-Matrix。鞣剂与胶原的亲和力远高于双鞣剂之间的亲和力。

A 类现象的结合鞣中两鞣剂没有明确的先后顺序，无论谁先渗入后者都能与其形成 R-Matrix。通常在一种没有鞣性的材料与一种有鞣性的材料之间构成"结合鞣"。

（2）B 类现象

结合鞣 B 类现象示意，见图 7-5。

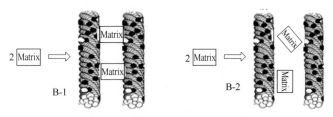

图 7-5 结合鞣 B 类现象示意图

B-1 体外形成 R-Matrix 直接渗入形成结合鞣。这是一种理想的方法，可以在体外设计 R-Matrix 结构，除获得结合鞣协同效应外，还可以得到设想的综合效果。但这种情况较为少见。

B-2 体外形成 R-Matrix 直接渗入后部分 R-Matrix 形成结合鞣。由于 R-Matrix 体积大以及形成 R-Matrix 后容易失去渗透动力，吸收低或者没有理想空间，造成结合鞣协同效应降低。

B 类现象结合鞣中，R-Matrix 结合量不足，或进入皮胶原中也难以理想分布或进入必要的结合点。工艺中在非结合鞣的单独鞣剂自构 R-Matrix 时常见，如植物单宁、锆鞣、络合染料等。

（3）C 类现象

结合鞣 C 类现象示意，见图 7-6。

C-1 与 A-1 类似，只是确定了两种鞣剂进入胶原的顺序。第一鞣剂进入胶原，在保证良好渗透与分布的情况下与胶原结合，并且保持与第二鞣剂形成 R-Matrix 的活性基团，待第二鞣剂进入后获得结合鞣协同效应。

C-2 有正确的结合鞣顺序，但是第二鞣剂渗透困难或在革内组装不良，如环境条件阻碍、体积阻碍。主要包括：

① 环境条件阻碍。Cr-植、RE-植、Zr-植结合鞣相互比较，稳定性最好的是 Cr-植结合鞣，Cr^{3+} 水解稳定性好，在 pH4.0 左右可以顾及植物丹宁的结合及 Cr^{3+} 的渗透；植-RE 中 RE^{3+} 更是能够理想渗透；而 Zr-植中，Zr^{4+} 在 pH4.0 左右几乎水解聚合，难以

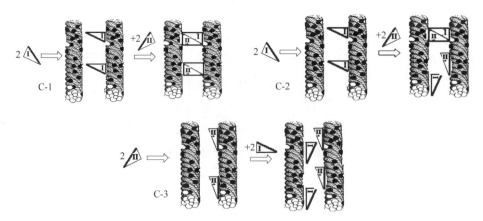

图7-6　结合鞣C类现象示意图

渗透。尽管 Zr^{4+} 鞣性远高于 RE，但结合鞣协同效应为 Cr-植（$\Delta Ts \approx 70℃$）>RE-植（$\Delta Ts \approx 32℃$）>Zr-植（$\Delta Ts \approx 20℃$）。

② 第二鞣剂体积阻碍。在植-戊二醛与植-甲醛结合鞣对比中可以看到，体积的阻碍使得协同效应为植-甲醛鞣革（$\Delta Ts \approx 35℃$）>植-戊二醛（$\Delta Ts \approx 27℃$）。

C-3 出现顺序错误，难以形成 R-Matrix。分析原因如下：

① 当第一鞣剂与胶原之间反应能力较第二鞣剂相当或更强时，第二鞣剂进入难以形成 R-Matrix，即使第一鞣剂过量使用也难以形成有效的 R-Matrix。

② 第一鞣剂渗透结合的条件，如 pH、用量等直接影响第二鞣剂的渗透，甚至影响第二鞣剂与第一鞣剂的结合。

③ 当第一鞣剂反应基团有限时，先进入与胶原作用后失去活性，或因结合发生钝化后，无法与第二鞣剂形成 R-Matrix。

C-3 的现象常常出现在如下情况中：

① 金属盐主鞣后，植物单宁、合成鞣剂的复鞣。例如，Cr 鞣提碱、中和后，用植物单宁或复鞣剂处理，仅仅是复鞣或填充，难以形成结合鞣特征。

② 进行植物单宁-金属结合鞣。先金属盐鞣制，如果金属盐的水解 pH 较低，提碱引起水解钝化，情况同①，不提碱则植物单宁无法渗透完成均匀结合。例如，Al-植结合鞣时，先铝后植物单宁的鞣革 Ts 为 86~120℃，而先植物单宁后铝的鞣革 Ts 为 125℃。

③ 进行植物单宁-醛类结合鞣。先醛鞣剂结合皮胶原，然后加入植物单宁，此种顺序结合鞣革的 Ts 低于先植物单宁后醛鞣剂的 Ts，如对比试验结果有：

$$Ts（儿茶素-戊二醛）= 94.8℃$$
$$Ts（戊二醛-儿茶素）= 78.7℃$$

即使采用 DSC 在无水测定下的 Td 也存在明显差别，即 $\Delta Td（163.9 - 156.2）= 7.7℃$，见图7-7。

7.2.3.5　皮胶原改性与结合鞣

一个研究在儿茶素、噁唑烷、皮胶原三者之间完成。通过对各种情况下皮胶原的 Ts 测定发现：

Ts(儿茶素-正常胶原)= Ts(儿茶素-去氨基胶原)

Ts(去氨基胶原)= Ts(噁唑烷-去氨基胶原)

Ts(儿茶素-去氨基胶原)<Ts(儿茶素-噁唑烷-去氨基胶原)<Ts(儿茶素-噁唑烷-正常胶原)

由此说明，植物单宁和噁唑烷与皮胶原氨基结合，对获得鞣制效应并非必要条件。

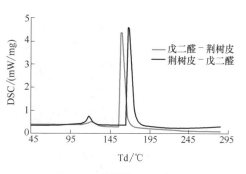

图 7-7　革样的 DSC 曲线

儿茶素与噁唑烷进行结合鞣可以获得协同效应，但是与胶原的化学结构相关。胶原氨基的存在使得结合鞣协同效应增加。由此说明，被 R-Matrix 作用的底物也影响 R-Matrix 的效能。

7.2.4　复鞣的协同效应

Ts 是皮革制造中最重要的指标之一，是坯革后续湿热加工及商品使用功能所需。鞣制的协同效应是描述两种以上物质作用胶原，获得比任何单一作用后获得的 Ts 更高的效果。但 Ts 并非唯一指标，进一步加工需要解决最终坯革的感官、化学及物理力学指标，如丰满、饱满、延弹、平整、均匀等。为此，需要在鞣制的坯革上再次采用鞣剂处理称为复鞣或再鞣。复鞣并非以 Ts 为目的，而是获得更多的特征效果包括 Ts 升高。这种效应可以认为非鞣制的协同效应，或称"复鞣效应"。复鞣效应获得的前提也是两种或两种以上鞣剂的协同作用。

鞣剂或复鞣剂与坯革进行作用，获得复鞣效应，成为鞣后整理化学的基础。100 余年来经过产品开发研究与实践经验，与铬鞣坯革配套能够形成复鞣效应处理已经十分完善，并为鞣制后坯革的加工方法与终端产品品质之间建立了明确的化学物理关联。

对非结合鞣而言，复鞣是主鞣的补充。理论上，当主鞣完成后，革的组织构造基本定型，或者说确定的需要的组织构型。再使用其他鞣剂的目的仅为革组织的修正，或者说修饰组织构象。图 7-8 表达了无论鞣制效应强弱，主鞣是确定组织最重要的步骤。Cr^{3+} 主鞣确定了组织的结构；醛主鞣不同于铬主鞣，但也确定了其组织结构。

因此，除结合鞣外，在主鞣后引入的鞣剂无需或难以替代主鞣剂功能，其只需在可及的空间内与主鞣剂和胶原的"剩余"活性点作用。结果形成复鞣协同效应，通过可以数字化表征的指标，如密度、厚度、硬度、热稳定性、透水性、含水量、强度、牢度等，对坯革进行改进。例如，Cr^{3+}、Al^{3+} 鞣制后再用乙烯基树脂处理坯革，可以降低坯革密度，提高疏水能力，形成皮革丰满、暖感特征。

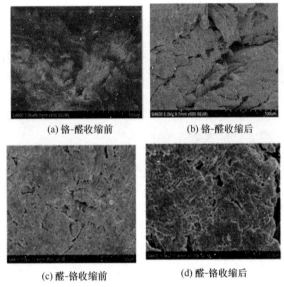

(a) 铬-醛收缩前 　　　　　　(b) 铬-醛收缩后

(c) 醛-铬收缩前 　　　　　　(d) 醛-铬收缩后

图7-8　主复鞣变性前后组织差别（SEM）

7.2.4.1　复鞣剂结合

图7-9：①用10%鞣剂（酸皮质量计）对20g浸酸黄牛皮在25℃、200%水、2h进行鞣制，固定pH（横坐标），200%水洗10min，收集总废液，测定废液含鞣剂量，计算获得吸收率（纵坐标）。②用10%鞣剂（牛蓝湿革质量计）对20g含3.2%Cr_2O_3的牛蓝湿革在25℃、200%水、2h进行鞣制，固定pH（横坐标），200%水洗10min，收

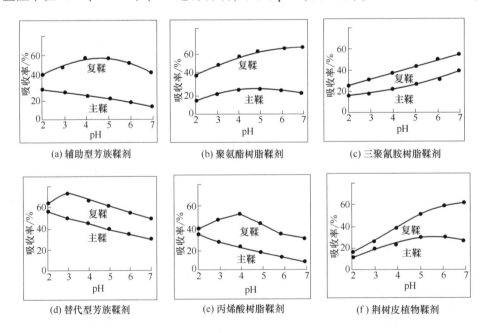

(a) 辅助型芳族鞣剂 　　　(b) 聚氨酯树脂鞣剂 　　　(c) 三聚氰胺树脂鞣剂

(d) 替代型芳族鞣剂 　　　(e) 丙烯酸树脂鞣剂 　　　(f) 荆树皮植物鞣剂

图7-9　复鞣剂在不同pH下与生皮及铬革作用的吸收率

集总废液，测定废液含鞣剂量，计算获得吸收率（纵坐标）。

在 pH2~7 各种复鞣剂与生皮作用的吸收率都低于复鞣剂与铬鞣坯革作用的吸收率。这种吸收增加的共性特点虽然不能作为结合鞣协同效应，但构成了复鞣协同效应的基础，这种明显变化的吸收率可以得到如下结论：

① 与生皮作用对比，复鞣剂与 Cr^{3+} 化学作用而引起结合增加；

② 除三聚氰胺树脂外，不同复鞣剂与坯革结合规律较大不同于生皮结合规律。

因此可以确定，上述两个特征证明了复鞣剂与铬鞣坯革的复鞣效应有较明显的显示。

7.2.4.2　复鞣坯革（湿态）吸水

复鞣后坯革的含水涉及后续材料的渗透与结合，以及干燥后成革的密度。脱水使干燥坯革紧实，充水坯革的干燥表现出空松或扁薄的感官变化。通过复鞣使坯革获得不同的含水特征能够改变后续湿态加工及干态整理的感官。

复鞣后坯革的含水比较试验如下：

蓝湿革称重，加水（35℃），中和、水洗，加入复鞣剂，2h 吸收平衡，固定、水洗、干燥，10h 恒湿（25℃，65%RH），称重，计算。计算公式如下：

$$充水度 = （含水质量/干固质量）\times 100\%$$

试验结果见表 7-1：

表 7-1　　　　　　　　　　　　　　　复鞣结合水

复鞣用鞣剂	坯革含水/%	
	pH = 3.8~4.0	pH = 3.2~3.5
替代型合成芳族鞣剂	约 17	约 30
含铬合成芳族鞣剂	约 20	约 25
聚丙烯酸树脂	约 15	约 13
荆树皮栲胶	约 25	约 20
戊二醛	约 8	约 10
双氰胺树脂	约 17	约 20

7.2.4.3　复鞣坯革（干态）疏水

各种复鞣剂对铬鞣坯革复鞣后都会改变革对水的结合。复鞣剂进入后引起坯革的亲水性发生改变，表现在成革上的亲/疏水特征。复鞣导致成革的透水性及吸水率降低，称为复鞣的疏水效应。

复鞣的亲/疏水效应可以源于复鞣剂、鞣剂与胶原的两两作用，也可以是三者联合作用。可以根据皮革最终使用性能要求选择复鞣剂，也可以根据成革的质量要求将复鞣剂配比使用。测试各种复鞣剂的疏水效应，见第 1 章表 1-8。

复鞣后坯革的疏水比较试验如下：

蓝湿革称重，加水（35℃），中和、水洗，加入复鞣剂，2h 吸收平衡，固定、水洗、干燥，48h 恒湿（25℃，65%RH），进行 Bally 透吸水检测。

7.2.4.4 羧基为主树脂复鞣效应

乙烯基树脂如聚丙烯酸、苯乙烯-马来酸酐共聚物含有大量的羧基。单凭聚丙烯酸自身的结构及组成，难以与生皮作用获得良好的吸收率效果（图 7-9），而通过坯革的复鞣，吸收率及渗透才能显示出理想结果。进行复鞣后与金属鞣剂间形成牢固的耐水化合键，在革内产生不可逆的结合，对自身固定及金属鞣剂固定均有重要作用，形成两者之间的复鞣协同效应，可以明显改变坯革及成革的物理力学性能。羧基树脂与 Cr^{3+} 作用的共性表现在：

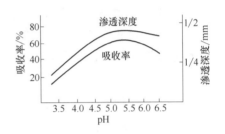

图 7-10 树脂吸收渗透与体系 pH

① 坯革中和 pH 偏低、树脂聚集度高，以表面吸收并填充效应为主；中和 pH 偏高、树脂舒张，表面吸收并覆盖后纤维分离，以弹性泡感为主。

② 多羧基树脂能够取代配离子 SO_4^{2-}，生成—COO—［Cr］配合物，其中 pH、温度是决定反应的重要因素。

③ 胶原纤维束外表面的 Cr^{3+} 是乙烯基树脂主要结合的地方。乙烯基树脂的表面沉积表现出纤维束的直径增大（可使原纤维直径增加到 130~180nm）。

④ 每克革按原纤维计有 1~3m² 的可及表面积。乙烯基树脂的铺展量与自聚集平衡，直接决定坯革的化学性能与成革密度，是两种协同效应的平衡。

⑤ 羧基与铬按比例结合后产生强烈的疏水收缩，尤其是高分子质量的聚丙烯酸酯导致皮革收缩、增厚与延弹性增强。

⑥ 多羧基树脂与铬鞣革亲和性强，结合后难以分离，雾化值低，耐光热性强，皮革的使用寿命延长。

⑦ 树脂中亲水羧基不足以被硬水的钙及镁盐沉淀；但可以被过渡金属离子沉淀。

乙烯基树脂无色，与试剂显色困难，溶液吸收在紫外区，缺乏特征吸收。电子扫描图无法分辨乙烯基树脂深入纤维的等级。精细研究渗入程度，可用声光谱仪测定，测定步骤：革的粒面先用远红外光辐射，它与聚丙烯酸酯的羧基偶合反射出一定的频率和一定强度的声波；译成与聚合物成比例的数码；然后革削去一定的厚度，再测定新表面，获得结合量数字。

7.2.4.5 羟基化合物的复鞣效应

（1）酚羟基化合物复鞣特征

有机酚羟基化合物包括天然植物多酚及合成的酚类聚合物鞣剂。然而，无论是天然的还是合成的酚类，它们均以相似的方式与皮或革作用，小分子鞣质或非鞣质有利于渗透、扩散的概念仍可为复鞣所用。合成酚类产品从替代天然栲胶开始，最终以功能可调性而超越天然栲胶广泛用于制革。饱满、坚挺、增加塑性是两类羟基鞣剂主要复鞣效应。

酚羟基、亚硫酸/磺酸根、超氧负游离基及苯环空位与胶原的结合方式前已述及。当坯革复鞣增加金属离子后，有：

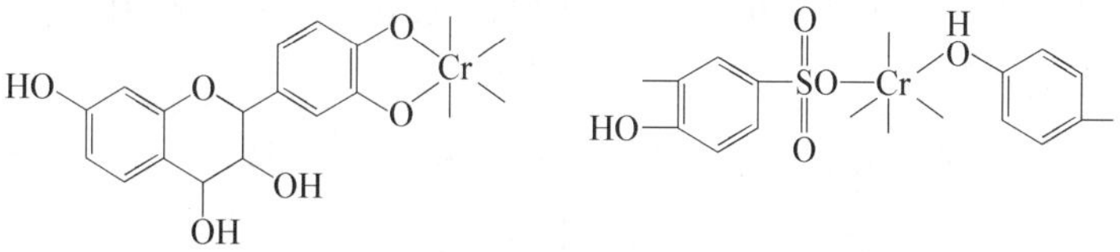

天然植物多酚及合成的酚类聚合物的共同复鞣效应表现在：

① 对金属鞣制坯革有较强的敏感性。植物鞣剂与多价金属阳离子螯合直接影响坯革的性能，如 Al^{3+}、Fe^{3+}、Ca^{2+}、Mg^{2+} 等。不仅从空间上对后续材料造成渗透困难，还给坯革表面硬化造成影响。合成的酚类聚合物的这种敏感性相对较弱。

② 具有良好饱满及紧实性。天然植物多酚及合成的酚类聚合物均可与胶原发生多点结合，两者的收敛性使坯革粒面变粗，革身变硬，其中合成的酚类聚合物的这种效应相对较弱。

③ 浅色效应及吸水性。植物鞣剂湿态下的负电性给阴离子染料上染带来困难，加上鞣剂自身色调影响，导致浓度艳度（如果复鞣剂带色）降低；大量的酚羟基在水中具有良好的亲水性，导致坯革快速浸润膨胀。

④ 与铬过度结合使坯革表面性能被修饰。较强的收敛性及聚集性使坯革表面的物理化学性质出现变化。成革耐光性、抗氧化、抗霉变、抗崩裂与抗撕裂能力都随之降低。

⑤ 坯革良好的成型性。天然植物多酚及合成的酚类聚合物均以多点弱键结合为主，在含湿情况下加热与压力可以转变分子的聚集与结合形式，宏观表现在压花成型性好。

为了酚羟基化合物获得理想复鞣效应，复鞣前坯革需要掩蔽电荷及降低盐浓度的处理，防止表面结合与絮凝。

（2）多聚糖化合物复鞣特征

多聚糖化合物除双醛淀粉、双醛纤维素外，多羟基聚合物如淀粉、纤维素、聚乙烯醇没有鞣性。这些材料难以直接渗入生皮或坯革。当它们用于铬鞣坯革复鞣、干燥后，对沸水有高的结合稳定性。分析证明，羟基与 Cr^{3+}、Al^{3+} 等鞣性金属在疏水情况下发生配位，产生不可逆结合，形成稳定的复鞣效应，如增厚、密度增加及革的抗水性提高。形成这些结果的速度、程度与形成条件相关，如复鞣的 pH、温度、多聚糖化合物分子质量。在多糖的大分子链中，糖环上若存在醛基、羧基，都将是提高稳定胶原的主要基团。

7.2.4.6 氨基树脂的复鞣效应

氨基树脂常常用于铬鞣坯革的复鞣。一般认为双氰胺树脂在铬鞣坯革的等电点以下,不与阳离子碱式铬盐结合。实际研究表明,不论氨基树脂的电荷如何,都与 Cr^{3+} 反应。例如,溶液中双氰胺树脂与碱式铬盐作用形成蓝色的沉淀。结合物不溶于热水,对弱酸、弱碱溶液稳定,证明在双氰胺树脂与 Cr^{3+} 之间形成牢固的化学键。光谱研究证明,双氰胺树脂使 Cr^{3+} 配合物的最大吸收峰的绝对值提高,峰值紫移,且随时间延长而加强。

双氰胺树脂有多种官能团($-NH_2$, $-CH_2OH$, $=NH$, $-CN$, $-SO_3^-$ 等),很难确定结合金属离子时哪些官能团起主要作用,见下式。

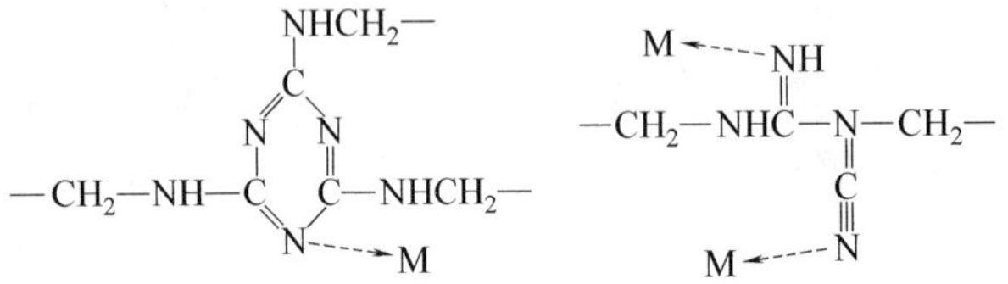

就铬鞣而言,尽管 Cr^{3+} 鞣制时带电荷的氨基不形成配位键,但 Cr^{3+} 与 $-CN$、 $-C=N-C-$、 $-CH_2OH$ 和 $-SO_3^-$ 反应是最明显的。如果出现羟甲基时,双氰胺树脂与 Cr^{3+} 可以形成环形化合物,见下式。

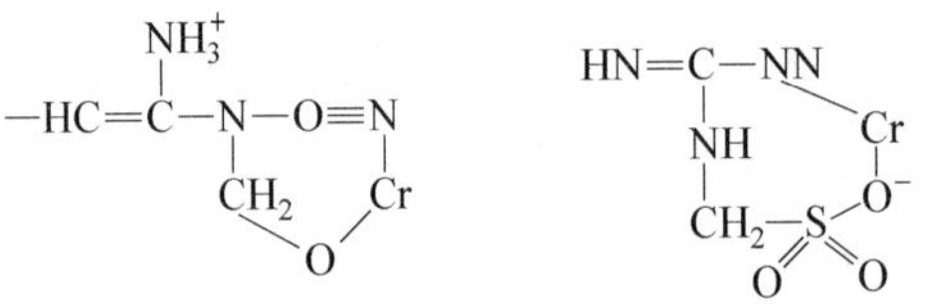

阳离子区-Cr³⁺   阴离子区-Cr³⁺

上式中的环状结构表明:

① 阳离子双氰胺树脂与 Cr^{3+} 配合形成六环,阴离子双氰胺树脂与 Cr^{3+} 配合物形成七环,六环比七环更稳定。这表明了 Cr^{3+} 与树脂内部结合牢度的差别。将 Cr^{3+} 加到双氰胺树脂溶液后形成沉淀。洗涤、分析沉淀后所得的结果表明,100g 阳离子的双氰胺树脂可以结合 2.2~7.4g 的 Cr_2O_3。

② 氨基树脂复鞣大大增加了坯革的韧性及紧实性。刚性树脂分子与 Cr^{3+} 结合防止了纤维的收缩,降低了成革的延伸及丰满。

7.2.4.7 多重复鞣的协同效应

先用适当量芳族合成鞣剂、植物单宁处理铬鞣坯革后,发现氨基树脂结合量大大增加。图 7-11 是蓝湿革中和后用 10% 三聚氰胺树脂(蓝湿革质量计)复鞣,以及先用 4% 荆树皮栲胶复鞣再用 10% 三聚氰胺树脂(蓝湿革质量计)复鞣。不计坯革的紧实,氨基树脂再复鞣可以提高吸收。从溶液中出现沉淀分析,其原因是形成电价健及氢键。与芳香族合成鞣剂比较,植物单宁与氨基树脂作用较为强烈,简单示意如下:

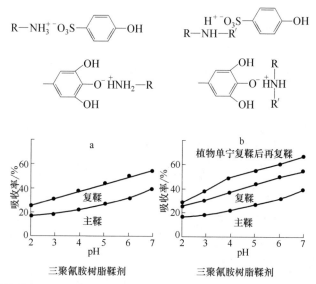

图 7-11 植物单宁后用氨基树脂复鞣的结合与蓝湿革直接用氨基树脂复鞣结合率对比

7.2.5 复鞣效应的实现与控制

在复鞣中，随复鞣剂的吸收与结合，坯革发生各种变化可以证明复鞣剂发生了作用。由于复鞣剂的品种多、结构复杂，这种作用难以数字化明确表达。实践中的复鞣效应只能来自感官效果判别。

成革的质量，如粒面平细、革身饱满、不松面、色泽均匀、坯革可磨性好、绒面革起绒好、绒毛细软均匀、压花成型性好等，都是可以通过复鞣中获得。如果复鞣材料的选择或使用不合适，渗透与结合平衡不当，难以获得设想的复鞣协同效应，甚至带来质量负面效应及成本增加。良好的复鞣效应需要满足复鞣剂有效地渗透与结合，可以归纳为以下几个条件。

7.2.5.1 稳定主鞣

在主鞣的基础上进行复鞣，复鞣同时也是稳定主鞣的重要措施。

① 铬鞣坯革采用植物单宁复鞣时，如果有较多的游离铬与单宁再形成螯合物（前称 Matrix），虽然影响植物单宁复鞣的渗透与分布，但可以稳定游离铬鞣剂的结合。

② 用铬与羧酸类乙烯基树脂同时复鞣，提供了配合物形成机会形成疏水较强的疏水性 Matrix 结构，一方面稳定了坯革弹性特征及感官性能，另一方面阻止了铬被洗出。

③ 先戊二醛鞣，在没有完成主鞣结合稳定时加入儿茶类单宁，形成醛-单宁 Matrix，阻止铬的迁移。

7.2.5.2 复鞣剂渗透

复鞣材料被坯革吸收的渗透动力来源较多，同时存在、共同作用或交替作用。这些力主要包括以下几种：

① 库仑力：复鞣剂与坯革之间的静电引力，包括动电作用。

② 毛细作用力：复鞣剂粒子在坯革纤维表面的吸附与铺展能力。

③ 机械压力：机械力导致坯革孔径扩缩形成的吸收力。

④ 渗透压：浓度差造成溶液的势力。

7.2.5.3 复鞣剂结合

在电解质溶液中，电荷作用是物质之间最先、最敏感的现象。库仑定律表明，两个点电荷的作用力的大小直接与电量成正比，又与两个点电荷之间距离的平方成反比。对于运动中的电解质而言，各种形式的电荷无处不在。因此，就成键作用距离而言，离子键≥范德华力≥配位键≥共价键≥氢键。由此可知，引起材料在坯革内结合的特征为静电作用优先，离子键需要优先考虑。

7.2.5.4 复鞣的环境条件控制

（1）复鞣温度

升温增加物质内能，使复鞣剂粒子分散性、活动性增加，水分子活动性增加。与此同时，坯革被增塑后孔隙形变能力增加，有助于机械力作用。鉴于渗透与结合平衡的矛盾，最佳渗透、结合的温度条件是：①坯革内"游离物"被复鞣剂交换；②外界复鞣剂以最小单位分散，使渗透吸收的能力加强。

（2）复鞣的pH

制革湿操作体系的pH通常指浴液及坯革的pH，与温度起协同作用，pH涉及电解质的溶解、分散、粒子表面电荷，也与坯革的表面电荷相关。为了保证渗透，鞣剂粒子的电荷密度与坯革表面的电荷密度差十分重要。因此，对于复鞣剂良好的渗透与结合效果，需要考虑pH条件为：保持结合的电位密度差；①减少鞣剂聚集，即氨基树脂、植物单宁、芳香族鞣剂等，应最佳解聚分散；②对柔性大分子鞣剂的伸缩作用。

（3）复鞣剂用量

复鞣剂用量涉及到非鞣性协同效应及个体功能的凸显。复鞣协同效应与可及度相关。未参与协同作用的鞣剂只能自身聚合形成填充作用。根据质量作用定律，过高用量的复鞣剂可以引起主鞣与复鞣的局部逆转，这种结果表现为：①改变坯革表面的 Ts，甚至整体向复鞣协同效应偏向；②坯革表面的感官性能向复鞣剂鞣制的特征偏向，甚至使坯革退鞣或变性；③辅助型鞣剂与胶原活性基因形成不良的结合，干扰鞣剂的结合与聚集，导致后续复鞣效应下降。

（4）复鞣的时间

通常所谓复鞣过程的平衡是笼统意义上的平衡，可以表达的是溶液中鞣剂浓度变化减小至近似恒定。事实上，工艺中这种平衡更多的是表面意义上的吸附平衡，执行中真正的平衡难以达到，延长时间可以达到（或获得）坯革内及各部位渗透与结合再平衡。上述平衡与坯革特征、鞣剂种类、复鞣的环境条件相关。

7.2.5.5　复鞣的顺序

在染整的湿操作中，鞣剂进入坯革内的顺序根据需要的功能决定。与结合鞣协同效应的顺序性类似，复鞣效应需要良好的顺序调整皮革纤维密度及有效填充。不同顺序将形成效应差异。这种顺序的结果可以描述如下：

（1）先入为主

先形成的效应具有最重要的功能。根据化学反应的能量转化规律，先形成的 Matrix 具有最凸显的功能。否则，在有限可及度的情况下进行化学转变，需要更高的反应活化能。先入为主成为规律。可以从以下几个例子说明：

① 铬完成主鞣后，其他鞣剂难以改变铬鞣革特征，即使半铬鞣革也是如此。植物单宁主鞣的坯革也难以被修饰为其他鞣剂的鞣革特征。

② 先加入聚丙烯酸类树脂进行铬鞣坯革复鞣固定，成革丰满弹性占主要。先加入植物单宁进行铬鞣坯革复鞣固定，成革饱满紧实占主要。

③ 先加入氨基树脂进行铬鞣坯革复鞣固定，成革平整紧实占主要。后续芳香族鞣剂、植物单宁的加入，对成革的功能改变明显减弱。

④ 根据顺序调整上染率是常被关注的工艺。阴离子型复鞣处理不当使坯革上染率下降，这给染色带来不同的结果。不同复鞣方式下阴离子染料的上染率见表 7-2。

表 7-2　　　　　　　　　　　　不同复鞣方式下阴离子染料的上染率

复鞣方式	上染率/%	复鞣方式	上染率/%
铬鞣剂	100	丙烯酸类鞣剂	40~60
戊二醛	60~80	氨基树脂鞣剂	60~80
合成鞣剂	20~90	植物鞣剂	20~40

（2）结合相竞

两种相同电荷及相近密度的材料先后进入，或互相吸附或互为排斥，尤其发生在使用相同结合点时。然而，实践中，不同类型的鞣剂虽然有相同的电荷，可以通过环境条件调整渗入方式进入坯革，包括库仑力、毛细管渗透、表面吸附、亲疏水等。但是有限的空间也需要适当的鞣剂加入顺序才能保证最大密度的结合。

（3）先强后弱

如果要保证各种鞣剂的复鞣效应，需要先弱后强的顺序处理。鞣性或协同效应弱的优先是平衡高吸收的方法，但前提是不影响复鞣效应。否则通过弱的结合或吸附占有空间，阻止后续复鞣效应的形成，最终受后续加脂剂、机械作用影响而造成鞣剂-胶原根基结构不稳定。因此，通常更需要考虑的顺序是：①先复鞣后填充；②先紧实后松弛；③先强鞣后弱鞣。

（4）同入相容

同入需要相容，互阻需要分离。在同浴连续处理或同浴混合处理时，对具有不同复鞣效应或不同电荷的两种鞣剂，需要在前一种鞣剂完成固定后再进入或混合（包括在坯革内、外）。否则鞣剂形成絮凝后难以进行后续材料的渗透。当需要面对混合不相容或互聚的材料时，必须按以下几种方法进行解决：

① 过渡处理。通过环境调节，减弱或阻止互聚作用。如温度与 pH 调节、表面电荷掩蔽、表面基团活性处理。

② 隔开处理。防止互相接触，利用水洗、换液、静置、加入介质的方法。

③ 顺序处理。根据复鞣反应要求的特征确定顺序，如先加入醛鞣剂后加入植物单宁。

④ 先大后小。如果大分子在先，占有微纤维通道口结合点或空间，后继材料难以有效渗透、聚集与稳定结合，形成表面复鞣效应，导致皮革密度不够，但也满足丰满泡感的要求。

多重复鞣效应使工艺不必要的复杂化，减少步骤与材料品种可更好地提高可控性。多鞣剂、多功能材料的使用，质量稳定性难以控制，造成生产成本增加、工艺复杂化。因此，简化工艺是明智的，但在不清楚作用机理时这往往是难以做到的。

第 8 章　坯革的整理化学

生皮经过鞣制后存在四个方面的缺陷，需要克服才能制得品质优良的成革。

① 生皮经过准备工段后，按照毛根、各种腺体、纤维间质、血管、细胞等非胶原有机组织占有的空间，生皮内产生大量的孔隙，造成皮革空松、扁薄的隐患。

② 天然动物皮内各纤维束与非纤维组织在纵向与横向上分布不均匀，使得生皮内的空隙不均匀，这种不均匀是造成皮革各部位感官性能及强度的差异。

③ 生皮经历了前期酸、碱、盐、酶的作用，胶原纤维表面极性基团增加，表面等电点下降（Convington，2009），大量的盐键、氢键、Lewis 酸碱对被分离，溶剂化水分占有空间增加，当水分脱除后，纤维间出现强烈黏结或排斥。导致抵抗物理、化学及生化作用能力下降。

④ 鞣制的坯革固定了胶原纤维，提高了皮胶原的耐湿热稳定性，但也给坯革留下了鞣剂结合胶原的新感官，如色调、硬度、延弹性，以及特有的化学特征，如纤维表面电荷、亲疏水性、化学反应活性。实际表明，各种鞣剂鞣制后都存在或多或少的缺陷，难以满足成革所需。

事实表明，如果对这四个方面的问题不进行消除，最终成革的质量不良、面积利用率低，使用性能不佳。克服这四个方面的缺陷，首先需要根据缺陷的特征进行针对性处理，皮革鞣制后的整理或修整悠然产生。整理或修整通常以干湿两种状态进行区别，称湿整理与干整理。其中，湿整理以化学助剂为主，通过复鞣、填充、染色、加脂工序完成，其基本原理仍然是渗透与结合，作用的目的是为干整理及成革感官做准备，与坯革的耐湿热无关紧要。干整理以干燥方法与机械力（如做软、熨压拉伸等）为主，使成革的感官性能定型。

8.1　坯革湿态填充

8.1.1　填充的目的与分类

在坯革组织内，除了局部天然的纤维编织疏松外，最明显、尺寸最大的孔隙是去除毛孔、毛球、脂腺、汗腺后形成的。这些孔隙集中了生皮内最大的空洞，见图 8-1。

也由于这些孔隙集中在粒面层与网状层衔接区，使连接层区缺少纤维支撑，难以接受剪切力的作用，在后期的机械操作中易出现缺陷扩大，造成局部空松、松面，甚至粒面层与网状层的分离。鞣制是以化学作用为主，目的是提高 Ts，鞣剂的化学及物理性能不以解决坯革内孔隙松弛部位的充实为结果。

图 8-1　粒面与网状层孔隙示意图

填充的宏观表达是物理作用，以增加皮革紧实、饱满为主要目标。利用填充材料的体积效应，合理地填充在皮胶原纤维束的间隙，解决因皮革构造中的孔隙及其组织构造不均的缺陷。

所谓皮革填充是指采用填充材料进入坯革内，改变了坯革构造（降低规整性），形成复合型皮革。填充后皮革的紧实度、饱满性、弹性模量提高，抗外力作用能力增强。从材料学角度而言，填充材料与基材形成复合物，以自身团聚形式围绕纤维周边填充占据空间，通过纤维束直径粗化发挥支撑（或膨胀）作用，增强皮革尺寸及物性稳定性，改变皮革应力应变特征，抵抗皮革外来物理力作用后造成的收缩、延伸，形成一种胶原纤维间"实质型"填充。还存在另一种填充是并非通过体积或密度效应改变皮革物性，如填充材料能够良好地与坯革的纤维吸附或结合，黏结纤维束提高纤维束的物理力学性能，满足皮革的物性改变，这种填充可以称为胶原纤维的"增强型"填充，是一种近于复鞣的填充。与实质型填充比较，在相同的用量下，增强型填充可以降低皮革硬度及空间的阻塞，从而增强皮革的弹性及韧性。

8.1.2　坯革填充物特点

填充材料初始体积尺寸及分布、替代水的溶剂化作用能力、坯革内自聚集或再组装特征，形成了填充材料的 3 个重要特性。面对具有特定深度及空间形态的坯革孔隙内填充，由于进入坯革的孔径有限（见第 5 章），填充物需要 3 个方面的特性：

① 具有长程结合能力，可以完成远距离物理化学关联达到能量的迅速传递，形成革身"一体化"效果。因此，具有一维纳米小尺寸的大分子纤维状物质成为首选，如合成线性树脂、天然纤维状分子（蛋白多肽纤维、多聚糖），其中线型柔性丙烯酸树脂的相对分子质量可以达到 10^6 数量级。

② 具备自聚集能力（分子间聚集或分子内团缩）。无论是哪种内聚力，材料进入不规则孔隙后，需要利用空间原位聚集、增大材料尺寸达到孔隙的充实。

③ 通过坯革内鞣剂或胶原纤维协同作用，兼顾两种填充类型，达到最大化地承受皮革在曲挠、拉伸、挤压等机械力作用下的稳定性。协同作用的方式可以通过疏水作

用、Lewis 酸碱力、范德华力（见第 5 章），配位及共价结合。

8.1.3　填充方法

8.1.3.1　浸渍填充

最初的浸渍是用于鞣制，起始于皮革制造的开端。在池内用栲胶液浸泡生皮完成植鞣包括填充。从 20 世纪 50 年代开始，皮革制造模仿植鞣浸渍法解决坯革局部空松，如在 50℃ 左右将坯革浸入明胶溶液，在 35～40℃ 下将坯革浸入丙烯酸树脂溶液中 3～5h，甚至更长时间。如此得到的坯革有明显的粒面饱满，腹肷部增厚的效果。浸渍受化学位作用渗透，按照热力学平衡使材料自然进入适当的位置产生沉积、聚集，达到"选择性填充"。通过这种浸渍结果发现，不同种类的树脂或不同结构的材料可以得到不同的结果。但是，静置下的浸渍缺乏机械力产生的强化填充作用，仅仅通过热扩散动力及表面张力作用，不仅耗时长，而且受阻因素较多。利用植物单宁进行浸渍鞣制时，完全足够的渗透需要 10d 以上，而且浸渍后坯革表面吸附大量的填充材料，需要漂洗清除表面堆积。浸渍处理的特点是，坯革内应力小，不更多改变坯革原有的外观形态，如坯革表面的粒纹、皱纹、紧实性。

8.1.3.2　转鼓机械力填充

转鼓的湿态处理也许可以归功于铬鞣的发明。早在 1880 年就开始有使用转鼓鞣制的报道。20 世纪起，意大利开始向全世界推广转鼓制革，转鼓鞣制、复鞣及填充有了迅速发展。20 世纪中期，R&H 公司第一次将铬鞣坯革在转鼓中用丙烯酸树脂复鞣处理，不仅可以提高坯革收缩温度，而实际的结果是复鞣后的坯革在孔隙率、填充性、紧实度、丰满性、弹性、增厚率和柔软度等方面表现出快速有效的转变，尤其是"选择性填充"仍然明显，皮革的得革率提高。由此开始，转鼓复鞣填充被迅速发展。

8.1.4　材料分类填充

制革的复鞣是一种化学行为，填充可以认为是一种物理行为。然而，留在成品皮革内占有空间的物质都起着填充的效应。因此，鞣剂、复鞣剂不仅起着鞣制作用，还存在着填充作用，孰主孰次根据材料及其使用方式决定。

皮革的感官性能可以通过柔软、丰满、紧实感及延弹性等表达。数据表征可以通过坯革的应力-应变力、弹性模量、延伸率、柔软度测定。坯革受力时不同尺寸的胶原纤维束的联动性是决定皮革感官性能的关键，而这种联动性受胶原纤维的黏弹性控制。

8.1.4.1　合成填充材料

（1）聚乙烯基树脂填充

水性乙烯基树脂因分子的柔性使其包括了在革内自聚及包覆革纤维的能量范围。使其成为最广泛、最重要的一类复鞣、填充材料。乙烯基树脂以无规线段团聚为特征的填充材料，能够在皮革内形成黏弹性至刚性聚合物，作用特征已在第 6 章中介绍。

其填充的特征：

① 以聚羧酸类为主的乙烯基树脂填充剂，主要以丙烯酸、丁烯二酸为单体，聚合物介于水溶与水乳性之间。高 pH 可以其使分子链舒展，极性基团在坯革内形成盐键、配位键。当树脂的介电常数接近坯革，可以对纤维束形成包裹并黏结兼并小纤维获得增强型填充，否则也能够在纤维束之间团缩形成聚集性填充，两种填充受使用 pH 影响（Vink Larek，1990）。

② 以聚羧酸酯类为主的乙烯基树脂填充剂，主要以丙烯酸酯、醋酸乙烯酯为单体，树脂的介电常数较低，与坯革相容性降低，导致团缩形成聚集性填充为主。树脂以弹性团聚体形式填充在空间较大的坯革纤维束表面形成凸型，造成增强兼实质性填充为主的作用，改变坯革的物性，具有极强的填充硬化作用。

（2）聚氨酯树脂填充

聚氨酯树脂，即聚氨基甲酸酯树脂，分子链中含有较多极性基团，其分子的介电常数高于乙烯基填充树脂与坯革接近，通过软段设计，可以获得与坯革相容性好的填充树脂。填充剂进入坯革后能够与鞣剂、胶原表面多点极性结合，胶原−聚氨酯混为一体，而且以包裹的形式增强纤维束物性，形成增强型填充。由于较强的"黏合"能力，聚氨酯填充剂的乳液稳定性及粒度成为影响其渗透深度的关键（Gao，1992）。

上述两类填充树脂分子柔性好、成膜能力及黏着力强。相同用量下，填充后坯革的感官性能受渗透深度影响。深度渗透可以提高成革的饱满韧性，浅度渗透成革的粒面紧实甚至僵硬。因此，粒度及使用 pH 成为重要参数。

（3）聚氨基甲醛树脂填充

如第 6 章提到的聚氨基甲醛树脂来自三聚氰胺、双氰胺及脲与甲醛缩合物，当氮甲基端基被封闭后将失去鞣性，转变为填充剂。其极性及介电常数与聚氨酯相近，亲坯革性强。但分子内无软段结构使其更趋向自聚，达到单根纤维束周边的实质性填充作用。根据单体结构及与甲醛的缩合反应条件，双氰胺甲醛的线性最好，分子间聚集规整性好，填充能力最为显著。三聚氰胺与脲素的甲醛缩合易形成支链分子，填充性较弱。其中脲醛树脂具有一定柔性，存在增强型填充，坯革感官柔韧性较突出。

（4）芳香族甲醛缩合树脂填充

以苯酚、萘酚、萘、双酚 S、双酚 A 与甲醛缩合磺化的产物，介电常数高于上述 3 种树脂，与坯革更接近，由于自聚能力不足，进入坯革后能够与纤维良好地结合形成实质型填充。由于刚性分子及弱键结合，需要自聚才能有效改变坯革物性。根据缩合单体差别及分子的规整性不同，低聚合度分子更趋向高强度自聚合，如双酚 S、萘酚、萘的缩合物更显示出实质型填充，填充坯革的硬度提升优于韧性提升。

8.1.4.2　天然产物基填充材料

现有的天然产物基填充材料有植物鞣剂、蛋白多肽、淀粉、纤维素等有机物及一些无机硬核物，如金属氧化物、硅铝酸盐类，如沸石、高岭土、滑石粉等。

（1）植物鞣剂填充

植物鞣剂含有大量鞣质，是鞣制、复鞣与填充集一体的材料，是制革工业应用广泛的材料之一，与胶原作用及使用特征已在第 6 章中介绍。植物鞣剂是一种混合物，也是一个低介电常数的刚性团聚体，在水溶剂作用下形成半胶体系进入坯革，坯革纤维表面的极性导致其疏水自聚形成团聚物。随着坯革水分的脱离，部分植物鞣质与胶原相容形成结合，导致其实质型填充。其填充效果有以下特点：

① 随着用量增加填充效果提升，通过疏水自聚，可以被大量地吸收，改变铬鞣革感官性能获得饱满坚挺的皮革。同时，植物鞣质半胶体对水分的吸收与传递能够最大化地保持皮革的天然特质。

② 相比水解类单宁而言，缩合类单宁经亚硫酸化后自聚能力一般，填充后仍可以获得较高的丰满性；水解类单宁含有葡萄糖基的邻苯三酚结构，更易形成羟基自由基及醌式自由基，受外界光、力或化学作用形成分子间结合，坯革获得紧实的感官性能。

（2）淀粉、纤维素填充

淀粉、纤维素也以羟基的氢键结合为主。但是，当被作为填充材料而进行分子态拆分后，进入坯革受空间影响难以形成 β-折叠链式聚集（回生），填充后成革的饱满性及稳定性受限。通过树脂改性可以改变填充效果，但填充的结果难以确定。

（3）蛋白基材料填充

蛋白基材料主要来自动物胶原、毛角蛋白以及植物蛋白，通过降解形成溶液、乳液、悬浊液的形式进行坯革填充。由于该类材料的介电常数与坯革相近，进入坯革后与胶原相容性好。20 世纪 80 年代初苏联专利报道利用革屑水解获得的胶原多肽作为填充材料，能够增加腹部纤维密度。同类物质作用结果是增加坯革单位体积的皮质，没有特异性表征。由于蛋白多肽缺乏与胶原纤维黏结增强及团聚功能，只能产生弱结合的实质性填充，无法作为特色的填充材料。改性的方法是将蛋白多肽进行侧链基团修饰或接枝共聚。得到的改性蛋白填充材料性能以接枝链段的结构及数量为特征。

（4）无机微粒填充

无机微粒来自外加工及化学反应形成。≤1μm 的无机分散物能够借助机械力进入坯革实现填充。作为实质性填充，除了物性增强作用外，无机物的粒度、表面活性、表面亲水性可以适当地获得丰满与增韧的效果。如利用锆、钛、铬盐复鞣产生的水解氧化物微粒为纳米级，微粒表面的极性及在微纤维间的渗透与沉积，对提高皮革的韧强具有明显效果；利用无机硬核材料（高岭土、蒙脱土、聚合铝等）或进行接枝、包壁形成 pickering 乳液渗入坯革填充，可以获得即具有较弱的实质型填充结果。

8.2 坯革的湿态加脂

随着水性鞣剂鞣制完成，使坯革内的极性区进一步扩大，疏水区或者非极性区缩小、收缩、屏蔽。在染整初期，大量具有低表面张力的复鞣剂、填充剂填充了空间，减小了两个相邻分子之间的平均距离，也提高了互相之间的引力（Recognit，2003），坯革干燥后增加了一些饱满及紧实。当坯革在干燥后失去水分时，从生皮含有63%~67%的水分至成革14%~16%的水分，无论是非极性区还是极性区均产生收缩，纤维间互相结合、交联，使皮革失去柔软丰满性。因此，一种抗黏结，保持革纤维分散状态，提高纤维之间润滑的处理成为必要。

8.2.1 坯革内纤维的亲/疏水性

为了提高鞣制效应或皮革产品质量，结合稳定性高、结合力强的鞣剂、复鞣剂被最大化采用，纤维间的黏结被强化，革身的坚硬、扁薄会随水分的失去而增强。为了克服这种现象，减弱结合/黏结，提高纤维束分离、增加皮鞣软度的方法成为整理的重要工序。

远古的油鞣制革虽然有比生皮更低的收缩温度，但干态的柔软性保证了良好的感官性能（或使用性能）。因此，生皮经过氧化油（鞣）处理后也被称为革。面对油脂氧化对皮纤维作用的功能，以及第1章中提及的表面活性剂具有使纤维黏结性降低、减小纤维表面摩擦力的能力，证明了加入表面活性剂及中性油脂对坯革进行的功能化处理，可以达到如下效果：

① 对胶原亲油区（疏水区）与加脂组分共溶使纤维束的分散、补充前期准备工段分散纤维的不足；

② 对极性区（成盐区、碱对区）与加脂组分作用后拆分纤维束之间弱结合（包括鞣剂的脱鞣），并阻止干燥后的物理化学黏结。

针对两种区域特征，良好的加脂剂是纤维亲水及亲油区的分散润滑剂，能改善皮革最终柔软、丰满及相关物理力学性能的材料。加脂前后纤维束的变化见图8-2。

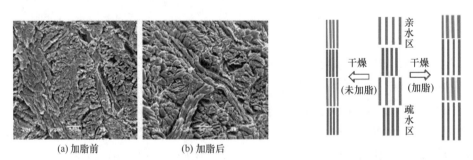

(a) 加脂前　　　　(b) 加脂后

图8-2　加脂前后纤维束的SEM截面及加脂后纤维疏水区的松散示意图

8.2.2 两亲加脂剂的基本特征

(1) 加脂剂的组成

制革常用可乳化的加脂剂组成见图8-3。

图 8-3　加脂剂的组成

其中，有效成分组成：乳化剂（或活性组分）部分≥15%；乳化剂+油脂物为 50%～100%。

来自加脂剂有效成分的常用原料见表 8-1。

表 8-1　　　　　　　　　　　　　常用加脂剂油脂来源

动物油	植物油	鱼油	合成油	蜡
猪油	菜油	鳕鱼油	脂肪酸酯	羊毛脂
动物皮下脂肪	豆油	沙丁鱼油	石蜡油	石蜡烃蜡
牛油	椰子油	罗非鱼油	羰基醇	聚乙烯类蜡
牛蹄油	茶子油	鲱鱼油	烷基苯	鲸油
其他陆生动物油	其他植物油	其他杂鱼油	氯化石蜡	植物蜡

（2）助剂的乳化

助剂可以是内乳化或外乳化，图 8-4 是水包油的乳化剂构成。

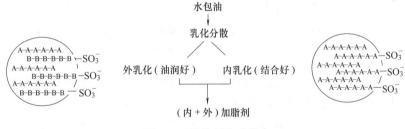

图 8-4　乳化剂构成特点

8.2.3　乳化组分的结合特征

用于解释蛋白质表面活性剂复合过程的模型图主要有 3 种。

① Cabane，Shirahaman（1977）等提出的"珍珠项链"模型，即胶团状聚集体沿蛋白质链排列形成类似项链状的结构。该模型理论认为聚肽链在体相中是非常灵活的，表面活性剂的类胶束在展开的肽链之间分布着。对于"珍珠项链"模型，表面活性剂的极性头和疏水尾链在蛋白质肽链上有不同的定位，表面活性剂的极性头在结合极性部位，疏水尾链插在蛋白质的疏水位点。图 8-5 描述了由珍珠项链模型导出的表面活

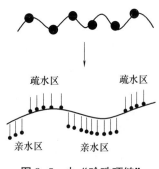

图 8-5 由"珍珠项链"模型导出的结合特征

性剂与胶原蛋白纤维束结合特征。

② 1981 年，Ross 等根据热力学参数来判断蛋白质的结合作用，认为蛋白质的结合主要有两种方式，包括疏水作用和部分固定作用。结合等温线是研究表面活性剂与蛋白质相互作用最常用的方法之一。它是蛋白质与表面活性剂相互作用及其结合程度的直观反映，并体现出了二者相互作用的特征。图 8-6 是典型的表面活性剂与蛋白质的结合等温线。它显示了以游离的表面活性剂浓度的对数与表面活性剂结合量为函数的关系，表达了平均每单位纤维素结合的表面活性剂的数量。

图 8-6 表明了随着表面活性剂浓度的增加，结合等温线通常分为 3 个区域：

① a 区域为特异性结合区域。表面活性剂随浓度的增加迅速结合到蛋白质的高亲和位点。这种特异性结合主要是电荷作用，即表面活性剂的极性基团结合在蛋白质表面的反电性基团上。表面活性剂的烃链长短对特异性结合有较大的影响，烃链越长，越容易发生特异性结合。20 世纪 80 年代初比利时专家研究加脂后坯革曲挠时发出的声呐表明，坯革用 1.5%～2.0% 的加脂剂后就达到了稳定。

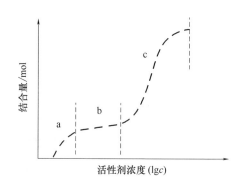

图 8-6 表面活性剂浓度与蛋白结合关系

② b 区域为非协同模式结合区域。表面活性剂稳定地结合到蛋白质上，似乎是一种自聚。非协同性结合是当表面活性剂达到一定浓度后出现的，表面活性剂诱导蛋白质的分子链伸展，虽然没有表现出结合量急剧增加，但给表面活性剂以分子聚集体形式结合到蛋白质上创造了条件。通常表面活性剂使蛋白质变性也发生在这一阶段。

③ c 区域为协同结合区域。结合迅速增加，最终达到饱和（Jones，1982）。达到饱和结合后，继续增加表面活性剂浓度时，表面活性剂形成胶团并与表面活性剂-蛋白质复合物共存。

Vasilescu 等人（1999）研究发现，在 pH 低于蛋白的等电点的溶液中，十二烷基硫酸钠（SDS）带负电，而蛋白则是主要以正电荷为主。在相互作用的开始，SDS 的浓度比较低时，主要存在静电作用。SDS 负电离子结合到正电的氨基酸残基上，中和了蛋白质表面的电荷，导致沉淀和溶液的浊度增加。随着蛋白质的净电荷减少，SDS 的疏水尾链插入蛋白质并最终导致蛋白质在 SDS 浓度较高时产生构象的变化。这意味着在等电点时，阴离子加脂剂的分散或增塑作用最为理想。

8.2.4　加脂剂乳液特征

8.2.4.1　油脂的分散与表面能

随着粒子增加，粒径减小，表面能增加，形成更大的结合动力。假设革纤维表面积为 $1.0m^2$，用 5% 的加脂剂加脂，形成的 O/W 型乳液的粒径在 200nm，则有 1.5×10^{16} 个粒子，表面能增加 10^7 倍；$1mm^2$ 革表面，就有约 7.5×10^9 个乳液粒子需要被吸附。表 8-2 按照乳液密度 $\rho = 1g/cm^3$ 估算，显示了加脂剂乳化分散与表面能的变化关系。

表 8-2	加脂剂乳化分散与表面积的关系				
乳液粒径/nm	5000	1000	500	100	10
比表面积/(m^2/g)	1.2	6	12	60	600

8.2.4.2　加脂剂乳液的粒径

乳液的粒径与加脂剂种类、乳化方法相关。图 8-7 展示了 2 种加脂剂组分通过 60℃、200% 水，在搅拌乳化后的粒径及分布特征。硫酸化加脂剂的乳液中出现较大组分的粒径为 700nm 及 950nm；磺化加脂剂比较均匀，较大部分的粒径为 200nm 及 250nm。根据第 5 章 5.1.2 节中提到的，铬鞣坯革纤维的微纤维平均孔半径经约 50% 为 $200nm<d<300nm$；约 40% 为 $300nm \le d<400nm$。因此，按照正常的空间尺寸，磺化油基本上可以渗透，而硫酸化油要完全渗透进入坯革内是较为困难的。

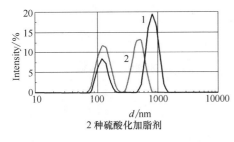 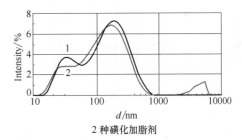

2 种硫酸化加脂剂　　　　　　2 种磺化加脂剂

图 8-7　加脂剂乳化后的粒径

8.2.4.3　加脂乳液的渗透

要求加脂剂乳液良好地渗透到鞣制后的坯革中，通过破乳后到达非极性端或非极性组分区域，进入已经收缩的、细小的纤维束内是较为困难的。这对已经获得良好填充的坯革更是如此。这些都要求乳液粒子有足够的渗透动力及稳定性，以保证良好的渗透与结合平衡。因此，加脂剂乳液特征、环境条件、加脂剂构成及坯革状态 4 类因素，是影响加脂剂渗透的关键因素。

（1）加脂剂乳液特征

加脂剂乳液特征包括：

① 乳液粒子的尺寸；

② 乳液粒子的表面电荷特征（密度与类型）；

③ 乳液粒子的可变形性；

④ 乳液粒子的表面张力；

⑤ 乳液粒子的抗电解质性；

⑥ 乳液粒子的浓度。

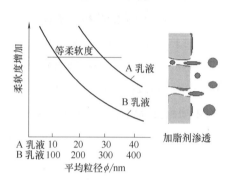

图8-8　加脂乳液粒径与柔软度

事实上，对某一种乳液粒子而言，上述6种情况中都存在相互关联性，如乳液粒子的硬度与电荷类型（阴、阳及非离子）、电荷密度、粒径及稳定性等都有内在联系。图8-8表达了乳液粒子尺寸与可变形性的重要性，以及在有限空间内，乳液粒子渗透需要变形的情况。实际生产中，乳液粒子的浓度也是重要的，直接影响渗透动力。高浓度乳液中，离子强度高，亲水基受压缩，表面能低，易形变，渗透好；反之，表面能高，渗透能力减小，见表8-3，采用硫酸化蓖麻油加脂剂的正常加脂结果。

表8-3　　　　　　　　　　　硫酸化蓖麻油加脂液与分布

液体/%	各层含油脂量/%			液体/%	各层含油脂量/%		
	粒面	皮心	肉面		粒面	皮心	肉面
0	5.80	2.71	9.84	200	4.10	0.92	3.64
100	4.10	1.00	5.31	300	4.28	0.52	3.30

（2）加脂的环境条件

加脂乳液的pH、温度、连续相的离子强度等因素影响加脂乳液的稳定性。不稳定的乳液难以获得良好的渗透。

（3）加脂剂的结构

加脂最终需要破乳、分散与坯革结合。因此，破乳后加脂剂内结构、电荷特征、加脂剂组分比率、流动性（与黏度相关）等也影响其在坯革内的浸润，形成最终对坯革感官性能的影响。

（4）坯革状态

加脂过程中坯革纤维的表面电荷、密度以及坯革内的盐含量，都是影响油脂渗透的因素。然而，最重要的是机械作用。机械的拉、伸、挤、压直接影响乳液进入及破乳油脂在坯革内部的分散。

8.2.5　加脂剂乳液的结合

Shulgin（2005）用优先结合参数表达了胶原蛋白对不同物质的亲和特征。由于加脂剂组成及坯革内多种鞣剂作用，坯革在加脂剂乳液中的优先作用关系变得复杂。需要分析坯革的亲水区及疏水区作用。

8.2.5.1　乳化组分与亲水区作用

前已所述，来自胶原、鞣剂及极性助剂离解基团的溶剂化保持了坯革内水分的稳定，形成坯革内极性亲水区。该区域的表面张力在 $35\sim50\mathrm{mN/m}$，而加脂乳液的表面张力 $\leqslant25\mathrm{mN/m}$，是加脂剂乳液渗透的重要作用区域。根据 Shulgin 的优先结合参数及表面活性剂的特异性结合特性，当 pH 降低，H^+ 作为中介导致乳化剂亲水端疏水性提高，表面能下降，构成对亲水区高表面能扩散、结合的动力，及在皮革纤维表面铺展能力的提高。而这一部分作用往往发生在加脂后酸固定时发生最为有利。

8.2.5.2　乳化组分与疏水区作用

加脂剂的结合给坯革形成了大量的疏水区。这些坯革的疏水区可以分为：

① 胶原纤维表面的化学结构形成的疏水区。

② 鞣剂、复鞣剂、填充材料分子与胶原极性基团结合后产生的疏水区。

③ 表面活性物吸附/结合在纤维表面形成的疏水区。

当加脂剂中表面活性部分在外加反离子作用下破乳，或与极性亲水区作用发生破乳后，加脂剂的游离组分向各种疏水区进行浸润、铺展、结合，完成各种纤维分散作用。随着干燥、整理的进行，水分挥发时坯革疏水性增强，加脂剂分布趋于平衡。

8.2.5.3　中性油脂与坯革作用

中性油脂部分具有最佳的纤维分散润滑作用。为了满足水性加脂需要靠乳化剂分散成稳定的微粒进入坯革。在 $40\sim60{}^\circ\!\mathrm{C}$ 下，该组分表面张力 $\leqslant45\mathrm{mN/m}$，在含水的坯革毛细内较难铺展被坯革吸附。因此，该部分渗入的深度及分布状况取决于乳化剂的稳定性以及坯革的干燥过程。

8.2.5.4　环境条件引导加脂剂与坯革作用

当加脂剂乳液进入坯革后，乳液离子紧密堆积形成油相/水相>1 的高内相乳状液（PAL R，2011），这类乳液受坯革内含盐作用，双电层被压缩，黏度增加，受机械作用加快破乳速度。

因此，坯革含水含盐及延长加脂时间均影响破乳速度及加脂分散均匀的效果。pH 降低也使破乳加速。

8.2.6　乳化加脂的特征

8.2.6.1　加脂剂发展

制革中坯革纤维分散，湿态采用材料（加脂）处理为主，干态采用机械力（做软）拆分处理。两种形式结合使皮革达到丰满、柔软、延弹的理想指标。

19 世纪前叶，制革技术直接采用中性油脂获得柔软的皮革。由于皮革在湿态时中性油无法进入，需要干燥或接近干燥时涂抹，但仍然容易出现不均匀的渗透。19 世纪前叶，德国 Munzing 公司采用硬脂酸作为皮革柔软材料，可以完成在溶液中进行乳液加脂。但这种最简单的表面活性剂结合性强，链段移动能力低，加脂结果只能略微增加皮革的柔软度，而且脂肪酸盐需要高 pH（pH>8）才能乳化渗透，影响植物及矿物鞣剂的结合稳定性。由于纤维分散的重要标志是坯革纤维具有较弱的初始的抗应变力，在外力作用下能够加速应力集中，才能抵抗或削弱外力作用，脂肪酸无法达到效果。直到 19 世纪 30 年代，德国研究者将表面活性剂与中性油结合研发出硫酸化加脂剂后，丰满、柔软的革感官才开始出现。由此表明，作为加脂剂的两种有效组分分别各起不同作用，缺一不可。发展至今，常用典型组分的加脂剂样品，见表 8-4。

表 8-4 部分试验加脂剂种类

加脂剂种类	英文名	碘值/（gI$_2$/100g 油）	编号
亚硫酸化卵磷脂	sulfited lecithin	22	Si-L
亚硫酸化马来酸烷醇酰胺	sulfited maleic acidalkanol amide	15	Si-M
亚硫酸化鱼油	sulfited fish oil	59	Si-F
亚硫酸化植物油	sulfited vegetable oil	30	Si-V
硫酸化植物油	sulfated vegetable oil	38	Sa-V
脂肪酸磷脂	phospholipid fatty acid	35	P-F
烷基磺酸铵	ammonium alkyl sulfonate	28	A-So
硫酸化牛蹄油	sulfated neatsfoot oil	40	Sa-N
亚硫酸化羊毛脂	sulfited lanoline	23	Si-La

8.2.6.2 加脂剂有效物组分比例

加脂剂的有效组分由乳化剂及中性油组成。相同加脂用量下，两部分的用量比例与结构特征决定着加脂效果。最简单确定加脂剂对坯革作用的方法可以通过以下方法进行考察：

（1）研究方法

① 制备硫酸化植物油内乳化加脂剂，其中，m(表面活性组分)/m(中性油组分)=100/0、65/35、55/45、45/55、35/65。

② 牛蓝湿革含 3.6%Cr$_2$O$_3$，1.1mm 厚，称重，用小苏打、甲酸钠中和至 pH=5.5。

③ 用 10%（按纯有效物计）加脂剂于 50℃下加脂，固定。

④ 空白试样不加加脂剂。

⑤ 水洗，真空干燥，挂晾干燥，摔软 6h，恒湿。

（2）分析结果

① 加脂剂有良好的分散增厚作用，随

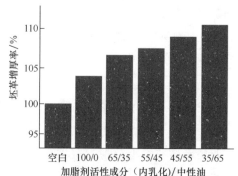

图 8-9 加脂剂组分与坯革增厚

着中性油比例增加, 增厚增加, 见图 8-9。

②乳化剂比例为 65/35 时, 加脂剂平均结合量最高, 坯革平均抗张强度最大。

③乳化剂比例为 55/45 时, 坯革平均撕裂强度最大。

④坯革 Ts 降低 5~7℃, 乳化剂比例为 65/35 平均降低最多。

⑤乳化剂比例为 35/65、45/55 平均柔软度接近, 且较乳化剂比例为 55/45、65/35 的大。

8.2.6.3　加脂剂有效物组分用量

加脂剂用量增加, 可润滑的表面积增大。坯革吸收不同量的加脂剂后将体现出不同的纤维分散与润滑结果, 试验通过加脂剂用量与柔软度进行表达。

(1) 研究方法

① 3 种加脂剂。A 表示亚硫酸化植物油、B 表示硫酸化牛蹄油、C 表示烷基磺酸铵。

② 牛蓝湿革含 3.6% Cr_2O_3, 1.1mm 厚, 称重, 用小苏打、甲酸钠中和至 pH=5.5。

③ 分别用 8%、12% (按纯有效物计) 加脂剂于 50℃ 下加脂, 固定。

④ 空白试样不加加脂剂。

⑤ 水洗, 真空干燥, 挂晾干燥, 摔软 6h, 恒湿。

(2) 分析结果

① 加脂后坯革柔软度大大增加, 见图 8-10。

② 不同加脂剂及使用量具有不同的柔软度效果。用量增加, 柔软增大。

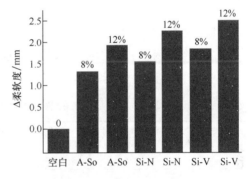

图 8-10　加脂剂与柔软度变化

8.2.6.4　加脂剂有效物组分种类

不同种类加脂剂具有不同的化学结构的乳化剂及中性油, 将会对同一种革具有差别的作用, 包括结合、分散, 获得柔软、强度及延伸等作用。按照上述方式对不同种类加脂剂相同用量 (12% 的加脂剂) 对铬鞣坯革直接加脂进行研究, 可以近似获得一些加脂剂功能。试验发现一些加脂剂有效物组分的加脂结果, 见图 8-11 和图 8-12。

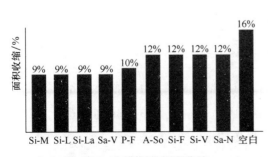

图 8-11　加脂剂与面积收缩

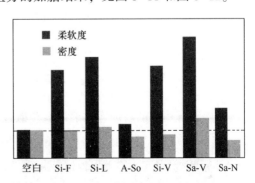

图 8-12　加脂剂与坯革的柔软度及密度

（1）面积收缩

加脂剂填充，使干燥后面积收缩减少。加脂剂种类不同，面积收缩在 9%～12%，较空白（未加加脂剂）收缩（16%）小，即得革率增加。

（2）柔软度与密度变化

柔软度顺序：硫酸化植物油>亚硫酸化卵磷脂>亚硫酸化植物油>亚硫酸化鱼油>硫酸化牛蹄油>烷基磺酸铵。

加脂坯革的柔软度与密度关系与加脂剂种类相关。硫酸化植物油柔软度高、密度高；硫酸化牛蹄油柔软度一般，但密度降低最大。

8.2.7　加脂后的整理

尽管加脂可以减少坯革面积收缩，但从前述可见，加脂剂占有的面积无法铺展坯革内表面。因此，坯革在干燥过程中，随水分减少，纤维间隙减小，大量的化学键形成，纤维黏结，仍然会出现硬化与板结。采用机械力重新撕开或分散纤维，获得柔软与丰满性是重要的工序。

铬鞣黄牛坯革，厚度为 1.2mm，经 12%亚硫酸化植物油加脂、真空干燥、挂晾干燥后，在 35℃、相对湿度 50%恒湿后进行转鼓摔软 10h。对样品进行如下项目分析：

① 进行抗张强度、弹性模量及韧性的测定，其平均值见表 8-5。

表 8-5　　　　　　　　　　　摔软前后的物理力学性能变化

试样	抗张强度/MPa	延伸率/%	弹性模量/MPa	韧性/(J/cm)
未摔软	14.4	34.0	29.8	2.38
已摔软	16.3	37.6	16.9	1.70

② 进行循环张力测试，获得应力-应变曲线的面积图，见图 8-13。

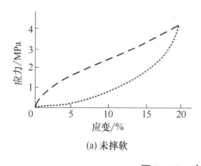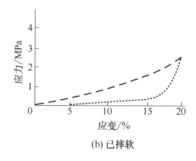

图 8-13　应力-应变曲线

③ 进行摔软前后的应力衰退及负载能力测试，结果见图 8-14 和图 8-15。

④ 摔软后撕裂强度增加。图 8-16 所示的顺序：亚硫酸化卵磷脂>亚硫酸化植物油>烷基磺酸铵>硫酸化牛蹄油>硫酸化植物油>亚硫酸化鱼油。

⑤ 采用 MES 观察坯革试样的微结构，见图 8-17。坯革受机械外力、摩擦牵拉作

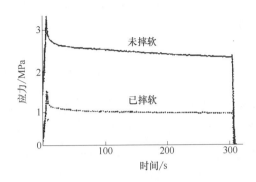

图 8-14 坯革摔软前后的应力衰退

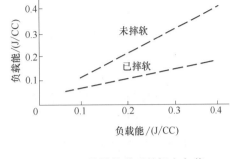

图 8-15 坯革摔软前后的恒定负载

用，当外力大于坯革中部分纤维本身的强度、纤维之间的抱合力时，纤维被勾拉成圈环状，纤维端部暴露出纤维束表面，使极性黏结的纤维束表面出现纤维圈环和茸毛，纤维束出现均匀分散。

分析表明，经过干燥、脱水的坯革中，一方面，纤维表面定向吸附的极性油脂分子在机械作用下受静电作用使纤维束松散；另一方面，中性疏水分子或疏水组

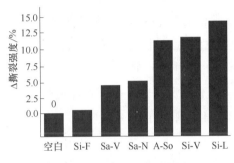

图 8-16 加脂剂与撕裂强度

分进入微毛细管，保持孔隙稳定，阻止黏结，使间隙最大化；最后，中性烷基主链具有优异的柔顺性，分子间作用力小，摩尔体积大，表面张力小，降低了纤维之间的摩擦因数，赋予坯革优异的柔软性、平滑性、疏松性。

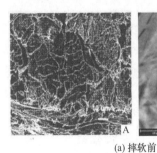
(a) 摔软前

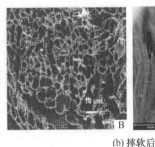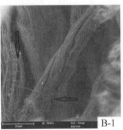
(b) 摔软后

图 8-17 12%亚硫酸化植物油加脂坯革摔软前后纤维组织形态变化

8.3 干态整理与退化

坯革干燥后难以达到使用要求（油鞣革除外），需要进行整理。但是，由于整理过

程中材料的物理化学特性、施加热及机械力的作用将引起一些负面的、不希望的结果，称为皮革性能的退化，因此，了解并控制这些结果成为必要。

8.3.1 自由基的种类及来源

第一种被发现和证实的自由基是由 Gomberg 在 1900 年发现的三苯甲基自由基。研究证明，自由基参与空气中的光化学反应及光化学烟雾的形成。自由基反应是大气化学反应中的核心过程之一，大气中存在着大量的自由基，如·OH、HO_2·、R·、RO·等。这些自由基的单电子结构使其具有形成化学键的强烈趋势，有极强的反应活性。因此，大多数自由基寿命极其短暂，称之为瞬时性自由基。Heimer（1977）在研究中发现四氰乙烯与次磺酰胺反应产生的自由基不会立即消失，将这种具有一定寿命且能够稳定存在的自由基称为 PFRs。

活性氧（又称为游离基、自由基或氧自由基）是直接或间接地由分子氧转化而来，具有未配对电子，其化学反应活性比分子氧更为活泼，具有强氧化能力、能进行链式反应、不稳定、寿命极短及顺磁性等特点。活性氧主要包括 $^1O_2$（单线态氧）、O_2^-·（超氧自由基）、HO_2·（氢过氧自由基）、·OH（羟基自由基）、H_2O_2、RO·（烷氧基）、ROO·（烷过氧基）和 ROO·H（氢过氧化物）等。各种环境介质（大气、水和土壤等）和生命体中存在着许多与活性氧密切相关的微观化学过程，以其为核心的反应化学已成为当今研究化学物质的环境行为和致毒分子作用机理的重要领域，也是环境化学向分子、原子和基团水平发展的突破点。

8.3.1.1 自由基种类

活性氧（又称为游离基、自由基或氧自由基）是直接或间接地由分子氧转化而来，具有未配对电子，其化学反应活性比分子氧更为活泼，具有强氧化能力、能进行链式反应、不稳定、寿命极短及顺磁性等特点。活性氧主要包括 $^1O_2$（单线态氧）、O_2^-·（超氧自由基）、HO_2·（氢过氧自由基）、·OH（羟基自由基）、H_2O_2、RO·（烷氧基）、ROO·（烷过氧基）和 ROO·H（氢过氧化物）等。各种环境介质（大气、水和土壤等）和生命体中存在着许多与活性氧密切相关的微观化学过程，以其为核心的反应化学已成为当今研究化学物质的环境行为和致毒分子作用机理的重要领域，也是环境化学向分子、原子和基团水平发展的突破点。

不饱和脂肪酸被上述自由基氧化生成过氧化脂质（RO·、ROO·、RO·OH），经放射线照射生成 R·或再进行链式反应，加速氧化。过氧化脂质化学性质活泼，易进一步使脂类分解发生活性氧反应，而本身变成较稳定的 RO·OH。RO·在水溶液中很不稳定，可以扩散到生成部位以外。ROO·可与 RH 反应生成 RO·OH，也可转变为环过氧化物。

8.3.1.2　自由基来源

（1）辐射分解

辐射分解是通过 α-射线、γ-射线、X 射线或 β-射线等高能量电子流，使化合物共价键均裂而产生活性氧的过程。水经电离辐射可产生 $^1O_2$、H_2O_2 及·OH。大多数有机化合物的键能为 $250\sim450kJ/mol$，采用可见或紫外光照射就可使这些分子的共价键断裂，发生光化学反应，即分子利用从外界吸收的光能，跃迁到激发态，此时化学键的位能上升，稳定性减弱，因而在室温下即可裂解。

（2）热解

热解法即加热使分子中的共价键发生均裂产生活性氧。均裂所需的温度取决于共价键的裂解能。裂解能越大，均裂产生活性氧所需的温度就越高，生成的活性氧也越不稳定。热解产生活性氧的适宜温度范围为 $50\sim150℃$，也就是化合物的键强度为 $100\sim150kJ/mol$。常见的热解产生活性氧的化合物有过氧化物、偶氮化合物及金属有机化合物等。

（3）过渡金属诱导

过渡金属元素是自由基的重要生成介质。

① 过渡金属氧化物。过渡金属氧化物复合颗粒物，如 CuO、Fe_2O_3、NiO、ZnO、Al_2O_3 及 TiO_2，在它们表面吸附某些有机芳香性化合物受热产生醌式自由基，生物质中有机物组分裂解也能生成自由基甚至含金属生物质酚游离基 PFRs，见图 8-18。在过渡金属氧化物表面能形成自由基的有机组分称为前驱体，前驱体有木质素、绿原酸、芳香类化合物（苯酚、苯多酚、氯苯、多氯苯酚）等其他一些有机大分子。

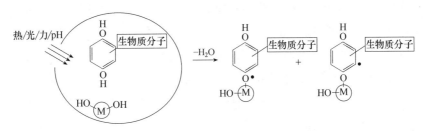

图 8-18　EPFRs 生成示意图

生物质大分子前驱体在环境 pH、加热、紫外辐射、微波辐射影响下促使 PFRs 的生成。

② 过渡金属离子。过渡金属离子作为氧化还原剂可以在相对较低温度下分解过氧化物产生活性氧。这是一种在室温下产生活性氧的常用方法。研究证明，将含有 EP-FRs 的颗粒投入到 H_2O_2 和 $S_2O_8^{2-}$ 的水溶液中，发生类似 Fenton 试剂的反应，能够激发产生对应的·OH 和·SO_4^-。

体系中存在微量的变价过渡金属离子，如 Mn^{2+}、Cu^{2+}、Fe^{2+}、Cr^{3+} 等，可以产生一系列自由基。

$$H_2O_2 + M^{n+} \longrightarrow M^{(n+1)+} + HO \cdot + HO^-$$

$$H_2O_2 + M^{(n+1)+} \longrightarrow M^{n+} + HOO \cdot + H^+$$

$$HOO \cdot + M^{(n+1)+} \longrightarrow M^{n+} + O_2^- \cdot + H^+$$

过氧化物或过酸酯等有机过氧化物都可与过渡金属离子进行单电了氧化还原反应生成活性氧，如下式：

$$M^{n+} + R_1O - OR_2 \longrightarrow M^{(n+1)+} + R_1O \cdot + R_2O^-$$

式中，R_1 表示烷基或芳基，R_2 表示烷基、芳基或氢。

8.3.1.3　H_2O_2 的生成途径

H_2O_2 是较强的氧化剂和高水溶性物质，具有杀菌、防腐的功效。它也是温和的还原剂，可以自发发生歧化反应生成 O_2 和 H_2O。在 pH<5 条件下，H_2O_2 的强氧化性是生物质变性的主要因素，也是引起皮革质量退化的重要因素。制革过程中除外加 H_2O_2 外，其主要来自自然界的空气、水汽与水。

自然界的 H_2O_2 主要是由 2 个 $HO_2 \cdot$ 的自身结合而生成：

$$HO_2 \cdot + HO_2 \cdot \longrightarrow H_2O_2 + O_2$$

自然界有不少途径能产生 $HO_2 \cdot$，这些途径主要包括：

① O_3 光解后与 H_2O 反应生成 $\cdot OH$，$\cdot OH$ 与 CO、碳氢化合物等物质反应可生成 $HO_2 \cdot$。

② 人为产生的和天然存在的 VOCs 和 NOx 等污染气体，经过光化学反应可生成 $\cdot OH$、$HO_2 \cdot$。

③ 甲醛光解 hv（$\lambda \leqslant 370nm$）或与 $\cdot OH$ 反应，产生 $H \cdot$、$HCO \cdot$、$HO_2 \cdot$。

④ 饱和及不饱和碳氢化合物与 $\cdot OH$、O_3 反应也可生成 $R \cdot$、$HO_2 \cdot$。

⑤ 夜间 HCHO 及碳氢化合物与 $NO_3 \cdot$ 反应也可生成 $HO_2 \cdot$。

⑥ 聚丙烯腈的热解、多环芳烃的光解等也可生成 $HO_2 \cdot$。

上述途径成为合成自然界的雨水、地面水中 H_2O_2 的主要缘由。

8.3.1.4　自然界的 H_2O_2

自 19 世纪末开始，无数的考察报道了自然界空气、雨水中 H_2O_2 的存在与含量。Schone（1874）分析发现雨水和雪水样品 H_2O_2 浓度为 $1 \sim 30\mu mol/L$。Perschke（1961）首次报道了天然地表水中存在 H_2O_2。Cooper（1989）发现在晴天中午之后，湖表层水中 H_2O_2 的浓度可达 $200 \sim 400nmol/L$。

各种报道表明了，地面水 H_2O_2 浓度的昼夜变化情况是下午高，晚上低；夏天高，冬天低；南方高于北方。

8.3.1.5　坯革中的自由基

一方面，自由基的稳定性与持久性决定了其在环境中停留的时间；另一方面，自由基随时间推移，在环境介质中迁移转化，扩大其危害及影响范围。因此，掌握环境中自由基的寿命十分必要。通过一些手段缩短自由基寿命或消除自由基是值得关注的。

无论是用地面水或地下水制造坯革，坯革均含大量的过渡金属，如 Cr^{3+} 以及因水难以避免富集在革内的 Fe^{3+}、Mn^{2+}、Cu^{2+} 等。H_2O_2 的标准氧化还原电位为 1.77V，仅次于高锰酸钾、次氯酸和二氧化氯。变价过渡金属与 H_2O_2 接触产生氧化性极强的羟基自由基·OH（氧化还原电位为 2.8V）。坯革经过干燥、加热、熨压、机械摔软将有更多的机会出现自由基。

在湿态时，坯革的自由基十分微弱，但随着水分失去，H 离子活度降低，相对 pH 升高，自由基增加。用电子顺磁共振波谱通过参数 Landeg 因子进行判断，见图 8-19。

因整理操作产生的游离基会导致胶原纤维、鞣剂、加脂剂及其他材料的变性。本节介绍两种主要自由基的形成特征。

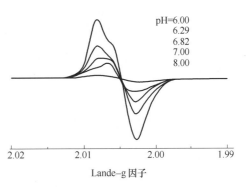

图 8-19　坯革 pH 与含自由基量

（1）胶原纤维自由基

胶原蛋白中的芳香族与杂环氨基酸很容易被氧化。坯革受机械、光、热作用后，其分子结构中的长链逐渐断裂形成活泼的游离基，蛋白质在与 HO·、O_2 的接触后，肽链上的 α-H 或 β-H（脯氨酸）上产生过氧化物、醛酮物，最终导致肽键断裂（Philip，2012），见图 8-20。

胶原纤维形态或组织构造产生微妙的变化：纤维二级、三级结构受损，纤维束内自身链接程度降低，出现细小纤维的分离，纤维束发生卷曲、变形，规整性降低，革的物理性能发生变化，如湿热作用使 Ts 降低。

（2）脂质物自由基

由于天然加脂剂中含有多种类型的不饱和双键，尤其是共轭双键最易于被氧攻击，老化通常从加入加脂剂反应开始，自动氧化促使生成过氧化氢，将 Cr^{3+} 氧化生成 Cr^{6+}，见下式：

$$\text{不饱和键} + O_2 \xrightarrow{\Delta,\ h\nu} \cdots \longrightarrow \cdots$$

除自由基产生连锁反应外，过氧化物使油酸氧化产生辛醛、壬醛和葵醛；亚麻酸和花生酸氧化产生丙醛和己醛；亚油酸氧化产生两个氢过氧化物，都经历裂解产生己醛（Benzie，1996）。醛类易进一步反应，导致皮革的物理化学变性、产生异味（己醛

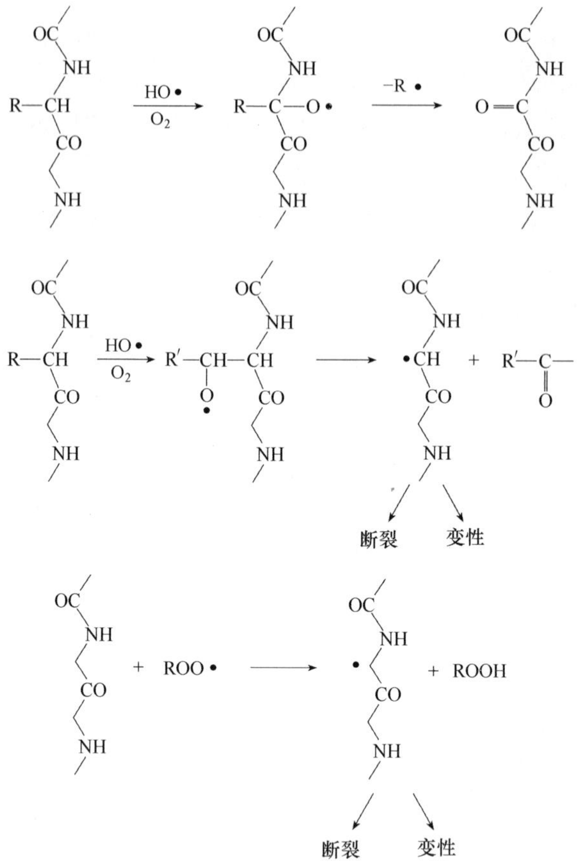

图 8-20　蛋白质肽链的氧化降解

相互结合生成强臭味三戊基三烷)。

现代丰满鞣软皮革产品制造的要求使用大量的烷基羟基、酚羟基及含不饱和键材料, 伴随着诱发坯革内游离基、过氧化物的负作用随之增长。

8.3.2　坯革受机械力化学作用

制革工艺中包括了大量的机械操作, 如挤水、磨削、拉软、摔软等。如磨削除了调整坯革厚度外, 也给最终皮革的感官与强度 (物理力学指标) 造成明显的影响 (Cranston, 2003)。而拉软、摔软且可以通过机械力改变坯革内外的化学结构。机械力作用可以导致物质规整性结构的松弛与裂解, 产生不饱和键、激发出自由离子、高能电子和等离子区 (Gutman, 1998), 使物质反应活性增高。在较低的稳定性高激发状态诱发的等离子体产生的电子能量可以超过 10eV, 相当于高于 1000℃ 的作用, 使化学反应迅速发生, 导致物质破碎、化学键断裂, 是通常情况下热化学所不能完成或不可及的。因此, 这类反应称机械力化学 (MCP) 或力化学。机械力化学被公认为是研究关于施加于固体、液体和气体物质上的各种形式的机械能，如压缩、剪切、冲击、摩擦、拉伸、弯曲等引起的物质物理化学性质变化的科学。

8.3.2.1　坯革中的 Cr^{6+}

根据 Cr^{6+} 的毒性，化学品注册、评估、许可和限制法规（REACH）要求皮革含 Cr^{6+} 为 3mg/kg。对现代软革而言，这是一个值得重视的指标。制革采用铬盐进行鞣制，在正常的制革过程中 Cr^{3+} 是难以转变为 Cr^{6+} 的。其中相对而言，在一些情况下易出现转变。

8.3.2.2　浴液 pH 与转动时间

pH 的变化可以使 Cr^{3+} 转变为 Cr^{6+} 变得容易，见下氧化还原式：

酸性（pH<4.0）：　　　$Cr^{3+} \rightarrow Cr^{6+}$　　$\Delta E \approx 1.33V$

碱性（pH>6.0）：　　　$Cr^{3+} \rightarrow Cr^{6+}$　　$\Delta E \approx 0.13V$

较高的 pH 来自于含铬坯革过程的碱化，如铬鞣提碱、复鞣前中和。坯革在溶液转动中承受着 Fenton 反应及自由基作用，浴液 pH、转动时间与坯革含 Cr^{3+} 相关。

酸皮用 5% 铬粉鞣制，小苏打分 5 次提碱，液体 250%，总时间 13h，转动 8h。坯革水洗、真空干燥、挂晾干燥、恒湿。按 DIN 53314 法测定 Cr^{6+}，结果见图 8-21。

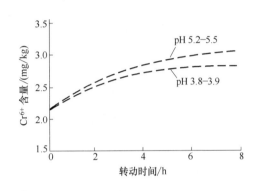

图 8-21　35℃下溶液 pH 与坯革 Cr^{6+} 含量

可以推测：与 Fenton 反应比较，Cr^{3+} 与 Cr^{6+} 的氧化还原 ΔE 作用影响更大。结果是 pH 升高使 Cr^{3+} 转变为 Cr^{6+} 更明显。

8.3.2.3　摔软温度与转动时间

摔软是利用拉伸、曲挠、摩擦等复杂的物理机械作用，使坯革内材料迁移并与胶原相互作用。如加脂剂进一步深入，纤维因电荷、游离基而分离。其中，温度、湿度、时间成为重要的影响因素。

牛鞋面革含 3.5%Cr_2O_3，浸出 pH 约 4.31，含水分约 20%，对其进行摔软。分别调整转鼓温度为 35℃和 50℃，试验得到转动时间与 Cr^{6+} 含量的关系曲线，由曲线可知，摔软可以较迅速提高 Cr^{6+} 含量（测定方法同上）。这种低水分含量下的转变主要来自自由基作用，随着温度上升转变量增加，见图 8-22。

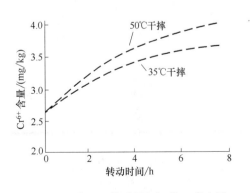

图 8-22　温度、干摔时间与坯革 Cr^{6+} 含量

8.3.2.4　摔软温度与受热时间

高温处理与坯革 Cr^{6+} 含量变化已经成为判断商品质量的重要手段。80℃、24h 的热处理后要求皮革的 Cr^{6+} 含量≤3mg/kg。主要考虑皮件制造及运输过程中热的作用。

图 8-23 是在恒温恒湿下处理皮革后的 Cr^{6+} 含量升高结果（测定方法同上）。测定表明，随着处理时间的延长、温度升高，坯革 Cr^{6+} 含量升高。在有氧情况下，氧化反应成为转变的动力。

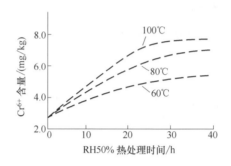

图 8-23　干燥温度、时间与坯革 Cr^{6+} 含量

8.3.2.5　油脂的不饱和度

（1）油脂碘值的影响

革内的 Cr^{6+} 主要是因 Cr^{3+} 被氧化而来，其中最关键的起因是由革内的过氧基造成的。将高低碘值的加脂剂进行加脂，坯革受热后引起一系列变化。例如，两种亚硫酸化鱼油在 80℃以 24h 作用后结果见图 8-24，对作用结果进行分析可知：

① 高碘值油脂使坯革收缩较大；

② 高碘值油脂使坯革 ΔTs 增高较多；

③ 高碘值油脂使坯革抗张强度升高；

④ 高碘值油脂使坯革 Cr^{6+} 升高更多；

⑤ 高碘值油脂使坯革气味增加；

⑥ 高碘值油脂使坯革黄变性增加。

（2）油脂碘值与 Cr^{6+}

用不同的中性油通过非离子表面活性剂外乳化，按常规、等量方式加入铬鞣革内，制成的成革在 80℃烘箱内处理 24h 后测定 Cr^{6+} 含量（测定方法同上）。

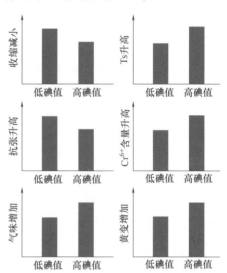

图 8-24　油脂碘值与坯革变性

根据各种油脂的碘值分析，梓油碘值为 170g I_2/100g 左右；豆油碘值为 100g I_2/100g 左右；鱼油碘值为 145g I_2/100g；菜籽油碘值为 85g I_2/100g 左右；鲸脑油碘值为

88g I_2/100g 左右；米糠油碘值为 100g I_2/100g 左右；烷基磺酰胺碘值为 28g I_2/100g 左右。由图 8-25 可见，油脂的碘值与 Cr^{6+} 有直接关联。但也与油脂结构及杂质有关。

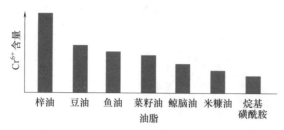

图 8-25　加脂组分加脂坯革受热后 Cr^{6+} 含量

8.3.3　坯革的退化变质

如前所述，皮革的加脂剂是一类重要的也是必要的助剂。加脂分散纤维会导致坯革多种形式的质量退化，也会使坯革抵抗外界作用的能力下降。除油脂种类影响坯革内 Cr^{6+} 变化外，也与坯革的面积、抗黄变相关。

8.3.3.1　加脂使鞣制效应退化

坯革经漂洗，甲酸钠及小苏打中和至 pH=5.5，加入 12% 加脂剂（有效物），甲酸固定 pH=3.8，水洗，搭马 24h，真空干燥，挂晾干燥，于 25℃、RH65% 条件下，恒定 24h，测定 Ts，结果见图 8-26。

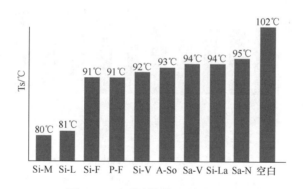

图 8-26　加脂剂与鞣制效应退化

铬鞣坯革 Ts 为 102℃。经过加脂坯革的 Ts 具有不同程度降低：

① 亚硫酸化卵磷脂及亚硫酸化马来酸烷醇酰胺退化最大。前者是因为电荷结构造成鞣制效应退化，而后者推测是结构中羧基及醇胺的影响。

② 硫酸化牛蹄油、亚硫酸化羊毛脂及硫酸化植物油体现出较低的鞣制效应退化作用。

8.3.3.2　加脂坯革受热、光的作用

（1）受热黄变

8.2.3 中 1 的样品在 80℃、RH65% 条件中处理 48h 后，按 DIN53314 法测定 Cr^{6+}。

采用色度色差仪测定，图中黄变指标（Δb）相对于黄-蓝轴的变化量作为皮革发黄的指标，Δb 越大，黄变越严重。测定结果见图 8-27，对结果进行分析：

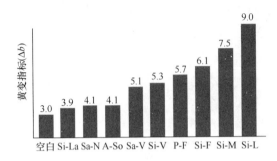

图 8-27　加脂剂与耐热黄变

① 亚硫酸化卵磷脂及亚硫酸化马来酸烷醇酰胺最易受自由基作用而变质黄变；

② 硫酸化牛蹄油、亚硫酸化羊毛脂及烷基磺酸铵黄变效应最小。

碘值并非唯一的稳定性标准。因为，尽管硫酸化牛蹄油的碘值属于中等，但结构稳定性成为加脂剂的重要特征指标。

（2）受热与面积收缩

加脂坯革处理同 8.3.2 中 2 的 1，结果见图 8-28，可能的解释如下：

① 未加脂受热面积收缩最大，加脂后收缩均有不同程度减小；

② 硫酸化牛蹄油、亚硫酸化植物油、亚硫酸化鱼油、烷基磺酸铵受热面积收缩较大。

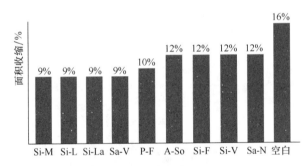

图 8-28　加脂剂与面积收缩

可以推测，硫酸化牛蹄油、烷基磺酸铵两者碘值相差较大，但自身结构稳定，受热产生迁移位移大，造成坯革收缩相对较大；亚硫酸化植物油与亚硫酸化鱼油由于碘值较高，受热产生迁移小，坯革面积影响小。

（3）UV 光照与黄变

样品在 50℃、RH65%、280nm 波长、1000W 的紫外灯照射 72h，采用色度色差仪测定，结果见图 8-29。由于，光照主要是自由基反应，反应结果是与坯革内自由基传递速度

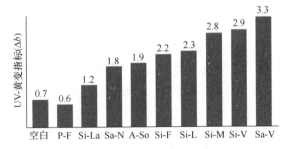

图 8-29　UV 作用 72h 与加脂坯革黄变

及是否形成 PFRs 有关，而非是否易产生自由基。试验结果分析如下：

① 植物油加脂剂及烷醇酰胺加脂剂易受光照影响；

② 脂肪酸磷脂、烷基磺酸铵、亚硫酸化羊毛脂及硫酸化牛蹄油耐光照稳定性较好；

③ 烷基磺酸铵光照有褪色现象。

8.3.3.3　复鞣坯革受热作用

单独处理铬鞣坯革。经过铬复鞣、中和，按照常规工艺分别单独处理，各种材料以含固量及有效物计，其中丙烯酸树脂鞣剂 1.5%，芳香族合成鞣剂 4%，氨基树脂鞣剂 4%，植物单宁（荆树皮栲）4%。坯革经过水洗、搭马 24h、真空干燥、挂晾干燥，烘箱 80℃ 处理 24h，采用 DIN 53314 法测定 Cr^{6+}，结果见图 8-30（其中，将中和后坯革干燥含 2.21mg/kg Cr^{6+} 设为 0.0），复鞣的影响有：

① 丙烯酸树脂鞣剂有较高促使自由基导致 Cr^{6+} 含量升高的特征；

② 相对而言，植物单宁能够阻止 Cr^{6+} 含量升高。

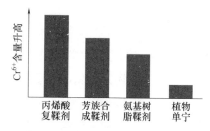

图 8-30　鞣剂与坯革受热 Cr^{6+}

8.3.3.4　染料的影响

单独处理铬鞣坯革。经过铬复鞣、中和，按照常规工艺分别单独染色处理，染料用量为 2%（以蓝坯革质量计），合成加脂剂 8%（以有效物计），甲酸固定 pH=4.0，干燥，40℃ 恒温摔软。采用 DIN 53314 法测定 Cr^{6+}，其中蓝革样品仅在加脂后摔软。结果见图 8-31，分析可知：

① 直接蓝、酸性黑染色后 Cr^{6+} 含量高于坯革，证明是自由基的前驱体。

② 直接黑、直接棕、络合黄染料染色后 Cr^{6+} 含量较坯革的低。从某种角度讲，三者都是减缓坯革自由基或氧化作用的助剂。

染料是重要的制革助剂，使用不当将导致 Cr^{6+} 含量升高，需要抗氧化助剂配合使用，如植物单宁、氨基树脂。

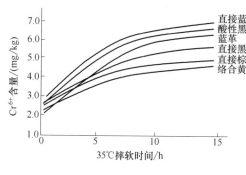

图 8-31　染料加入与坯革 Cr^{6+}

8.3.3.5　还原酶作用

在潮湿及一定的温度环境下，加脂坯革表面有时会出现白色油霜。经过分析表明，其为饱和脂肪酸絮凝物。尽管加入坯革的油脂或植物蜡中具有饱和脂肪酸，但是能够产生油霜的饱和脂肪酸量远远超过加入量。气相色谱分析可知：油霜主要来自棕榈酸和硬脂酸、甘油三酸酯类、一些甘油二酸酯、甘油单酯以及其他中等极性化合物。这些物质的来源有：

① 坯革内甘油三酸酯水解，形成不饱和脂肪酸，在微生物酶（霉菌、细菌）的作用下氢化加成完成的。

② 坯革内甘油三酸酯在微生物霉菌、细菌产生的还原酶的作用下氢化加成，然后水解形成饱和脂肪酸。

③ 通过甘油三酸酯直接加氢饱和或先由一分子水加成再由还原酶加氢形成饱和脂肪酸。由此可见，控制微生物及水分可以阻止油霜生成。

8.4 无铬鞣的退化

8.4.1 氢键作用的退化

无论是铬鞣还是无铬鞣，氢键作用均是重要的胶原稳定化条件。然而，氢键是多数无铬鞣剂与胶原的主要结合方式，破坏氢键将对无铬鞣革产生重要影响。破坏氢键的方式有不少，水、无机盐、有机试剂，相关因素有温度、pH、机械力等。例如，尿素是公认的蛋白质氢键破坏剂。作为一类典型的植物鞣剂，荆树皮栲胶与皮胶原纤维的结合方式主要是多点氢键结合，破坏氢键自然破坏鞣剂的结合。选用不同浓度的尿素作用于鞣制前后的皮胶原，耐热稳定性产生变化，作用结果见表8-6。

表8-6 鞣革受脲溶液作用的 Ts

鞣法	样品 T_s/℃			
	空白	0.5mol/L 脲	0.5mol/L 脲	0.5mol/L 脲
铬鞣	110.0	106.1	103.2	99.7
结合鞣	105.0	86.9	83.6	81.7

由表8-6可知，无论是铬鞣还是结合鞣的坯革均易受脲溶液的作用而降低 T_s。因此，脲不仅是胶原的变性剂也是鞣制后革的变性剂。这种对革的变性是源于胶原变性，还是鞣剂与胶原结合的变性，甚至使鞣剂变性还有待于研究。目前，关注这种变性、把握变性程度是掌握制革化学物理性质的关键。

8.4.2 疏水组分作用退化

与尿素类似，加脂剂可以分散疏水区，也就是说它可使胶原变性。Ross 提出表面活性剂与蛋白质以非协同模式结合，当表面活性剂达到一定浓度后，蛋白质的分子链伸展，使二者结合量急剧增加，最后形成共混物，蛋白质显示出先变性再结合的特点。

这与尿素有异曲同工之处。

通常，加脂剂有效成分以表面活性剂、中性油为主。两种组分相当，更多的是中性油组分，中性油的疏水作用将对亲水基团产生强力的排斥。利用 12% 常用油脂（有效物为基础）构成的加脂剂（以坯革质量为基础）对坯革加脂，坯革受加脂剂作用后的 Ts 见表 8-7。

表 8-7　　　　　　　　　　坯革受加脂剂作用后的 Ts

鞣法	样品 Ts/℃			
	空白	植物油加脂剂	动物油加脂剂	矿物油加脂剂
铬鞣	110.0	100.0	102.4	105.3
有机结合鞣	105.0	85.1	88.2	95.2
有机鞣	85.1	79.2	80.1	80.7

这种因加脂剂作用后使 Ts 降低的现象，称为革的变性，通常也称为退鞣。按照鞣制机理的不同，对退鞣现象进行分析，可以得到以下 3 种情况：

① 加脂剂组分进入疏水区使该区纤维分散，改变了鞣剂或结合鞣 R-Matrix 在纤维间的位置，使结合牢度下降，鞣制效应降低。

② 加脂剂组分改变或替代了鞣剂或结合鞣 R-Matrix 与胶原纤维的结合点，减少了鞣剂或结合鞣 R-Matrix 的总结合点的数量。

③ 加脂剂组分直接与鞣剂或结合鞣 R-Matrix 作用，改变了它们的结构，使之降低甚至失去鞣性，导致鞣制效应降低。

8.4.3　非鞣剂组分作用退化

制革加脂过程对于结合鞣革内 R-Matrix 的作用，可以模拟为表面活性剂与聚合物的作用。表面活性剂与聚合物的相互作用是一个重要的研究领域。20 世纪 50 年代起开始研究离子型、非离子、表面活性剂与天然及合成聚合物的作用，90 年代研究两性表面活性剂作用。研究目标是聚合物链的构象变化、体系的疏水聚集、溶解分散等。由于这两大类物质品种众多，可组成无数的研究体系。介于各液体体系构成、物理化学性质及介质条件等复杂关系，需要逐个探索，少有普遍性规律可循。表面活性剂对不同聚合物的作用如下：有促进或协同作用；抑制或反协同作用；不产生任何影响或非协同作用。例如，阳离子表面活性剂与非离子聚合物之间几乎没有相互作用；离子表面活性剂与带同种电荷的聚电解质之间存在强烈的排斥作用，不能形成表面活性剂-聚合物的络合物；离子表面活性剂与带相反电荷聚电解质的相互作用，主要是靠静电相互作用产生，界面形成聚凝层而产生沉淀。

衡量溶剂与聚合物之间相容性的重要参数之一是溶解度。对于给定的聚合物，可以采用与该聚合物溶解度相近的混合溶剂来溶胀或溶解，或通过改变环境条件来调整溶剂溶解度参数，从而改变聚合物的构象，或使聚合物与不同物质的结合，改善聚合物的使用性能。对混合溶剂来说，如果知道各组分的溶解度参数值，就可以按已知的溶解度参数值和混合比例来计算混合溶剂的溶解度参数，预测混合溶剂的实际溶解性能。即使在水相中，如果聚合物不溶于水或部分溶于水时，水、表面活性剂与聚合物三者的热力学膨胀平衡特征表明，选择部分溶于水的表面活性剂能均匀进入聚合物产生部分溶解。相反，聚合物分子通过极性、化学稳定性差别抵抗"杂质"介入，稳定交联网络的密度或空间上的有序微区，就能在结构"体态"上及特定位置上增强抵抗力，保证热稳定性而得到热固性材料。

脂质表面活性剂与鞣剂的"R-Matrix"之间的相互作用极其复杂，迄今为止，还没有研究报道，有待于研究。鉴于上述内容及已有的鞣剂鞣法、表面活性剂与聚合物及固型物作用的文献报道，以及脂质表面活性剂降低结合鞣 Ts 的结果（表 8-7），对二者之间的关系比较清楚的有下列两种看法：一种是，脂质表面活性剂与"R-Matrix"存在非协同作用，在"R-Matrix"表面吸附或沉积，形成胶原网状组织与"R-Matrix"之间的中介，改变了"R-Matrix"受湿热迁徙的行为；另一种是，结合鞣革在湿态下及干燥过程中脂质表面活性剂已经渗入到"R-Matrix"结构中，造成潜在的退化、软化或形变（Nguyen P 等，1999），降低了结合鞣革的 Ts，见图 8-32。

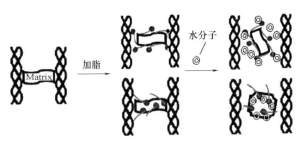

图 8-32　结合鞣 Matrix 加脂、水作用变性示意图

8.4.4　受热作用的退化

结合鞣革的 Ts 由协同效应决定，其"R-Matrix"受热稳定性成为重要的条件。下面介绍完成湿加工的结合鞣坯革在后期受热后 Ts 及物理化学特征的改变。

8.4.4.1　坯革样品制备

（1）铬鞣革

牛蓝湿革含 3.6% Cr_2O_3，1.1mm 厚，称重，用小苏打、甲酸钠中和至 pH = 5.5，漂洗除盐，2%分散单宁，3%丙烯酸树脂复鞣剂（35%固体），3%替代单宁，4%荆树皮单宁，3%氨基树脂，12%加脂剂处理，固定，真空干燥，挂晾干燥，摔软 6h。

（2）合成鞣剂鞣革（简称合成鞣）

牛浸酸皮，1.1～1.2mm 厚，称重，增重 30%，用小苏打、甲酸钠中和至 pH ≈ 5.0，4%分散单宁，15%替代型合成鞣剂，固定，挤水削匀至 1.1mm 厚，8%栲胶，3%丙烯酸树脂复鞣剂（35%固体），3%氨基树脂，12%加脂剂处理，固定，真空干燥，挂晾干燥，摔软 6h。

（3）植-醛结合鞣革（简称植-醛鞣）

牛浸酸皮，1.1～1.2mm 厚，称重，增重 30%，用小苏打、甲酸钠中和至 pH ≈ 5.0，4%分散单宁，20%栲胶，3%戊二醛，3%丙烯酸树脂复鞣剂（35%固体），3%氨基树脂，12%加脂剂处理，固定，真空干燥，挂晾干燥，摔软 6h。

（4）植-铝鞣结合鞣革（简称植-铝鞣）

牛浸酸皮，1.1～1.2mm 厚，称重，增重 30%，用小苏打、甲酸钠中和至 pH ≈ 5.0，4%分散单宁，20%栲胶，5%铵明矾（Al_2O_3 计），3%丙烯酸树脂复鞣剂（35%固体），3%氨基树脂，12%加脂剂处理，固定，真空干燥，挂晾干燥，摔软 6h。

8.4.4.2　样品处理

① 湿热作用前的样品：25℃、65%RH24h 的坯革，取样进行各种物性测试；

② 湿热作用后的样品：在温度 65℃、65%RH 作用 72h，取出；25℃、65%RH24h，取样进行各种物性测试。

（1）Ts 变化

恒温恒湿处理前后革 Ts 的变化见表 8-8。

表 8-8　　　　　　　　　　　　湿热作用前后革的 Ts

革样	Ts（甘油-水/水）/℃		革样	Ts（甘油-水/水）/℃	
	作用前	作用后		作用前	作用后
合成鞣革	86.6/83.2	80.2/78.2	植-铝鞣革	105.2/>100.0	100.0/85.0
植-醛鞣革	101.9/104.5	91.3/86.8	铬鞣革	111.1/>100.0	105.2/>100.0

从表中数据可以看出革在湿热作用后，4 种鞣剂的鞣制效应均有降低，铬鞣革、合成鞣革及植-醛鞣革发生降解或造成结合鞣模块发生损坏，致使革的 Ts 下降。

（2）伸长率的变化

65℃、72h 热作用前后革的负荷（10N）延伸率的变化见图 8-33。经过热作用后坯革的延伸率增加，其中，铬鞣革相对变化较小。

（3）柔软度的变化

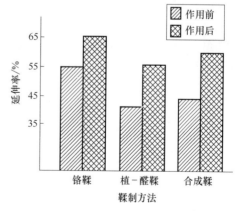

图 8-33　热作用前后坯革延伸

革经热作用后，纤维、鞣剂、油脂等都可能发生物理或化学上的变化，影响革柔软度。热作用前后革的柔软度变化情况见图 8-34。从图 8-34 可以看出，3 种革经热作用后结果不同。根据热作用前后数据可以计算出：

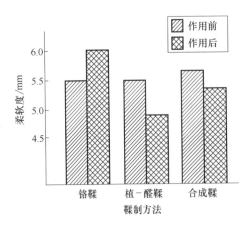

图8-34　热作用前后坯革柔软度

① 铬鞣革柔软度增加约5.1%。

② 合成鞣剂鞣革光热作用后柔软度下降了约3.5%。

③ 植-醛鞣革下降了约9.4%。

柔软度的大小与纤维的分散以及油脂的润滑效果密切相关，革经热作用后，革内纤维、鞣剂和油脂发生降解、分布及键合重组。如果革能保持油脂分子结构稳定，在热的作用下更好分散渗透，结果使柔软增加；相反，如果油脂作用使鞣剂结合改变（Ts降低），纤维束收缩，造成油脂润滑效果降低，革变硬，柔软度下降。

（4）透气性能的变化

4种鞣革热处理前后透气性能变化见图8-35。

由图8-35可看出，热处理随时间增加透气增加，铬鞣革最佳，变化最小；合成鞣革变化最大。

皮革透气的机理是空气在压力作用下，通过皮革的微孔在皮革内外两侧传递的过程。皮革的孔隙大小不一，分布不均，压力恒定的情况下，空气透过皮革的速率取决于通道的数量和其最小孔径。热处理后透气增加，证明革纤维具有分散、纤维间空隙增大的变化。从变化量看，结合鞣稳定性较单纯合成鞣剂好。

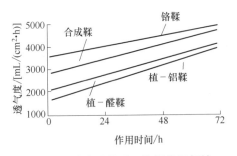

图8-35　热作用前后无铬鞣革透气性

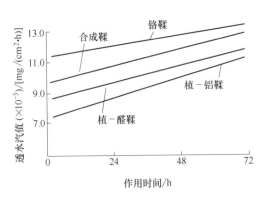

图8-36　热作用前后革透水汽性

（5）透水汽性能的变化

4种鞣革热作用前后透水汽性能变化见图8-36。

由图8-36可见，热处理随时间增加透水汽值均增加，且与透气性的规律相似。

热作用后革的透水汽值增加，说明革纤维间孔隙增大、纤维表面极性基团向内迁移小或不迁移，革传递水分子的能力增强，透水汽值增加。

由图 8-35 和图 8-36 可以看出，热作用后，革的透气性和透水汽性均增加，由于革透气和透水汽的机理有所不同，则表明纤维束之间的孔隙增加。

（6）热作用并摔软前后纤维形态

将热作用前后的坯革样品进行 3 个条件下的 SEM 观察对比：①热作用前；②热作用前摔软 6h；③热作用后摔软 6h。

透气性能和透水汽性的改变是老化的宏观体现，而宏观上的改变可归结为微观上的变化。以植-醛鞣革为例，借助 SEM 对革微观结构进行观察，其变化情况见图 8-37。

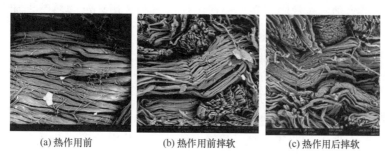

(a) 热作用前　　　　　　(b) 热作用前摔软　　　　　　(c) 热作用后摔软

图 8-37　植-醛鞣热作用与摔软后的 SEM（×1000）

从图 8-37 可以看出，在热作用前（25℃）坯革经过 6h 摔软，纤维几乎以一定聚集单位松散；坯革在 65℃、65%RH 条件下 72h 后进行摔软，革纤维出现明显分散，而且规整性降低更明显，表明热作用下（高于氢键结合能）部分纤维出现过重排，也显示出柔软降低。

第9章 皮革中的 SVHC

制革是一个多工序流程及多材料使用的生产过程。皮革在制造过程中各类材料进入生皮，最终以多种形式被固定在皮革内。这些材料经历坯革的后整理加工、商品制造加工、多种环境的存放及使用，皮革内的材料包括胶原纤维均要受到湿、湿热、干热、机械力及光的作用。以下方面是关键点：

① 保持皮革产品感官指标的稳定性；

② 保持皮革产品理化指标的稳定性；

③ 皮革商品使用过程的卫生安全性。

任何一项稳定性出现破坏，除了胶原变性外，皮革内化学组分就会出现变性、迁移，游离至表面，结果主要表现为：

① 完全失去了皮革产品一般使用性能，如破损、变质等；

② 没有失去一般使用性能，但有碍于健康、环境的污染，如有害物的接触、挥发等。

事实上，皮革制品质量的耐久性是无可厚非的，除非在特殊环境下使用才能出现①的情况。而近年来，随着人们对生存环境的重视，上述②已成为最为关注的条件。自 2008 年 10 月 28 日，欧盟化学品管理局（ECHA）首次公布第一批高度关注物质候选清单（Substances of Very High Concern，SVHC），至 2023 年 06 月 14 日，ECHA 官方网站上公布了 28 批 SVHC，共 235 种以上物质。包括多种无机物和有机物，应用遍布各个行业。一旦进入清单，随时都有可能进入化学品注册、评估、许可和限制法规（REACH）。如果未能在相应的截止日期前完成注册的企业，则不能将对应产品继续投放欧盟市场。REACH 法规是一项涉及产品质量、生态安全和人类健康的新型贸易的技术性措施，主要影响的是欧盟范围外的化工生产企业以及向欧盟境内提供化工产品的企业，包括皮革和皮革制品生产商。由此对我国的化工行业，以及印染、制药、皮革、纺织、服装等下游行业产生极为广泛的影响。

随着对产品使用性能的认知，皮革中的一些化学物质已被列入 SVHC 清单。是否超标含有这些化学物已成为判断皮革产品是否合格、能否获得市场准入的关键。

9.1 皮革制品中 SVHC 及其来源

9.1.1 SVHC 确定

皮革制造中采用了多种类单体及合成高分子化合物，随着认知的进步，将会有越来越多的物质被列入 SVHC 清单，皮革产品不时地受到 REACH 法规的限制。因此，按照现有的国际认可的试验资料，皮革制品有毒有害物界定可以根据 REACH 指令中物质为基本，或参考 SVHC 清单分析。

SVHC 清单中以 3 类物质为主：

① 按照欧盟指令 67/548/EEC 被分类为 1 类及 2 类的致癌物质、致畸变物质和生殖毒性物质。

② 按照 REACH 法规附件 XⅢ 确定的持久、生物累积、有毒物质（PBT）和强持久强生物累积物质（VPVB）。

③ 其他有实际案例证明对人类及环境有严重危害影响的物质（如内分泌干扰素）。

随着 REACH 法规附件中材料品种的增加，准入标准不断地新增，导致皮革产品的要求更为精细、准确、安全、环保。企业必须支付大量的检测、评估、仪器设备购买费；承担不菲的认证申请和标志使用等费用。

9.1.2　SVHC 检出

认定皮革制品内有有毒有害物的关键是通过一定的手段能够被检出。除了很少的特殊试验外，目前皮革制品检验常见的方法是：

① 对一些"游离"在皮革内的有机或无机的化学物，可以对样品进行溶剂的萃取或气体的抽提，然后借助化学分析或仪器检测确定名称。

② 对一些无机盐或金属离子，可以对样品进行化学消解或高温的灰化，然后借助化学分析或仪器检测确定名称。

9.1.3　SVHC 来源

皮革制造中使用大量材料，使得制品中含有 30% ~ 35% 的化学品。除水分外，来源于制革中材料主要包括：鞣剂、填充物、染料、油脂、涂饰剂。复杂的结合形式及分布特征，使得毒性物的产生、分析变得复杂。根据皮革制造特征，可以将各种毒性物的来源归纳为 3 种途径：

① 直接使用或夹带进入皮革后被检测出。

② 进入皮革受环境条件的影响出现分解、转变被检出。

③ 皮革纤维自身受内在材料或环境条件的作用出现分解、转变被检出。

9.1.3.1　直接使用或夹带进入

① 直接带入的是一些虽然受限但由于材料价廉或工艺习惯，且认为是可以通过后续工序能够洗脱的助剂，如脱脂剂、防腐剂、鞣剂等。

② 制备材料时的未转化的单体或生成的副产物，因未分离，当产物使用时被夹带一起进入皮或坯革内吸收，如主鞣剂、复鞣剂、加脂剂等。

9.1.3.2 环境影响后分解、转变

① 因大分子材料结构不稳定性。在皮革产品受到化学、物理及微生物作用后降解转变为小分子毒性物游离，如在湿、热、光及酶的作用下游离出毒性单体。

② 因结合不稳定，皮革产品在湿、热、光及酶的作用下游离出，受到热、自由基作用转变，如 Cr^{3+} 转变为 Cr^{6+}，小分子醛、苯酚等。

9.1.3.3 在制过程的分解、转变

制革的酸碱盐酶处理使皮胶原失去了稳定性，后续材料的加入及坯革制品受环境影响老化、转变，产生小分子降解产物如醛、酸、酚。

9.1.4 皮革商品 SVHC 的限定

对于制革中可能出现的有毒有害物质，全国皮革工业标准化技术委员会提出了皮革及其制品中受限的有害物质主要有禁用偶氮染料、游离甲醛、Cr（Ⅵ）、致癌染料、致敏性分散染料、全氟辛烷磺酸盐（PFOS）、五氯苯酚（PCP）、富马酸二甲酯（DMF）、邻苯二甲酸酯等，不同国家对皮革及其制品有害物质的限制标准不尽相同。表 9-1 为目前不同国家对制革有毒有害物质参照法规和限量要求。

表 9-1　　　　　　　　不同国家和地区关于皮革制品中 SVHC 的限量

SVHC	国家或地区	法规名称或编号	限量要求
禁用偶氮染料	欧盟	REACH 法规	≤30mg/kg
	中国	GB 20400—2006	≤30mg/kg
游离甲醛	日本	第 112 号法令	不直接接触皮肤≤300mg/kg，婴儿≤20mg/kg
	中国	GB 20400—2006	直接与皮肤接触≤75mg/kg，不直接与皮肤接触≤300mg/kg，婴幼儿用品≤20mg/kg
	德国、奥地利	—	直接与皮肤接触≤10mg/kg，鞋面革≤150mg/kg，超过 1500mg/kg 需标识
	法国	—	直接接触皮肤≤200mg/kg，不直接接触皮肤≤400mg/kg，婴儿≤20mg/kg
Cr(Ⅵ)	欧盟	IUC-18　CEN/TS 14495	≤3mg/kg
	德国	食品、饲料和消费品法	≤3mg/kg
致癌染料	欧盟	REACH 法规	不得含有
致敏性分散染料	欧盟	REACH 法规	不得含有
PFOS	欧盟	REACH 法规	带涂层皮革≤1μg/m²
PCP	德国	"chemikalliengesetz"法令	≤5mg/kg
	法国	97/014/F 公共通告到目前为止还未生效	不直接接触皮肤≤5mg/kg，接触皮肤为≤0.5mg/kg
	荷兰	18.02.94 法令	≤5mg/kg

续表

SVHC	国家或地区	法规名称或编号	限量要求
DMF	欧盟	欧盟 2009/251/EC	产品附带袋子≤0.1mg/kg
邻苯二甲酸酯	欧盟	欧盟 1999/815/EC	0.1%
	德国	消费者商品行动	0.1%
	丹麦	第 1511515.03.1999	0.05%

由表 9-1 中可见，除了欧洲市场的 REACH 统一标准外，由于产品特征、使用对象及地区的差别，各生产商对每种有毒有害物标准也不尽相同。就甲醛而言，一些国家仅自行制定了一些相关材料的限量规则，如汽车工业<10mg/kg，制鞋业<150mg/kg，其中童鞋 30~50mg/kg，Nike 运动鞋<75mg/kg，而 Adidas 运动鞋<100mg/kg。

我国皮革制品的安全监管体制主要采取法律法规、标准、监督抽查、风险监测等一系列措施相结合的机制，从而确保产品的安全。在标准方面，主要包括强制性国家标准和推荐性国家标准、行业标准、地方标准、企业标准相结合的方式。

皮革制品涉及的强制性标准有 GB 20400—2006《皮革和毛皮　有害物质限量》国家标准，该标准对皮革、毛皮产品中的有害物质（包括游离甲醛、禁用偶氮染料）进行了严格限定。监督抽查、风险监测是政府通过行政手段对产品质量的监管，从而进一步确保产品的安全。

随着国外消费者绿色消费意识日益加深，一些发达国家为了避免因为皮革制品中的一些化学物质对人体健康任何可能的负面影响而进行赔偿的风险，往往对皮革中的一些特殊化学物质进行限量规定。这些特殊化学指标主要针对皮革中可能存在的对人体有害化学物质的含量限制。对于这些有害物质或环境激素类化学物质，国外特别是欧盟多从源头进行控制，其提出限量要求的物质多为皮革生产链中可能出现的化学品如偶氮染料、蓝色染料、含氯苯酚、Cr(Ⅵ) 等，且大多数以法规、指令的形式发布。而我国多以强制性标准或行业规范的形式体现。

9.2　皮革制品中的 SVHC——甲醛

根据皮革制造特征，在忽略因环境水、人为加入的禁用材料原因下，各种毒性物的来源的三种途径（见上述 9.1.3）中必然产生或最易产生的一些毒性物进行分析。

9.2.1　甲醛及其来源

甲醛易溶于水和乙醚，水溶液浓度最高可达 55%，pH 2.8~4.0，能与水、乙醇、丙酮任意混溶。甲醛液体在较冷时久贮易混浊，在低温时则形成三聚甲醛沉淀。在一般商品中，都加入 10%~12% 的甲醇作为抑制剂，否则会发生聚合。甲醛为强还原剂，在微量碱性时还原性更强。在空气中能缓慢氧化成甲酸，闪点 60℃。

甲醛有刺激性气味，低浓度即可嗅到，人对甲醛的嗅觉阈通常是 $0.06 \sim 0.07 \mathrm{mg/m^3}$。长期、低浓度接触甲醛会引起头痛、头晕、乏力、感觉障碍、免疫力降低，并可出现瞌睡、记忆力减退或神经衰弱、精神抑郁，可引发呼吸功能障碍和肝中毒性病变，表现为肝细胞损伤、肝辐射能异常等，2006 年被确定为 1 类致癌物（即对人类及动物均致癌）。不同国家对成革中甲醛限量标准见表 9-2。

表 9-2　　　　　　　　　　　不同国家对成革中甲醛限量标准

国家或地区	法规、指令或标准	限量要求
欧盟	Eco-label 要求	直接接触皮肤用品：≤3mg/kg
	Okeo-Tex100 标准	婴幼儿用品≤16mg/kg，直接接触皮肤用品≤75mg/kg；非直接接触皮肤≤300mg/kg
德国	消费品法令 26/06/2002	直接接触皮肤用品：≤100mg/kg；鞋面革≤150mg/kg
日本	LAW112	根据情况不同要求从 20~300mg/kg 不等，其中对小于 24 月的婴幼儿不高于 20mg/kg
中国	GB 20400—2006	婴幼儿用品≤20mg/kg，直接接触皮肤用品≤75mg/kg，非直接接触皮肤≤300mg/kg（白羊剪绒≤600mg/kg）
	QB/T 2954—2008	婴幼儿用品≤20mg/kg，其他产品≤300mg/kg
	QB/T 2970—2008	婴幼儿用品≤20mg/kg，羊剪绒≤300mg/kg，其他产品≤75mg/kg
	QB/T 2703—2005	游离甲醛（分光光度法）≤20mg/kg

9.2.1.1　皮革制造中产生的甲醛

皮革中甲醛来源主要有以下几个方面。直接使用甲醛或含甲醛材料：准备工段的防腐剂和杀菌剂；鞣制工段使用含有甲醛鞣剂，如糖还原铬粉、噁唑烷、膦盐鞣剂；整理工段的合成单宁（图 9-1）、氨基树脂（图 9-2）、改性材料（淀粉、木质素）、改性戊二醛、加脂剂；作为涂饰固定剂或交联剂等。

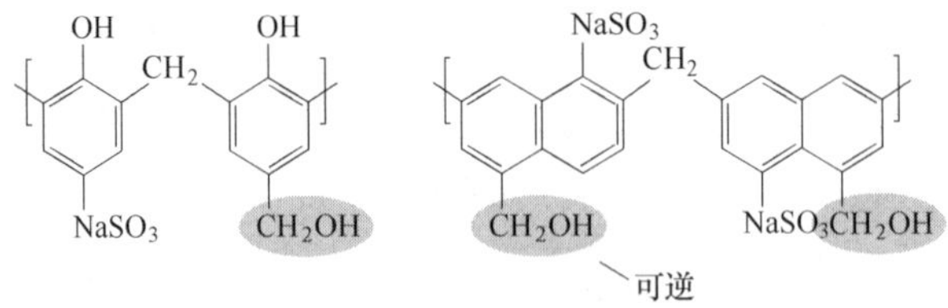

图 9-1　合成丹宁中可能游离的甲醛

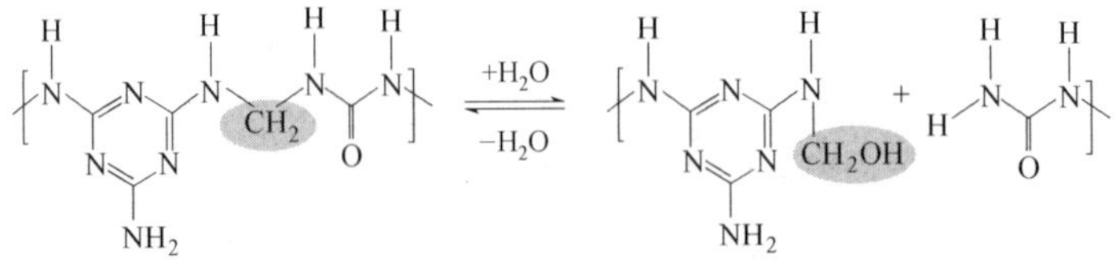

图 9-2　树脂中可能游离的甲醛

除了某些合成单宁含非常低的甲醛，植物栲胶含微量的甲醛，聚合体和一些有机产品所含甲醛也是微量的。制革中常用的防腐剂因种类不同而使得成革甲醛含量处于多变状态。甚至一些染料也可能含有不少的甲醛。图 9-3 为不同染料中甲醛含量对比结果。结果表明：不同染料带来成革中不同程度的甲醛含量，因此在实际生产中可以根据具体要求选择性地使用染料。

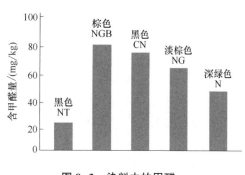

图 9-3　染料中的甲醛

9.2.1.2　皮革制品存放使用过程产生的甲醛

光、热、氧化还原降解：天然及改性产品（栲胶、木质素）；合成产品（氨基树脂鞣剂、合成鞣剂、染料）；生皮原料降解（生皮保存、酸碱酶处理）；变价金属与糖类形成氧化还原反应。

9.2.1.3　来自环境中的甲醛

大气中的甲醛，如：海上 0.005mg/kg；陆地 0.012mg/kg；建筑区 0.056mg/kg；烟草的烟雾 57~115mg/kg（主要来自动植物的代谢、人工排放）。

9.2.2　皮革样品中含甲醛量的测定

9.2.2.1　甲醛测定原理

分光光度法是常用成革中测定甲醛的方法，原理是在一定的温度及条件下，成革中结合不牢的甲醛会自由释放出来被水萃取吸收，使用一定的吸收剂，使其与甲醛反应，生成在可见光下产生吸收的物质，根据物质吸光度，对照甲醛标准工作曲线，计算成革中的甲醛含量。根据吸收剂的不同，可分为乙酰丙酮法、酚试剂法、AHMT（4-氨基-联氨-5-巯基-1，2，4-三氮杂茂）法、品红-亚硫酸、变色酸法等，制革常用乙酰丙酮法。

色谱法原理是样品中的甲醛经提取后，以 2，4-二硝基甲苯肼为衍生化试剂，生成 2，4-二硝基苯腙，然后用色谱进行定量分析。随着现代测试技术的发展，还衍生了基于传感技术的甲醛测定方法。

国家标准 GB/T 19941—2005 规定的方法为分光光度法和色谱法。国际标准 DIN 53315 用乙酰丙酮显色剂使甲醛的萃取液显色，在 412nm 处测定吸光度被国际国内认可，但误差极大。来源于颜色的干扰，见图 9-4。

9.2.2.2　皮革样品中甲醛测定方法

（1）原理

国家标准 GB/T 19941.2—2019 规定皮革样品中甲醛含量的测定方法为分光光度

法。在规定条件下用一定溶液萃取试样，得到的萃取液同乙酰丙酮混合，通过反应产生黄色化合物（3,5-二乙酰基-1,4-二氢二甲基吡啶），在规定波长处测定化合物的吸光度，计算得出试样中的甲醛含量（注：本方法测定的是在标准规定条件下从皮革、毛皮中萃取的游离和水解的甲醛总量；本方法对甲醛不具绝对的选择性，加染料等其他化学物质可能会对结果产生干扰）。

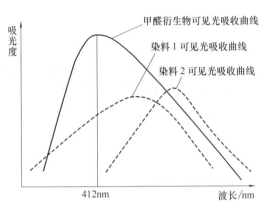

图 9-4　甲醛测定易产生的误差

（2）试剂和材料

除非另有规定，所用试剂均为分析纯，所有的溶液均为水溶液。

① 萃取溶液：1g 十二烷基磺酸钠或十二烷基硫酸钠溶于 1000mL 水中获得萃取液。

② 乙酰丙酮溶液（纳氏试剂）：150g 乙酸铵+3mL 冰乙酸+2mL 乙酰丙酮（CAS 号：123-54-6）溶解于 1000mL 水中，低温避光贮存至少 12h 后使用（注：纳氏试剂贮存开始 12h 内溶液颜色会逐渐变深，0~4℃。低温避光保存 1 周内有效）。

③ 乙酸铵溶液：150g 乙酸铵+3mL 冰乙酸溶解于 1000mL 水中。

④ 双甲酮（5,5-二甲基-1,3 环己二酮，CAS 号：126-81-8）溶液：5g 双甲酮溶解于 1000mL 水中，现配现用（注：双甲酮不易溶于纯水中，这种情况下，可先用少量乙醇溶解，再用蒸馏水稀释至 1000mL）。

（3）仪器和设备

容量瓶 10，50，1000mL；锥形瓶 25，100，250mL；玻璃纤维过滤器，GF8（或玻璃过滤器 G3，直径 70~100mm）；恒温水浴振荡器，振荡频率为（50±10）次/min；温度计，测试范围 10~50℃，精度 0.1℃；分析天平，称量精度为 0.1mg；分光光度计，测定波长 412nm，配有合适的比色皿。推荐使用 20mm 比色皿，也可使用 40mm 或 50mm 的比色皿。

（4）试验步骤

① 取样。皮革按照 QB/T 2706 规定取样。

若无法按照 QB/T 2706 或 QB/T 1267 的要求取样（如鞋面革、服装革），应在试验报告中注明。

② 试样制备。皮革试样的制备按照 QB/T 2716 规定进行。

③ 萃取。精确称取试样（2.0±0.1）g，精确至 0.01g，放入 100mL 锥形瓶中，加入 50mL 已预热到 40℃ 的萃取溶液中，盖紧塞子，在（40±1）℃ 的恒温水浴振荡器中轻轻

振荡（60±2）min。温热的萃取液立即通过玻璃纤维过滤器真空过滤（真空度不低于5kPa）至另一锥形瓶中，密闭后将锥形瓶中的滤液冷却至室温（18~26℃）（注：试样/溶液比例不能改变，萃取和分析在当日完成）。

④ 与乙酰丙酮反应显色。移取 5mL 滤液于 25mL 锥形瓶中，加入 5mL 乙酰丙酮溶液，盖上塞子。在（40±1）℃水浴中轻轻振荡（30±1）min，在避光条件下冷却 30min 至室温（18~26℃），以 5mL 萃取溶液和 5mL 乙酰丙酮溶液的混合液作为空白，在412nm 处测定吸光度值，记作 E_p。应在显色反应结束 1h 内测定吸光度值。

为了测定滤液自身的吸光度，将 5mL 滤液移入 25mL 锥形瓶中，加入 5mL 乙酸铵溶液，然后按测定试样的方法测定其吸光度值，记作 E_e（注：当甲醛含量较高时（>100mg/kg），可减少试样的称取量或减少滤液的移取量。当移取的滤液不足 5mL 时，用蒸馏水补足稀释至 5mL）。

⑤ 乙酰丙酮中不存在甲醛的验证。为了验证乙酰丙酮溶液中不含甲醛，以 5mL 萃取溶液和 5mL 水混合液为空白，在 412nm 处测定 5mL 萃取溶液和 5mL 乙酰丙酮溶液混合液的吸光度，当 20mm 比色皿测定的吸光度值<0.025，40mm 比色皿测定的吸光度值<0.050 或 50mm 比色皿测定的吸光度值<0.063 时，证明乙酰丙酮溶液中没有甲醛成分的存在。

⑥ 其他与乙酰丙酮显色的化合物的检验。在试管中加入 5mL 滤液和 1mL 双甲酮溶液，振荡混合后把试管放入（40±1）℃的水浴中（10±1）min，加入 5mL 乙酰丙酮溶液，振荡混合后继续放在（40±1）℃的水浴中（30±1）min，取出试管，冷却至室温，以5mL 乙酸铵溶液替代乙酰丙酮，与 5mL 滤液和 1mL 双甲酮混合制备空白液，制备方法与前述溶液一致，分别在 412nm 波长处测定吸光度，使用 20mm 比色皿测定的吸光度值应低于 0.05。

当吸光度值高于 0.05 时，应按照 GB/T 19941.1 方法进行测试。如果无法按照GB/T 19941.1 测试时，应在试验报告中注明，在分析过程中检测到的其他化合物可能引起甲醛的阳性反应。

⑦ 标准工作曲线的绘制。配制甲醛标准储备液。将 5mL 甲醛标准储备液，移入装有 100mL 蒸馏水的 1000mL 容量瓶中，振荡摇匀后用蒸馏水稀释至刻度。该溶液即是甲醛标准溶液（标准溶液中的甲醛质量浓度约 1μg/mL）。也可使用市售标准物质直接配制甲醛标准溶液（注：目前市售标准样品有"水中甲醛溶液标准物质"）。

分别吸取 1，5，10，15，20mL 的甲醛标准溶液至 50mL 容量瓶中，用蒸馏水稀释至刻度，该系列标准工作溶液中甲醛质量浓度范围为 0.2~4.0μg/mL（在给出的条件下，相当于试样中甲醛含量范围 5~100mg/kg。对于甲醛质量浓度较高的样品，应取较少的滤液进行测试）。

从上述 5 个溶液中，各吸取 5mL，分别移入 25mL 锥形瓶中，加入 5mL 乙酰丙酮溶液混合，并在（40±1）℃温度下恒温振荡（30±1）min。在避光条件下冷却至室温，以5mL乙酰丙酮溶液和5mL蒸馏水的混合液作为空白，用分光光度计在412nm处测定吸光度值。在测量之前，用空白溶液（5mL乙酰丙酮溶液和5mL蒸馏水）对分光光度计调零，空白液与标准工作溶液应在同样条件下处理。

绘制质量浓度-吸光度标准曲线，X 轴为质量浓度 μg/mL，Y 轴为吸光度（注：标准工作曲线绘制使用的是 20mm 比色皿，也可使用 40mm 或 50mm 比色皿）。

（5）结果表示

按下式计算样品中甲醛含量：

$$w_{\mathrm{P}} = \frac{(E_{\mathrm{P}} - E_{\mathrm{e}}) \times V_0}{F \times m}$$

(9-1)

式中　w_{P}——样品中的甲醛含量，mg/kg；

E_{P}——滤液与乙酰丙酮反应后的吸光度；

E_{e}——滤液自身的吸光度；

V_0——萃取液的体积，mL；

F——校准曲线斜率；

m——样品质量，g。

加标回收率：需要时，按如下步骤测试加标回收率。

分别将 2.5mL 滤液移入两个 10mL 容量瓶中，其中一个容量瓶中加入适量的甲醛标准溶液，使加入的甲醛标准溶液的甲醛含量与样品中的甲醛含量几乎相等，分别用蒸馏水稀释到刻度（注：如果样品中甲醛含量低于 20mg/kg，移取 5mL 滤液；如果样品中甲醛含量为 30mg/kg，推荐使用 0.3mL 甲醛标准溶液）。

将容量瓶中的溶液转移至 25mL 锥形瓶中，加入 5mL 乙酰丙酮试剂混合，并在（40±1）℃温度下振荡（30±1）min，避光条件下冷却至室温。以 5mL 萃取溶液和 5mL 乙酸铵溶液的混合液作为空白，在 412nm 处测定吸光度值，添加了甲醛标准溶液样液的吸光度值记作 E_{A}，未添加甲醛标准溶液的样液的吸光度值记作 E_{P}。

按照式下式计算回收率。

$$R_{\mathrm{R}} = \frac{(E_{\mathrm{A}} - E_{\mathrm{P}}) \times 100}{E_{\mathrm{ZU}}}$$

(9-2)

式中　E_{A}——添加了甲醛标准溶液的样液的吸光度；

E_{P}——未添加甲醛标准溶液的样液的吸光度；

E_{ZU}——添加的甲醛标准溶液的吸光度值（从标准曲线上得到）；

R_{R}——回收率，%；精确至 0.1。

如果回收率不在 80%~120%，应重新分析测试。

样品中游离甲醛含量以 mg/kg 表示，精确至 0.1mg/kg。

如果测试结果以绝干状态为基准，则测试结果应乘以换算系数 $100/(100-w)$，w 为挥发物的含量（%），根据 QB/T 1273 和 QB/T 2717 测得。

本部分的检出限为 20m/kg。

本部分的测定结果与 GB/T 19941.1 的测定结果应具有类似的趋势，但结果并不绝对相同，当发生争议时，以 GB/T 19941.1 的测试结果为准。

9.2.3　皮革中甲醛含量控制

解决皮革中甲醛含量的根本办法有两种：

① 避免使用甲醛或以甲醛为原料合成的皮革化学品；

② 使用甲醛清除剂。

目前皮革去除醛方法中研究最深入、应用最广泛、也最有效的方法是在皮革中加入能与甲醛发生化学反应的物质。例如用亚硫酸氢钠和葡萄糖对戊二醛类、膦盐和噁唑烷类鞣剂进行改性；葡萄籽提取物、茶树提取物、栲胶等大分子天然有机物，可以降低皮革中甲醛含量，噁唑烷和有机膦鞣制皮革能有效去除皮革中的甲醛。

9.3　皮革制品中的 SVHC——Cr(Ⅵ)

9.3.1　Cr(Ⅵ) 性质及毒理性

在重金属铬及其 Cr^{3+}、Cr^{4+} 及 Cr^{6+} 中，仅 Cr^{6+} 及其所有化合物被欧盟定义了限制范围。Cr^{6+} 为吞入性毒物、吸入性极毒物，皮肤接触可能导致敏感，更可能造成遗传性基因缺陷，吸入可能致癌，对环境有持久危险性，试验显示受污染饮用水中的 Cr^{6+} 可致癌。超过 10mg/kg Cr^{6+} 对水生物有致死作用。2010 年 4 月 19 日，德国发布 G/TBT/N/DEU/11 号通报，规定与人体接触的皮革制品中，Cr^{6+} 检出限为 3mg/kg。2014 年 3 月 26 日，欧盟委员会修订 REACH 法规中的附件 17，扩展皮革制品 Cr^{6+} 限制标准，要求直接与人体皮肤接触的皮革制品以及部分与人体接触的皮革制品部件中，含 Cr^{6+} 量不得超过 3mg/kg，一旦超过禁止投放市场，于 2015 年 5 月 1 日正式实施。

9.3.2　皮革及制品中 Cr^{6+} 成因

铬鞣由于其优良的成革性能，目前为止仍然是制革过程中应用最为普遍的鞣制方法。成革中铬的形式主要以 Cr^{3+} 形式存在。Cr^{6+} 的产生原因来自如下几个方面。

9.3.2.1　铬鞣剂带入

通常的粉状铬鞣剂的 Cr^{3+} 是由 Cr^{6+} 还原而成的，尽管反应趋于完全，但平衡总是存在的，国家标准要求铬粉中含 $X(Cr^{6+}) \leqslant 2mg/kg$。

9.3.2.2　革内 Cr^{3+} 转化

（1）pH 对转变的影响

不同 pH 条件下 Cr^{3+} 向 Cr^{6+} 转变的趋势。由图 9-5 可见，Cr^{6+} 的氧化性随介质 pH 升高而急剧下降。在酸性条件下 Cr^{3+} 不易被氧化成 Cr^{6+}，而在碱性条件下 Cr^{3+} 向 Cr^{6+} 的转化相当容易。在制革过程中如果 pH 超过 5 时，就有可能使 Cr^{3+} 转化为 Cr^{6+}，比如复鞣、中和加脂等工序。已有研究报告已经指出，在相同条件下中和，当中和使用更高的 pH 会使成革中 Cr^{6+} 含量更高。

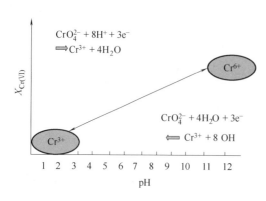

图 9-5　体系 pH 与转化电位

（2）加脂剂对 Cr^{6+} 影响

加脂剂分子中含有大量不饱和双键，双键在空气中容易自发性地发生氧化反应，产生过氧化物（第八章），从而导致成革中的 Cr^{3+} 转化为 Cr^{6+}。加脂剂碘值越高，成革中的加脂剂含量越高，成革中 Cr^{3+} 转化为 Cr^{6+} 的可能性就越大。图 9-6 为不同加脂剂使用后坯革干燥方法与革中含 Cr^{6+} 量的关系。

（3）皮革及制品储存过程对 Cr^{6+} 影响

第八章中描述了导致皮革及制品中 Cr^{6+} 产生的外界条件是光、热以及空气等因素，促使皮革及制品中 Cr^{3+} 转变为 Cr^{6+}，尤其是在制革过程中大量使用含不饱和键油脂的加脂剂，是产生 Cr^{6+} 的主要原因。在紫外光照射下，不饱和加脂剂产生的自由基与氧分子结合，形成具有很强氧化性的过氧化物自由基和超氧化物自由基，使 Cr^{3+} 转变为 Cr^{6+}。同时由于

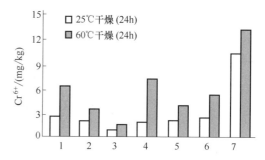

1—硫酸化脂肪醇，磷酸化脂肪醇；2—硫酸化天然油，合成油；3—磷酸化天然油，合成柔软剂；4—硫酸化天然油；5—改性羊毛脂，牛蹄油；6—亚硫酸化脂肪醇，硫酸化脂肪醇；7—硫酸合成油。

图 9-6　加脂皮革干燥方法与 Cr^{6+} 关系

储存地点不同，空气中的相对湿度也不相同。当空气相对湿度较高时，Cr^{6+} 含量也较低。这是因为皮革及制品中有机物含量较高，在高湿度情况下相当于溶液体系是酸性，Cr^{6+} 的转化率较低。

总之生产过程中产生的 Cr^{6+} 是游离的 Cr^{3+} 氧化而得的，多数在工艺中洗去，因此，成革中的 Cr^{6+} 绝大部分是在存储过程中产生的，这就要求皮革及制品在存储过程中需要保持一定的湿度和避免光照等。

9.3.3　皮革及制品中 Cr^{6+} 控制

根据皮革及制品中 Cr^{6+} 的来源，控制以下几个方面。

① 关注外加材料。选择还原性或抗氧化强的材料，如植物单宁、低碘值加脂剂等。

② 补充外加还原剂。加入抗氧化剂，如还原剂、自由基淬灭剂等。

③ 控制环境条件。减少加工过程的湿热作用、降低坯革 pH、减少光热、减少水浴变价金属离子，如 Fe、Mn 等。

表 9-3 为不同国家对成革中 Cr^{6+} 含量标准限定。

表 9-3　　　　　不同国家或地区对成革中 Cr^{6+} 含量标准

国家或地区	法规、指令或标准	限量要求
欧盟	Okeo-Tex 100 标准	不使用,检出限 20mg/kg
	2002/61/EC,2003 年 9 月 1 日生效	30mg/kg
法国	法国 97/014/F 公共通告	30mg/kg
荷兰	荷兰 24/07196 商品指令	30mg/kg
奥地利	BGBL241/1998 法令	30mg/kg
瑞士	消费产品法令第 26a 条	30mg/kg
土耳其	22 种偶氮染料	不准使用
斯堪的纳维亚	计划实施	预计为 30mg/kg
美国	产品安全法规	30mg/kg
日本	日本皮包标准	30mg/kg
加拿大、其他欧盟和东欧国家	—	没有规定
中国	GB 20400	30mg/kg

9.3.4　成革及制品中 Cr^{6+} 含量测定

9.3.4.1　Cr^{6+} 测定原理

Cr^{6+} 测定方法很多，可分为化学方法和仪器分析方法，对于成革中的 Cr^{6+} 测定，也有多种方法，现在国际上对皮革中 Cr^{6+} 测定的标准主要是德国的 DIN 53314 标准。另外还有欧盟的 IUC18 标准，基本是源于 DIN53314。该方法是用磷酸缓冲溶液萃取成革中的 Cr^{6+} 后，用二苯卡巴肼与 Cr^{6+} 作用生成紫色络合物，在 540nm 下产生特征吸收，从而使用分光光度计进行测定。

9.3.4.2　皮革样品 Cr^{6+} 的测定方法

国家标准 GB/T 22807—2019 规定的测定皮革和毛皮中 Cr^{6+} 含量方法为分光光度法，测试过程如下。

（1）测试原理

用磷酸盐缓冲溶液萃取试样中的可溶性 Cr^{6+}，必要时可使用固相萃取除去对试验有干扰的共萃取有色物质，过滤后将滤液中的 Cr^{6+} 在酸性条件下与 1，5 二苯卡巴肼（DPC）反应，生成紫红色络合物，在规定波长处测定络合物的吸光度，计算得到 Cr^{6+} 的含量。

（2）试剂和材料

除非另有说明，所用试剂均为分析纯。

① 磷酸盐缓冲液（0.1mol/L）。将 22.8g 磷酸氢二钾（$K_2HPO_4 \cdot 3H_2O$，相对分子质量 228）溶解在 1000mL 蒸馏水中，用磷酸溶液将 pH 调节至 8.0±0.1，用氩气或氮气或超声水浴排出空气（注：磷酸盐缓冲液建议现用现配，也可在 0~4℃中保存一周，使用前恢复至室温并重新排出空气）。

② 1，5 二苯卡巴肼（DPC）溶液。称取 DPC1.0g，溶解在 100mL 丙酮中，加 1 滴乙酸，使其呈酸性（注：将已配好的 DPC 溶液置于棕色瓶中，在 0~4℃中遮光保存，有效期 14d。溶液出现明显变色（特别是粉红色）时不能再使用）。

③ 磷酸（H_3PO_4）溶液。将 700mL 质量分数为 85%、密度为 1.71g/mL 的磷酸，用蒸馏水稀释至 1000mL。

④ 重铬酸钾（$K_2Cr_2O_7$）标准物。使用前在（102±2）℃下干燥（16±2）h。

⑤ Cr^{6+} 标准储备液（1mg/mL）。称取 2.829g 重铬酸钾，用蒸馏水溶解、转移、洗涤、定容到 1000mL 容量瓶中，每 1mL 溶液中含 1mg 铬。

⑥ Cr^{6+} 标准溶液（1μg/mL）。准确移取 1mL Cr^{6+} 标准储备液至 1000mL 容量瓶中，用磷酸盐缓冲液稀释定容至刻度，每 1mL 溶液中含 1μg 铬（注：此溶液在 0~4℃下可保存 1 周，使用前恢复至室温；可直接使用市售标准溶液配制 Cr^{6+} 标准溶液（1μg/mL）。目前市售 Cr^{6+} 标准样品有 "水中 Cr^{6+} 成分分析标准物质"）。

⑦ 氩气（或氮气，建议用氩气）。不含氧气，纯度≥99.99%（注：氧气相对密度大于空气，开启时不易向上逸出）。

⑧ 甲醇。色谱纯。

（3）仪器和设备

机械振荡器，频率（100±10）次/min；锥形瓶，250mL，具磨口塞；导气管和流量计，适用于流速（50±10）mL/min；带玻璃电极的 pH 计，精确至 0.1；容量瓶 25，100，1000mL；常用体积移液管；滤纸；分光光度计，测定波长 540nm；石英比色皿，厚度 2cm，或其他厚度适合的比色皿；固相萃取柱，08 或 PA，或效果相当的填料；分析天平，精度 0.1mg；取样及试样的制备

（4）试验步骤

① 取样。皮革按 QB/T 2706 的规定进行。若试样无法按照 QB/T 2706 或 QB/T 1267 的要求取样（如鞋面革、服装革），应在报告中注明取样过程。

② 试样的制备。皮革按 QB/T 2716 的规定进行。尽可能干净地除去试样上面的胶

水、附着物，将试样混匀，装入清洁的试样袋内待测。

称取剪碎的试样（2.0±0.1）g，精确至 0.001g。

移取 100mL 已排气的磷酸盐缓冲液至 250mL 锥形瓶中，插入导气管（导气管不得接触液面），往锥形瓶中通入氩气或氮气，流量（50±10）mL/min，5min 后移去导气管，加入试样并盖好磨口塞，置于振荡器内室温（18~26℃）水浴萃取（180±5）min，振荡频率为（100±10）次/min（注：震荡过程中注意避免试样粘附在液面上方的瓶壁上；萃取条件对本方法的试验结果有直接影响，采用不同的萃取条件（如萃取溶剂、pH、萃取时间等）得到的结果与本方法得到的结果没有可比性）。

萃取结束后滤纸过滤，然后检查萃取液的 pH 应在 7.0~8.0，如果超出这一范围，则需要减少称样质量重新进行萃取（注：取样质量减少时，方法的检出限将会提高）。

分析液的脱色和显色：移取 10mL 分析液至 25mL 容量瓶中，加入磷酸盐缓冲液至容量瓶容积的四分之三处，加入 0.5mL 磷酸溶液和 0.5mL DPC，用磷酸盐缓冲液稀释至刻度并摇匀，待测。

对于深色皮革试样，共萃取的有色物质（如颜料等）会干扰 Cr^{6+} 的测定，可通过固相萃取除去干扰物质。萃取前应按规定考察选用的脱色剂对回收率的影响。

③ 固相萃取程序。依次用 5mL 甲醇和 10mL 磷酸盐缓冲液活化和平衡固相萃取柱；加入 10mL 分析液，收集流出液；加入 8mL 磷酸盐缓冲液洗脱，合并收集流出液；将流出液转移至 25mL 容量瓶中，加入 0.5mL 磷酸溶液和 0.5mL DPC 溶液，用磷酸盐缓冲液稀释至刻度并摇匀，待测（注：试验证明，聚酰胺（PA）和 C18 脱色剂是合适的，某些情况下其他合适的脱色剂也可适用）。

④ 分析液的测定。分析液显色后静置（15±5）min，用 2cm 比色皿在 540nm 处以空白溶液为参比测定该溶液的吸光度，记作 E_1。

⑤ 空白溶液。取一个 25mL 容量瓶，加入磷酸盐缓冲液至容量瓶的四分之三处，加入 0.5mL 磷酸溶液和 0.5mL DPC 溶液，然后用磷酸盐缓冲液定容并摇匀。该溶液应现用现配，并在使用前置于黑暗处。

⑥ 标准工作曲线的绘制。在 0.5~15.0mL Cr^{6+} 标准溶液的范围内，至少配制 6 个标准工作溶液，绘制合适的标准工作曲线，应确保标准工作曲线的范围在分光光度计的线性测量范围内。移取一定量的 Cr^{6+} 标准溶液至 25mL 容量瓶中，每个容量瓶加入 0.5mL 磷酸溶液和 0.5mL DPC 溶液，用磷酸盐缓冲液稀释并定容，静置（15±5）min。

以空白溶液为参比，用 2cm 比色皿分别测定标准工作溶液在 540nm 处的吸光度。

以吸光度为 Y 轴，Cr^{6+} 的质量浓度 3μg/mL 为（X）轴绘制标准工作曲线（注：试验表明，2cm 比色皿是最合适的。上述标准工作溶液是供 2cm 比色皿测试用的。在某些情况下，可能适合用更长或更短光程的比色皿）。

⑦ 回收率的测定。移取前述所得的分析液 10mL，加入适量的 Cr^{6+} 标准溶液，使得

Cr^{6+} 的量接近于原分析液中 Cr^{6+} 的量的 2 倍（±25%），添加 Cr^{6+} 标准溶液后溶液的最终体积不超过 11mL。然后用与试样相同的方法处理和测定吸光度。

吸光度应在标准工作曲线的范围内，否则应减少分析液的移取体积重新测试。回收率应大于 80%（注：如果添加的 Cr^{6+} 无法检出，表明试样中含有还原剂。在这种情况下，如果按所得的回收率大于 90%，则可得出"试样中不含 Cr^{6+}（低于检出限）"的结论；回收率用于证明试验步骤是否可行或基体效应是否影响检测结果，通常回收率大于 80%）。

⑧ 脱色剂的影响。移取一定体积的 Cr^{6+} 标准溶液至 100mL 容量瓶中，使该溶液中 Cr^{6+} 的量与试样中 Cr^{6+} 的含量相当，用磷酸盐缓冲液定容。

按照该规定测定该溶液中 Cr^{6+} 的含量，与计算结果相比较。如果试样中未检出 Cr^{6+}，那么该溶液中的 Cr^{6+} 质量浓度应为 6μg/100mL，回收率应>90%。如果回收率≤90%，则该脱色材料不适合本方法。

（5）结果表示

按下式计算溶液中 Cr^{6+} 含量：

$$w_{Cr^{6+}} = \frac{(E_1 - E_2) \times V_0 \times V_1}{A_1 \times m \times F} \tag{9-3}$$

式中　$w_{Cr^{6+}}$——试样中 Cr^{6+} 含量，mg/kg；

E_1——加 DPC 分析液的吸光度；

E_2——不加 DPC 的吸光度；

V_0——试样中加入萃取液体积，mL；

V——稀释后的体积，mL；

A_1——移取的分析液体积，mL；

m——称取试样质量，g；

F——标准工作曲线斜率。

按式下式计算出试样中的 Cr^{6+} 含量（以绝干质量计）：

$$w_{dry} = w_{Cr^{6+}} \times D \tag{9-4}$$

式中　$w_{Cr^{6+}-dry}$——试样中的 Cr^{6+} 含量（以绝干质量计），mg/kg；

$w_{Cr^{6+}}$——试样中的 Cr^{6+} 含量（由上式计算得到），mg/kg；

D——换算系数，其中：$D = 100/(100-w)$，w 按 QB/T 2717 或 QB/T 1273 测得的试样中的挥发物含量，%。

按下式计算回收率：

$$R = \frac{(E_{1a} - E_{2a}) - (E_1 - E_2)}{p \times F} \times 100\% \tag{9-5}$$

式中　R——回收率；

E_{1a}——加二苯卡巴肼溶液、Cr^{6+} 标准溶液的试样溶液的吸光度；

E_{2a}——不加二苯卡巴肼溶液、加 $Cr(VI)$ 标准溶液的试样溶液的吸光度；

E_1——加二苯卡巴肼溶液的分析液的吸光度；

E_2——不加二苯卡巴肼溶液的分析液的吸光度；

p——添加的 Cr^{6+} 的质量浓度，$\mu g/mL$；

F——标准工作曲线的斜率。

试样中的 Cr^{6+} 含量取两次平行试验结果的算术平均值作为试验结果，以 mg/kg 表示，精确至 0.1mg/kg，两次平行试验结果的差值与平均值之比应小于 10%。

若测试结果以试样绝干质量为基准，应注明试样中的挥发物含量（%），精确至 0.1%。

本方法检出限为 3mg/kg。

如果检测到的 Cr^{6+} 含量超过 3mg/kg，应将分析液与 Cr^{6+} 标准溶液的紫外光谱相比较，以判定阳性结果是否由干扰物质引起。

本方法的测试结果与 GB/T 38402 的测定结果应具有类似的趋势，当发生争议时，以 GB/T 38402 的测试结果为准。

9.4　皮革制品中的 SVHC——偶氮染料

9.4.1　偶氮染料简介

染料分子结构中凡含有偶氮基的统称为偶氮染料。偶氮染料包括直接染料、酸性染料、分散染料、活性染料、阳离子染料。一些偶氮染料还原后分解释放出的芳香胺类与人体皮肤接触后成为癌变的诱因。

现在已生产出的偶氮染料有 2000 多种，150 多种被列为禁用偶氮染料。目前国际法规中列出的可检测的对人体有害的被禁偶氮为 20 多种，一般存在于染料中。2002 年 9 月 11 日欧盟已经颁布了全面被禁偶氮染料的法令，之后若在欧洲市场上被查出含有被禁偶氮的相关产品将会遭到退货，甚至遭遇反倾销等后果。偶氮染料是一种合成染料，广泛使用于皮革和纺织品上，偶氮有害途径是通过与皮肤接触而产生一种芳香胺，皮肤吸收了芳香胺后引发癌变，所以这种合成染料应该是禁止使用的。

2013 年 2 月 14 日，欧盟《官方公报》公布了欧洲委员会 126/2013 号条例。规定了偶氮着色剂/偶氮染料新的检测方法标准。新附件 10 中所列的检测方法是为了确定纺织品和皮革制品中，所用偶氮着色剂/偶氮染色剂是否会释放某些芳香胺，且浓度超过 REACH 法规附录 XVII 规定的 30mg/kg（按质量计 0.003%）最大浓度限值。如果这些检测方法结果表明纺织品和皮革中芳香胺最大浓度超标，将禁止在欧盟上市。

国家强制性标准 GB 18401—2010 明确规定，可分解致癌芳香胺染料是禁用的，检出量超过 20mg/kg 的物品为不合格。由于这些染料不能从外观上进行分辨，只能通过技术方法来进行检测。

9.4.2 革制品中禁用偶氮染料测定

9.4.2.1 禁用偶氮染料测定标准

成革中偶氮染料的测定常通过间接方法，使用柠檬酸盐缓冲溶液（pH＝6.0）中，用连二亚硫酸钠还原分解以产生可能存在的禁用芳香胺，再用适当的液-液配柱提取、浓缩后，选择合适的有机溶剂进行定容，用适当的方法进行定量分析，常用的是气相色谱法（GC）和高效液相色谱法（HPLC）。制革标准使用的是 DIN53316。由于皮革和纺织品检测方法新标准替代了先前标准，因此目前只有新标准适用。表 9-4 列出了偶氮染料检测方法。

表 9-4　　2013 年欧洲标准化组织 CEN 皮革制品中偶氮染料新检测标准

标准号	标准标题	被替代标准
EN ISO 17234-1	2010 皮革—染色皮革中某些偶氮着色剂的化学检测—第 1 部分：偶氮着色剂衍生某些芳香胺的测定	CEN ISO/TS 17234:2003
EN ISO 17234-2	2011 皮革—染色皮革中某些偶氮着色剂的化学检测—第 2 部分：4-氨基偶氮苯的测定	CEN ISO/TS 17234:2003
EN 14362-1	2012 纺织品—偶氮着色剂衍生某些芳香胺的测定方法—第 1 部分：通过萃取或不通过萃取纤维检测某些偶氮着色剂的使用	EN 14362-1:2003 EN 14362-2:2003
EN 14362-3	2012 纺织品—偶氮着色剂衍生某些芳香胺的测定方法—第 3 部分：对可释放 4-氨基偶氮苯的某些偶氮着色剂使用的检测	

9.4.2.2 皮革样品偶氮染料测定方法

（1）测试原理

皮革样品中偶氮染料测定按照 GB/T 19942—2019 进行。将脱脂后的试样置于密闭容器中，一定温度下（40℃）在规定 pH 的缓冲液中用连二亚硫酸钠处理，然后通过硅藻土柱的液-液萃取，将还原裂解产生的芳香胺提取到叔丁基甲醚中，浓缩后用适当的溶剂溶解、定容，通过高效液相色谱/二极管阵列检测器（HPLC/DAD）或质谱检测器（HPLC/MS），毛细管气相色谱/质谱检测器（GC/MS），或带有二极管阵列检测器的毛细管电泳（CE/DAD）测定或薄层色谱（TLC，HPTLC）进行对芳香胺进行测定。

芳香胺应通过至少两种色谱分离方法确认，以避免因干扰物质（例如同分异构体的芳香胺）对结果造成的影响。芳香胺的定量通过具有二极管阵列检测器的高效液相色谱（HPLC/DAD）或气相色谱/质谱检测器（GC/MS）来完成。

（2）试剂和材料

除非另有规定，所用试剂均为分析纯，所有的溶液均为水溶液。

水，试验用水应符合 GB/T 6682 中三级水的规定；甲醇，色谱纯；乙酸乙酯，色谱纯；叔丁基甲醚，分析纯（注：分析纯的叔丁基甲醚可能含有的杂质会与还原裂解后的芳香胺产生反成，导致阳性试样未能检出或检出的量偏小，所以建议在使用前对叔丁基甲醚进行蒸馏纯化或者直接使用色谱纯试剂）；连二亚硫酸钠，纯度 ≥87%；200mg/mL 新鲜配制连二亚硫酸钠水溶液，在密闭容器电放置 1h 后立即使用；正己烷；最高纯度芳香胺标准品。

溶剂为乙酸乙酯的芳香胺储备液 400mg/L，用于 TLC 分析；200mg/L 芳香胺储备液，溶剂为甲醇，用于 GC、HPLC 或 CE 分析；pH = 6 的 0.06mol/L 柠檬酸盐缓冲液，预加热至（70±5）℃；芳香胺标准工作溶液，芳香胺的质量浓度为 30μg/mL，根照分析方法从芳香能储备液或中新鲜制备；20%氧化钠甲醇溶液、20g 氢氧化钠溶于 100mL 甲醇中。

（3）仪器和设备

合适的玻璃反应器，耐高温，可密封；恒温水浴或沙浴（海沙，粒度 0，1.0～0.3mm），有控温装置；温度计在 70℃时能精确到 0.5℃；各种规格容量瓶；聚丙烯或玻璃柱提取柱，内径 25～30mm，长 140～150mm，末端装有多孔的颗粒状硅藻土（约 20g，轻击玻璃柱，使装填结实）（注：可直接购买商品柱）。聚乙烯或聚丙烯注射器 2mL；真空旋转蒸发器，有真空控制水浴；移液管 1，2，5，10mL；有控温装置超声波浴；具有标准磨口的 100mL 圆底烧瓶；精确至 0.1mg 的天平；从以下设备中选择色谱设备：

① 具有梯度控制的高效液相色谱仪（HPLC），配有 DAD 或 MS 检测器。

② 气相色谱仪（GC），配有质量选择检测器（MSD）。

③ 毛细管电泳仪（CE），配有 DAD 检测器。

④ 薄层色谱仪（TLC）或高效薄层色谱仪（HPTLC）。

（4）试验步骤

皮革按 QB/T 2706 的规定进行，毛皮按 QB/T 1267 的规定进行。

如果不能从标准部位取样（如直接从鞋革、服装革上取样），应在可利用面积内的任意部位取样，试样应具有代表性，并在试验报告中注明取样过程。

对于印花、多色拼接试样，应尽可能地考虑皮革毛皮的各种颜色并分别测试；若试样由不同品质的皮革、毛皮构成，应对不同品质的材料分别测试：

① 试样的制备。皮革制品按 QB/T 2716 的规定进行。尽可能干净地除去试样表面的胶水、附着物，将试样混匀，装入洁净的试样瓶内待测。

② 脱脂。称取剪碎的试样 1.0g 于 50mL 玻璃反应器中，加入 20mL 正己烷，盖上塞子，置于（40±2）℃的超声波浴中处理 20min，滗掉正己烷（小心不要损失试样）。再用 20mL 正己烷按同样方法处理一次。脱脂后的试样在敞口的容器中放置过夜，使正

己烷完全挥发。

③ 还原裂解。待试样中的正己烷完全挥发后，加入17mL预热至（70±5）℃的柠檬酸盐缓冲液，盖紧塞子，轻轻振荡使试样湿润，在通风柜中将其置于已预热到（70±2）℃的水浴（或沙浴）中加热（25±5）min，反应器内部始终保持70℃。

用注射器加入1.5mL连二亚硫酸钠溶液，保持70℃，加热10min；再加入1.5mL连二亚硫酸钠溶液，继续加热10min，取出。将反应器放入冷水中，2min内冷却至的室温（20~25℃）。

④ 液-液萃取。用玻璃棒将反应器中的纤维物质尽量挤干，将全部裂解液小心转移到硅藻土提取柱中，静置吸收15min，加入5mL叔丁基甲醚和1mL 20%氢氧化钠甲醇溶液于留有试样的反应器里，旋紧盖子，充分振荡后立即将溶液转移到提取柱中。

分别用15，20mL叔丁基甲醚两次冲洗反应器和试样，并将冲洗液全部转移至硅藻土提取柱中，然后再加入40mL叔丁基甲醚到提取柱中，将洗提液收集到100mL圆底烧瓶中。在不高于50℃的真空旋转蒸发器中将洗提液浓缩至近1mL（不要全干），残留的叔丁基甲醚用低流速惰性气体缓慢吹干。

加入2mL甲醇（或乙酸乙酯，TLC方法用）到圆底烧瓶中，快速振荡使残液充分溶解，然后将溶液过滤后转移到色谱分析进样瓶中，该溶液应在24h内用于仪器分析。

如果用一种色谱方法检测到任何芳香胺，则应使用另一种或多种其他可选择方法进行确认，只有当两种方法均呈阳性结果时，结果才为阳性。

⑤ 标准工作溶液。用30μg/mL的芳香胺标准工作溶液进行色谱分析，每批试样应分别进行。

（5）结果表示

通过比较试样溶液中各个芳香胺组分与标准工作溶液的峰面积，计算试样中的芳香胺含量，计算公式见下式：

$$w = \rho_c \times \frac{A_s \times V}{A_c \times m_E} \qquad (9-6)$$

式中　w——试样中的芳香胺含量，mg/kg；

　　　ρ_c——标准工作溶液中芳香胺的质量浓度，μg/mL；

　　　A_s——试样溶液中芳香胺的峰面积；

　　　A_c——标准工作溶液中芳香胺的峰面积；

　　　V——按处理后最终试样定容体积，mL，标准条件下为2mL；

　　　m_E——试样质量，g。

按下列识别阈值分别列出和报告：

① 当每一芳香胺组分含量≤30mg/kg时，试验报告中应注明"在规定试验条件下，试样中未检出标准所列的致癌芳香胺"，说明不能测出能释放出所列致癌芳香胺的禁用

偶氮染料。

② 当有芳香胺组分含量>30mg/kg 时，试验报告中应注明"在规定试验条件下，试样中检出了标准所列的致癌芳香胺"，并写出芳香胺名称，说明该试样在生产和处理过程中使用了禁用偶氮染料。

③ 当 4-氨基联苯和/或 2-萘胺的含量>30mg/kg 时，以现有的科学知识，在没有其他证据的情况下，尚不能断定使用了禁用偶氮染料。

9.5　皮革制品中的 SVHC——全氟辛烷磺酸

9.5.1　全氟辛烷磺酸简介

全氟辛烷磺酸（PFOS），是全氟辛烷磺酰基化合物的统称，因为 PFOS 是目前世界上发现的最难降解的有机污染物之一，具有很高的生物积累能力，2006/122/EC 开始限制 PFOS 的销售和使用。其广泛应用于纺织品、地毯、家具布料、纸张、皮革、碳粉、清洁剂和地毯护理剂、密封剂、地板蜡及油漆。PFOS 会残留在若干物件上，包括电线绝缘体、专用电路板、用于衣服的防水膜（如 Gore-Tex）、外科植入物、牙线和不粘涂层。

9.5.2　全氟辛烷磺酸检测标准

目前针对成革中的 PFOS 研究报道相对较少，常用的检测方法主要应用纺织品中对 PFOS 的检测，包括气相色谱法（GC）、气相色谱质谱联用（GC-MS）和液相色谱-质谱联用（HPLC-MS）。

9.5.3　皮革样品中全氟辛烷磺酸检测方法

（1）原理

皮革样品中的全氟辛烷磺酸检测方法使用 SN/T 2449—2010。样品用甲基叔丁基醚和四丁基硫酸氢铵水溶液超声萃取，将有机相萃取液浓缩、定容后，用液相色谱-质谱/质谱联用仪进行定性、定量分析。

（2）试剂和材料

除非另有说明，所用试剂均为分析纯，试验用水符合 GB/T 6682 的一级水或去离子水。四丁基硫酸氢铵；甲基叔丁基醚；甲醇为色谱纯；乙酸铵（纯度≥98%）；全氟辛烷磺酸标准品的纯度大于等于 98%（CAS：1763-23-1）；四丁基硫酸氢铵水溶液（0.5mol/L）：称取 16.98g 四丁基硫酸氢铵溶于 100mL 水中；全氟辛烷磺酸标准储备液；准确称取适量全氟辛烷磺酸标准品，用甲醇配制成浓度为 10mg/L 的标准储备液；

全氟辛烷磺酸标准溶液：准确移取适量的全氟辛烷磺酸标准储备液，用甲醇稀释，配制成一系列不同浓度的标准溶液；滤膜，0.2μm 有机相。

（3）仪器和设备

高效液相色谱-质谱/质谱联用仪；分析天平：感量 0.1mg；超声波萃取仪；氮吹仪。

（4）试验步骤

将样品剪碎成小于 0.5cm×0.5cm，备用。

准确称取 1~2g 样品（精确至 0.01g）于比色管中，依次加入 5mL 四丁基硫酸氢铵水溶液和 20mL 甲基叔丁基醚。将比色皿放入超声波萃取仪中超声萃取 1h。超声提取后取出比色皿，静置分层后取出上层有机相；再分别用 5mL 甲基叔丁基醚萃取下层水相 2 次，合并有机相。将上述有机相用氮吹仪浓缩至近干后，用甲醇定容至 5~10mL，最后用 0.2μm 尼龙滤膜过滤后待上机测定。

① 液相色谱-质谱/质谱条件

a. 色谱柱：C_{18} 反相柱（4.6mm×150mm，5μm）或相当者；

b. 柱温：30℃；

c. 流动相：甲醇+2mmol/L 乙酸铵水溶液（90+10）等度洗脱；

d. 流速：0.6mL/min；

e. 进样量：10μL；

f. 电离方式：电喷雾离子源（ESI）；

g. 扫描方式：负离子扫描；

h. 采集方式：质谱多反应监测 MRM（m/z 499>80，499>99）；

i. 定性离子对：m/z 499>80 和 499>99；

j. 定量离子对：m/z 499>80。

② API3200 质谱条件其他质谱条件参数如下：

a. 电离电压（IS）：-3000V；

b. 离子源温度（TEM）：550℃；

c. CUR：10；

d. GS1：50；

e. GS2：60；

f. 锥孔电压（DP）：-70V；

g. Q0 电压（EP）：-10V；

h. 碰撞能量（CE）：-50eV。

将配制好的一系列标准溶液和处理好的样品提取液吸取到样品瓶中，按照仪器条件采用自动进样器进行测定，并绘制标准工作曲线。

空白试验除不加样品外，均按上述步骤进行。

（5）结果表示

用数据处理软件中的外标法（或绘制标准工作曲线）得到测定液中待测组分的浓度，按下式计算试样中全氟辛烷磺酸的含量：

$$X = (C - C_0) \times \frac{V}{m} \tag{9-7}$$

式中　　X——样品中待测组分的含量，mg/kg；

　　　　C——测定液中待测组分的浓度，mg/L；

　　　　C_0——空白液中待测组分的浓度，mg/L；

　　　　V——样液最终定容体积，mL；

　　　　m——试样量，g。

本标准的测定低限为 0.025mg/kg，回收率为 95% ~ 105%，相对标准偏差为 0.02% ~ 1.40%。

9.6　皮革制品中的 SVHC——氯苯酚

9.6.1　氯苯酚简介

五氯苯酚（PCP）、四氯苯酚（TeCP）和三氯苯酚（TriCP）是为防止纺织品、皮革和木材因霉菌引起霉斑的常用产品。该类产品可以通过皮肤接触吸收，对肝、肾、肺有损伤，溶入溶剂中毒性更大；吸入后能引起呼吸加快、血压升高、发热、肠蠕动增加、运动神经衰弱、虚脱、痉挛，以致死亡。PCP 具有广谱抗菌、杀菌和杀虫功效，常被作为杀虫剂、消毒剂和防腐剂。氯苯酚是毒性非常强的物质，并且有致癌性。

PCP 是一种防腐剂，是毒性非常强的物质，并且有致癌性。20 世纪 90 年代以前曾被广泛应用。由于残留在皮革内的 PCP 在存放过程中有可能转变为对人体有害的二噁英，因而很多国家禁止使用 PCP。表 9-5 是不同国家或地区对成革样品氯苯酚的限定标准。

表 9-5　　　　　　　　　　不同地区对成革样品氯苯酚的限定标准

国家或地区	法规、指令或标准	限量要求
欧盟	Eco-label 要求	≤0.05mg/kg
	Okeo-Tex100 标准	婴幼儿用品≤0.05mg/kg，其他用品≤0.5mg/kg
	欧盟 2002/231/EC	5mg/kg
	91/173/EEC	1000mg/kg（五氯苯酚及其盐和酯）
德国	"chemikalliengesetz"法令	5mg/kg
英国	英国 WEEE 法规	1000mg/kg（五氯苯酚及其盐和脂）

续表

国家或地区	法规、指令或标准	限量要求
法国	法国 97/014/F 公共通告，到目前为止还未生效	不与皮肤直接接触的 5mg/kg，与皮肤直接接触的为 0.5mg/kg
荷兰	18.02.94 法规	5mg/kg
奥地利	BGBL Nr58/1991 法令	5mg/kg
瑞士	对 PCP 和 TeCP 和其他杀虫剂都禁止使用	10mg/kg
日本	日本皮包标准	婴幼儿用品 ≤0.05mg/kg，其他用品 ≤0.5mg/kg
其他欧盟国家	—	1000mg/kg
美国、加拿大、东欧国家	—	没有规定
中国	—	暂无规定

9.6.2　氯苯酚检测标准

目前，国内外对皮革制品中氯苯酚测定的主要标准是 ISO/FDIS 17070：2006，DIN 53313、GB/T 22808—2008、SN/T 0193.1 等。常用于检测 PCP 的方法原理是用硫酸溶液将样品中的 PCP 的钠盐转化为 PCP，通过正己烷提取后用浓硫酸净化，再以四硼酸钠溶液反提取，加入乙酸酐生成乙酸 PCP 酯，再用适当的检测仪器进行测定。

9.6.3　皮革样品中氯苯酚检测方法

（1）测试原理

皮革样品中含氯苯酚按照 GB/T 22808—2021 测试。将试样通过蒸气蒸馏法进行处理，采用正己烷对试样馏出液进行萃取，同时用乙酸酐对萃取液中的含氯苯酚（CP）进行乙酰化处理，利用带有电子捕获检测器（ECD）或质量选择检测器（MSD）的气相色谱仪（GC）对其进行检测，外标法定量，并通过内标法进行校准。

（2）试剂和材料

除非另有规定，所用试剂均为分析纯；试验用水应为蒸馏水或去离子水，符合 GB/T 6682 中三级水的规定。

含氯苯酚（CP）混合标准溶液，每种含氯苯酚的质量浓度均为 $100\mu g/mL$，溶于丙酮中（注：可选择使用市售含氯苯酚（CP）混合标准溶液）。

四氯邻甲氧基苯酚（TCG，CAS：2539-17-5）标准溶液（内标物），$100\mu g/mL$ 溶于丙酮中，熔点 $118\sim119℃$；硫酸溶液 1mol/L；正己烷；碳酸钾；乙酸酐；$C_4H_5O_3$；无水硫酸钠；三乙胺；丙酮。

（3）仪器设备

气相色谱仪（GC）；精度为 0.0001g 分析天平；蒸汽蒸馏装置；振荡器振荡频率≥

200r/min；容量瓶 50，500mL；锥形瓶 100，500mL；分液漏斗 250mL；或能够分离有机相和水相合适的容器，并且在剧烈振荡下密封良好；巴斯德吸管、刻度移液管或合适的自动移液器；直径 125mm 带有滤纸的过滤器。

（4）试验步骤

皮革取样按 GB/T 39364 的规定进行；皮革制样按 QB/T 2716 的规定进行。

准确称取 1.0g 试样（精确至 0.0001g）置于蒸汽蒸馏装置中，加入 20mL 硫酸溶液和 100μL TCG 标准溶液，对其进行蒸汽蒸馏。用装有 5g K_2CO_3 的 500mL 锥形瓶作为接收器收集馏出液。待蒸馏约 450mL 馏出液时，将其转移至 500mL 容量瓶中，用去离子水洗涤锥形瓶，洗涤液并入 500mL 容量瓶，并用去离子水定容。若蒸馏时溶液过度沸腾，宜降低蒸馏温度。

移取 100mL 馏出液于 250mL 分液漏斗中，加入 20mL 正己烷、0.5mL 三乙胺和 1.5mL 乙酸酐。将分液漏斗置于振荡器上振荡反应 30min，振荡频率≥200r/min（该操作应在通风良好处或通风橱中进行）。待两相分离后，将有机相转移至 10mL 维形瓶中，并在水相中加入 20mL 正己烷，将其置于振荡器中进行二次萃取（30min）。合并有机层，并将其在 100mL 锥形瓶中用无水硫酸钠静配脱水约 10min（注：乙酰化步骤两相反应，与振荡的强度密切相关，使用振荡频率高（≥200r/min）的机械振荡器有利于反应的进行，手摇反应容易导致错误的结果）。分液漏斗用振荡器振荡前对其进行压力补偿放气操作。

用带有滤纸的过滤器将有机层全部过滤至 50mL 容量瓶中，并用正己烷洗涤滤渣，洗涤液排入 50mL 容量瓶中。用正己烷定容至刻度（60mL）。通过气相色谱仪对溶液进行分析。

用于回收率试验的 CP 和 TCG 标准溶液的衍生化过程如下：移取 100μL 的 CP 标准溶液和 100μL 的 TCG 标准溶液，置于蒸汽蒸馏装置中，并加入 20mL 硫酸溶液。用与处理试样相同的方法处理 CP/TCG 标准混合溶液，回收率应高于 90%；移取 20μL 的 CP 标准溶液和 20μL 的 TCG 标准溶液，加入至 30mL 浓度为 0.1mol/L 的 K_2CO_3 溶液中，将其置于分液漏斗中进行萃取和乙酰化，最后将有机层转移到 50mL 容量瓶中，用正己烷定容至刻度。GC 分析时，每种含氯苯酚的质量浓度为 0.04μg/mL。

该标准溶液包含在计算公式中（注：该浓度适用于 GP 浓度为 5mg/kg 或含量更高的试样，对于 CP 含量较低的试样，可按比例减少外标溶液的浓度）。

（5）结果表示

将试样溶液的峰面积与同时进样的标准溶液的峰面积进行比较，通过下式计算试样中 CP 的含量，结果精确至 0.1mg/kg：

$$W_{cp} = \frac{A_{cps} \times p \times A_{TCGSt} \times V \times \beta}{A_{CPSt} \times A_{TCGSt} \times m} \tag{9-8}$$

式中　W_{cp}——试样中的 CP 含量，mg/kg；

　　　A_{cps}——试样溶液的峰面积；

　　　　p——标准溶液中含氯苯酚的质量浓度，μg/mL；

　　A_{TCGSt}——标准溶液中内标物（TCG）的峰面积；

　　　　V——试样溶液的最终定容体积，mL；

　　　　$β$——稀释倍数；

　　　A_{cpst}——CP 标准溶液的峰面积；

　　A_{TCGS}——试样溶液中内标物（TCG）的峰面积；

　　　　m——试样质量，g。

试样中的 CP 含量（以绝于质量计）按下式进行计算：

$$W_{CP(dry)} = W_{cp} \times D \qquad (9-9)$$

式中　$W_{CP(dry)}$——试样中的 CP 含量（以绝干质量计），mg/kg；

　　　W_{CP}——试样中的 CP 含量，mg/kg；

　　　　D——计算试样中 CP 浓度（以绝干质量计）的换算系数为 $D = 100/(100-δ)$，其中 δ 按 QB/T 2717 或 QB/T 1273 测定的挥发物含量，%。

9.7　皮革制品中的 SVHC——富马酸二甲酯

9.7.1　富马酸二甲酯简介

富马酸二甲酯（DMF）通常被用作防腐防霉剂产品用于皮革、鞋类、纺织品等的生产、储备、运输中。自 2008 年 10 月起，欧盟陆续报道了多起因消费者接触了含有 DMF 的皮革制品而产生皮肤过敏、急性湿疹及灼伤的案例，使其受到广泛关注。

9.7.2　富马酸二甲酯检测标准

目前，国内对皮革中 DMF 测定的主要标准有 GB/T 26713—2011、GB/T 26702—2011、SN/T 2446—2010 等，主要原理是用超声波萃取或索氏抽提的方法在皮革试样中提取出富马酸二甲酯，再用更适当的设备进行测定。

9.7.3　皮革样品中富马酸二甲酯检测方法

（1）原理

皮革样品中富马酸二甲酯测定方法按照 GB/T 26713—2011 进行。在超声波作用下，用乙酸乙酯萃取出试样中的富马酸二甲酯，萃取液净化后，用气相色谱-质谱（GC/MS）检测，外标法定量。

（2）试剂和材料

乙酸乙酯，色谱纯，或使用经分子筛脱水分析纯试剂；6mL 中性氧化铝小柱，1g 填料；无水硫酸钠使用前在 400℃ 下处理 4h，在干燥器中冷却、备用；富马酸二甲酯（CAS 号：624-49-7）标准品，纯度≥99%。

标准溶液的配制：称取富马酸二甲酯标准品约 0.02g（精确至 0.0001g）于具塞容量瓶中，用乙酸乙酯溶解并定容至刻度，摇匀，作为标准储备溶液。用乙酸乙酯逐级稀释标准储备溶液，配制成浓度分别为 0.1、0.2、0.5、1.0、2.0、5.0μg/mL 的标准工作溶液，于 0~4℃ 冰箱中保存备用。

（3）仪器和设备

分析天平，感量 0.0001g；100mL 具塞锥形瓶；超声波提取器；150mL 梨形烧瓶，或氮吹仪管；旋转蒸发仪或氮吹仪；25mL 容量瓶；5mL 容量瓶；0.45μm 有机滤膜；气相色谱/质谱联用仪（GC/MS）。

皮革取样按 QB/T 2706 的规定进行；如果不能从标准部位取样（如鞋革、服装革），应在可利用面积内的任意部位取样，样品应具有代表性，并在试验报告中详细记录取样情况。

皮革制样按 QB/T 2716 的规定进行。

（4）试验步骤

① 萃取。用分析天平称取约 5g（精确至 0.0001g）的试样，将试样置于具塞锥形瓶中，加入 40mL 乙酸乙酯，在超声波提取器中萃取 15min（频率 45kHz，控制体系温度 35℃ 以下）后，将具塞锥形瓶中的萃取液经滤纸过滤到梨形烧瓶（或氮吹仪管）中；再加入 15mL 乙酸乙酯于具塞锥形瓶中，摇动 1min，使试样与乙酸乙酯充分混合，并将滤液过滤到梨形烧瓶（或氮吹仪管）中；最后加入 10mL 乙酸乙酯于锥形瓶中，重复上述操作，合并滤液。

② 浓缩。可选用下述两种方法之一浓缩萃取液。

a. 旋转蒸发浓缩：在 45℃ 下，用旋转蒸发仪将梨形烧瓶中的萃取液浓缩至约 1mL（注：操作中注意不能暴沸或蒸干）。

b. 氮吹仪浓缩：在 50℃ 下，用氮吹仪将氮吹仪管中的萃取液浓缩至约 1mL。

③ 净化。试验前，往中性氧化铝小柱上添加约 0.5cm 厚的无水硫酸钠，再用约 5mL 的乙酸乙酯将中性氧化铝小柱润湿，待用。

④ 用吸管将浓缩后的萃取液注入中性氧化铝小柱内，流出液收集到 5mL 容量瓶中；用少量乙酸乙酯多次洗涤梨形烧瓶（或氮吹仪管），洗涤液依次注入中性氧化铝小柱内，流出液合并收集于该容量瓶中，并用乙酸乙酯定容到刻度，摇匀后用聚酰胺滤膜过滤制成试液（若容量瓶中的溶液浑浊，用离心方法分离后再取上层清液过滤），用气相色谱/质谱联用仪（GC/MS）测试。

⑤ 气相色谱/质谱联用仪（GC/MS）测定。工作参数：由于测试结果取决于所使用的仪器，因此不可能给出气相色谱/质谱为析的通用参数。设定的参数应保证色谱测定时被测组分与其他组分能够得到有效的分离，下列给出的参数证明是可行的。

　　a. 色谱柱：DB-5MS 柱，30m×0.25mm×0.25μm，或相当者；

　　b. 进样口温度：250℃；

　　c. 色谱-质谱接口温度：280℃；

　　d. 进样方式：不分流进样，1min 后开阀；

　　e. 载气：氮气，纯度≥99.999%；控制方式：恒流，流速 1.0mL/min；

　　f. 色谱柱温度：初温 60℃，以 5℃/min 升至 100℃，再以 25℃/min 升至 280℃，保持 10min；

　　g. 进样量：1μL；

　　h. 电离方式：EI；

　　i. 电离能量：70cV；

　　j. 扫描方式：选择离子扫描（SIM）或全扫描（Scan）；

　　k. 四极杆温度：150℃；

　　l. 离子源温度：230℃；

　　m. 溶剂延迟时间：3min。

气相色谱/质谱分析及阳性结果确证：根据试液中富与酸二甲酶的含量情况，选取 3 种或以上浓度相近的标准工作溶液，标准工作溶液和试液中富马酸二甲酯的响应值均应在仪器的线性范围内。在上述气相色谱-质谱条件下，富马酸二甲酯的保留时间约为 6.5min。

如果试液与标准工作溶液的总离子流色谱图中，在相同保留时间有色谱峰出现，则根据富马酸二甲酯的特征离子碎片及其丰度比对其进行确证。

定性离子（m/z）：113，85，59（其丰度比为 100：60：30）；

定量离子（m/z）：113。

⑥ 空白试验。除不加试样外，按上述测定步骤进行。

（5）结果表示

按下式计算富马酸二甲酯的含量：

$$x = \frac{(C_2 - C_0)V}{m} \qquad (9-10)$$

式中　x——试样中富马酸二甲酯含量，mg/kg；

　　　C_2——由标准工作曲线所得的试液中富马酸二甲酯的含量，mg/L；

　　　C_0——由标准工作曲线所得的空白试液中富马酸二甲酯的含量，mg/L；

　　　V——试液的定容体积，mL；

　　　m——试样质量，g。

在阴性样品中添加适量标准溶液，然后按分析步骤进行分析，富马酸二甲酯的回收率应为 80%～120%。

该方法的检出低限为 0.1mg/kg。

样品中富马酸二甲酯含量以 mg/kg 表示，以两次平行试验结果的算术平均值作为结果，精确至 0.1mg/kg。

9.8 皮革制品中的 SVHC——邻苯二甲酸酯

9.8.1 邻苯二甲酸酯简介

邻苯二甲酸酯（PAEs）常常用于聚氯乙烯、聚醋酸乙烯酯、橡胶、纤维素塑料和聚氨酯的增塑剂，最终产品应用包括 PVC 地板和墙饰材料、皮革涂饰剂、PVC 泡沫膜、密封胶和聚氨酯或聚硫化物的粘合剂等。PAEs 类物质可经由食物、空气吸入等途径进入人体，干扰生物体内分泌，阻害生物体生殖机能，引发恶性肿瘤，容易造成畸形儿。

9.8.2 邻苯二甲酸酯检测标准

目前，国际上对皮革制品中 PAEs 测定的主要标准是 EN 15777、ST 2002：2009、ASTM D3421、GB/T 22931—2008、GB/T 32440—2015/ISO/TS 16181：2011 等。其中常用的检测方法原理是利用三氯甲烷超声波萃取皮革试样中 PAEs，萃取液经氧化铝层析柱净化、定容后用 GC-MS 联用测定。实际上 PAEs 存在广泛，待测样品的基质复杂多样，因此样品提取较为困难。近些年来，开发了其他一些新的前处理技术，如微波辅助提取和加速溶剂提取等。

9.8.3 邻苯二甲酸酯检测方法

（1）原理

成革样品中 PAEs 的测定方法按照 GB/T 32440—2015/ISO/TS 16181：2011 进行。本标准中用正己烷/丙酮做萃取溶剂。可萃取的邻苯二甲酸酯总含量以质量计，用气质联用仪进行定性定量检测。

（2）仪器和试剂

仪器：天平（精确度 0.1mg）；50mL 烧瓶；冷凝器；防火加热罩/水浴锅；超声波水浴；微波萃取器；蒸汽浴或旋转蒸发仪；容量瓶。为了减少交叉污染，应避免样品与所用玻璃仪器和设备直接接触。玻璃仪器洗净后应用 0.1mol/L 的硝酸溶液漂洗，最后用丙酮、丙酮/甲醇和/或环己烷清洗。在 110℃ 干燥 1h（注：有机溶剂易燃，尤其是高温时，玻璃容器使用前应先冷却）；气质联用仪（GC-MS）。

试剂：除非特别规定，所用试剂均为分析纯；水为蒸馏水或纯度相当的水；正己烷（CAS 号：110-54-3）；内酮（CAS 号：67-64-1）；正己烷/丙酮混合物，体积比 80/20；邻苯二甲酸二环已酯（DCHP，CAS 号：84-61-7）为内标物；邻苯二甲酸二异壬酯（DINP，CAS 号：28553-12-0 或 68515-48-0）；邻苯二甲酸二-（2-乙基已基）酯（DEHP，CAS 号：117-81-7）；邻苯二甲酸二-辛酯（DNOP，CAS 号：117-84-0）；邻苯二甲酸二异癸酯（DIDP，CAS 号：26761-40-0 或 68515-49-1）；邻苯二甲酸丁苄酯（BBP，CAS 号：85-68-7）；邻苯二甲酸二丁酯（DBP，CAS 号：84-74-2）；邻苯二甲酸二异丁酯（DIBP，CAS 号：84-69-5）。

（3）试验步骤

① 制样。试样从鞋上的单一材料中制取，如皮革、纺织品、涂层材料或其他材料，并制成直径更小的试样（注：将试样研磨处理更好）。

② 溶液制备。用正已烷溶剂制备浓度为 500μ/mL 的内标物溶液。

用正已烷作滚剂分别制备各种邻苯二甲酸酯的标准储备液，见表9-6。

表 9-6　　　　　　　　　　　　　　　　标准储备液

邻苯二甲酸酯	DIDP	DINP	DBP	BBP	DNOP	DEHP	DIBP
浓度/（μg/mL）	1000	1000	200	200	200	200	200

用标准储备液制备相应的邻苯二甲酸酯工作溶液。

用至少 5 个相应浓度的校准溶液得到标准曲线，加入相应的内标物进行 GC-MS 分析。

③ 萃取。制备适量的内标物溶液。对于每个批次的试验都要制备空白样。用一个不加试样的 50mL 烧瓶完成整个试样制备过程得到空白样超声萃取。

a. 超声萃取：准确称量（2.0±0.1）g 样品放入配有特氟龙塞子的 50mL 烧瓶中。加入 40mL 正己烷/丙酮混合物浸湿样品。

在 50℃ 超声波水浴中萃取样品 1h，把萃取液过滤或离心后转移到 50mL 容量瓶中。加入正己烷至刻度。

取一定量的试样溶液放入 GC 样品瓶中，并加入适量内标物进行 GC-MS 分析。如果需要，取原溶液稀释后加内标物再重复分析过程。

b. 微波萃取：准确称量（2.0±0.1）g 样品放入配有特氟龙塞子的容器，加足够量的正己烷/丙酮混合物彻底润湿试样。

用微波萃取器萃取邻苯二甲酸酯，下列参数可作为优化萃取的参考条件：

——功率：600W

——时间：15min；

——温度：100℃；

——压力：1MPa。

把萃取液转移到 50mL 容量瓶中，用正己烷定容。

取一定量的试样溶液放入 GC 样品瓶中，并加入适量内标物进行 GC-MS 分析。如果需要，取原试样溶液稀释后加内标物再重复分析过程。

（4）结果表示

以标准曲线判定每种邻苯二甲酸酯的含量 P，以百分数表示，以内标物的峰面积对其进行校正，任何邻苯二甲酸酯稀释液浓度以 μg/mL 表示，根据下式扣除空白样浓度：

$$P = \frac{V \times (C_a - C_b)}{m \times 10000} \tag{9-11}$$

式中　V——容量瓶体积，mL；

　　　C_b——每个邻苯二甲酸酯的空白样浓度，μg/mm；

　　　m——样品修正质量，g；

　　　C_a——稀释校正后试样的每个邻苯二甲酸酯浓度，μg/mm。

9.9　皮革制品中的 SVHC——有机锡化合物

9.9.1　有机锡化合物简介

在纺织工业中，三丁基锡（TBT）用于防止汗液中微生物的分解使鞋袜、运动服因此散发出难闻气味。有些有机锡还可用于 PVC 和 PU 的生产。高浓度的有机锡化合物被认为是有毒的，这些物质能透过皮肤被人体吸收，并可能造成生殖系统紊乱。

9.9.2　有机锡化合物检测标准

有机锡主要包括二丁基锡（DBT）、三丁基锡（TBT）、磷酸三环己锡（TCyHT）、三辛基锡（TPT）等，有机锡主要作为杀菌防霉剂和塑料稳定剂用在纺织品、木材、皮革等材料中。欧盟公布 89/677/EEC、1999/51/EC 指令，规定不能在市场上销售用作其自由交联防污涂料中的生物杀灭剂及其制剂成分。目前我国皮革行业暂无相关方面的规定。

目前我国主要通过 GB/T 17593.1-4《纺织品重金属的测定》和 GB/T 22932—2008《皮革和毛皮　化学试验　有机锡化合物的测定》分别测试纺织品中可萃取的重金属和有机锡化合物含量。已报道的检测方法中适用于革制品中有机锡的检测方法主要是用乙酸钠缓冲溶液和甲醇作为提取剂，用 GC、GC-MS 或 HPLC-MS/MS 等进行定量检测。

9.9.3 有机锡化合物检测方法

（1）原理

成革样品中有机锡化合物的检测方法按照 GB/T 32447—2015/ISO/TS 16179：2012 进行。本标准在中等强度酸性条件下，以环庚三烯酚酮作配位剂用甲醇-乙醇萃取革样中的有机锡。

在极性、高沸点的条件下，有机锡与四乙基硼酸钠 [NaB(Et)$_4$] 反应转化成相应的易挥发的四烷基衍生物。最后用气质联用仪（GC-MS）检测。

表 9-7 中给出了本标准方法可以分析检测的目标化合物清单。

表 9-7　　　　　　　可用本标准方法分析的目标化合物

化合物类型	化合物	CAS[1]
单取代物	丁基三氯化锡	118-46-3
	辛基三氯化锡	3091-25-6
二取代物	二丁基二氯化锡	683-18-1
	二辛基二氯化锡	3542-36-7
三取代物	三丁基氯化锡	1461-22-9
	三苯基氯化锡(或三苯锡氯)	639-58-7
	三环已基氯化锡	3091-32-5
四取代物	四丁基锡	1461-25-2

注：（1）化学文摘索引。

（2）仪器设备和材料

① 材料。除非特别说明，所用试剂均为分析纯。

水为符合 ISO 3696 规定的三级水；乙醇，色谱纯（CAS 号：64-17-5）；冰醋酸（CAS 号：64-19-7）；四乙基硼酸钠（CAS 号：15523-24-7）；加稳定剂的四氢呋喃（THF，CAS 号：109-99-9）；庚基三氯化锡（CAS 号：59344-47-7（内标物））；二庚基二氯化锡（CAS 号：74340-12-8（内标物））；三丙基氯化锡（CAS 号：2279-76-7（内标物））；四丙基锡（CAS 号：2176-98-9（内标物））；异辛烷（CAS 号：540-84-1）；惰性气体（氮气、氦气或氩气）；实验室级环庚三烯酚酮（CAS 号：538-75-5）；甲醇（CAS 号：67-561）；醋酸钠（CAS 号：127-09-3）；有机锡化合物，见表 9-7。

② 设备。气质联用仪（GC-MS）；分析天平，精重 0.1mg；手套箱，使操作完全在封闭、独立可控的环境下进行，且侧面或前面在开口并可以密封如用胶带密封；

50mL 聚丙烯样品管，具螺口塞；10~500μL 微量移液枪，一次性枪头；1~10mL 移液管；标准 pH 计，带玻璃复合电极，范围 0~14；10，25 和 100mL 容量瓶；温度可调的超声波水浴；一次性玻璃巴氏吸管；玻璃烧杯；离心机；最小频率 50min⁻¹ 为机械振荡器。

（3）试验步骤

① 试样制备。试样取自皮革材料，并制备成直径（边长）4mm 或更小的颗粒状试样。

② 安全措施。四乙基硼酸钠对空气敏感，会在空气中自燃，所以其溶液应在惰性气体中制备。应该用提供的方法在通风橱中制备，以减少火灾的发生。有机锡有毒并且干扰内分泌系统。因此应特别小心（注：所有低温贮存的试剂应先取出放置至室温后再使用）。

③ 四乙基硼酸钠溶液的制备。材料制备应在惰性气体环境中进行。

把天平放在惰性气体中，电源线从旁边的小开口穿过，用胶带封住电源线周围的开口。

把下列物品也放到惰性环境中：

——小烧杯；

——装有四乙基硼酸钠的密封瓶；

——大刮勺，小刮勺和装四氢呋喃的小烧杯；

——次性吸管。

将惰性气体连接到手套箱并充气以形成惰性氛围，充气几分钟从前部出口驱除空气和惰性气体的混合气体，确保较低的氧残留量以避免引发燃烧。惰性气体氛围的前部出口，关闭惰性气瓶。

佩戴手套箱边上的手套，称量 2.0g 四乙基硼酸钠放入烧杯中，然后加足量四氢呋喃（少于 10mL）将其溶解；再密封好四乙基硼酸钠试剂瓶；打开袋子的前口，拿出所有物品，放在通风橱中，稍后清洗；把四乙基硼酸钠溶液从烧杯中转移进 10mL 容量瓶中，用四氢呋喃定容，不用时将试剂保存在冰箱中以减少溶剂挥发，贮存时间不超过 3个月（注：定重四乙基硼酸盐或其溶液市场有售）。标准溶液制备：市场上的有机锡化合物都是氯化物，但标准曲线和结果表达都是以有机锡阳离子表示，单位 mg/kg。

④ 示例 1。二丁基二氯化锡（Bu_2SnCl_2）即是氯化物，其阳离子是 Bu_2Sn^{2+}。

表 9-8 中给出了所需氯化有机锡用量和阳离子计算的权重因子（100% 氯化物的形式）。

⑤ 示例 2。如果称取 160.5mg 丁基三氯化锡（$BuSnCl_2$）能配制成 1605mg/L 丁基三氯化锡溶液，相应的丁基锡阳离子（$BuSn^{2+}$）浓度为 1605×0.623 = 1000mg/L。

表 9-8　　　用于计算有机锡阳离子所需的氯化有机锡用量和权重因子

化合物	权重因子	1000mg/L 有机锡阳离子溶液(于 100mL 烧瓶中)所需氯化有机锡的用量/mg
	目标化合物	
丁基三氯化锡	0.623	160.5
辛基三氯化锡	0.686	145.8
二丁基二氯化锡	0.767	130.4
二辛基二氯化锡	0.830	120.5
三丁基氯化锡	0.891	112.2
三苯基氯化锡(或三苯锡氯)	0.908	110.1
三环已基氯化锡	0.912	109.6
四丁基锡	1000	100.0
庚基三氯化锡	0.672	148.8
二庚基二氯化锡	0.817	122.4
三庚基氯化锡	0.875	114.3
四丙基锡	1.000	100.0

⑥ 示例 3。如果称取 110.4mg 二辛基二氯化锡 $[(C_2H_{17})_2SnCl_2]$ 能配制成 1104mg/L 二辛基二氯化锡溶液，相应的二辛基锡阳离子 $[(C_2H_{17})_2Sn^{2+}]$ 浓度为 1104×0.830＝916mg/L。通过下式计算有机锡阳离子浓度：

$$C_g = C_{Cl} \times WF \tag{9-12}$$

式中　C_g——机锡阳离子浓度，mg/L；

　　　C_{Cl}——氯化有机锡浓度，mg/L；

　　　WF——权重因子。

a. 内标物储备溶液（有机锡阳离子浓度 1000mg/L）：用分析天平称取适量三丙基氯化锡、庚基三氯化锡、二庚基二氯化锡、四丙基锡。加到一个 100mL 的容量瓶中用甲醇溶解，得到溶液，每种物质的有机锡阳离子浓度均为 1000mg/L（标准溶液放到冰箱中储存以减少溶剂的挥发，储存期不超过一年）。

b. 内标物-工作溶液（有机锡阳商子浓度 10mg/L）：用移液管移取 1.0mL 内标物储备溶液加到 100mL 容量瓶中。用甲醇稀释定容，得到浓度为 10mg/L 的 4 种内标物-工作溶液。

c. 目标化合物-储备溶液（有机锡阳离子浓度 1000mg/L）：用分析天平适量称取每种目标化合物，加到一个 100mL 的容量瓶中，用甲醇溶解，得到溶液，每种物质的有机锡阳离子浓度为 1000mg/L。标准溶液放到冰箱中储存以减少溶剂的挥发，储存期不超过一年。

d. 目标化合物-工作溶液（有机锡阳离子浓度 10mg/L）：用移液管移取 1.0mL 目

标化合物-储备溶液加到 100mL 容量瓶中，用甲醇稀释定容。得到浓度为 10mg/L 的目标化合物-工作溶液（注：市场上出售的相关化合物溶液可用于制备相应的内标物-工作溶液和目标化合物-工作溶液）。用适当的溶剂和稀释因素得到 10mg/L 有机锡阳离子工作溶液。

e. 环庚三烯酚酮溶液的制备：用玻璃烧杯在分析天平上称取 0.500g 环庚三烯酚酮，用约 20mL 甲醇溶解后转移到 100mL 容量瓶中稀释至刻度（在 4℃条件下储存，储存期约一个月）。

f. 缓冲溶液制备：制备浓度为 0.2mol/L 乙酸钠溶液。例如，称取 16.4g 醋酸钠，加到 1L 水中，用冰醋酸调节 pH 到 4.5。

g. 校准：作为指导，可选择以下浓度 100，200，300，400 和 500μg/L 的标准溶液。用微量移液取 20，40，60，80，100μL 目标化合物-工作溶液，分别加入装有 20mL 甲醇/乙醇混合溶剂（体积比 80/20）的容器中。加入 100μL 内标物（ISTD），加入 8mL，pH 为 4.5 的缓冲溶液。用移液管取 1mL 环庚三烯酚酮溶液加入；加入 100μL 四乙基硼酸钠溶液并剧烈振荡 30min；用移液管取 2mL 异辛烷加入容器中，并剧烈振荡 30min；待分层后取异辛烷和进行气相色谱分析。

h. 样品制备：取 50mL 样品管在分析天平上称取（1.0±0.1）g 试样，记录质量 m_1，精确至 0.1mg。加入 20mL 甲醇/乙醇混合物（体积比 80/20），加入 100μL 内标物（ISTD）。用移液管加入 1mL 环庚三烯酚酮溶液，在 60℃、超声波水浴中萃取 1h。如果需要，在相对离心力 4000g 条件下离心 5min，将上清液转移到另一个容器中；加入 pH4.5 的缓冲溶液 8mL。加入 100μL 四乙基硼酸钠溶液，用机械振荡器剧烈振荡 30min；用移液管取 2mL 异辛烷加到容器中，用机械振荡器振荡 30min（注：为了分离的更好，可以采用离心过滤，相对离心力 4000g）。

⑦ 取异辛烷相做气相色谱分析。与制备试样同样的步骤制备空白样。

a. 气质联用仪：所有样品、空白样和标准溶液应做重复检测。

b. 鉴别：通过比较试样和标准液保留时间确定目标化合物。试样的保留时间应在校准物的（T，±1)%范围内。

3 个特征离子（一个定量，另外两个定性）和标准谱库用于目标化合物的检测。采用质谱仪以 SIM/SCAN 同步模式或以 SIM 模式接 SCAN 对阳性结果确定。目标化合物须由同样取代度的内标物来进行定量。

（4）结果表示

计算标准物、内标物和样品中每种有机锡的总峰面积。利用有机锡标准物数据，通过下式计算不同浓度的每种锡化合物的 DRF（检测器响应系数）。

$$DRF = \frac{CS_{Sn} \times AR_{in}}{AS_{Sn} \times CR_{in}} \tag{9-13}$$

式中　CS_{Sn}——标准物中有机锡阳离子浓度，$\mu g/L$；

　　　AR_{in}——内标物峰面积；

　　　AS_{Sn}——标准物中有机锡阳离子的峰面积；

　　　CR——内标物浓度，$500\mu g/L$。

通过下式计算每种有机锡化合物在不同浓度水平得到的 DRF 平均值。

$$DRF_a = \frac{1}{n} \sum_{i=1}^{n} | DRF_i \tag{9-14}$$

理论上每种锡化合物的 DRF 值应该是相同的，但试验时会有轻微差异。

通过下式，以 DRF 的平均值 DRF。计算试样中有机锡的浓度：

$$C_{Sn} = \frac{A_{Sn} \times DRF_a \times C_{in}}{A_{in}} \tag{9-15}$$

式中　C_{Sn}——试样中有机锡阳离子的浓度，$\mu g/L$；

　　　A_{Sn}——有机锡的峰面积；

　　　C_{in}——相应内标物浓度，$500\mu g/L$；

　　　A_{in}——相应内标物的峰面积。

通过下式把 C_{Sn} 的单位由 $\mu g/L$ 转为 $\mu g/kg$：

$$M_{Sn} = \frac{C_{Sn} \times V}{m_i} \tag{9-16}$$

式中　M_{Sn}——有机锡的含量，$\mu g/kg$；

　　　C_{Sn}——试样申有机锡阳离子的浓度，$\mu g/L$；

　　　V——中取出的异辛烷相的体积（2mL）；

　　　m_i——中称取的试样质量，g。

该测定方法检出限是 $50\mu g/kg$，定量限为 $200\mu g/kg$。

9.10　皮革制品中的 SVHC——烷基酚及其聚氧乙烯醚

9.10.1　烷基酚及其聚氧乙烯醚简介

烷基酚（AP）和烷基酚聚氧乙烯醚（APEO）通常用作纺织品加工过程中的润湿剂。欧盟 REACH 法规（EC）的 No 1907/2006 限制壬基酚（NP）和壬基酚聚氧乙烯醚（NPEO）的排放。很多年来，NPEO 一直用作清洁剂、乳化剂、润湿剂和分散剂；NP 则用作合成 NPEO 的介质。NPEO 和 NP 对水生动物具有很强的毒性，被视为水污染物质。它们可以破坏水生动物荷尔蒙调节系统，造成雌化效应。在其他普遍受到关注的烷基酚和烷基酚聚氧乙烯醚中，还有辛基酚（OP）和辛基酚聚氧乙烯醚（OPEO）。

9.10.2　烷基酚及其聚氧乙烯醚检测标准

目前用于纺织品中烷基酚聚氧乙烯醚检测方法主要有 GC-MS、高效液相—二极管阵列检测器法（HPLC-DAD）、高效液相—荧光检测器法（HPLC-FLD）、高效液相—核磁共振法（HPLC-NMR）、HPLC-MS 等。皮革样品的检测常用的是 HPLC-MS。

9.10.3　烷基酚及其聚氧乙烯醚检测方法

（1）原理

成革中烷基酚及其聚氧乙烯醚检测方法按 GB/T 33285—2016 方法进行。以乙腈作为溶剂，采用超声波萃取法对样品中的目标物进行萃取，萃取液中的壬基酚采用正己烷萃取分离后，利用气相色谱-质谱联用仪（GC-MS）进行检测；萃取液中的壬基酚聚氧乙烯醚先经过化学处理转化为壬基酚，然后通过气相色谱-质谱联用仪（GC-MS）对分离出的壬基酚进行检测，并以其峰面积作为壬基酚聚氧乙烯醚含量的计算依据。

（2）试剂和材料

除非另有规定，在分析中仅使用确认为分析纯的试剂和符合 GB/T 6682—2008《分析实验室用水规格和试验方法》规定的三级水。乙腈，色谱纯；正己烷；二硫化碳，色谱纯；无水硫酸钠，分析纯，使用前，在 800℃ 下处理 6h 以上；壬基酚标准品，纯度≥98%，见表 9-9。

表 9-9　　　　　　　　壬基酚及壬基酚聚氧乙烯醚标准品的中英文名称

序号	标准品名称		英文商品名	化学文摘号
	中文	英文		（CAS No.）
1	壬基酚	nonylphenol	4-nonylphenol(technicalmixture)	84852-15-3
2	壬基酚聚氧乙烯醚	nonylphenol ethoxylates	Imbentin-N/63[1]	9016-45-9

注：(1) Imbentin-N/63 中平均环氧乙烷单元数 $m \approx 9$。

① 三碘化铝溶液。快速称取适量的三碘化铝（纯度≥98%），用二硫化碳配制成浓度为 0.1g/mL 的溶液，即用即配；硫代硫酸钠溶液，饱和水溶液。

② 壬基酚标准储备液及工作液。准确称取适量的壬基酚标准品，用正己烷配制成浓度为 1mg/mL 的标准储备液，然后根据需要，用正己烷稀释至浓度 1～10mg/L 的工作液。

③ 壬基酚聚氧乙烯醚标准储备液及工作液。准确称取适量的壬基酚聚氧乙烯醚标准品，用乙腈配制成浓度为 1mg/mL 的标准储备液，然后根据需要用乙腈稀释至浓度 2～30mg/L 的工作液（注：标准储备液在 0～4℃ 冰箱中保存有效期为 12 个月，标准工作溶液在 0～4℃ 冰箱中保存有效期为 1 个月）。

（3）仪器和设备

分析天平，分度值为 0.1mg；具塞锥形瓶，100mL；超声波发生器，频率为 40kHz；

油浴锅或其他适当的加热器，精度+1℃；2、10、50mL 的单标移液管或刻度移液管；50mL 磨口平底烧瓶；150mL 分液漏斗；玻璃纤维过滤器，GF8 或玻璃过滤器 G3，直径 70~100mm；真空旋转蒸发器；聚酰胺过滤膜，0.45μm；气相色谱仪（GC），配有质量选择器（MS）。

（4）试验步骤

① 取样。按 QB/T 2706 的规定进行；如果不能从标准部位取样（如鞋革、服装革），应在可利用面积内的任意部位取样，样品应具有代表性，并在试验报告中详细记录取样情况。

② 试样的制备。皮革按 QB/T 2716 的规定进行制备。

③ 萃取过程。用分析天平准确称取 2.5g 剪碎后的试样（精确至 0.1mg），与 5g 的无水硫酸钠混合后，装入锥形瓶中，然后准确加入 50mL 乙腈，加塞后置于超声波发生器中，连续处理 60min；取出锥形瓶，冷却至室温；萃取液通过玻璃纤维过滤器过滤后，收集滤液（注：超声波连续处理过程中，浴液温度会逐渐从室温升高至 50℃以上，但该过程无需采地降温播施）。

④ 壬基酚的测定。准确移取 10mL 试样滤液于分液漏斗中，加入 20mL 蒸馏水，然后分两次用 20mL 正已烷进行萃取，合并分离出的正已烷萃取液，经无水硫酸钠脱水后、旋转蒸发至近干；准确加入 2mL 正已烷溶解残留物，溶液经过聚酰胺过滤膜过滤后进行 GC-MS 测定，得到的壬基酚色谱峰面积记为 A_1（注：实际检测程中，对于可预见的高含量的样品，可不采用旋转蒸发的方式对样液进行浓缩处理，而直接将样液定容到合适的体积（如 25mL）以简化试验操作）。

⑤ 壬基酚聚氧乙烯醚的测定。准确移取 10mL 三碘化铝溶液于平底烧瓶中，将烧瓶置于 90℃的油浴锅中，使其中的溶剂挥发近干，热后快速加入 10mL 试样滤液，并将烧瓶再置于 90℃的油浴锅中，回流 10min。移出烧瓶，向其中缓慢加入 20mL 蒸馏水，冷却至室温，然后将瓶中液体转移至分液漏斗中，分两次用 20mL 正已烷进行萃取，合并分离出的正已烷萃取液中，滴加硫代硫酸钠溶液并振荡至溶液颜色消失，分离出的正已烷，经无水硫酸钠脱水后，旋转蒸发至近干；准确加入 2mL 正已烷溶解残留物，溶液经过聚酰胺过滤膜过滤后进行 GC-MS 测定，得到的壬基酚色谱峰面积记为 Aa。

⑥ 气相色谱-质谱（GC-MS）测试条件：

——进样系统：不分流；

——载气：氮气；

——进样量：1μL；

——毛细管色谱柱：30mm×0.25mm（内径）×1μm（膜厚），如 DB-5ms 石英毛细管柱；

——气体流量：1.0mL/min；

——进样口温度：280℃；

——色谱质谱接口温度：250℃；

——柱温：80℃保持1min，10℃/min升温至280℃，保持10min。

⑦ 质谱（MS）条件：

——电离方式：EI；

——电离能量：70eV；

——检测方式：选择离子监测（SIM），m/z=107，121，135，149；

——质量扫描范围：（50~300）amu；

——离子源温度：230℃；

——四级杆温度：150℃；

——溶剂延迟：5min。

⑧ 气相色谱-质谱（GC-MS）测定。首先对待测样品进行全扫描，通过与壬基酚标准样品的保留时间和质谱图的对照，进行定性分析。然后根据列出的监测离子，以选择监测离子模式进行外标法定量。

按照 GC-MS 条件对壬基酚聚氧乙烯醚标准工作液进行分析，得到壬基酚的选择监测离子色谱图。

⑨ 壬基酚标准工作曲线。移取壬基酚标准工作液，经过聚酰胺过滤膜过滤后进行 GC-MS 测定。根据峰面积和壬基酚浓度的对应关系，绘制壬基酚的标准工作曲线，至少 5 个浓度点。

⑩ 壬基酚聚氧乙烯醚标准工作曲线。准确移取 10mL 壬基酚聚氧乙烯醚标准工作液，按照测定最终样液中壬基酚的含量，根据色谱峰面积和壬基酚聚氧乙烯醚浓度的对应关系，绘制标准工作曲线，至少 5 个浓度点。

⑪ 空白试验。除不加样品外，按照上述步骤进行试验。

（5）结果表示

按照下式分别计算样品中壬基酚及壬基酚聚氧乙烯醚的含量：

$$X_{NP} = \frac{V}{m} \times C_{a1}, \; X_{NPEO} = \frac{V}{m} \times C_{a2} \tag{9-17}$$

式中　X_{NP}——样品中壬基酚的含量，mg/kg；

　　　X_{NPEO}——样品中壬基酚聚氧乙烯醚的含量，mg/kg；

　　　V——样液最终定容体积，mL；

　　　m——最终样液体积所代表的样品质量，g；

　　　C_{a1}——从标准曲线中查得的壬基酚含量，mg/L；

　　　C_{a2}——从标准曲线中查得的壬基酚聚氧乙烯醚含量，mg/L。

计算 C_{a1} 时，应从 A_{i1} 中扣除空白试验时得到的色谱峰面积；计算 C_{a2} 时，应从 A_{i1} 中扣除空白试验得到的色谱峰面积以及中得到的色谱峰面积 A_{i1}。

本方法对样品中壬基酚、壬基酚聚氧乙烯醚的检测限分别为 1.0mg/kg 和 3.0mg/kg。方法的回收率为 80%~110%。

两次半行测定结果的相对偏差应小于 10%。样品中壬基酚及壬基酚聚氧乙烯醚的含量以两次平行试验结果的算术平均值表示，单位为 mg/kg，结果保留至小数点后一位。

9.11 皮革制品中的 SVHC——部分重金属物

9.11.1 部分重金属物简介

重金属中毒是指相对原子质量大于 65.0 的金属元素或其化合物引起的中毒。由于重金属能够使蛋白质的结构发生不可逆的改变，从而影响组织细胞功能，进而影响人体健康，例如体内的酶就不能够催化化学反应，细胞膜表面的载体就不能运入营养物质、排出代谢废物，肌球蛋白和肌动蛋白就无法完成肌肉收缩，所以体内细胞就无法获得营养、排除废物，无法产生能量，细胞结构崩溃和功能丧失。

由重金属氧化物及一些无机有机盐具有鲜艳饱满的色调，抗水及氧化能力强，几个世纪来，由一些重金属构成的色料被长期用于产品调色与防护，如最常见的防锈颜料红丹、黄丹、铅酸钙、碱式硅铬酸铅等。皮革涂饰中使用的颜料膏/浆中含有铅（Pb）、铬（Cr）、镉（Cd）、钡（Ba）、锑（Sb）、硒（Se）、汞（Hg）、砷（As）、铜（Cu）、钴（Co）、镍（Ni）等重金属也是无可厚非的。常用的无机彩色颜料如铬酸铅颜料（铬黄、铬橙、钼铬红）及锡系颜料（锡黄、锡橙、锡红、锡汞橙、锡汞红）等。因此，为了防止或减少毒性物的影响，皮革制品对一些重金属提出限量含有标准，见表 9-10。

表 9-10 皮革制品部分含重金属量限制

名称	锑(Sb)	砷(As)	铅(Pb)	镉(Cd)	铬(Cr)	六价铬(Cr(Ⅵ))
限量/(mg/kg)	30.0	0.2	30.0	0.1	1.0	3.0
名称	钴(Co)	铜(Cu)	镍(Ni)	钡(Ba)	硒(Se)	汞(Hg)
限量/(mg/kg)	1.0	25.0	1.0	1000	500	0.02

9.11.2 部分重金属物检测标准

GB/T 22930—2008 表述了皮革和毛皮中重金属含量的测定。该标准采用电感耦合等离子发射光谱法（ICP-AES），规定了皮革、毛皮中铅（Pb）、铬（Cr）、镉（Cd）、锑（Sb）、硒（Se）、汞（Hg）、砷（As）、铜（Cu）、钴（Co）、镍（Ni）的 9 种元素的总量和可萃取量的测定方法。

9.11.3　部分重金属物检测方法

（1）测定原理

成革中部分重金属总量检测按照 GB/T 22930—2008 进行。试样经微波消解后，将消解液定容，用电感耦合等离子发射光谱（ICP-AES）法同时测定 Pb、Cr、Cd、Sb、Hg、As、Cu、Co、Ni 等重金属的浓度，计算出试样中重金属总量。

重金属可萃取量：试样经人造汗液萃取后，萃取液用电感耦合等离子发射光谱（ICP-AES）法同时测定 Pb、Cr、Cd、Sb、Hg、As、Cu、Co、Ni 等重金属的浓度，计算出试样中重金属可萃取量。

（2）试剂和材料

除非另有说明，在分析中仅使用确认为分析纯的试剂和符合 GB/T 6682 的二级水或相当纯度的水。

硝酸，优级纯；过氧化氢，优级纯；酸性汗液，按 GB/T 3922 配制，现用现配；Pb、Cr、Cd、Sb、Hg、As、Cu、Co、Ni 各重金属标准贮备溶液（标准物质，介质为 HCl 或 HNO_3），$1000\mu g/mL$。

（3）仪器和装置

电感耦合等离子发射光谱仪（ICP-AES），氢气纯度大于等于 99.9%，以提供稳定清澈的等离子体焰炬，在仪器合适的工作条件下进行测定。仪器工作参考条件为：

① 辅助气流量 0.5L/min。

② 泵速 100r/min。

③ 积分时间：长波（>260nm）5s，短波（<260nm）10s。

④ 参考分析波长：327.395nm（Cu），238.892nm（Co），231.604nm（Ni），206.834nm（Sb），228.802nm（Cd），205.560nm（Cr），220.353nm（Pb），193.696nm（As），194.164nm（Hg）。微波消解仪，具有压力控制系统，配备聚四氟乙烯消化罐；可控温加热板；分析天平，精确至 0.1mg；机械振荡器，圆周运动，可控温（37±2）℃，振荡频率（100±10）r/min；2 号砂芯漏斗。

（4）测试步骤

① 取样。皮革标准部位按 QB/T 2706 的规定进行取样；如果不能从标准部位取样（如直接从鞋革、服装革上取样），应在可利用面积内的任意部位取样，样品应具有代表性并在试验报告中详细记录取样情况（注：切取样块过程中避免损伤毛被，保持毛被完好）。

皮革试样按 QB/T 2716 的规定进行皮革试样制备；除去样品上面的胶水、附着物，将试样混匀,装入清洁的试样瓶内待测。

② 重金属总量的测定消解。称取约 0.5g 试样(精确至 0.1mg)置于聚四氟乙烯消化罐内,加入 1mL 过氧化氢和 4mL 硝酸,在可控温加热板上于 140℃ 加热 10min。冷却后盖上内盖,套上外罐,拧紧罐盖,放入微波消解仪中,按以下程序消解:压力 0.5MPa 消解 1min、压力 2.0MPa 消解 2min、压力 3.0MPa 消解 4min。消解完成后,消化罐于微波消解仪中冷却 10~20min,然后取出消化罐,打开外盖和内盖。待冷却至室温后,将消解液转移到 25mL 容量瓶中,用蒸馏水洗涤消化罐,洗涤液合并至容量瓶中,用水定容至刻度,供电感耦合等离子发射光谱测定用。

③ 空白试验。不加试样,用与处理试样相同的方法和等量的试剂做空白试验。将 Pb、Cr、Cd、Sb、Hg、As、Cu、Co、Ni 各重金属标准贮备溶液稀释至一系列合适浓度的标准工作溶液,用电感耦合等离子发射光谱仪,在参考波长下同时测定 Pb、Cr、Cd、Sb、Hg、As、Cu、Co、Ni 等重金属的光谱强度,以光谱强度为纵坐标,重金属浓度为横坐标,制作标准工作曲线。

④ 萃取。称取约 2.0g 试样(精确至 0.1mg),置于 100mL 具塞三角烧瓶中,准确加入 50mL 酸性汗液,盖上塞子后轻轻振荡,使样品充分湿润。然后在机械振荡器上于温度(37±2)℃振荡(60±5)min。萃取液用 2 号砂芯漏斗过滤。

空白试验:不加试样,用与处理试样相同的方法和等量的试剂做空白试验。

将所得的试样溶液和空白溶液分别用电感耦合等离子发射光谱仪在参考波长下测定 Pb、Cr、Cd、Sb、Hg、As、Cu、Co、Ni 等重金属的光谱强度,对照标准工作曲线计算各重金属的浓度。

(5)结果表达

按下式计算试样中的重金属含量:

$$w_i = \frac{(c_i - c_{i0}) \times V}{m} \qquad (9-18)$$

式中　w_i——试样中的重金属 i 的含量,mg/kg;

　　　c_i——由工作曲线计算出的试样溶液中重金属 i 的浓度,μg/mL;

　　　c_{i0}——由工作曲线计算出的空白溶液中重金属的浓度,μg/mL;

　　　V——试样溶液的体积,mL;

　　　m——试样称取的质量,g。

按下式计算出以绝干质量计算的试样中的重金属含量:

$$W_{i-dry} = W_i \times D \qquad (9-19)$$

式中　W_{i-dry}——以绝干质量计算的试样中的重金属 i 的含量,mg/kg;

　　　W_i——以试样中的重金属 i 的含量(以试样实际质量计算),mg/kg;

　　　D——转换成绝干质量的换算系数=100/(100-w),w 为按 QB/T 2717 测得的样品中的挥发物含量,%。

重金属含量应注明是以试样实际质量为基准，还是以试样绝干质量计算为基准，用 mg/kg 表示，修约至 0.1mg/kg。当发生争议或仲裁试验时，以绝干质量为准。挥发物用%表示，修约至 0.1%。

两次平行试验结果的差值与平均值之比应不大于 10%，以两次平行试验结果的算术平均值作为结果。

本方法的检测低限见表 9-11，本方法的加标回收率在表 9-12 所列的加标浓度下，Pb、Cr、Cd、Sb、Hg、As、Cu、Co、Ni 的总量的回收率为 80%~115%。

表 9-11　　　　　　　方法检测低限　　　　　　　单位：mg/kg

元素	Cu	Co	Ni	Sb	Cd	Cr	Pb	As	Hg
可萃取量	0.05	0.03	0.05	0.26	0.04	0.02	0.11	0.36	0.50
总量	0.17	0.06	0.07	0.38	0.07	0.09	0.27	0.86	0.64

表 9-12　　　　　　　加标浓度

元素		Cu	Co	Ni	Sb	Cd	Cr	Pb	As	Hg
加标浓度 /(mg/L)	1	0.8	0.08	0.08	0.6	0.02	0.4	0.02	0.02	0.2
	2	4	0.4	0.4	3	0.1	2	0.1	0.1	1
	3	8	0.8	0.8	6	0.2	4	0.2	0.2	2

参考文献

主要参考书籍

[1] 廖隆礼，单志华. 制革化学与工艺学（上下册）[M]. 北京：科学出版社，2005.

[2] 张廷有. 鞣制化学 [M]. 成都：四川大学出版社，2003.

[3] Covington T. Tanning Chemisty [M]. Cambridge, UK：The Royal Society of Chemistry Published，2009.

[4] 魏庆元. 皮革鞣制化学 [M]. 北京：轻工出版社，1970.

[5] Gustavson. The chemistry and reaction of collagen [M]. New York：Academic Books LTD Published，1956.

[6] Heidemann E. Fundamentals of leather maanufacturing [M]. Darmstadt：Germany：Roetherdruck Published，1993.

主要研究文献

[1] AKSOY M S, ÖZER U. Equilibrium studies on chromium（Ⅲ）complexes of salicylic acid and salicylic acid derivatives in aqueous solution [J]. Chemical & Pharmaceutical Bulletin，2004，52（11）：1280-1284.

[2] Anthony D C, Graham S L, Ozlem M, et al. Extended X-ray absorption fine structure studies of the role of chromium in leather tanning [J]. Polyhedron，2001，20（5）：461-466.

[3] Arakawa T, Bhat R, Timasheff S N. Preferential interactions determine protein solubility in three-component solutions：the $MgCl_2$ system [J]. Biochemistry，1990，29（7）：1914-1923.

[4] Arakawa T, Timasheff S N. Mechanism of protein salting in and salting out by divalent cation salts：balance between hydration and salt binding [J]. Biochemistry，1984，23（25）：5912-5923.

［5］ Back J F, Oakenfull D, Smith M B. Increased thermal stability of proteins in the presence of sugars and polyols［J］. Biochemistry, 1979, 18（23）: 5191-5196.

［6］ Bear R S. The structure of collagen fibrils［J］. Advances in protein chemistry, 1952, 7: 69-160.

［7］ Bertanza G, Pedrazzani R. How to assess chemical oxidation efficiency［J］. Water Science and Technology, 2004, 49（4）: 1-6.

［8］ Bet M R, Goissis G, Lacerda C A. Characterization of polyanionic collagen prepared by selective hydrolysis of asparagine and glutamine carboxyamide side chains［J］. Biomacromolecules, 2001, 2（4）: 1074-1079.

［9］ Bigi A, Cojazzi G, Panzavolta S, et al. Mechanical and thermal properties of gelatin films at different degrees of glutaraldehyde crosslinking［J］. Biomaterials, 2001, 22（8）: 763-768.

［10］ Blackburn R S. Natural polysaccharides and their interactions with dye molecules: applications in effluent treatment［J］. Environ Sci Technol, 2004, 38（18）: 4905-4909.

［11］ Bowden D J, Brimblecombe P. The rate of metal catalyzed oxidation of sulfur dioxide in collagen surrogates［J］. Journal of Cultural Heritage, 2003, 4（2）: 137-147.

［12］ Briggaman R A, Schechter N M, Fraki J, et al. Degradation of the epidermal-dermal junction by proteolytic enzymes from human skin and human polymorphonuclear leukocytes［J］. Journal of Experimental Medicine, 1984, 160（4）: 1027-1042.

［13］ Broom N D, Silyn-roberts H. Collagen-collagen versus collagen-proteoglycan interactions in the determination of cartilage strength［J］. Arthritis & Rheumatism, 2014, 33（10）: 1512-1517.

［14］ Brown E M, Farrell H M, Wildermuth R J. Influence of neutral salts on the hydrothermal stability of acid-soluble collagen［J］. Journal of Protein Chemistry, 2000, 19（2）: 85-92.

［15］ Bulo R E, Siggel L, Molnar F, et al. Modeling of bovine type-I collagen fibrils: Interaction with pickling and retanning agents［J］. Macromolecular Bioscience, 2007, 7（2）: 234-240.

［16］ Cantera C, De G M R, Sofía A. Hydrolysis of chrome shavings: application of collagen hydrolyzate and "acrylci-protein" in post tanning operation［J］. Journal of the Society of Leather Technologists and Chemists, 1977（81）: 183-191.

［17］ Carrino D A, Sorrell J M, Caplan A I. Age-related changes in the proteoglycans of human skin［J］. Arch Biochem Biophys, 2000, 373（1）: 91-101.

[18] Chahine C. Changes in hydrothermal stability of leather and parchment with deterioration: a DSC study [J]. Thermochimica Acta, 2000, 365 (1-2): 101-110.

[19] Chan B P, Hui T Y, Chan O C M, et al. Photochemical cross-linking for collagen-based scaffolds: a study on optical properties, mechanical properties, stability, and hematocompatibility [J]. Tissue Engineering, 2007, 13 (1): 73-85.

[20] Charulatha V, Rajaram A. Crosslinking density and resorption of dimethyl suberimidate-treated collagen [J]. Journal of Biomedical Materials Research, 1997, 36 (4): 478-486.

[21] Charulatha V, Rajaram A. Influence of different crosslinking treatments on the physical properties of collagen membranes [J]. Biomaterials, 2003, 24 (5): 759-767.

[22] Chen S S, Wright N T, Humphrey J D. Heat-induced changes in the mechanics of a collagenous tissue: isothermal-isotonic shrinkage [J]. Journal of Biomechanical Engineering-Transactions of the Same, 1998, 120 (3): 382-388.

[23] CHEUNG D T, NIMNI M E. Mechanism of crosslinking of proteins by glutaraldehyde II. Reaction with monomeric and polymeric collagen [J]. Connective Tissue Research, 1982, 10 (2): 201-216.

[24] Chiou M S, Li H Y. Equilibrium and kinetic modeling of adsorption of reactive dye on cross-linked chitosan beads [J]. Journal of Hazardous Materials, 2002, 93 (2): 233-248.

[25] Choudhury S D, DasGupta S, Norris G E. Unravelling the mechanism of the interactions of oxazolidine A and E with collagens in ovine skin [J]. International Journal of Biological Macromolecules, 2007, 40 (4): 351-361

[26] Chung K T, Cerniglia C E. Mutagenicity of azo dyes: Structure-activity relationships [J]. Mutat Res, 1992, 277 (3): 201-220.

[27] Clonfero E, Montini E R, Venier P, et al. Release of mutagens from finished leather [J]. Mutat Res, 1989, 226 (4): 229-233.

[28] Clonfero E, Venier P, Granella M, et al. Identification of genotoxic compounds used in leather processing industry [J]. Medicina Del Lavoro, 1990, 81 (3): 212-221.

[29] Cohen Neil S, Odlyha M, Foster G M. Measurement of shrinkage behaviour in leather and parchment by dynamic mechanical thermal analysis [J]. Thermochimica Acta, 2000, 365 (1-2): 111-117.

[30] Cooman K, Gajardo M, Nieto J, et al. Tannery wastewater characterization and toxicity effects on Daphnia spp [J]. Environmental Toxicology, 2003, 18 (1): 45-51.

［31］ Cory N J, Hanna A, Germann H P, et al. A practical discussion session to deal with opportunities for improvement of customer/end user satisfaction ［J］. The Journal of the American Leather Chemists Association, 1997, 92 (5): 119-125.

［32］ Coster L, Fransson L A. Isolation and characterization of dermatan sulphate proteoglycans from bovine sclera ［J］. Biochemical Journal, 1981, 193 (1): 143-153.

［33］ Couchman J R. Hair follicle proteoglycans ［J］. Journal of Investigative Dermatology, 1993 (101): 60S-64S.

［34］ Dai H, Wu J, Jia W, et al. Determination of volatile aldehyde and ketone in leather shoes with static absorption and high performance liquid chromatography ［J］. Journal-Society of Leather Technologists and Chemists, 2017, 101 (4): 179-182.

［35］ Damle S P, Coster S L, Gregory J D. Proteodermatan sulfate isolated from pig skin ［J］. Journal of Biological Chemistry, 1982, 257 (10): 5523-5527.

［36］ Dawlee S, Sugandhi A, Balakrishnan B, et al. Oxidized chondroitin sulfate-cross-linked gelatin matrixes: A new class of hydrogels ［J］. Biomacromo-lecules, 2005, 6 (4): 2040-2048.

［37］ Dayanandan A, Kanagaraj J, Sounderraj L, et al. Application of an alkaline protease in leather processing: an ecofriendly approach ［J］. Journal of Cleaner Production, 2003, 11 (5): 533-536.

［38］ Dixit S, Yadaw A, Dwivedi P D, et al. Toxic hazards of leather industry and technologies to combat threat: a review ［J］. Journal of Cleaner Production, 2015 (87): 39-49.

［39］ Dreisewerd K, Rohlfing A, Spottke B, et al. Characterization of whole fibril-forming collagen proteins of types I, III, and V from fetal calf skin by infrared matrix-assisted laser desorption ionization mass spectrometry ［J］. Analytical Chemistry, 2004, 76 (13): 3482-3491.

［40］ Fathima N N, Dhathathreyan A, Ramasami T. Influence of crosslinking agents on the pore structure of skin ［J］. Colloids and Surfaces B: Biointerfaces, 2007, 57 (1): 118-123.

［41］ Fathima N N, Madhan B, Rao J R, et al. Effect of zirconium (IV) complexes on the thermal and enzymatic stability of type I collagen ［J］. Journal of Inorganic Biochemistry, 2003, 95 (1): 47-54.

［42］ Fathima N N, Madhan B, Rao J R, et al. Interaction of aldehydes with collagen: effect on thermal, enzymatic and conformational stability ［J］. International Journal of Biological Macromolecules, 2004, 34 (4): 241-247.

[43] Fathima N N, Madhan B, Rao J R, et al. Stabilization of type I collagen against collagenases (type I) and thermal degradation using iron complex [J]. Journal of Inorganic Biochemistry, 2006, 100 (11): 1774-1780.

[44] Fontaine M, Blanc N, Cannot J C, et al. Ion chromatography with post column derivatization for the determination of hexavalent chromium in dyed leather. Influence of the preparation method and of the sampling location [J]. Journal-American Leather Chemists Association, 2017, 112 (10): 319-326.

[45] FUJH N, NAGAI Y. Isolation and characterization of a proteodermatan sulfate from calf skin [J]. J Biochem, 1981, 90 (5): 1249-1258.

[46] Gekko K, Koga S. Increased thermal stability of collagen in the presence of sugars and polyols [J]. Biochem, 1983 (94): 199-205.

[47] Gekko K. Calorimetric study on thermal denaturation of lysozyme in polyol-water mixtures [J]. Biochem, 1982 (91): 1197-1204.

[48] Granella M, Clonfero E. The mutagenic activity and polycyclic aromatic hydrocarbon content of mineral oils [J]. International Archives of Occupational & Environmental Health, 1991, 63 (2): 149-153.

[49] Gross J, Schmitt F O. The structure of human skin collagen as studied with the electron microscope [J]. The Journal of Experimental Medicine, 1948, 88 (5): 555-568.

[50] Hart J, Silcock D, Gunnigle S, et al. The role of oxidised regenerated cellulose/collagen in wound repair: effects in vitro on fibroblast biology and in vivo in a model of compromised healing [J]. The international Journal of Biochemistry & Cell Biology, 2002, 34 (12): 1557-1570.

[51] Henrickson R L, Ranganayaki M D, Asghar A, et al. Age, species, breed, sex, and nutrition effect on hide collagen [J]. Critical Reviews in Food Science & Nutrition, 1984, 20 (3): 159-172.

[52] Jayaraman M, Subramanian M V. Preparation and characterization of two new composites: collagen-brushite and collagen octa-calcium phosphate [J]. Med Sci Monit, 2002, 8 (11): BR481-BR487.

[53] Junqueira L C U, Montes G S. Biology of collagen-proteoglycan interaction [J]. Arch Histol Jpn, 1983, 46 (5): 589-629.

[54] Kageyama M, Takagi M, Parmley R T, et al. Ultrastructural visualization of elastic fibres with a tannate—metal salt method [J]. Histochemical Journal, 1985, 17 (1): 93-103.

［55］ Kemp G D, Tristram G R. The preparation of an alkali-soluble collagen from demineralized bone ［J］. Biochem. J, 1971, 124 (5): 915-919.

［56］ Knasmuller S, Gottmann E, Steinkellner H, et al. Detection of genotoxic effects of heavy metal contaminated soils with plant bioassays ［J］. Mutat Res, 1998, 420 (1-3): 37-48.

［57］ Komsa-Penkova R, Koynova R, Kostov G, et al. Discrete reduction of type I collagen thermal stability upon oxidation ［J］. Biophysical Chemistry, 2000, 83 (3): 185-195.

［58］ Komsa-Penkova R, Koynova R, Kostov G, et al. Thermal stability of calf skin collagen type I in salt solutions ［J］. Biochimica Et Biophysica Acta, 1996, 1297 (2): 171-181.

［59］ Kuttan R, Donnelly P V, Ferrante N D. Collagen treated with (+)-catechin becomes resistant to the action of mammalian collagenase ［J］. Experientia, 1981, 37 (3): 221-223.

［60］ Kuznetsova N, Chi S L, Leikin S. Sugars and polyols inhibit fibrill-ogenesis of type I collagen by disrupting hydrogen-bonded water bridges between the helices ［J］. Biochemistry, 1998, 37 (34): 11, 888-11, 895.

［61］ LEE-OWN V, ANDERSON J C. The isolation of collagen-associated proteoglycan from bovine nasal cartilage and its preferential interaction with alpha2 chains of type I collagen. ［J］. Biochemical Journal, 1975, 149 (1): 57-63.

［62］ Madhan B, Krishnamoorthy G, Rao J R, et al. Role of green tea polyphenols in the inhibition of collagenolytic activity by collagenase ［J］. International Journal of Biological Macromolecules, 2007, 41 (1): 16-22.

［63］ Madhan B, Muralidharan C, Jayakumar R. Study on the stabilisation of collagen with vegetable tannins in the presence of acrylic polymer ［J］. Biomaterials, 2002, 23 (14): 2841-2847.

［64］ Madhanb B, Subramanian V, Raoa J R, et al. Stabilization of collagen using plant polyphenol: Role of catechin ［J］. International Journal of Biological Macromolecules, 2005, 37 (1-2): 47-53.

［65］ Maheshwari R, Sreeram K J, Dhathathreyan A. Surface energy of aqueous solutions of Hofmeister electrolytes at air/liquid and solid/liquid interface ［J］. Chemical Physics Letters, 2003, 375 (1-2): 157-161.

［66］ Manich A M, Cuadros S, Font J. Determination of formaldehyde conten in leather: EN ISO 17226 Standard. Influence of the agitation method used in the initial phase of formaldehyde extraction [J]. Journal of the American Leather Chemists Association, 2017, 112 (05): 168-179.

[67] Meek K M. The use of glutaraldehyde and tannic acid to preserve reconstituted collagen for electron microscopy [J]. Histochemistry, 1981, 73 (1): 115-120.

[68] Meek K M, Chapman J A. Glutaraldehyde-induced changes in the axially projected fine structure of collagen fibrils [J]. Journal of Molecular Biology, 1985, 185 (2): 359-370.

[69] Mertz E L, Leikin S. Interactions of inorganic phosphate and sulfate anions with collagen [J]. Biochemistry, 2004, 43 (47): 14901-14912.

[70] Miles C A, Burjanadze T V. Thermal stability of collagen fibers in ethylene glycol [J]. Biophysical Journal, 2001 (8): 1480-1486.

[71] Miles C A, Avery N C, Rodin V V, et al. The increase in denaturation temperature following cross-linking of collagen is caused by dehydration of the fibres [J]. Journal of Molecular Biology, 2005, 346 (2): 551-556.

[72] Miles C A, Avery N C. Thermal stabilization of collagen molecules in skin decalcified bone [J]. Physical Biology, 2011, 8 (2): 026002.

[73] Miles C A, Burjanadze T V, Bailey A J. The kinetics of the thermal denaturation of collagen in unrestrained rat tail tendon determined by differential scanning calorimetry [J]. Journal of Molecular Biology, 1995, 245 (4): 437-446.

[74] Mohanaradhakrishnan V, Muthiah P L, Hadhanyi A. A few factors contributing to the mechanical strength of collagen fibres [J]. Arzneimittel-Forschung, 1975, 25 (5): 726-735.

[75] Montanaro F, Ceppi M, Demers P A, et al. Mortality in a cohort of tannery workers [J]. Occupational and Environmental Medicine, 1997, 54 (8): 588-591.

[76] Nakamura T, Matsunaga E, Shinkai H. Isolation and some structural analyses of a proteodermatan sulphate from calf skin [J]. Biochemical Journal, 1983, 213 (2): 289-296.

[77] Nezu T, Winnik F M. Interaction of water-soluble collagen with poly (acrylic acid) [J]. Biomaterials, 2000, 21 (4): 415-419.

[78] Nicolas F L, Gagnieu C H. Denatured thiolated collagen. II. Cross-linking by oxidation [J]. Biomaterials, 1997, 18 (11): 815-821.

[79] Ofner C M, Bubnis W A. Chemical and swelling evaluations of amino group crosslinking in gelatin and modified gelatin matrices [J]. Pharm Res, 1996, 13 (12): 1821-1827.

[80] Orlita A. Microbial biodeterioration of leather and its control: a review [J]. International Biodeterioration & Biodegradation, 2004, 53 (3): 157-163.

[81] Radhika M, Sehgal P K. Studies on the desamidation of bovine collagen [J]. Journal of Biomedical Materials Research, 1997, 35 (4): 497-503.

[82] Raman S S, Parthasarathi R, Subramanian V, et al. Role of aspartic acid in collagen structure and stability: A molecular dynamics investigation [J]. The Journal of Physical Chemistry B, 2006, 110 (41): 20678-20685.

[83] Rao J R, Gayatri R, Rajaram R, et al. Chromium (Ⅲ) hydrolytic oligomers: their relevance to protein binding [J]. Biochimica et Biophysica Acta, 1999, 1472 (3): 595-602.

[84] Rivela B, Méndez R, Bornhardt C, et al. Towards a cleaner production in developing countries: a case study in a Chilean tannery [J]. Waste Management & Research, 2004, 22 (3): 131-141.

[85] Rochdi A, Foucat L, Renou J P. Effect of thermal denaturation on water-collagen interactions: NMR relaxation and differential scanning calorimetry analysis [J]. Biopolymers, 1999, 50 (7): 690-696.

[86] Rose C, Kumar M, Mandal A B. A study of the hydration and thermodynamics of warm-water and cold-water fish collagens. [J]. Biochemical Journal, 1988, 249 (1): 127-33.

[87] Sam F. Biophysical properties of the skin [J]. J Gerontol, 1973, 28 (2): 230-231.

[88] Sanjeevi R, Ramanathan N, Viswanathan B. Pore size distribution in collagen fiber using water vapor adsorption studies [J]. Journal of Colloid and Interface Science, 1976, 57 (2): 207-211.

[89] Sanjeevi R, Ramanathan N. Moisture sorption hysteresis on raw and treated collagen fibres [J]. Indian Journal of Biochemistry & Biophysics, 1976, 13 (1): 98-99.

[90] Schechter N M. Structure of the dermal-epidermal junction and potential mechanisms for its degradation: the possible role of inflammatory cells [J]. Immunol Ser, 1989, 46: 477-507.

[91] Schrank S G, Jose H J, Moreira R F P M, et al. Comparison of different advanced oxidation process to reduce toxicity and mineralisation of tannery wastewater [J]. Water Science and Technology, 2004, 50 (5): 329-334.

[92] Scott J E, Haigh M. Proteoglycan-type I collagen fibril interactions in bone and non-calcifying connective tissues [J]. Bioscience Reports, 1985, 5 (1): 71-81.

[93] SCOTT J E, HAIGH M. Identification of specific binding sites for keratan sulphate

proteoglycans and chondroitin-dermatan sulphate proteoglycans on collagen fibrils in cornea by the use of cupromeronic blue in 'critical-electrolyte-concentration' techniques [J]. Biochemical Journal, 1988, 253 (2): 607-610.

[94] Shinkai H, Nakamura T, Matsunaga E. Evidence for the presence and structure of asparagine-linked oligosaccharide units in the core protein of proteodermatan sulphate [J]. Biochemical Journal, 1983, 213 (2): 297-304.

[95] Simionescu A, Simionescu D, Deac R. Lysine-enhanced glutaraldehyde crosslinking of collagenous biomaterials [J]. Journal of Biomedical Materials Research, 1991, 25 (12): 1495-1505.

[96] Sizeland K H, Basil-Jones M M, Edmonds R L, et al. Collagen orientation and leather strength for selected mammals [J]. Journal of Agricultural & Food Chemistry, 2013, 61 (4): 887-892.

[97] Sreeram K J, Ramasami T. Sustaining tanning process through conservation, recovery and better utilization of chromium [J]. Resources Conservation & Recycling, 2003, 38 (3): 185-212.

[98] Sreeram K J, Shrivastava H Y, Nair B U. Studies on the nature of interaction of iron (Ⅲ) with alginates [J]. Biochimica et Biophysica Acta, 2004, 1670 (2): 121-125.

[99] Stern F B, Beaumont J J, Halperin W E, et al. Mortality of chrome leather tannery workers and chemical exposures in tanneries [J]. Scandinavian Journal of Work Environment & Health, 1987, 13 (2): 108-117.

[100] Subramani S, Thanikaivelan P, Rao J R, et al. Natural leathers from natural materials: Progressing toward a new arena in leather processing [J]. Environmental Science & Technology, 2004, 38 (3): 871-879.

[101] Subramani S, Thanikaivelan P, Rao J R, et al. Reversing the conventional leather processing sequence for cleaner leather production [J]. Environmental Science & Technology, 2006, 40 (3): 1069-1075.

[102] Subramani S, Thanikaivelan P, Rao J R, et al. Silicate enhanced enzymatic dehairing: A new lime-sulfide-free process for cowhides [J]. Environmental Science & Technology, 2005, 39 (10): 3776-3783.

[103] Sung H W, Chang Y, Chiu C T, et al. Crosslinking characteristics and mechanical properties of a bovine pericardium fixed with a naturally occurring crosslinking agent [J]. Journal of Biomedical Materials Research, 1999, 47 (2): 116-126.

[104] Suresh V, Kanthimathi M, Thanikaivelan P, et al. An improved product-process

for cleaner chrome tanning in leather processing [J]. Journal of Cleaner Production, 2001, 9 (6): 483-491.

[105] Svendsen K H, Koch M H J. X-ray diffraction evidence of collagen molecular packing and cross-linking in fibrils of rat tendon observed by synchrotron radiation [J]. The Embo Journal, 1982, 1 (6): 669-674.

[106] Tang H R, Covington A D, Hancock R A. Use of DSC to detect the heterogeneity of hydrothermal stability in the polyphenol-treated collagen matrix [J]. Journal of Agricultural and Food Chemistry, 2003, 51 (23): 6652-6656.

[107] Thanikaivelan P, Rao J R, Nair B U, et al. Biointervention makes leather processing greener: an integrated cleansing and tanning system [J]. Environmental Science & Technology, 2003, 37 (11): 2609-2617.

[108] Thanikaivelan P, Rao J R, Nair B U, et al. Zero discharge tanning: a shift from chemical to biocatalytic leather processing [J]. Environmental Science & Technology, 2002, 36 (19): 4187-4194.

[109] Thompson J I, Czernuszka J T. The effect of two types of cross-linking on some mechanical properties of collagen. [J]. Bio-Medical Materials and Engineering, 1995, 5 (1): 37-48.

[110] Tzaphlidou M. The effects of fixation by combination of glutaraldehyde/dimethyl suberimidate use of collagen as a model system [J]. The Journal of Histochemistry and Cytochemistry, 1983, 31 (11): 1274-1278.

[111] Usha R, Maheshwari R, Dhathathreyan A, et al. Structural influence of mono and polyhydric alcohols on the stabilization of collagen [J]. Colloids and Surfaces B: Biointerfaces, 2006, 48 (2): 101-105.

[112] Usha R, Ramasami T. Effect of crosslinking agents (basic chromium sulfate and formaldehyde) on the thermal and thermomechanical stability of rat tail tendon collagen fibre [J]. Thermochimica Acta, 2000, 356 (1-2): 59-66.

[113] Usha R, Ramasami T. Influence of hydrogen bond, hydrophobic and electrovalent salt linkages on the transition temperature, enthalpy and activation energy in rat tail tendon (RTT) collagen fibre [J]. Thermochimica Acta, 1999, 338 (1-2): 17-25.

[114] Vangsness C T, Mitchell W, Nimni M, et al. Collagen shortening: An experimental approach with heat [J]. Clinical Orthopaedics and Related Research, 1997, 337: 267-271.

[115] Velicelebit G, Sturtevant J M. Thermodynamics of the denaturation of lysozyme in

alcohol-water mixtures ［J］. Biochemistry, 1979, 18 （7）: 1180-1186.

［116］ Vidal G, Nieto J, Mansilla H D, et al. Combined oxidative and biological treatment of separated streams of tannery wastewater ［J］. Water Science and Technology, 2004, 49 （4）: 287-292.

［117］ Wang B N, Tan F, Hu R H. Calorimetric study of thermal denaturation of type I human placenta collagen ［J］. Science in China Series B-Chemistry, Life Sciences & Earth Sciences, 1992, 35 （10）: 1153-1160.

［118］ Weadock K S, Miller E J, Bellincampi L D, et al. Physical crosslinking of collagen fibers: comparison of ultraviolet irradiation and dehydrothermal teatment ［J］. Journal of Biomedical Materials Research, 1995, 29 （11）: 1373-1379.

［119］ Weadock K S, Miller E J, Keuffel E L, et al. Effect of physical crosslinking methods on collagen-fiber durability in proteolytic solutions ［J］. Journal of Biomedical Materials Research, 1996, 32 （2）: 221.

［120］ Wen Y Y, Ou Y, He M, et al. Determination of carcinogenic aromatic amines derived from azo colorants in textiles and leather by ultra high performance liquid chromatography-tandem mass spectrometry ［J］. Chinese Journal of Chromatography, 2013, 31 （4）: 380-385.

［121］ Wess T J, Wess L, Miller A. The in vitro binding of acetaldehyde to collagen studied by neutron diffraction ［J］. Alcohol and Alcoholism, 1994, 29 （4）: 403-409.

［122］ Zanaboni G, Rossi A, Onana A M T, et al. Stability and networks of hydrogen bonds of the collagen triple helical structure: influence of pH and chaotropic nature of three anions ［J］. Matrix Biology, 2000, 19 （6）: 511-520.

［123］ Zhang S X, Chai X S, Huang B X, et al. A robust method for determining water-extractable alkylphenol polyethoxylates in textile products by reaction-based headspace gas chromatography ［J］. Journal of Chromatography, 2015, 1406: 94-98.